平面设计从入门到精通

(Photoshop CS4+CorelDRAW X4)

张军安 廖浩德 编

西北工業大學出版社

【内容简介】本书为计算机应用从入门到精通系列教材之一，主要内容包括平面设计基础知识，Photoshop CS4 入门，选区的创建与编辑，图像的描绘与修饰，色彩与色调调整，文字的编辑与处理，CorelDRAW X4 入门，基本图形的绘制与编辑，文本的使用，对象操作与特殊效果的处理，图层、通道与蒙版的应用，路径和形状的应用，滤镜的应用，位图的应用以及行业应用实例。书中配有生动典型的实例，每章后还附有自我检测与知识问答，可使读者全面提高计算机平面设计水平和综合应用的能力。

本书思路新颖，图文并茂，练习丰富，可作为各大中专院校及培训中心的平面设计课程教材，也可供初、中级用户参考。

图书在版编目（CIP）数据

平面设计从入门到精通：Photoshop CS4+CorelDRAW X4/张军安，廖浩德编．—西安：西北工业大学出版社，2010.10（2019.11 重印）

ISBN 978-7-5612-2931-6

Ⅰ．①平…　Ⅱ．①张…②廖…　Ⅲ．①图形软件，Photoshop CS4、CorelDRAW X4—教材　Ⅳ．①TP391.41

中国版本图书馆 CIP 数据核字（2010）第 211660 号

出版发行：西北工业大学出版社

通信地址：西安市友谊西路 127 号　　邮编：710072

电　　话：（029）88493844　88491757

网　　址：www.nwpup.com

电子邮箱：computer@nwpup.com

印 刷 者：陕西向阳印务有限公司

开　　本：787 mm×1 092 mm　1/16

印　　张：19

字　　数：506 千字

版　　次：2010 年 10 月第 1 版　　2019 年 11 月第 2 次印刷

定　　价：49.80 元

出版者的话

首先欢迎您翻阅本书，如果您因学习需要——掌握更多的计算机相关知识；如果您因工作需要——熟练操作计算机和使用某种软件；如果您因生活需要——听音乐、看电影、玩游戏及上网娱乐，那么本书应该是您正确的选择！因为我们在对本系列图书的策划之初就充分考虑了您的真正需求。

本系列图书始于**入门篇**，通过简洁的语言，直观地讲述计算机基础知识及相关软件的操作，让您从零开始，轻松入门；随之而来的**提高篇**，通过细致的讲解，引领您对所学知识进行理解并加以运用，让您迅速提高，融会贯通；书末的**精通篇**，通过典型的实例，充分展示软件各项功能在实际工作中的综合应用，让您得心应手，学有所成。

通过多年教学经验的总结，编者清楚地认识到，只有从基础知识“**入门**”，步步为营，逐步“**提高**”，打好坚实的基本功，才能“**精通**”各种软件的操作，并最终将所学的知识运用到具体的实践中。学习是一个循序渐进的过程，我们正是本着这样的原则，力求打造“**入门、提高、精通**”三位一体的精品图书。

关于本书

本书由浅入深地介绍了中文 Photoshop CS4 与 CorelDRAW X4 的功能及其使用方法，并以独特的编写风格，辅以大量的精彩实例，将 Photoshop CS4 与 CorelDRAW X4 中各个部分的重要特性展现在读者面前。通过本书的学习，可使读者全面提高计算机平面设计水平和综合应用能力。

全书共分 15 章。其中前 10 章主要介绍了 Photoshop CS4 与 CorelDRAW X4 入门知识，使读者掌握它们简单的使用方法与技巧；第 11～14 章主要介绍了 Photoshop CS4 与 CorelDRAW X4 的提高知识，使读者较为深入地学习相关设计知识；第 15 章是行业应用实例，通过理论联系实际，希望读者能够举一反三，学以致用，进一步巩固前面所学的知识。

图书特色

对这套面向初、中级计算机用户的系列图书，我们在市场调研的基础上精心地进行了策划，并认真地组织了编写，采用了全新的教学模式，主要特色如下：

☑ 阶梯式知识分布

在书中，根据您学习的难易程度以及在工作中的实际应用，我们将知识点分为入门篇、提高篇、精通篇，真正为大家的学习考虑，让您能根据不同的需要有针对性地选择学习内容。如果把学习知识的整个过程比作三级阶梯，那么书中的每一篇就是一级阶梯，学习完成后您将有很大的提高。

☑ 轻松的阅读环境

书中讲解知识点较多，而且相对比较专业，为了避免您在学习计算机纯理论知识时感到枯燥，本书采用生动活泼的编写方式、清新典雅的内容版式，使学习过程变得轻松愉快。

☑ 全面的疑难点拨

为了使您对书中的各个知识点有更加深入的了解，本系列图书特别在各个篇目的讲解中设置“提示”“注意”和“技巧”等模块，对文中的疑难问题进行解答，全面提升您的实战能力，使您操作软件更加得心应手。

☑ 经典的行业实例

为了便于您学习和实践，进一步增强您的学习兴趣，本书配有行业应用实例，对书中的知识进行综合运用，使您在学习相关知识后能尽快地应用到工作实践中，极大地方便了教学培训和自学参考。

本书定位

☑ 大中专院校师生
☑ 电脑培训班师生
☑ 相关专业人士
☑ 广大计算机爱好者

本书力求严谨细致，但由于水平有限，书中难免存在疏漏与不妥之处，敬请您批评指正。

编　者

目录

入门篇

提高篇

精通篇

入门篇

- 第 1 章　平面设计基础知识
- 第 2 章　Photoshop CS4 入门
- 第 3 章　选区的创建与编辑
- 第 4 章　图像的描绘与修饰
- 第 5 章　色彩与色调调整
- 第 6 章　文字的编辑与处理
- 第 7 章　CorelDRAW X4 入门
- 第 8 章　基本图形的绘制与编辑
- 第 9 章　文本的使用
- 第 10 章　对象操作与特殊效果的处理

第1章 平面设计基础知识

本章要点

- 平面设计的创作和基本流程
- 平面设计作品的相关知识
- 平面设计软件简介
- 常用色彩模式
- 图像概述
- 图像输出知识

学习目标

计算机技术的发展，赋予了平面设计更丰富的内涵，它不仅包含了文字、图形、图像、图表等设计内容，还集计算机技术、数字化技术和艺术创意于一体。平面设计的重新定义，进一步拓宽了它的应用领域。通过本章的学习，用户应了解平面设计的基础知识以及图形图像的制作过程，为以后的实际应用打下基础。

1.1 平面设计的创作和基本流程

一幅具有强大感染力和震撼力、具有独特创意构思的优秀作品，是需要经过一定的创作阶段和制作流程才可以完成的。

1.1.1 平面设计的创作

平面设计的创作同文学创作、艺术创作一样，是分阶段完成的，其创作主要划分为以下几个阶段：

1. 灵感阶段

创作必须有灵感，没有灵感的作品是没有生命的。创作的灵感来源于现实生活，一首歌、一幅画、一张广告牌、一个人、一件事、一个物体都可以让人产生震撼，激发创作灵感。

2. 搜集素材阶段

灵感是一瞬间的，也是非常虚幻的东西，搜集素材阶段就是调整灵感的过程，将灵感深入生活，为灵感添加血和肉，使其更加真实化，即艺术创意与现实生活的结合。

3. 构思阶段

构思是创作最关键的一步，作品是否成功，主要取决于创作的构思。构思主要是确定作品的框架、作品所要表现的主题、作品的表现手法及面对的欣赏或消费群体。

4. 制作阶段

制作是创作的最后阶段，也是创作的高潮，它借用点、线、面、体、色彩等形式，将构思具体化、语言化、生动化。

1.1.2 平面设计的基本流程

平面设计也有基本的创作流程，如图 1.1.1 所示。

（1）分析图像主题，确定构图方案。平面设计是围绕主题来创作的，所以必须先确定作品的主题和构图方案。

（2）确定图纸的尺寸及背景。根据确定的主题与构图方案，设置绘图页面的大小及背景。

（3）获取或制作基本素材。

（4）素材加工处理。根据设计需要整理并加工素材。

（5）文字处理。文字在作品中起到了画龙点睛的作用，恰当的文字效果可以表现出作品的主题。

（6）整体效果的调整。对象与对象之间的相互协调、风格的相互统一，是一幅成功作品必须注意的问题。

（7）保存文件。根据图像的用途，将文件保存为合适的文件格式。

以上 7 步是平面设计最基本的流程，一幅成功的作品必须经过多次反复的修改才能完成。

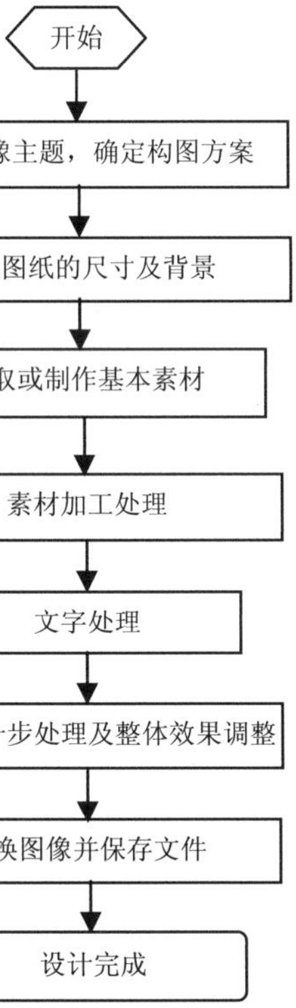

图 1.1.1　平面设计的基本流程

1.2　平面设计作品的相关知识

平面设计已经广泛应用于广告设计、包装设计、封面设计、服装设计、模型设计、网页设计和多媒体等领域，它与我们的生活息息相关，仔细观察，在生活的各个方面，都会有成功的平面设计作品展现在我们面前，本节将介绍平面设计作品的一些相关知识。

1.2.1　CIS 企业形象识别设计

CIS 作为企业树立整体形象、拓展市场和提升竞争力的有效工具，其价值已被诸多取得卓越成就的国际化大企业所认同。下面简单介绍 CIS 的含义、基本构成要素和设计目的。

CIS 是英文 Corporate Identity System 的缩写，直译为企业（团体）标识系统。它将企业的经营理念与文化用整体传达系统（特别是视觉传达设计）传达给周围的团体和个人，反映企业内部的自我认识和公众对企业的外部认识，也就是将现代设计观念与企业管理理论结合起来，以刻画企业个性，突出企业精神，使消费者认同企业。

CIS 的基本构成要素分为三部分：统一的企业理念识别（Mind Identity），简称 MI；规范的企业行为识别（Behavior Identity），简称 BI；一致性的视觉形象（Visual Identity），简称 VI。这三者相辅相成，共同塑造企业独特的风格和形象，确立企业的主体特征。

CIS 是一种系统地塑造企业形象的方法，是 20 世纪以来成功综合运用现代管理学、市场学、营销学、公共关系学、广告学、组织行为学和社会心理学的结果，也是许多企业家经营实践和平面视觉设计师们智慧的结晶。它通过良好的视觉形象设计，以视觉符号的标志为发展中心，对企业形象做统一的、有组织的系统传播，使企业能迅速地被大众所识别并认同。

1.2.2 标志设计

企业标志是企业的代表符号，在企业对外公关、广告宣传及促销活动中发挥着重要的作用，是企业及其产品的象征。在当今商品经济迅速发展的时代，商品竞争日趋激烈，企业标志得到越来越广泛的应用，因此也变得更为重要。

标志设计的基础在于对企业整体的认识。标志是由企业规章制度、经济实力、认同感等多种因素凝结而成的象征符号，因此必须具有非常强的说服力、表现力、联想力，更要具有独特的风格和时代的感召力。因此，企业标志的设计绝非条文式的，它强调的是心灵的感受和理智的认同。企业标志的确立，是建立企业形象不可缺少的视觉要素之一，企业形象是围绕着标志这一核心形象建立的。

1.2.3 包装设计

包装是商品不可缺少的一部分，它不仅具有保护商品和使商品便于运输的作用，更具有美化商品、宣传商品的功能。

商品的包装，因商品本身特征的不同，采用的材料和方式也会不同，但考虑的重点一般是保护商品、制作成本和外观 3 个方面。

一个成功的包装设计，首先要符合国家标准，同时还要注意以下几点：

（1）包装本身的牢固程度。

（2）包装形式要根据商品的特点来确定。

（3）包装上商品名称的字体要易读、易记。

（4）包装的整体风格要独特，要能引起购买者的注意。

（5）包装后的商品要易于在货架和橱窗中陈列和展示。

（6）色彩的处理要与商品的品质、类别、成分相互配合，达到协调统一的效果。

（7）包装后的商品要便于运输及储藏。

1.2.4 海报设计

海报又称招贴，是一种张贴在墙壁上的大幅面的宣传品。由于海报的幅面远远超过了报纸广告和杂志广告，所以更能吸引大众的注意力，也是一种非常有效的宣传方式。

海报的内容十分广泛，其题材几乎深入到社会生活的各个方面，这些题材一般分为以下 3 类：

（1）社会公益海报。社会公益海报涉及政治、节庆、环保、交通、劳动、社会公德等方面。

（2）文化事业海报。文化事业海报涉及电影、戏剧、音乐、体育、美术等方面。

（3）商业海报。商业海报主要用于工商企业的形象宣传或产品宣传。

1.2.5 宣传卡设计

宣传卡属于 CIS 设计中的视觉设计部分，是商业贸易活动中的主要宣传手段之一。一般通过邮寄方式将宣传卡送到消费者手中，国外称之为“邮寄广告”或“直邮广告”。宣传卡具有针对性、独立性和整体性的特点，被工商界广泛使用。

常见的宣传卡可分为以下 3 类：

（1）宣传卡片。包括传单、折页、明信片、贺年卡、企业介绍等，用于提示、介绍、推销和宣传商品等。

（2）样本。包括各种手册、产品目录、企业刊物和画册等，用于系统宣传产品，其中有前言、厂长或经理致辞、各部门介绍、各种商品介绍及成果介绍等内容。

（3）说明书。一般应附于商品包装内，让消费者了解商品的性能、结构、成分、质量和使用方法等。

1.2.6 书籍的装帧设计

书籍的装帧设计犹如商品包装一样，应具有保护、宣传书籍的功能，同时要符合消费者心理、便于消费者阅读。书籍装帧设计的对象不只是书籍的封面和装订工艺，还是构成书籍的必要物质材料和全部工艺活动的总和，包括纸张、开本、制版、印刷、装订、护封、封面、环衬、扉页、版式、插图和版权页等。要使这些内容的组合起到保护书籍、美化书籍、体现书籍的主题精神和知识含量的作用，就需要在印刷之前，深思熟虑地提出设计方案及全面细致地画出设计样稿。

书籍装帧设计是书籍的内容与形式的整体体现。鲜明而有个性的设计风格、整体有序的设计形式和寓意深刻的设计内涵是书籍装帧设计成功的必要条件。在书籍的封面设计中要考虑到书中内容的主题性、创意性、装饰性和可读性。

1.2.7 报纸广告设计

报纸是大家所熟知的宣传媒体，不少商家和企业利用报纸刊登各种类型的广告。设计新颖的报纸广告必然会引起读者的注意。一般报纸广告有以下特点：

（1）宣传广泛。一般非专业性报纸的发行面都较广，各种层次的读者都有，所以一些大众消费类商品的广告较适合在报纸上刊登，能收到比较好的效果。

（2）快速。报纸的印刷和销售速度非常快，适合刊登需要及时宣传的新产品广告。

（3）连续性。因为报纸每日发行，所以具有极强的连续性，商家可利用这一特点，在报纸上反复刊登同一广告，以加深读者的印象。

（4）经济性。报纸大都是黑白印刷，所以广告价格相对较低。

1.3 平面设计软件简介

本节将简单介绍几种平面设计的常用软件。

1.3.1 图像处理软件

Adobe Photoshop 诞生于 20 世纪 80 年代末，最初是由美国 Michigan 大学的一位研究生 Thomas

Knoll 创建的。从 1990 年到现在，Adobe Photoshop 已经成为当今世界上一流的计算机图像处理软件，无论是使用 PC 机还是使用苹果机的用户，只要谈到图像处理软件，都首选 Adobe Photoshop。

Adobe Photoshop 的主要功能在于处理位图图像，对图像进行裁切、融合、变换和特殊效果制作等，其最大的特点在于支持多种图像格式、具有多种多样的选取功能和支持多层工作。此外，Adobe Photoshop 还具有开放式的结构，能支持多种图像输入设备。

1.3.2 图形设计软件

图形设计软件包括以下几种：

1. CorelDRAW

CorelDRAW 是加拿大 Corel 公司开发的矢量图绘制软件，该软件开发至今已经推出了 12 个版本，CorelDRAW X4 是当今世界上最为流行的绘图软件之一。该软件功能强大，集图形绘制、图像设计、图文排版、图形图像整合和印刷出版于一体，是在 PC 机上开发出来的。目前，Corel 公司又推出在苹果机上使用的版本，使其得到更为广泛的应用。

CorelDRAW 软件支持许多图形图像格式，既可以在工作区处理矢量图，又可以处理位图，因此有很好的图形图像整合功能，它还具有优良的文字处理功能和图文混排功能，以十分便捷的操作、无比亲和的界面和丰富多彩的变化，给用户带来创作的灵感。

2. Adobe Illustrator

Adobe Illustrator 是 Adobe 公司开发的绘图软件产品之一，有苹果机和 PC 机两种版本，也是许多苹果机用户选择的图形制作软件，它与 Adobe Photoshop 图像处理软件珠联璧合。

3. FreeHand

FreeHand 是 Macromedia 公司开发的绘图软件，一直与 Adobe Illustrator 和 CorelDRAW 并驾齐驱，在文字处理方面有着明显的优势。

1.4 常用色彩模式

显示器通过发射出 3 种不同强度的光束，使显示器屏幕内表面覆盖的红、绿、蓝 3 种荧光材料发光，从而产生出各种颜色。图像的色彩模式有多种，包括位图模式、灰度模式、RGB 模式、CMYK 模式、Lab 模式、HSB 模式、双色调模式和索引色模式。

1.4.1 灰度模式

灰度图像中的每个像素由 8 位信息来描述，能够产生 0～255 级的灰色度，可表现 $2^8=256$ 种灰度的明暗效果，其中的 0 表示黑色，256 表示白色，由白色到黑色的过渡非常平滑。

彩色模式的图像可以直接转换成灰度模式，但是在转换过程中所有的色彩信息将会丢失，所以要将转换后的灰度模式文件再次转换成彩色模式文件时，可能会将一些颜色信息丢失，而不能完全恢复。

彩色模式的文件不能直接转换成位图模式的文件，必须要先转换为灰度模式，再由灰度模式转换为位图模式。

1.4.2 位图模式

位图模式的图像也叫黑白图像，或叫一位图像。图像中的每一个像素都用一个比特来表示，且只有黑和白两种像素组成，因此只能表现黑白两色的图像，其优点是以该模式存储的文件所需要的存储空间在所有的色彩模式文件中为最少。

1.4.3 RGB 模式

自然界中的颜色可以由红、绿、蓝 3 种色光按照一定的比例和强度混合来表示，RGB 模式便是利用这个原理来展示色彩的，是一种加色模式。在 RGB 模式的图像中，每个像素有 3 个色彩信息通道，每个通道有 8 位的色彩信息（0～255 的亮度值），可描述的色彩数目为 256^3=1 678 万种，足够表述所要表现的色彩世界，因此被称之为“True Color”。

常用的彩色 CRT 显示器都是 RGB 模式，显示器通过红、绿和蓝荧光粉发射光线产生彩色。因此 RGB 模式是一种使用比较广泛的色彩模式。

1.4.4 CMYK 模式

CMYK 模式与 RGB 模式相反，该模式是一种减色模式。当光线照射到某一物体时，该物体将会吸收一些波长的光线，同时将其余波长的光线反射，反射的色光便是我们所看到的物体的颜色，即一个物体所呈现的颜色是自然光色谱减去被吸收的光线。

其中，C 代表青色，M 代表洋红，Y 代表黄色，K 代表黑色。由于这 4 种颜色都是以百分比的形式进行描述的，所以每一种颜色所占用的百分比范围为 0～100%，百分比越高，颜色也就越深。

CMYK 模式适合于将显示器上所显示的彩色图像输出和印刷。在打印制作图像时，使用 CMYK 模式，将 RGB、索引颜色或 Lab 图像转换为 CMYK 图像，也可以使用 CMYK 模式直接处理扫描或输入的 CMYK 图像。

1.4.5 HSB 模式

基于人类对色彩的感觉，HSB 模式描述颜色有 3 个特征，分别为色相 H、饱和度 S 和亮度 B。

（1）色相 H。在 0～360° 的标准色轮上，色相是按位置度量的。在通常的使用中，色相是由颜色名称标识的，比如红、绿或橙色。

（2）饱和度 S 是指颜色的强度或纯度。饱和度表示色相中彩色成分所占的比例，用 0（灰色）～100%（完全饱和）的百分比来度量。在标准色轮上饱和度是从中心逐渐向边缘递增的。

（3）亮度 B 是颜色的相对明暗程度。亮度通常是用 0（黑）～100%（白）的百分比来度量的。

1.4.6 Lab 模式

Lab 的原型是由 CIE 协会在 1931 年制定的一个衡量颜色的标准，在 1976 年被重新定义并命名为 CIELab。Lab 颜色与设备无关，无论使用哪种设备创建或输出图像，该模型都能生成一致的颜色。

Lab 模式是用一个亮度分量 L 和两个颜色分量 a 和 b 来表示颜色的。其中 L 的取值范围为 0～100；a 分量表示颜色从绿色到红色的光谱变化，b 分量表示颜色从蓝色到黄色的光谱变化，a 和 b 分量的取值范围均为－120～120。Lab 模式所包含的颜色范围最为广泛，它融合所有 RGB 和 CMYK 模式中的颜色，而 CMYK 模式所包含的颜色最少，有些在屏幕上看到的颜色在印刷品上是无法实现的。

1.4.7 双色调模式

在 Photoshop 中允许创建单色调、双色调、三色调和四色调的图像。双色调、三色调和四色调图像是分别用两种、三种和四种油墨打印的灰度图像。在这些类型的图像中，色彩油墨用于重现淡色的灰度而不是重现不同的颜色。

1.4.8 索引色模式

该模式最多使用 256 种颜色，是网页和动画中常用的图像模式，当其他模式转换为索引色彩模式时，Photoshop 就会构建一个颜色查找表 CLUT，用它来存放并索引图像中的颜色。若原图像中的某些颜色没有出现在该表中，程序将选取现有颜色中最接近的颜色。

1.5 图 像 概 述

图像是人们获得信息的重要来源。一般来说，图像都是以模拟图像的形式存在的，如绘画、照片及医学所用的 X 光底片等，它们是由连续的有不同色彩及亮度等属性的颜色点组成的。通常所用的计算机是数字计算机，只能处理数字对象，不能直接处理利用一般摄像机、照相机等获得的模拟图像。要利用数字计算机处理模拟图像，就必须将模拟图像转换为用数字方式表示的数字图像文件，即所谓的数字图像。将模拟图像转换成为数字图像的过程称为图像数字化过程。

1.5.1 数字图像的类型

在计算机中，数字化图像有两种表示方法：矢量图像和位图图像。

矢量图像也称为向量图像，是用少量的向量数据描述一个复杂的对象，存储图片只需要很少的空间，且放大后不失真，但是矢量图像不能很好地体现色彩的变化。

位图图像也称为点阵图像，即按位映射图形，用像素点的亮度和颜色的位数来描述图像，其特点是占有的存储空间大，并且放大后失真，但是它能够以丰富的色彩变化来反映真实的自然世界。

1.5.2 数字图像的格式

数字图像的格式有很多种，每一种格式都有其优点和不足，并且所占用的内存空间也不相同，所以要根据图像的用途，选择不同的图像格式。

（1）JPEG 格式：JPEG 格式文件的扩展名有.jpg 和.jpeg 两种，是最流行的 24 位位图格式。它实际上是以 BMP 格式为基准，在图像失真较小的情况下，对图像进行适当的压缩。

（2）GIF 格式：GIF 格式是图像交换格式，主要用于通信和网页制作中，但是 GIF 格式只能达到256色。

（3）PSD格式：PSD格式是Photoshop固有的文件格式。PSD格式可完全保留图层信息，所以便于修改和制作各种特效。

（4）BMP格式：BMP格式也称为位图格式，支持1 bit，8 bit，24 bit格式的图像数据，采用“无损压缩”的RLE编码格式，不仅占用的空间少，而且不会产生失真。

（5）PCX格式：PCX格式是MS-DOS下常用的一种格式，支持1～24位颜色深度，支持RGB、索引颜色、灰度和位图等颜色模式。

（6）TGA 格式：TGA 格式支持任意大小的图像，色彩的表现能力很强，适用于表现色彩丰富的图像，但是它对显示卡和显示器的要求比较高。

（7）CDR格式：CDR格式是图形处理软件CorelDRAW所生成的文件的默认格式，也就是说，用CDR格式存储的文件只能在CorelDRAW中打开。CDR格式也是矢量图中常见的文件格式之一，其最大的优点是文件较小，支持压缩功能。

（8）AI格式：AI格式是Illustrator软件的标准文件格式，与CDR格式一样，是最常见的矢量图文件格式之一，可以方便地导入到CorelDRAW中进行编辑。

（9）DXF格式：DXF格式是三维模型设计软件AutoCAD提供的一种矢量图文件格式，其优点是文件小，绘制图形的尺寸、角度等数据都非常精确，是建筑设计、工业设计与建模的首选。

（10）TIFF格式：TIFF格式是在Macintosh机上开发的一种图像文件格式，其扩展名有.tif和.tiff两种。它与JPEG格式一样支持压缩功能，同时支持Alpha通道。

TIFF格式主要用于在应用程序和计算机之间交换文件，同时支持PC机和苹果机，是一种非常灵活的文件格式，目前被广泛应用于图形图像、排版及印刷等多种领域。

1.5.3 分辨率

位图图像是由许多点组成的，这些点被称为像素（Pixel）。

通常情况下，分辨率分为图像分辨率、打印机分辨率、显示器分辨率和用于打印的扫描分辨率。

1. 图像分辨率

分辨率是指位图图像中的细节精细度，测量的单位是像素/英寸（ppi）。每英寸的像素越多，图像分辨率越高。一般来说，图像的分辨率越高，得到的印刷图像的质量就越好。

提示 Tips

图像的分辨率越高，每英寸包含的像素点就越多，图像就有更多的细节，颜色过渡也就越平滑。同样，图像的分辨率越高，则图像的信息量就越大，文件也就越大。

2. 打印机分辨率

打印机分辨率的测量单位是油墨点/英寸（也称作 dpi）。一般来说，每英寸的油墨点越多，得到的打印输出效果就越好。大多数喷墨打印机的分辨率大约在720 dpi到2 880 dpi之间（从技术上说，喷墨打印机将产生细微的油墨喷射痕迹，而不是像照排机或激光打印机一样产生实际的点）。

提示 Tips

打印机的分辨率不同于图像分辨率，但与图像分辨率有关。要在喷墨打印机上打印出高质量的照片，图像分辨率应至少为 220 dpi，才能获得较好的效果。

3．显示器分辨率

显示器的分辨率是通过像素大小来描述的。例如，如果显示器的分辨率与照片的像素大小相同，则按照 100%的比例查看照片时，该照片将填满整个屏幕。图像在屏幕上显示的大小取决于下列因素的组合：图像的像素大小、显示器大小和显示器的分辨率设置。在 Photoshop 中，可以更改屏幕上的图像放大率，从而能够轻松处理任何像素大小的图像。

4．用于打印的扫描分辨率

可以使用多种技术来决定扫描照片时使用的分辨率。如果正在扫描要打印的照片并且知道准确的大小和打印网频，则可以使用以下技术来确定扫描分辨率。通常最简单的方法是，使用扫描仪的最大光学分辨率进行扫描，然后在 Photoshop 中调整图像大小。

1.6 图像输出知识

在设计的作品制作完成后，总希望将计算机图像变成可以拿在手上观看或相互传阅的图像成品，如打印件和印刷件等外围设备输出的二维平面介质作品。打印机输出往往只适用于少量的小幅面输出。如果需成批量的成品，则需要用印刷设备输出。如果需要将图像进行大量的印刷，就要涉及彩色印刷技术方面的知识了。彩色印刷技术一般分为印前技术、印刷过程和印后加工三个阶段。现代彩色印刷技术又分为照相分色制版和电子分色制版。传统的照相分色和电子分色制版技术是将图像利用照相分色或电子分色机分色，再通过手工拼版把图像和文字组合在一起形成完整的页面。由于工艺复杂，操作不便，长期以来这些技术一直为少数人掌握。随着计算机技术的发展，电子印前技术得到了飞速发展，以计算机为主要工具的桌面出版系统（DTP）以其方便、直观、快捷等优势成为了电子印前技术中的主流。

1.7 自 我 检 测

一、填空题

1．常用色彩模式包括______、______、______、______、______、______和______。

2．在计算机中，数字化图像有两种表示方法：______和______。

3．分辨率是指在____________，分辨率分为______、______、______和______。

4．平面设计的常用软件有______、______、______、______和______。

5. 图像的创作是围绕__________来进行的。
6. JPG 格式采用__________压缩，BMP 格式采用__________压缩。

二、选择题

1. 位图图像是由许多点组成的，这些点被称为（　　）。

   A. 图形　　　　B. 颜色

   C. 像素　　　　D. 图像

2. 下列（　　）图像格式是唯一可以记载所有 Photoshop 信息的文件格式。

   A. PSD　　　　B. GIF

   C. PCX　　　　D. JPG

3. 利用（　　）可获取数字图像。

   A. 打印机　　　　B. 数码相机

   C. 刻录机　　　　D. 扫描仪

4. （　　）色彩模式所能表示的色彩范围最广。

   A. RGB　　　　B. CMYK

   C. Lab　　　　D. 位图

三、简答题

1. 平面设计的创作主要划分为哪几个阶段？
2. 平面设计有哪几种常用软件？
3. 位图和矢量图有什么区别？

四、上机操作题

1. 观察一大型平面广告牌，分析其设计的主题及特点。
2. 使用数码相机拍摄一些自己喜欢的图像素材，将这些素材存储在计算机上。
3. 使用扫描仪扫描一些照片，将其存储在计算机上。

1.8 知识问答

问：Photoshop CS4 中的字体不全，应该如何操作？

答：在互联网上有各种各样的字体，在百度搜索栏中输入“字体”，然后选择所需的字体进行下载，下载后进行解压缩。选择 开始 → 设置(S) → 控制面板(C) 命令，双击“字体”快捷图标，打开“字体”窗口，选择 文件(F) → 安装新字体(I) 命令，弹出“添加字体”对话框，如图 1.8.1 所示，选择字体所在位置，单击 确定 按钮，添加需要的字体。再次启动 Photoshop CS4

时就会发现添加的字体就在文字下拉菜单中了。

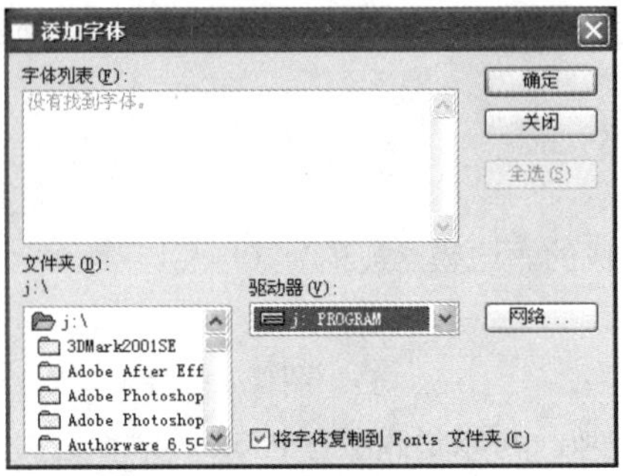

图 1.8.1 “添加字体”对话框

问：Photoshop CS4 中是否可以增添滤镜？

答：Photoshop CS4 中的滤镜是可以添加的。在互联网上有很多滤镜，在百度搜索栏中输入“Photoshop 滤镜”，然后选择所需要的滤镜或者滤镜压缩包，进行下载。

问：矢量图的优缺点是什么？

答：矢量图进行任意缩放都不会影响分辨率，矢量图的缺点是不能表现色彩丰富的自然景观与色调丰富的图像。

问：什么是像素？

答：“像素”（Pixel）是由 Picture 和 Element 这两个单词所组成的，是用来计算数码影像的一种单位，如同摄影的相片一样，数码影像也具有连续性的浓淡阶调，我们若把影像放大数倍，会发现这些连续色调其实是由许多色彩相近的小方点所组成的，这些小方点就是构成影像的最小单位“像素”。

问：索引模式能否应用于常规的印刷中？

答：因为索引色彩模式的图像是 256 色下的图像，在增幅图像中最多只有 256 种颜色，所以索引色彩模式的图像只可当做特殊效果及专用，而不能用于常规的印刷中。

第2章 Photoshop CS4入门

本章要点

- Photoshop CS4 软件简介
- Photoshop CS4 的新增功能
- Photoshop CS4 的工作界面
- 文件的基本操作
- 辅助工具的使用
- 软件的优化设置

学习目标

Photoshop CS4 是 Adobe 公司最新推出的图形图像处理软件，此版本在 Photoshop CS3 的基础上有了诸多改进，包括对文件浏览器、色彩管理、图层面板的改进等，并新增了智能化滤镜等，从而使 Photoshop 的功能又获得了进一步的增强。

2.1 Photoshop 软件简介

Photoshop 是美国 Adobe 公司开发的图形图像处理软件。它的出现，不仅使人们告别了对图像进行修整时的传统手工方式，而且能够通过创建者自己的意愿，制作出现实世界里无法拍摄到的图像效果。无论是对于设计师还是摄影师来说，Photoshop 都提供了无限的创作空间，为图像处理开辟了一个极富弹性且易于控制的世界。对于普通用户来说，Photoshop 同样也提供了一个前所未有的自我表现的舞台。用户可以尽情发挥想象力，充分展现自己的艺术才能，制作出令人赞叹的平面作品。

Photoshop CS4 是 Adobe 公司于 2008 年 9 月 23 日正式推出的最新版本的软件，它在 Photoshop CS3 的基础上有了诸多改进，包括对文件浏览器、色彩管理、消失点特性、图层面板的改进等，并增加了 3D 等功能，从而使 Photoshop 的功能又获得了进一步的增强，这也是 Adobe 公司历史上最大规模的一次产品升级。

2.2 Photoshop CS4 的新增功能

Photoshop CS4 和 Photoshop CS4 Extended 在上一版本的基础上又新增了许多新的功能，使 Photoshop 软件更加完善。

1. 界面

在 Photoshop CS4 中将一些常用调整功能放在了标题栏中，使用户处理图像更加方便，如图 2.2.1 所示。

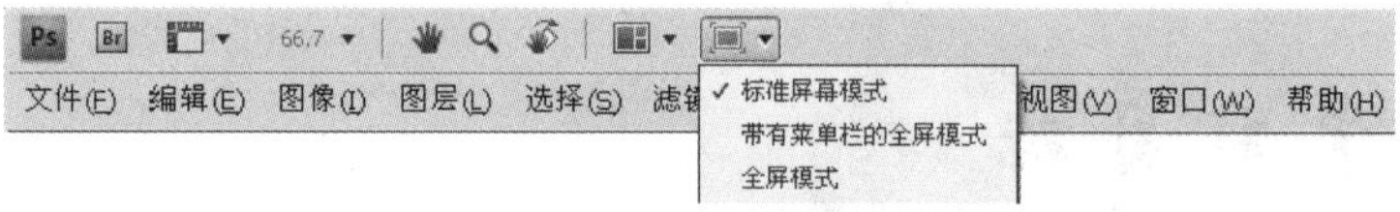

图 2.2.1　调整显示模式

2. 调整面板

在 Photoshop CS4 中为创建新的填充或调整图层新增加了一个调整面板，通过图标的形式轻松使用所需的各个工具对图像进行调整，实现无损调整并增强图像的颜色和色调；新的实时和动态调整面板中还包括图像控件和各种预设，如图 2.2.2 所示。

3. 蒙版面板

在 Photoshop CS4 中为蒙版新增加了一个蒙版面板，可快速创建和编辑蒙版。该面板提供给用户需要的所有工具，它们可用于创建基于像素和矢量的可编辑蒙版、调整蒙版密度和羽化、轻松选择非相邻对象等，如图 2.2.3 所示。

4. 3D 描绘

借助全新的光线描摹渲染引擎，可直接在 3D 模型上绘图、用 2D 图像绕排 3D 形状、将渐变图转换为 3D 对象、为层和文本添加深度、实现打印质量的输出并导出为支持的常见 3D 格式。

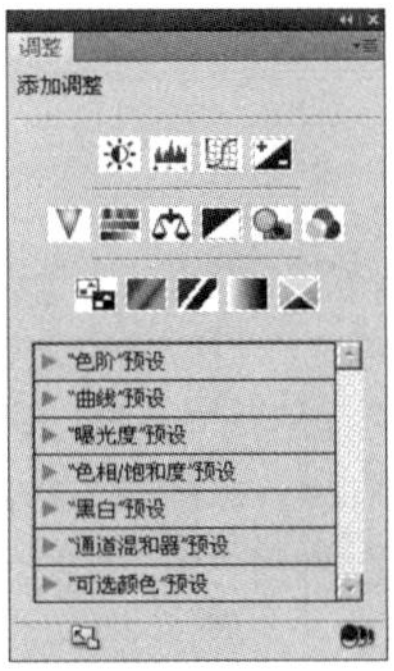

图 2.2.2 调整面板

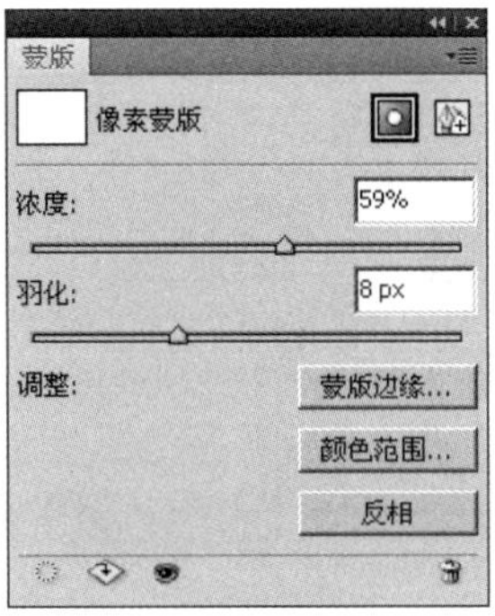

图 2.2.3 蒙版面板

5. 颜色校正

体验大幅增强的颜色校正功能以及经过重新设计的减淡、加深和海绵工具，现在可以智能保留颜色和色调详细信息。

6. 内容识别缩放

创新的全新内容感知型缩放功能可以在用户调整图像大小时自动重排图像，在图像调整为新的尺寸时智能保留重要区域。一步到位制作出完美图像，无须高强度裁剪与润饰。

7. 更好地处理原始图像

使用行业领先的 Adobe Photoshop Camera Raw 5 插件，在处理原始图像时实现出色的转换质量。该插件现在提供本地化的校正、裁剪后晕影、TIFF 和 JPEG 处理，以及对 190 多种相机型号的支持。

8. 增强的图层混合与图层对齐功能

使用增强的“自动混合层”命令，可以根据焦点不同的一系列照片轻松创建一个图像。该命令可以顺畅混合颜色和底纹，现在又延伸了景深，可自动校正晕影和镜头扭曲。

使用增强的“自动对齐层”命令可创建出精确的合成内容，移动、旋转或变形层，从而更精确地对齐它们，也可以使用“球体对齐”命令创建出令人惊叹的 360 度全景。

9. 画布任意角度旋转

Photoshop CS4 中只需要单击即可随意旋转画布，按任意角度实现无扭曲地查看绘图，在绘制过程中无须再转动脑袋。

2.3 Photoshop CS4 的工作界面

进入 Photoshop CS4 以后，可以看到其工作界面和 Photoshop 以前的版本大同小异，如图 2.3.1 所示。Photoshop CS4 的工作界面包括标题栏、菜单栏、属性栏、工具箱、状态栏、图像窗口和各类浮动面板。

1. 标题栏

标题栏位于窗口的最顶部，它分为两部分，其左侧主要用于显示该应用程序的名称，在标题栏上单击鼠标右键，可在弹出的菜单中选择相应的命令对其进行移动、改变大小和还原等操作；位于右侧的 3 个按钮分别用于对窗口进行最小化、最大化和关闭操作。

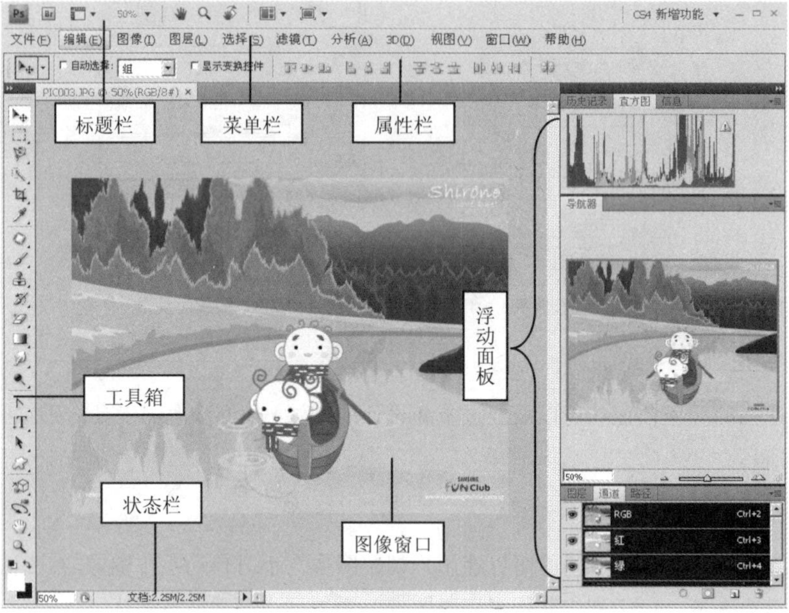

图 2.3.1　Photoshop CS4 的工作界面

2. 菜单栏

菜单栏中有 11 个菜单，每个菜单都包含着一组操作命令，用于执行 Photoshop 的图像处理操作。如果菜单中的命令显示为黑色，表示此命令目前可用；如果显示为灰色，则表示此命令目前不可用。

菜单栏中包括 Photoshop CS4 的大部分操作命令，Photoshop CS4 的大部分功能可以在菜单的使用中得以实现。一般情况下，一个菜单中的命令是固定不变的，但是，有些菜单可以根据当前环境的变化适当添加或减少某些命令。

3. 属性栏

属性栏位于菜单栏的下方，在其中可以设置所选工具的属性。当用户在工具箱中选定某个工具后，该工具的属性就会出现在属性栏中。选择不同的工具或者进行不同的操作时，其属性栏也会随之变化。在其中根据需要设置适当的参数，可以更加灵活地使用工具，有利于提高工作效率。

4. 面板

面板是 Photoshop CS4 的一大特色，通过各种面板可以完成各种图像处理操作和工具参数设置，比如可以进行显示信息、编辑图层、选择颜色与样式等操作。默认情况下，面板以组的方式显示，如图 2.3.2 所示。

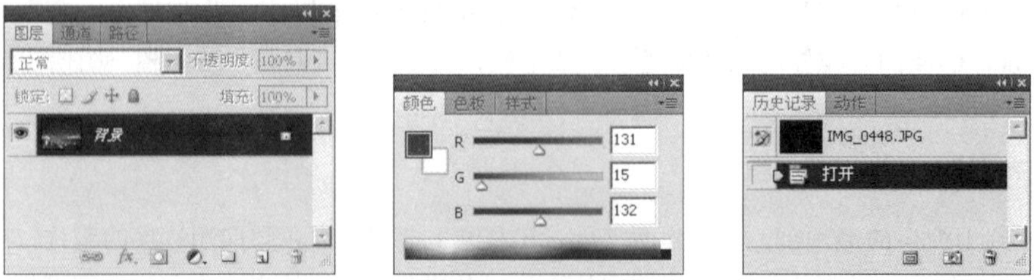

图 2.3.2　Photoshop CS4 的面板

各个面板的基本功能介绍如下：

图层 面板：用于控制图层的操作，可以进行混合图像、新建图层、合并图层以及应用图层样式等操作。

通道 面板：用于记录图像的颜色数据和保存蒙版内容。在通道中可以进行各种通道操作，如切换显示通道内容、载入选区、保存和编辑蒙版等。

路径 面板：用于建立矢量式的图像路径，并可转换路径为选区，也可对其进行描边等操作。

导航器 面板：用于显示图像的缩览图。可用来缩放显示比例，迅速移动图像显示内容。

直方图 面板：使用直方图可以查看整个图像或图像某个区域中的色调分布状况，主要用于统计色调分布的状况。

信息 面板：用于显示当前鼠标光标所在区域的颜色、位置、大小以及不透明度等信息。

颜色 面板：用于选择或设置颜色，以便使用工具绘图和填充等操作。

色板 面板：功能类似于 颜色 面板，用于选择颜色。

样式 面板：此面板中预设了一些图层样式效果，可随时将其应用于图像或文字中。

历史记录 面板：在此面板中自动记录了以前操作的过程，用于恢复图像或指定恢复某一步操作。

动作 面板：用于录制一连串的编辑操作，以实现操作自动化。

在默认设置下，Photoshop CS4 中的面板按类分为 3～6 组，如果要同时使用同一组中的两个不同面板，需要来回切换，此时可将这两个面板分离，同时在屏幕上显示出来。其分离的方法很简单，只须在面板标签上按住鼠标左键并拖动，拖出面板后松开鼠标，就可以将两个面板分开。

5. 工具箱

工具箱位于工作界面的最左侧，其中包含了 Photoshop CS4 中所有的绘制、选择和修饰图像工具，如图 2.3.3 所示。

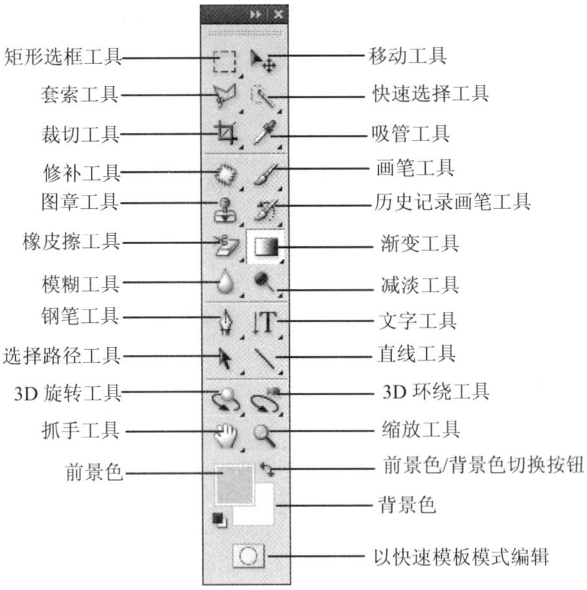

图 2.3.3 Photoshop CS4 工具箱

在工具箱中，有些工具右下角有黑色的小三角标志，说明该工具的下面还有同类型的工具存在，在该工具按钮上单击鼠标右键，则会弹出隐藏的工具列表。对工具箱的其他操作介绍如下：

（1）若要显示工具箱，可以选择 窗口(W) → 工具 命令。

（2）若要移动工具箱的位置，只要单击并拖动工具箱最上方的蓝色标签即可。

6. 状态栏

Photoshop CS4 中的状态栏和以前版本有所不同，它位于打开图像文件窗口的最底部，用来显示当前操作的状态信息，例如图像的当前放大倍数和文件大小以及使用当前工具的简要说明等。

7. 图像窗口

图像窗口也称为工作区，用来显示图像文件，便于用户进行编辑、浏览和描绘图像等操作。在标题栏上有文件名称、文件格式、显示比例和色彩模式等信息。

2.4 文件的基本操作

在 Photoshop CS4 中，文件的基本操作包括文件的新建、打开、保存、关闭等，下面进行具体介绍。

2.4.1 新建文件

在 Photoshop CS4 中新建文件时，可以选择文件(F)→新建(N)...命令，或者按“Ctrl+N”键，都能弹出“新建”对话框，如图 2.4.1 所示。

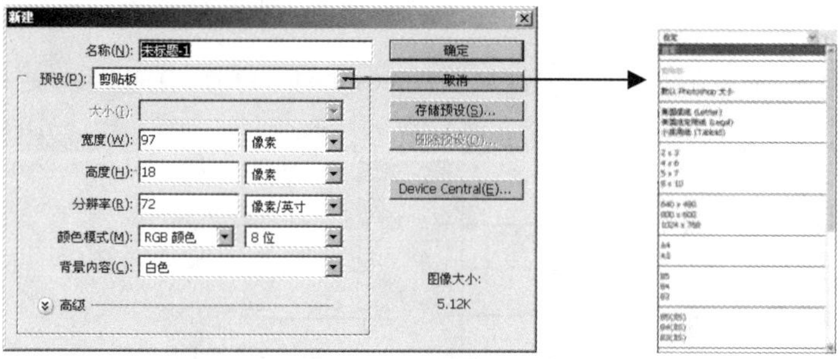

图 2.4.1 “新建”对话框

在“新建”对话框中，可以设置文件的名称、长宽尺寸、图形的分辨率、颜色模式等参数。当打开此对话框时，在名称(N):文本框中默认的文件名是“未标题-1”，用户可以根据需要将其改写成其他的文件名。另外，单击高级按钮，可在弹出的高级选项区中直接选择新建文件的颜色配置文件和像素长宽比，如图 2.4.2 所示。

图 2.4.2 高级选项

单击预设(P):后面的按钮，可在弹出的下拉列表中选择所需的图像尺寸大小。也可以在宽度(W):和高度(H):文本框中输入数值设置需要的图像文件的尺寸。

在分辨率(R):文本框中输入的图像分辨率数值，一般为每英寸 72 像素，在制作封面时为每英寸 300 像素，在制作招贴画时为每英寸 350 像素，也可以按照自己的需求来设置，还可以在平面设计后期通过相关设置实现。

在颜色模式(M):下拉列表中可以选择文件的类型。

在背景内容(C):下拉列表中可以选择新建文件的背景颜色，有白色、背景色、透明 3 个选项。

设置好各项参数后，单击确定按钮，即可在 Photoshop CS4 操作窗口中新建一个图像文件，单击取消按钮则取消新建文件。

技 巧 Tips

除了用以上方法新建文件以外，用户还可以将图像中的选区保存为新的文件。具体的操作方法是：首先剪切或者拷贝选区，然后再选择文件(F)→新建(N)...命令，或者按“Ctrl+N”键，Photoshop CS4 会自动根据剪贴板的内容设置文件的尺寸大小、分辨率和各种格式，最后在新文件中粘贴选区，保存即可。

2.4.2 打开文件

在 Photoshop CS4 中，用户可以用打开(O)...、打开为...和最近打开文件(T) 3 个命令来打开图像文件，具体介绍如下：

1．“打开”命令

利用“打开”命令可打开一个已经存在的图像。选择文件(F)→打开(O)...命令，或按“Ctrl+O”键，可弹出“打开”对话框，如图 2.4.3 所示。

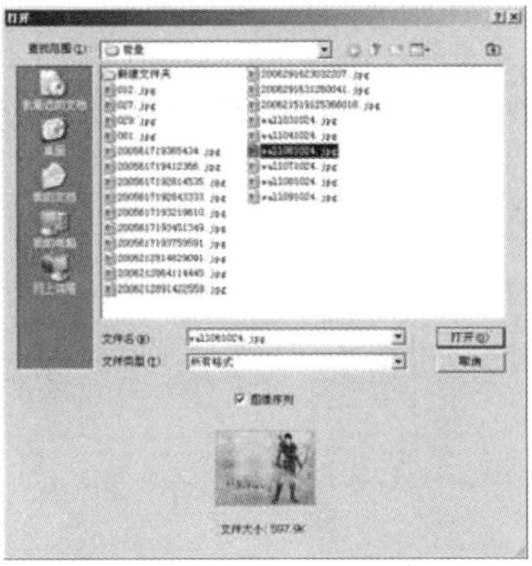

图 2.4.3 “打开”对话框

在“打开”对话框中，在查找范围(I):下拉列表中选择打开文件所在的路径，然后在文件名(N):文本框中输入需要打开的文件名称，单击打开(O)按钮，即可打开所选的图像文件。

如果想指定打开文件的格式，可以在文件类型(T):下拉列表中选择需要的文件格式，当选择了“所有格式”选项时，可以显示在该目录下的所有格式的文件。当用户选中某个文件后，在对话框的下方会显示出所选图像的预览效果和文件的大小，确认以后单击打开(O)按钮即可打开该文件。

技 巧 Tips

在“打开”对话框中选择文件后，用鼠标左键双击该文件即可打开所选的图像文件。

2. “打开为”命令

利用“打开为”命令可以将某个图像文件以某种特定的方式打开。选择 文件(E) → 打开为... 命令，或按“Alt+Ctrl+Shift+O”键，弹出“打开为”对话框，如图 2.4.4 所示，该对话框与“打开”对话框基本相同，只是少了一个所选图像的预览效果图标。

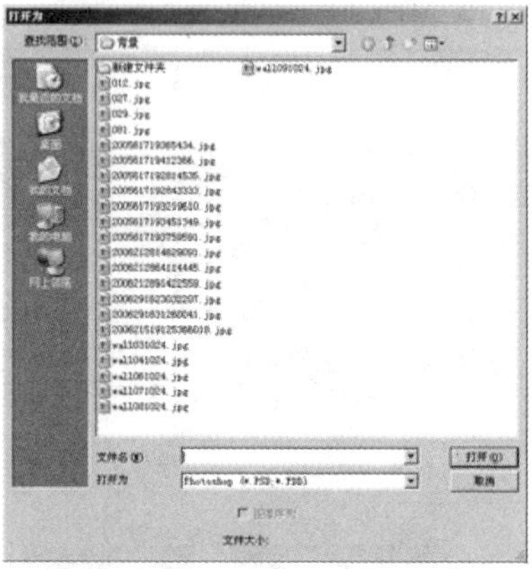

图 2.4.4 “打开为”对话框

在“打开为”对话框中选择需要打开的文件，然后在 打开为 下拉列表中选择想要的文件格式，设置完成后，单击 打开(O) 按钮即可打开图像文件。

技巧 Tips

用户还可以一次性打开多个连续的或者不连续的文件。在选择文件的同时按住“Ctrl”键可以选择多个不连续的文件，按住“Shift”键可以选择多个连续的文件。

3. “最近打开文件”命令

利用“最近打开文件”命令可以打开最近打开过的文件。选择 文件(E) → 最近打开文件(T) 命令，将弹出最近打开过的文件列表，用户可以根据需要直接单击相应的文件名将其打开。

2.4.3 保存文件

对图像编辑完成后，就需要对其进行保存，在 Photoshop CS4 中，用户可以用 存储(S) 、存储为(A)... 和 存储为 Web 和设备所用格式(D)... 3 个命令来保存文件，下面具体介绍。

1. “存储”命令

利用“存储”命令可以快速地保存当前正在编辑的文件。选择 文件(E) → 存储(S) 命令，或按“Ctrl+S”键，可自动将编辑过的文件以原路径、原文件名、原文件格式存入磁盘中，并且覆盖原始的文件。

注意 Tips

若要保存的文件是第一次保存，选择“存储”命令相当于执行“存储为”命令，可弹出“存储为”对话框（见图 2.4.5），在该对话框中只要指定存储的路径及文件名称即可。

2．“存储为”命令

利用“存储为”命令可以将文件保存为另一个副本图像，这样不会覆盖原来的文件。选择文件(F)→存储为(A)...命令，或按“Ctrl+Shift+S”键，可弹出“存储为”对话框，如图 2.4.5 所示。

在“存储为”对话框中，在保存在(I):下拉列表中选择保存文件的位置，在文件名(N):文本框中输入要保存文件的名称，在格式(F):文本框中选择需要的文件格式，设置完成后，单击保存(S)按钮，即可保存图像。

若在保存图像时，输入的文件名与原有的文件名相同，则会弹出如图 2.4.6 所示的提示框，提示用户是否用现在保存的文件替换已有的文件，单击确定按钮，即可替换原来的文件；单击取消按钮，则可在“存储为”对话框中的文件名(N):文本框中重新输入新的文件名来进行保存。

图 2.4.5 “存储为”对话框

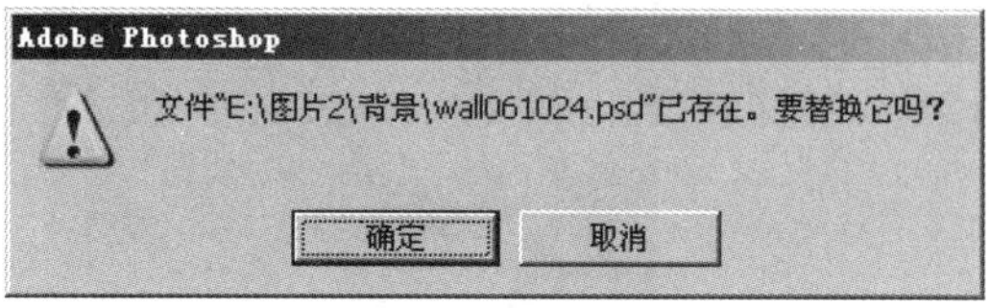

图 2.4.6 提示框

3．“存储为 Web 和设备所用格式”命令

利用“存储为 Web 和设备所用格式”命令可以对图像进行优化，然后保存为适用于网页的格式。选择文件(F)→存储为 Web 和设备所用格式(D)...命令，或按快捷键“Alt+Ctrl+Shift+S”，可弹出“存储为 Web 和设备所用格式”对话框，如图 2.4.7 所示。

图 2.4.7 “存储为 Web 和设备所用格式”对话框

在“存储为 Web 和设备所用格式”对话框左上角有 4 个标签，单击它们可分别以 4 种不同的视图预览图像，即原稿、优化、双联（优化与原图比较）、四联（3 种不同优化与原图对比）。在视图的左下方，预览时还会显示图像所用的格式、尺寸以及使用指定 Modem 在互联网上的下载时间（Modem 可选 14.1 kb/s，28.8 kb/s 或 56.6 kb/s）等信息。

2.4.4 文件的关闭

保存图像后，就可以将其关闭，完成操作。关闭图像的方法有以下几种：

（1）选择菜单栏中的文件(F)→关闭(C)命令。

（2）在图像窗口右上角单击“关闭”按钮。

（3）双击图像窗口标题栏左侧的控制窗口图标。

（4）按“Ctrl+W”键或按“Ctrl+F4”键。

如果打开了多个图像窗口，需要将它们全部关闭，可选择菜单栏中的文件(F)→关闭全部命令或按“Alt+Ctrl+W”键。

2.5 辅助工具的使用

Photoshop 中常用的辅助工具有标尺、参考线、网格以及度量工具等，这些工具可以帮助用户准确定位图像中的位置或角度，使编辑图像更加精确、方便。

2.5.1 标尺

选择视图(V)→标尺(R)命令，或者按“Ctrl+R”键，都可在当前的图像文件上显示标尺，如图 2.5.1 所示，再次执行此命令时则可以隐藏标尺。在默认设置下，标尺的原点位于图像的左上角，当鼠标在图像内移动时，用户可以清楚地看到鼠标所在位置的坐标值。在窗口中的标尺上单击鼠标右键，可在弹出的快捷菜单（见图 2.5.2）中设置需要的标尺单位。

图 2.5.1 显示标尺

图 2.5.2 快捷菜单

2.5.2 参考线

用户可以利用参考线精确定位图像的位置。在图像文件中显示标尺以后，用鼠标指针从水平标尺上可拖曳出水平参考线，从垂直标尺上可拖曳出垂直参考线，如图 2.5.3 所示。

若要移动某条参考线，可单击工具箱中的“移动工具”按钮，再将鼠标光标移动到相应的参考线上，当光标变为形状时，拖曳鼠标即可，如图 2.5.4 所示，也可将参考线拖动到图像窗口外直接删除。

图 2.5.3 添加参考线

图 2.5.4 移动参考线位置

另外，用户还可以使用“新建参考线”命令来添加参考线。选择视图(V)→新建参考线(E)...命令，弹出“新建参考线”对话框，如图 2.5.5 所示，在其中设置位置和方向以后，单击确定按钮，即可为图像添加一条参考线。

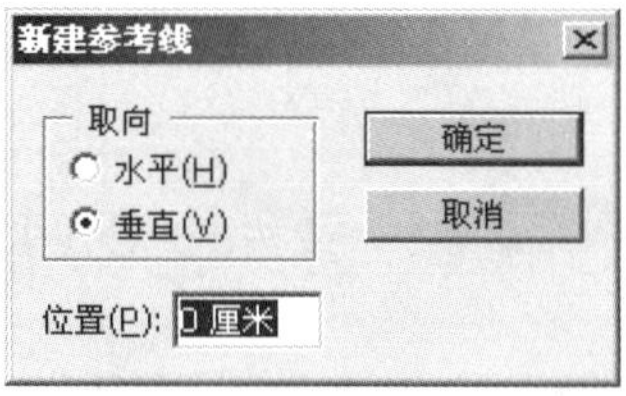

图 2.5.5 “新建参考线”对话框

提示 Tips

在图像中添加参考线后，按“Ctrl+H”键可显示或隐藏所添加的参考线。

2.5.3 网格

利用网格可以精确地对齐每一个图像，选择视图(V)→显示(H)→网格(G)命令，或者按“Ctrl+'”键，都可在当前的图像文件上显示网格，如图 2.5.6 所示，再次执行此命令就可以隐藏网格。

图 2.5.6 显示网格

选择视图(V)→对齐到(T)→✔网格(R)命令，可以使移动的图形对象自动对齐网格或者在创建选区时自动沿网格位置进行定位选取。

2.6 软件的优化设置

在使用 Photoshop CS4 之前，需要对 Photoshop 的预设选项进行优化，这样可以更有效地提高软件的运行效率，加快工作速度，节约时间。Photoshop 的环境变量设置命令都集中在编辑(E)→首选项(N)命令子菜单中，如图 2.6.1 所示。利用这些命令可以对 Photoshop CS4 中的各项系统参数进行设置。

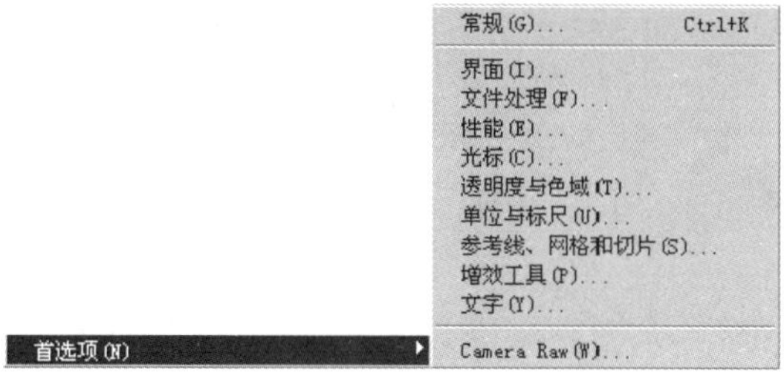

图 2.6.1 “首选项”子菜单

2.6.1 常规的优化

选择编辑(E)→首选项(N)→常规(G)...命令，或按下“Ctrl+K”键，将弹出“首选项”对话框，如图 2.6.2 所示。

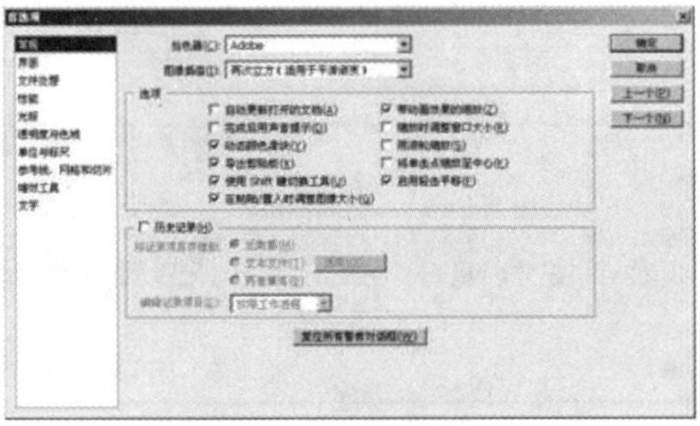

图 2.6.2 “首选项”对话框

在该对话框中用户可以对 Photoshop CS4 软件进行总体的设置。

在拾色器(C):下拉列表中可以选择与 Photoshop 匹配的颜色系统，默认设置为 Adobe 选项，因为它是与 Photoshop 匹配最好的颜色系统。除非用户有特殊的需要，否则不要轻易改变默认的设置。

在图像插值(I):下拉列表中可以选择软件在重新计算分辨率时增加或减少像素的方式。

选中☑导出剪贴板(X)复选框，将使用系统剪贴板作为缓冲和暂存，实现 Photoshop 和其他程序之间的快速交换。

选中☑缩放时调整窗口大小(R)复选框，允许用户在通过键盘操作缩放图像时调整文档窗口的大小。

选中☑自动更新打开的文档(A)复选框，当退出 Photoshop 软件时会对打开的文档进行自动更新。

选中☑完成后用声音提示(D)复选框，Photoshop 将在每条命令执行后发出提示声音。

选中☑动态颜色滑块(Y)复选框，修改颜色时色彩滑块平滑移动。

选中☑使用 Shift 键切换工具(U)复选框，要在同一组中以快捷方式切换不同的工具时，必须按“Shift”键。

2.6.2 文件处理时的优化

选择编辑(E)→首选项(N)→文件处理(F)...命令，将打开“首选项”对话框中的“文件处理”参数设置选项，如图 2.6.3 所示。

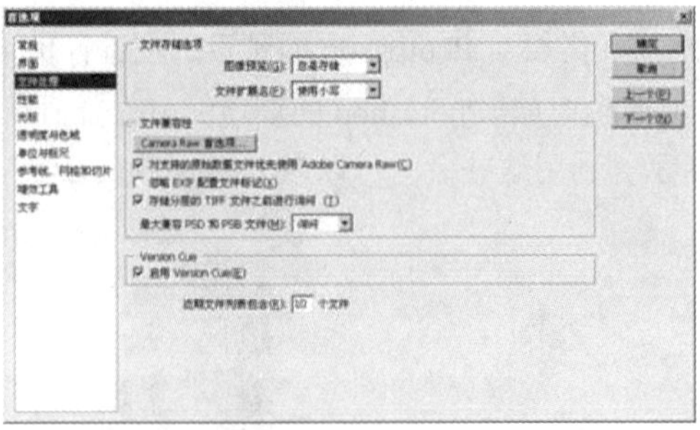

图 2.6.3 “文件处理”参数设置

在该对话框中用户可以设置是否存储图像的缩微预览图，以及是否用大写字母表示文件的扩展名等参数选项。

在图像预览(G):下拉列表中选择存储时询问选项，可以避免 Photoshop CS4 在保存图像的时候再保存一个 ICON 格式的文件而浪费磁盘空间。

在文件扩展名(E):下拉列表中可以选择用于设置文件扩展名的大小写状态，包括使用小写和使用大写两个选项。

在文件兼容性选项区中，可设置用于决定是否让文件最大限度向低版本兼容。

在近期文件列表包含(R):文本框中输入数值，可以设置在 Photoshop CS4 中的文件(F)→最近打开文件(T)命令子菜单中显示的最近使用过的文件的数量。系统默认的为 10 个文件，但最多不能超过 30 个，即文本框中输入的数值最大值为 30。

2.6.3　透明度与色域的优化

选择编辑(E)→首选项(N)→透明度与色域(T)...命令，将打开“首选项”对话框中的“透明度与色域”参数设置选项，如图 2.6.4 所示。在该对话框中可设置以哪种方式显示图像透明的部分，即设置透明区域的网格属性，包括网格的颜色、大小等。

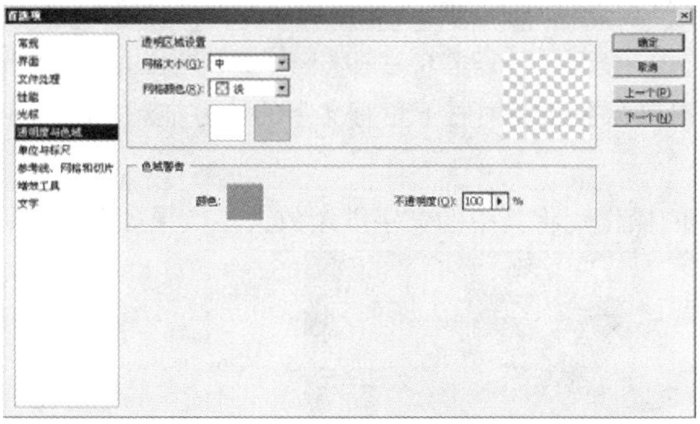

图 2.6.4　“透明度与色域”参数设置

2.7　应用实例——显示图像中的文字

实例分析

本例将实现放大图像显示文字效果，在制作过程中主要用到了放大镜工具、抓手工具等。要求掌握图像的打开，用放大镜将较小的文字显示出来等基本操作，其最终效果如图 2.7.1 所示。

图 2.7.1　原图与放大后效果

操作步骤

（1）选择 文件(F) → 打开(O)... 命令，打开一幅图像，如图 2.7.2 所示。

图 2.7.2　打开的图像

（2）单击工具箱中的“缩放工具”按钮，其属性栏设置如图 2.7.3 所示。

图 2.7.3　“缩放工具”属性栏

（3）设置完成后，单击鼠标在图像中右下角有文字的地方拖动出一个矩形虚线框，效果如图 2.7.4 所示。

（4）重复步骤（3）的操作，将其中的文字继续放大，效果如图 2.7.5 所示。

图 2.7.4　矩形虚线框

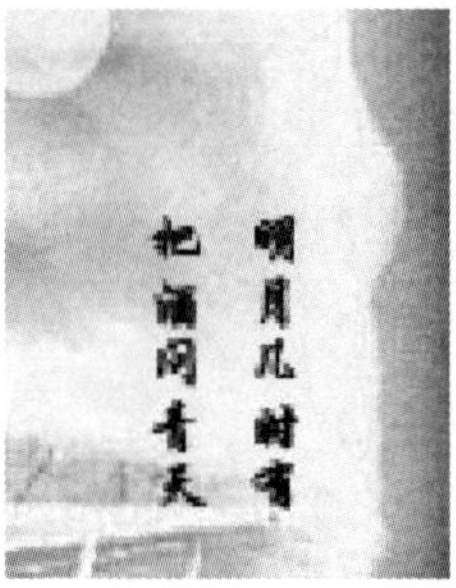

图 2.7.5　放大图像中文字的效果

（5）单击工具箱中的“抓手工具”按钮，其属性栏设置如图 2.7.6 所示。

图 2.7.6　“抓手工具”属性栏

（6）设置完成后，在图像窗口中单击鼠标进行拖动，将文字移动到图像窗口内显示出来，最终效果如图 2.7.1 所示。

2.8　自我检测

一、填空题

1．Photoshop CS4 的工作界面是由__________、__________、__________、__________、__________、

________和________组成的。

2. 在 Photoshop CS4 中新建文件时，可以选择________→________命令，或者按________键，都能弹出“新建”对话框。

3. 在默认设置下，________的原点位于图像的左上角，当鼠标在图像内移动时，用户可以清楚地看到鼠标所在位置的坐标值。

二、选择题

1. 按（　）键，即可退出 Photoshop CS4。

A. Alt+F4　　B. Alt+W

C. Ctrl+F4　　D. Ctrl+W

2. 若要隐藏或显示所有打开的面板和工具箱，可以通过按键盘上的（　）键来实现。

A. End　　B. Esc

C. Tab　　D. Caps Lock

3. 在“图像大小”对话框中可以（　）。

A. 修改图像的像素大小　　B. 修改图像的分辨率

C. 修改图像的运算属性　　D. 修改图像的文档大小

4. 按住“Ctrl”键双击 Photoshop 操作空间，将执行（　）。

A. “置入”操作　　B. “导出”操作

C. “新建”操作　　D. “打开”操作

5. 若要在 Photoshop CS4 中打开“新建”对话框新建文件，可按（　）键。

A. Ctrl+B　　B. Alt+N

C. Alt+B　　D. Ctrl+N

三、简答题

1. Photoshop CS4 的新增功能有哪些？

2. 使用“存储为”命令存储文件的作用是什么？

四、上机操作题

打开一幅图像，在其中将标尺、辅助线以及网格线显示出来，最终效果如题图 2.1 所示。

题图　2.1

2.9 知识问答

问：可否一次性打开多个文件？

答：可以一次性打开多个文件。在打开文件时，只要所打开的文件在一个文件夹中，只需要按住“Ctrl”键即可选择多个连续或者不连续的文件，如果所选文件是连续的，按“Shift”键点击第一个文件，然后再点击最后一个文件即可。

问：在 Photoshop CS4 中进行图像编辑和绘制图像时，为什么要显示网格线、标尺和参考线等辅助工具？

答：在进行图像编辑和绘制时主要用网格线和标尺来计算大概尺寸，方便查看具体尺寸；参考线在制图中起辅助作用，可以用来布局。

问：在绘图过程中显示的辅助线可以更改和消除吗？

答：在绘图过程中辅助线只是起到辅助作用，可以更改，也可以选择视图(V)→显示(H)→✔参考线(U)命令，可以将参考线隐藏，如果想再显示参考线，只需用同样的方法即可将参考线显示出来。

第3章 选区的创建与编辑

本章要点

- 图像选区的创建
- 编辑选区
- 选区的存储与载入

学习目标

在处理图像的过程中，绝大多数编辑操作都是在选区内进行的。本章将主要介绍简单选区的创建方法与编辑。

3.1 图像选区的创建

选区是指图像中由用户指定的一个特定的图像区域。创建选区后，绝大多数操作都只能针对选区内的图像进行。Photoshop CS4 中提供了多种创建选区的工具，如选框工具组、套索工具组、魔棒工具等。用户应熟练掌握这些工具的使用方法。

3.1.1 选框工具组

使用选框工具组是创建图像选区最基本的方法。选框工具组包括矩形选框工具、椭圆选框工具、单行选框工具与单列选框工具，主要用于创建简单的选区。

在工具箱中右键单击“矩形选框工具”按钮，可弹出隐藏的选框工具组，如图 3.1.1 所示。

1. 矩形选框工具

使用矩形选框工具可以创建矩形与正方形选区。单击工具箱中的“矩形选框工具”按钮，将鼠标光标移至图像窗口中需要的区域单击并按住鼠标左键拖动，即可创建矩形选区，如图 3.1.2 所示。

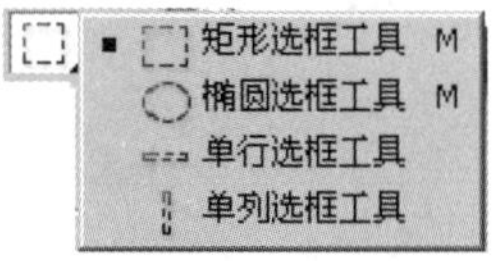

图 3.1.1 选框工具组

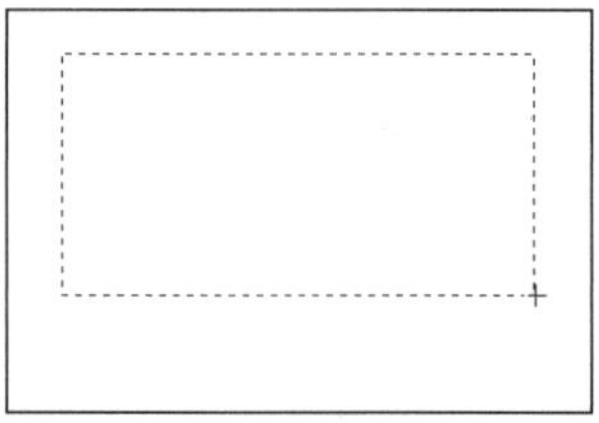

图 3.1.2 创建矩形选区

按住“Shift”键的同时在图像中拖动鼠标，可以创建正方形选区。

单击工具箱中的“矩形选框工具”按钮，其属性栏显示如图 3.1.3 所示。

图 3.1.3 “矩形选框工具”属性栏

在属性栏中提供了 4 种创建选区的方式，单击“新选区”按钮，在图像中单击后可清除已有的选区，拖动鼠标创建新选区；单击“添加到选区”按钮，可在图像中创建无数个不相交的选区，也可在已创建的选区基础上添加新的选区；单击“从选区中减去”按钮，在图像中创建选区时，即可从已有的选区中减去新创建的选区；单击“与选区交叉”按钮，在图像中创建选区时，即可将已有选区与新创建选区的相交（重合）部分保留。

在样式:下拉列表中提供了创建选区的 3 种样式。选择正常选项，可以不受任何约束，自由创建选区；选择固定长宽比选项，可以在宽度:与高度:输入框中输入数值，来设置矩形选区宽度与高度的比例。例如，想要绘制一个高是宽两倍的选区，可在高度:输入框中输入 2，在宽度:输入框中输入 1；选择固定大小选项，可在其后面的宽度:与高度:输入框中输入新选区的宽度与高度，创建新的选区。

在羽化: 0 px输入框中输入数值，可对选区进行羽化操作。

2. 椭圆选框工具

使用椭圆选框工具可以在图像中创建椭圆形与圆形选区。其操作很简单，只需要单击工具箱中的

“椭圆选框工具”按钮，在图像中按住鼠标左键并拖动即可创建椭圆选区，如图 3.1.4 所示，按住“Shift”键的同时在图像中拖动鼠标可以创建圆形选区。

椭圆选框工具与矩形选框工具属性栏的用法相同，只是椭圆选框工具多了一个☑消除锯齿复选框，选中此复选框，所选择的区域就具有了消除锯齿功能，在图像中选取的图像边缘会更平滑。这是因为 Photoshop 中的图像是由像素组成，而像素实际上是正方形的色块，因此在图像中的斜线或圆弧的部分就容易产生锯齿状态的边缘。分辨率越低，锯齿就越明显。选中☑消除锯齿复选框，Photoshop 会在锯齿之间填入介于边缘与背景的中间色调的色彩，使锯齿的硬边变得较为平滑。

3. 单行选框工具

单击工具箱中的“单行选框工具”按钮，在图像中单击鼠标左键，可创建 1 像素高的单行选区，如图 3.1.5 所示。其属性栏中只有选择样式可用，其用法与矩形选框工具相同。

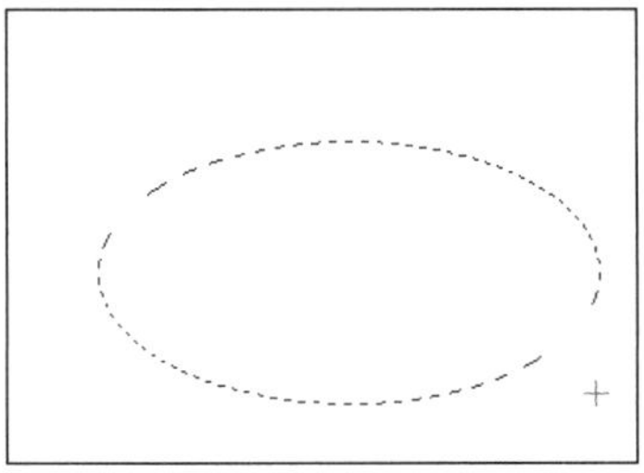

图 3.1.4　绘制椭圆选区

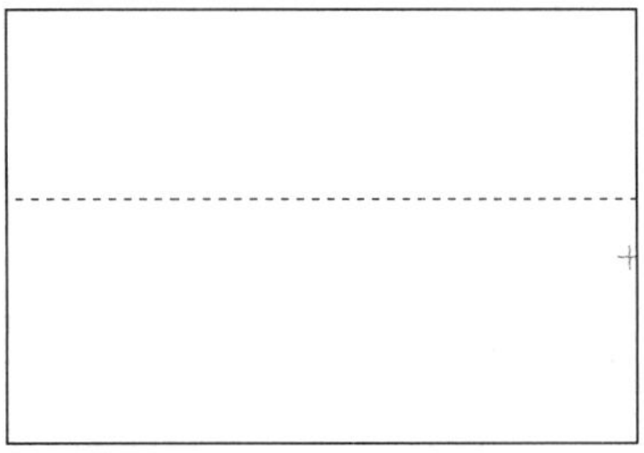

图 3.1.5　创建单行选区

4. 单列选框工具

单击工具箱中的“单列选框工具”按钮，在图像中单击鼠标左键，可创建 1 像素宽的单列选区，如图 3.1.6 所示，其属性栏与单行选框工具的完全相同。

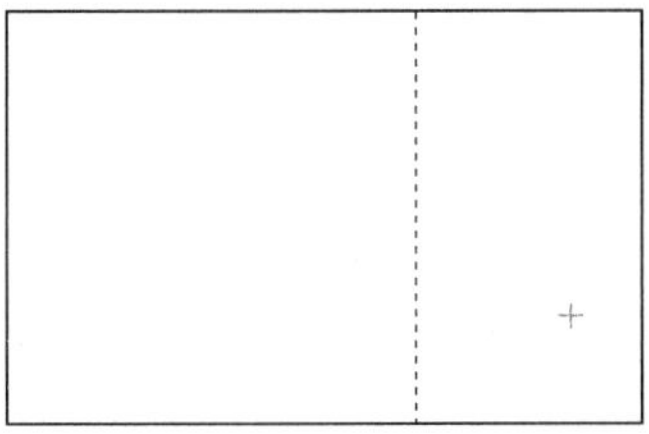

图 3.1.6　创建单列选区

3.1.2　套索工具组

套索工具组也是常用的创建选区工具，使用套索工具组中的工具可以创建不规则的选区。它包括套索工具、多边形套索工具与磁性套索工具，如图 3.1.7 所示。

图 3.1.7　套索工具组

1. 套索工具

使用套索工具可以选择不规则形状的曲线区域。其操作方法很简单，只需要在工具箱中单击“套索工具”按钮，移动鼠标指针到图像窗口中，然后按住鼠标左键拖动选择需要的区域，当鼠标指针回到选取的起点位置时释放鼠标左键，即可选择一个不规则的选区，如图 3.1.8 所示。

图 3.1.8　使用套索工具创建选区

提 示 Tips

如果选择的曲线终点未回到起点，则 Photoshop 会自动封闭未完成的选择区域。

套索工具也可以设置消除锯齿与羽化边缘的功能。选择套索工具后，其属性栏显示如图 3.1.9 所示，在此属性栏中可以设置各项参数。

图 3.1.9　“套索工具”属性栏

选中 ☑ 消除锯齿 复选框，可用来设置选区边缘的柔和程度。

在 羽化: 0 px 输入框中输入数值，可设置选区的边缘效果，使选区边界产生一个过渡段。

2. 多边形套索工具

使用多边形套索工具可以创建不规则形状的多边形选区，如三角形、梯形与五角星形等。创建时不必像使用套索工具那样，只需在工具箱中单击“多边形套索工具”按钮，将鼠标指针移到图像窗口中单击，以确定起始点，再移动鼠标指针到想改变选择区域方向的转折点处单击，当确定好全部的选择区域并回到起始点时，鼠标指针右下角会出现一个小圆圈，如图 3.1.10 所示，表示可以闭合此选择区域，然后单击鼠标左键即可完成选择选区操作，如图 3.1.11 所示。

图 3.1.10　用多边形套索工具选取

图 3.1.11　用多边形套索工具选取后的效果

提 示 Tips

用多边形套索工具时，如果选择的线段的终点没有回到起点，那么双击鼠标左键，Photoshop 就会自动连接起点与终点，成为一个封闭的选区。

使用多边形套索工具创建选区时，按住“Shift”键可以按水平、垂直或 45° 的方向绘制选区，如图 3.1.12 所示。

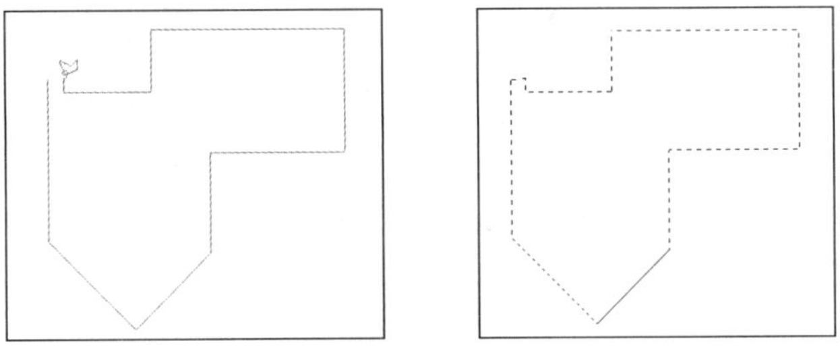

图 3.1.12 使用多边形套索工具按方向绘制选区

3. 磁性套索工具

使用磁性套索工具可以方便、准确、快速地跟踪图像中物体的边缘创建选区。使用磁性套索工具创建选区的方法如下：

（1）单击工具箱中的“磁性套索工具”按钮。

（2）移动鼠标指针到图像窗口中，单击鼠标左键确定选区的起点，然后沿着要选择的物体边缘移动鼠标指针，当选区终点回到起点时，鼠标指针右下角会出现一个小圆圈，此时单击鼠标左键，即可准确完成选区的创建，如图 3.1.13 所示。

图 3.1.13 使用磁性套索工具创建选区

在磁性套索工具属性栏中可以设置其他相关的参数，如图 3.1.14 所示。

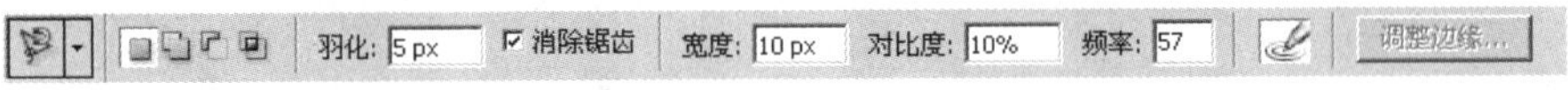

图 3.1.14 “磁性套索工具”属性栏

在宽度:输入框中输入数值，可设置磁性套索工具在选取时指定检测的边缘宽度。其取值范围在 1～256 像素之间，值越小，检测越精确。

在对比度:输入框中输入数值，可设置选取时的边缘反差。取值范围在 1%～100%之间。值越大，反差越大，选取的范围越精确。

在频率:输入框中输入数值，可设置选取时的定点数。在创建选区的过程中，路径上产生了很多节点，这些节点起到了定位的作用。其取值范围在 1～100 之间，值越大，则产生的节点越多。

3.1.3 魔棒工具

魔棒工具用于选择颜色相同或相近的区域。单击工具箱中的“魔棒工具”按钮，用鼠标在图像中单击，Photoshop 将会根据单击处的颜色选择与此处相同和相近的颜色区域，选择的效果如图

3.1.15 所示。

图 3.1.15　使用魔棒工具创建选区

使用魔棒工具创建选区时，也可以通过更改属性栏中相应的参数来改变选择相似的颜色范围，其属性栏显示如图 3.1.16 所示。

图 3.1.16　“魔棒工具”属性栏

在容差:输入框中输入数值，可设置选取颜色时的容差。默认容差值为 32，其取值范围为 0～255 之间的数值，输入的值越大，则选取的颜色范围越相近，选取的范围也就越小。

选中☑消除锯齿复选框，可设置所选区域是否具备消除锯齿的功能。

选中☑连续复选框，表示只能选中单击处邻近区域中的相同像素；如果不选中此复选框，则能够选中符合该像素要求的所有区域，如图 3.1.17 所示。在默认情况下，该复选框是被选中的。

☑对所有图层取样复选框：用于具有多个图层的图像。如果未选中此复选框，则魔棒工具只对当前选中的图层起作用；如果选中此复选框，即可选取所有层中相近的颜色区域。

图 3.1.17　选中与未选中“连续”复选框时创建的选区

3.2　编 辑 选 区

创建好选区后，经常需要对创建的选区进行编辑修改，以符合选取要求。Photoshop CS4 提供了多条命令，可对选区进行扩大、缩小、旋转等操作。

3.2.1　常用的选择命令

在 Photoshop CS4 中，经常会用到的选择操作有：全选、重新选择、反选和取消选择。

（1）全选：选择菜单栏中的选择(S)→全部(A)命令，或按快捷键“Ctrl+A”，可以选择整个图像范围。

（2）重新选择：选择菜单栏中的选择(S)→重新选择(E)命令，或按快捷健“Shift+Crtl+D”，可以重新选择已经取消的选区。

（3）反选：选择菜单栏中的选择(S)→反向(I)命令，或按快捷键“Shift+Ctrl+I”，可以对刚创建的选区进行反向选取。

（4）取消选择：选择菜单栏中的选择(S)→取消选择(D)命令，或按快捷键“Ctrl+D”，可以取消已创建的选区。

3.2.2 选区的修改

选区的修改就是对选区的边缘进行扩边、平滑、扩展、收缩等操作。利用修改命令，可以自如地对选区的边缘进行修改操作。

在菜单栏中选择选择(S)→修改(M)命令，弹出修改子菜单，如图 3.2.1 所示。

图 3.2.1 修改子菜单

修改子菜单中的命令说明如下：

边界：该命令用于对选区的边缘进行扩展。选择该命令，即可弹出“边界”对话框，用户可在该对话框中的宽度(W):文本框中输入数值确定边界的扩展程度，数值越大，边界扩展的程度越大，如图 3.2.2 所示。

图 3.2.2 图像选区边界的扩展

平滑：该命令用于消除选区边缘的锯齿，平滑选区边缘。选择该命令，弹出“平滑”对话框，可在该对话框中的取样半径(S):文本框中输入数值确定边界的平滑程度，数值越大，边界越平滑，如图 3.2.3 所示。

图 3.2.3 图像选区的平滑

扩展：该命令用于扩大创建的选区。选择该命令，弹出“扩展”对话框，可在该对话框中的扩展量(E):文本框中输入数值确定扩展的程度，数值越大，选区扩展的程度就越大，如图 3.2.4 所示。

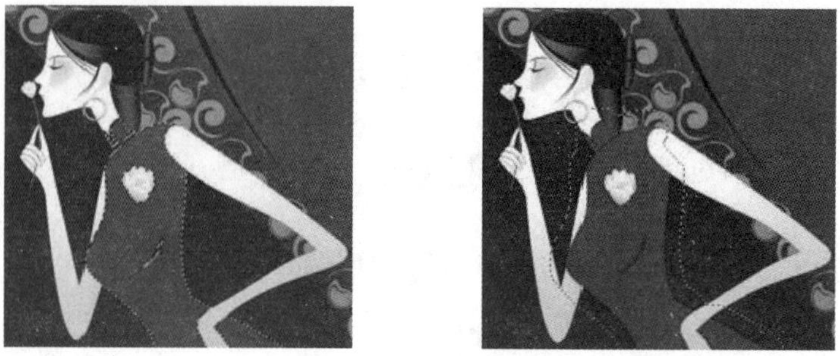

图 3.2.4 图像选区的扩展

收缩：该命令用于缩小创建的选区。选择该命令，弹出“收缩”对话框，可在该对话框中的收缩量(C):文本框中输入数值确定收缩的程度，数值越大，选区收缩的程度越大，如图 3.2.5 所示。

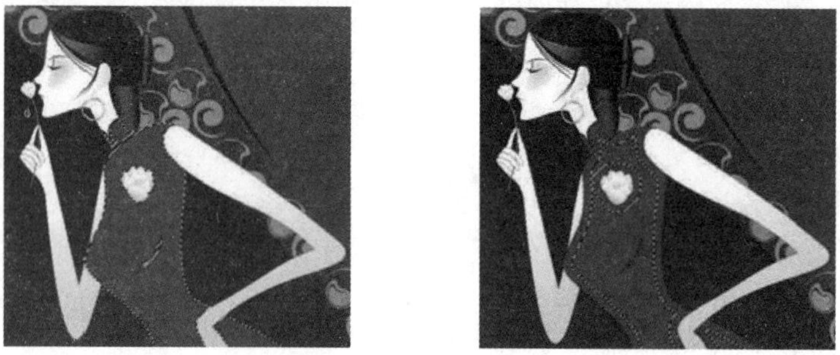

图 3.2.5 图像选区的收缩

3.2.3 选区的自由变换

在 Photoshop CS4 中，不仅可以对图像的选区进行扩展、收缩等操作，还可以对选区进行旋转、斜切、扭曲等变形操作。

选择菜单栏中的选择(S)→变换选区(T)命令，图像选区周围出现一个调节框，如图 3.2.6 所示。此时，在属性栏位置出现自由变换属性栏，如图 3.2.7 所示。

W: 100.0% H: 100.0%：用户可以在文本框中输入数值，设定宽度和高度的缩放比例。

图 3.2.6 图像选区调节框

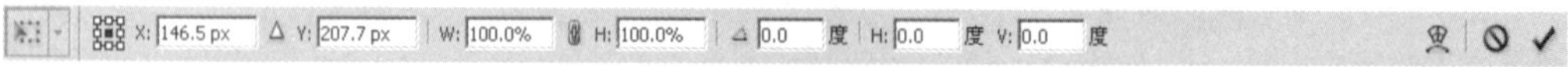

图 3.2.7 “自由变换”属性栏

0.0 度：用户可以在该文本框中输入数值，设定旋转的角度。

H: 0.0 度 V: 0.0 度：用户可以在文本框中输入数值，设定水平斜切和垂直斜切的角度。

：单击该按钮，可以在自由变换和变形模式之间切换，如图 3.2.8 所示。

：单击该按钮，表示取消对选区的自由变换。

：单击该按钮，表示确认对选区的自由变换。

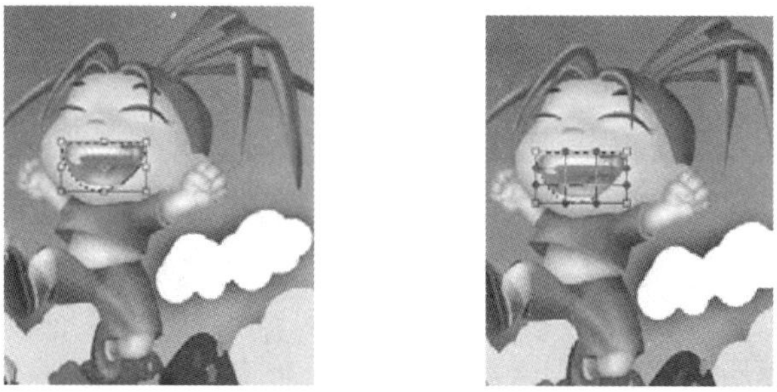

图 3.2.8　选区的自由变换模式和变形模式

除了可以在属性栏中输入数值来设置自由变换的属性外，还可以直接在图像中拖动鼠标，对图像进行自由变换。其具体操作如下：

（1）将鼠标移动至选区调节框中的调节点处，当光标显示为 ↻ 形状时，拖动鼠标即可旋转选区，如图 3.2.9 所示。

（2）将鼠标移动至选区调节框中的调节点处，当光标显示为 ⤢ 形状时，可对图像的选区进行任意缩放，如图 3.2.10 所示。

图 3.2.9　选区的旋转

图 3.2.10　选区的缩小

技 巧 Tips

在对图像选区进行缩放的同时按住“Alt”键，可将图像按比例缩放。

（3）按住“Ctrl+Shift”键，将鼠标光标移动至选区调节框中的调节点处，可对图像的选区进行水平方向或垂直方向的斜切变形，如图 3.2.11 所示。

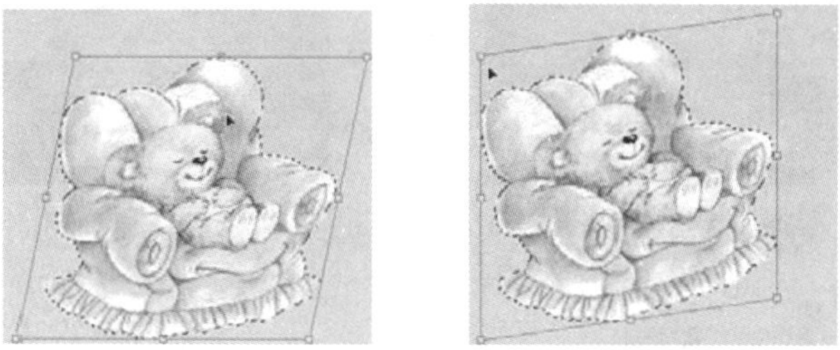

图 3.2.11　图像选区的水平斜切和垂直斜切

（4）按住“Ctrl”键，将鼠标光标移动至选区调节框中的调节点处，可对图像的选区进行任意扭曲变形，如图 3.2.12 所示。

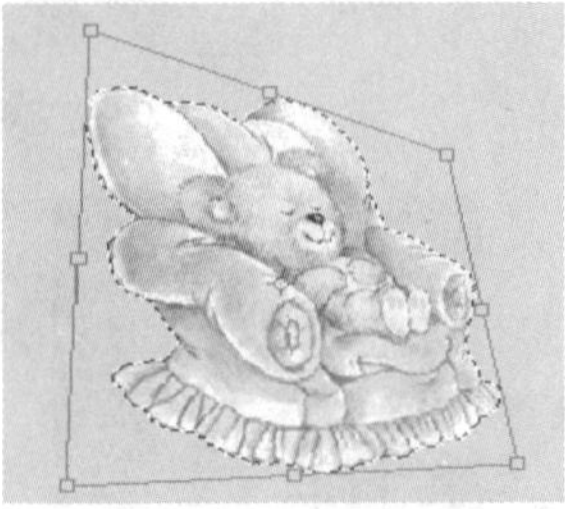

图 3.2.12　图像选区的扭曲

（5）按住“Ctrl+Shift+Alt”键，将鼠标光标移动至调节框中的调节点处，可以对图像的选区进行水平方向或垂直方向的扭曲变形，如图 3.2.13 所示。

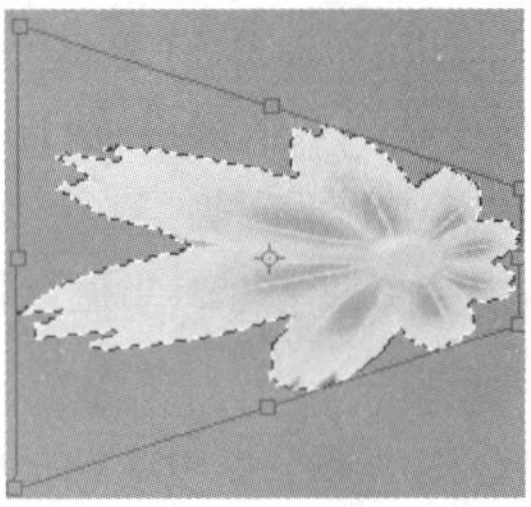

图 3.2.13　图像选区的水平扭曲和垂直扭曲

技 巧 Tips

可以选择 编辑(E) → 自由变换(F) 命令，或按“Ctrl+T”快捷键对选区进行自由变形。

3.2.4　选区的扩大和羽化

在运用选择工具创建选区后，有时需要扩大选区、羽化选区，下面具体介绍其操作方法。

1. 扩大选区

（1）选择 选择(S) → 扩大选取(G) 命令，即可对已创建的选区进行扩大，扩大的原则是选取与原选区连续的、色彩值相近的颜色区域，如图 3.2.14 所示。

图像原选区

扩大后的选区

图 3.2.14　利用扩大选取命令扩大选区

（2）选择 选择(S) → 选取相似(R) 命令，也可以对图像原选区进行扩大，扩大的原则是对整幅图像中颜色相似的范围进行选取，如图 3.2.15 所示。

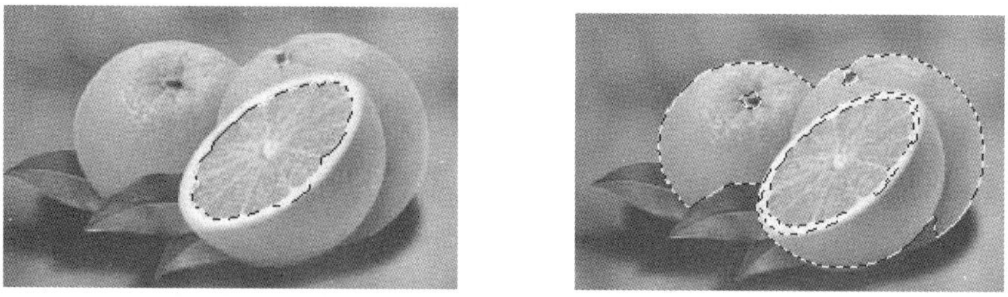

图像原选区　　扩大后的选区

图 3.2.15　使用选取相似命令扩大选区

2．羽化选区

选择 选择(S) → 修改(M) → 羽化(F)... 命令，弹出“羽化选区”对话框，用户可以在其中的 羽化半径(R): 文本框中输入数值确定羽化的数量。设置好羽化半径后，单击 确定 按钮，即可完成图像选区的羽化处理，如图 3.2.16 所示。

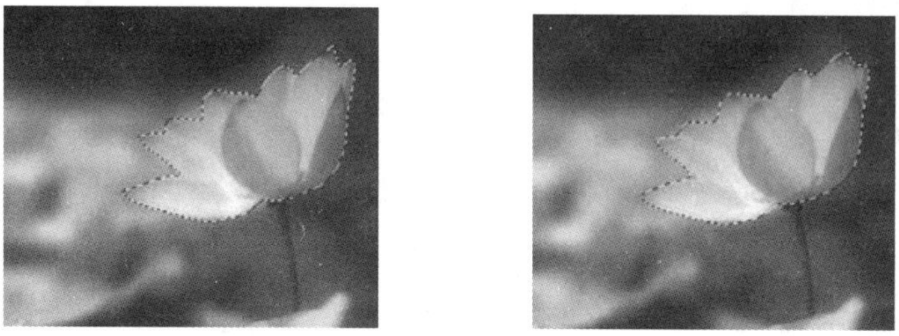

原选区　　羽化后的选区

图 3.2.16　图像选区的羽化

3.2.5　选区的复制和粘贴

利用 编辑(E) 菜单中的 拷贝(C) 和 粘贴(P) 命令可对选区内的图像进行复制或粘贴。具体的操作方法如下：

（1）打开一幅图像，并为需要复制的图像部分创建选区，如图 3.2.17 所示，然后按“Ctrl+C”键复制选区内的图像。

（2）按“Ctrl+V”键粘贴选区内图像，再单击工具箱中的“移动工具”按钮，将粘贴的图像移动到目标位置，效果如图 3.2.18 所示。

图 3.2.17　创建选区效果

图 3.2.18　粘贴并移动图像

另外，用户也可同时打开两幅图像，将其中一幅图像中的内容复制并粘贴到另外一幅图像中，其操作步骤和在一幅图像中的操作方法相同，这里不再重述。

技巧 Tips

在图像中需要复制图像的部分创建选区，然后在按住“Alt”键的同时利用移动工具移动选区内的图像，可快速复制并粘贴图像。

3.2.6　填充选区

利用填充命令可以在创建的选区内部填充颜色或图案。下面通过一个例子介绍填充命令的使用方法。具体的操作步骤如下：

（1）按“Ctrl+N”键，新建一幅图像文件，然后单击工具箱中的“椭圆选框工具”按钮，在新建图像中创建一个椭圆选区，效果如图 3.2.19 所示。

（2）选择 编辑(E) → 填充(L)... 命令，弹出“填充”对话框，如图 3.2.20 所示。

图 3.2.19　新建图像并创建选区

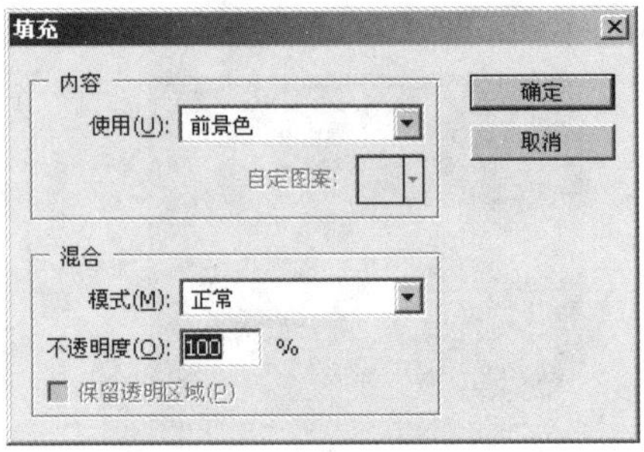

图 3.2.20　“填充”对话框

（3）在 使用(U): 下拉列表中可以选择填充时所使用的对象。

（4）在 自定图案: 下拉列表中可以选择所需要的图案样式。该选项只有在 使用(U): 下拉列表中选择“图案”选项后才能被激活。

（5）在 模式(M): 下拉列表中可以选择填充时的混合模式。

（6）在 不透明度(O): 文本框中输入数值，可以设置填充时的不透明程度。

（7）设置完成后，单击 确定 按钮即可填充选区。如图 3.2.21 所示为使用前景色和图案填充选区的效果。

图 3.2.21　填充选区效果

3.2.7　描边选区

利用描边命令可以为创建的选区进行描边处理。下面通过一个例子来介绍描边命令的使用方法。具体的操作步骤如下：

（1）以如图 3.2.19 所示的选区为基础，选择编辑(E)→描边(S)...命令，弹出“描边”对话框，如图 3.2.22（a）所示。

（2）在宽度(W):文本框中输入数值，设置描边的边框宽度。

（3）单击颜色:后的颜色框，可从弹出的“拾色器”对话框中选择合适的描边颜色。

（4）在位置选项区中可以选择描边的位置，从左到右分别为位于选区边框的内边界、边界中和外边界。

（5）设置完成后，单击确定按钮，即可对创建的选区进行描边，效果如图 3.2.22（b）所示。

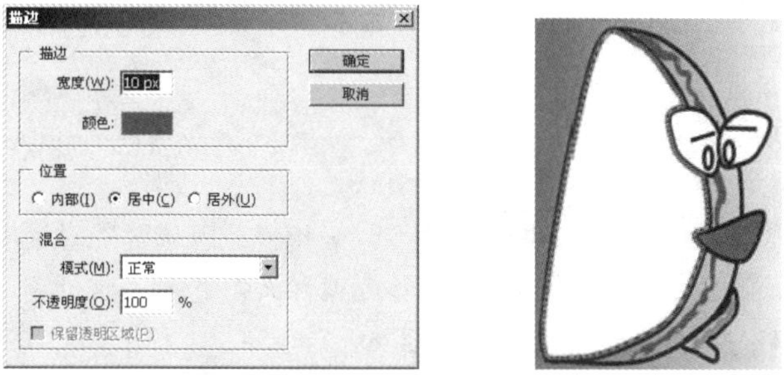

（a）　（b）

图 3.2.22　描边选区

3.2.8　取消选区

在编辑过程中，当不需要某个选区时，可以将其取消。取消选区常用的方法有以下几种：

（1）选择选择(S)→取消选择(D)命令取消选区。

（2）按“Ctrl+D”键，也可以取消选区。

（3）若当前使用的是选取工具，在选区外任意位置单击鼠标即可取消选区。

（4）用鼠标右键单击图像中的任意位置，在弹出的快捷菜单中选择“取消选择”命令取消选区。

3.3　选区的存储与载入

在 Photoshop CS4 中，可以方便地将已经创建好的选区存储起来，以备再次调用。

3.3.1　选区的存储

选择菜单栏中的选择(S)→存储选区(V)...命令，弹出“存储选区”对话框，如图 3.3.1 所示。

文档(D):：该选项用于选择选区存储的位置，如果在 Photoshop CS4 中同时打开几个图像，则可以通过单击其右侧的下拉按钮▼，选择不同的文件存储；用户也可以新建一个文件，用来存储选区。

通道(C):：该选项用于选择一个通道来存放选区，默认情况下，新建一个通道来存储选区。

名称(N):：用户可以在其右侧的文本框中输入名称来识别存储的选区。

设置好以上参数后，单击确定按钮，即可将创建好的选区在通道中存储起来，如图 3.3.2 所示。

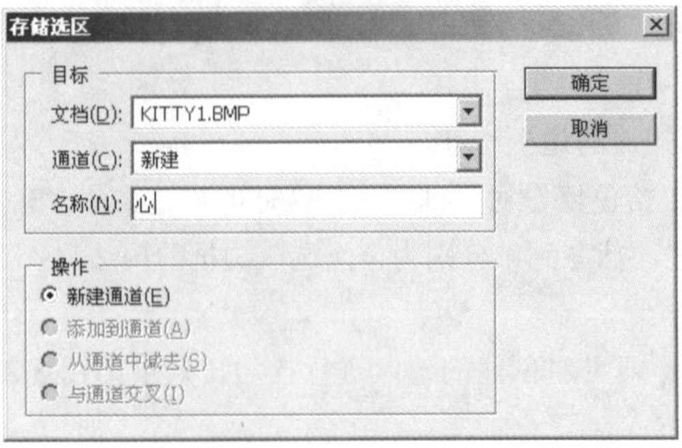

图 3.3.1 “存储选区”对话框

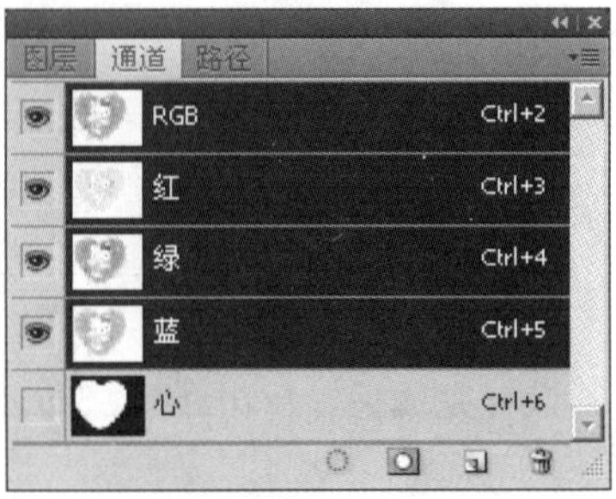

图 3.3.2 存储选区效果

3.3.2 选区的载入

选择菜单栏中的 选择(S) → 载入选区(L)... 命令，弹出“载入选区”对话框，如图 3.3.3 所示。该对话框与“存储选区”对话框基本相似，各选项含义如下：

文档(D)：该选项用于选择已存储选区的存储位置。

通道(C)：该选项用于选择已存储选区的通道。

反相(V)：该选项用于选区的反转，即将载入的原选区进行反转操作。

新建选区(N)：选中该单选按钮表示将载入的选区新建为一个单独的选区。

添加到选区(A)：选中该单选按钮表示将载入的选区添加到原选区中去。

从选区中减去(S)：选中该单选按钮表示将载入的选区从原选区中减去。

与选区交叉(I)：选中该单选按钮表示选择原选区和新载入选区的交叉部分，使其成为一个新选区。

设置好以上参数后，单击 确定 按钮，即可载入存储的选区，如图 3.3.4 所示。

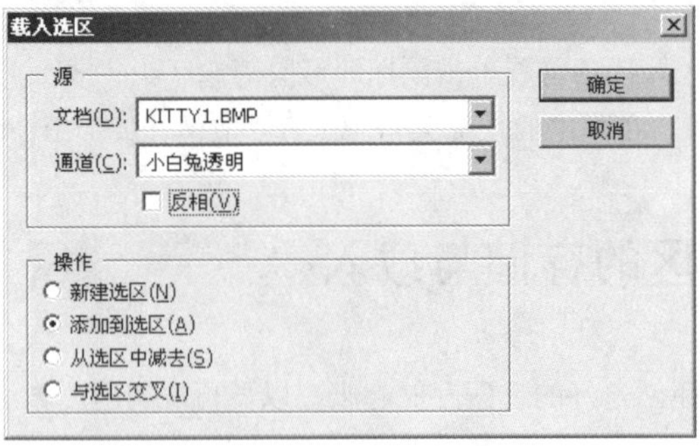

图 3.3.3 “载入选区”对话框

图 3.3.4 载入的选区

3.4 应用实例——绘制月牙效果

实例分析

本例将使用椭圆选框工具和羽化命令等绘制月牙效果，如图 3.4.1 所示。

图 3.4.1　绘制月牙最终效果图

操作步骤

（1）按“Ctrl+O”键，打开一幅图像，如图 3.4.2 所示。

图 3.4.2　打开的图像

（2）单击工具箱中的“椭圆选框工具”按钮，其属性栏如图 3.4.3 所示。

图 3.4.3　“椭圆选框工具”属性栏

（3）设置完成后，在打开的图像中绘制如图 3.4.4 所示的选区。

（4）选择 选择(S) → 变换选区(T) 命令，旋转选区，效果如图 3.4.5 所示。

图 3.4.4　绘制选区

图 3.4.5　旋转选区效果

（5）按“Enter”键确认变换操作，选择 选择(S) → 修改(M) → 羽化(F)... 命令，弹出“羽化选区”对话框，设置参数如图 3.4.6 所示。

（6）设置完成后，单击 确定 按钮，在工具箱中将前景色设置为黄色（R：245，G：248，B：12），然后按“Alt+Delete”键填充选区，效果如图 3.4.7 所示。

图 3.4.6 “羽化选区”对话框

图 3.4.7 填充羽化选区效果

（7）按“Ctrl+D”键，取消选区，最终效果如图 3.4.1 所示。

3.5 自 我 检 测

一、填空题

1．使用__________命令可以对当前选区的边角进行圆滑处理，使选区变得平滑且连续。

2．__________是通过创建选区与其周边像素的过渡边界，使边缘模糊，产生融合的效果。

3．套索工具包括__________、__________和__________。

4．选框工具包括__________、__________、__________和__________。

5．使用__________工具可以选择图像内色彩相同或相近的区域。

6．选择__________命令，可使变换框在保持原矩形的情况下，调整选区的尺寸和长宽比例。按住__________键拖动变换框，则可按比例缩放。

二、选择题

1．精确调整选区的命令包括（　）种。

A．5　　B．4

C．3　　D．2

2．使用（　）命令可以在当前选区的基础上创建一个环状的选区。

A．收缩　　B．反选

C．边界　　D．扩展

3．使用椭圆选框工具绘制选区时，按住（　）键可绘制圆形选区。

A．Shift　　B．Ctrl

C．Shift+Alt　　D．Alt

4．执行羽化选区命令的快捷键是（　）。

A．Ctrl+D　　B．Ctrl+Shift+D

C．Ctrl+A　　D．Ctrl+Alt+D

三、简答题

1. 如何对选区进行羽化操作？
2. 如何使用磁性套索工具创建选区？

四、上机操作题

1. 打开如题图 3.1 所示的图像，练习使用本章所学的内容选取其中的铅笔及铅笔盒图像。
2. 练习通过选区功能绘制如题图 3.2 所示的图像。

题图 3.1

题图 3.2

3.6 知识问答

问：什么是消除锯齿？

答：消除锯齿是通过软化边缘像素与背景像素之间的颜色过渡效果，使选区的锯齿状边缘平滑。由于只有边缘像素发生变化，因此不会丢失细节。消除锯齿在剪切、复制和粘贴选区以创建复合图像时非常有用。

消除锯齿适用于套索工具、多边形套索工具、磁性套索工具、椭圆选框工具和魔棒工具，选择工具可显示该工具的选项栏。

值得注意的是使用这些工具之前必须指定该选项。建立了选区后，将无法添加消除锯齿功能。

问：如何使用快速选择工具选择？

答：使用快速选择工具可以利用可调整的圆形画笔笔尖快速“绘制”选区。拖动时，选区会向外扩展并自动查找和跟随图像中定义的边缘。在选项栏中指定一个选区选项：“新建”、“添加到”和“相减”。“新建”是在未选择任何选区的情况下的默认选项。创建初始选区后，此选项将自动更改为“添加到”。要更改快速选择工具的画笔笔尖大小，请单击选项栏中的“画笔”菜单并键入像素大小或移动“直径”滑块。使用“大小”弹出菜单选项，使画笔笔尖大小随钢笔压力或光笔轮而变化。

在建立选区时，按右方括号键“]”可增大快速选择工具画笔笔尖的大小；按左方括号键“[”可减小快速选择工具画笔笔尖的大小。

问：怎样移动选区与移动选区内容？

答：使用选区工具创建选区后，当鼠标指针变成形状时，可以直接按下鼠标拖动选区到任意地方，或者直接按键盘上的方向键移动选区；按住 Ctrl 键当鼠标指针变成形状拖动选区时，可以将选区内的图像移动。

问：怎样创建任意形状的选区？

答：使用套索工具可以选择不规则形状的曲线区域。其操作方法很简单，只须在工具箱中单击“套索工具”按钮，移动鼠标指针到图像窗口中，然后按住鼠标左键拖动选择需要的区域，当鼠标指针回到选取的起点位置时释放鼠标左键，即可创建任意形状的选区。

问：魔棒工具的作用是什么？

答：在 Photoshop 中使用魔棒工具可以为图像中颜色相同或相近的像素创建选区。魔棒工具用来快速创建图像颜色相近像素的选区，在实际工作中使用魔棒工具在图像某个颜色像素上单击鼠标，系统会自动创建该像素的选区，既可节省时间，又可以得到意想不到的效果。

第4章 图像的描绘与修饰

本章要点

- 选择颜色
- 图像的描绘
- 图像的填充
- 图像的擦除
- 图像的修饰

学习目标

在 Photoshop CS4 中的绘图指的是通过相应的工具在文件中重新创建的图像，被绘制的图像之前是不存的；修饰图像指的是在原来的图像基础上对其进行加工和修正，将瑕疵部位修复。

4.1　选择颜色

Photoshop 提供了多种绘图工具。使用这些绘图工具绘制图像时，必须先选取一种绘图颜色，然后才能顺利地绘制所需的图像效果。因此，对于 Photoshop 绘图来说，颜色的设置是绘图的关键。本节主要介绍颜色的各种设置方法。

4.1.1　前景色和背景色

Photoshop CS4 中设置颜色，主要通过工具箱中的前景色与背景色来完成。前景色与背景色显示在工具箱中的下半部分，如图 4.1.1 所示。在默认情况下，前景色为黑色，背景色为白色。

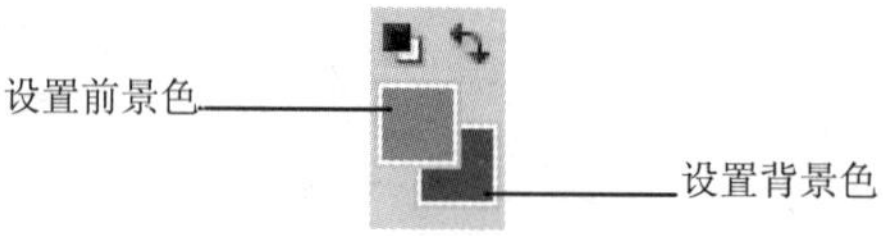

图 4.1.1　前景色与背景色设置

单击左上角的图标，可将前景色与背景色设置为默认的黑色与白色；单击右上角的图标，可以切换前景色与背景色。

前景色可用于显示和设置当前所选绘图工具所使用的颜色，背景色可显示和设置图像的底色。设置背景色后，并不会立刻改变图像的背景色，只有在使用了与背景色有关的工具时，才会按背景色的设定来执行。比如，使用橡皮擦工具擦除图像时，其擦除的区域将会以背景色填充。

如果要重新设置前景色与背景色，可直接在工具箱中单击前景色图标或背景色图标，即可弹出**拾色器**对话框，从中可以选择前景色或背景色。

在此对话框中沿滑杆拖动三角形滑块或直接在颜色滑杆上单击所需的颜色区域，即可选择指定的颜色，也可在对话框右侧的 4 种颜色模式输入框中输入数值来设置前景色与背景色。例如，要在 RGB 模式下设置颜色，只须在 R，G，B 输入框中输入数值即可。

单击 确定 按钮，即可用所选择的颜色来改变前景色或背景色。

4.1.2　使用颜色面板

利用 颜色 面板选择颜色，与在**拾色器**对话框中选择颜色是一样的，都可方便、快速地设置前景色或背景色，并且可以选择不同的颜色模式进行选色。选择菜单栏中的 窗口(W) → **颜色** 命令，可打开颜色面板。在默认情况下，颜色面板显示着 RGB 颜色模式的滑块，如图 4.1.2 所示。

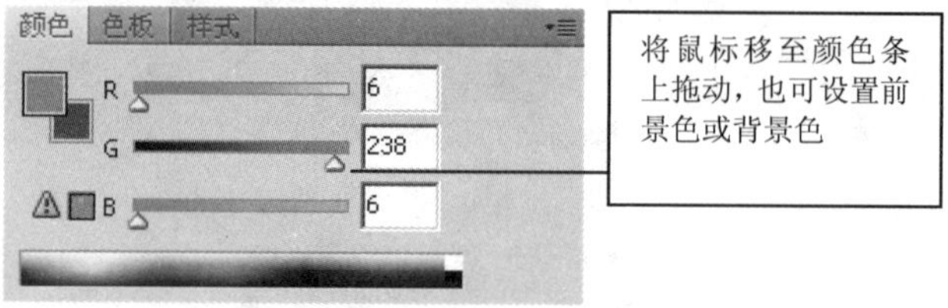

图 4.1.2　颜色面板

在此面板中单击“设置前景色”图标或“设置背景色”图标，当其周围出现双线框时，表示其前景色或背景色被选中，然后在颜色滑杆上拖动三角滑块来设置前景色与背景色。如果周围出现双线框时，继续单击“设置前景色”图标或“设置背景色”图标，将会弹出拾色器对话框。

在不同的色彩模式下，此面板中的颜色滑块数量与类型也不一样。如果需要改变当前的色彩模式，可在此面板右上角单击按钮，弹出颜色面板菜单，如图 4.1.3 所示。

在此菜单中可以选择不同色彩模式的滑块，例如选择RGB 滑块命令，此时颜色面板显示如图 4.1.4 所示。

图 4.1.3　颜色面板菜单

图 4.1.4　颜色面板中的 RGB 模式

颜色条位于颜色面板的最下部，默认情况下，颜色条上显示着色谱中的所有颜色。在颜色条上单击某区域，即可选择某区域的颜色。

4.1.3　色板面板

利用 Photoshop CS4 提供的色板面板，也可快速、方便地设置前景色与背景色。此面板中的颜色都是预先设置的，可以直接选取使用。选择菜单栏中的窗口(W)→色板命令，可打开如图 4.1.5 所示的面板。

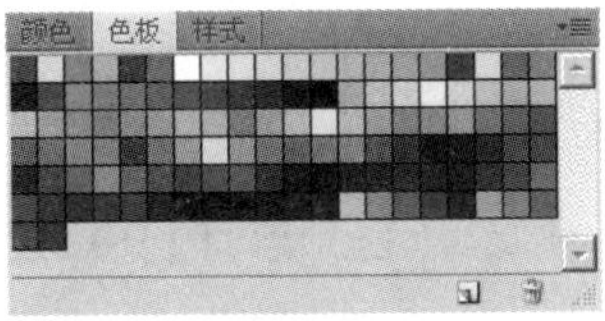

图 4.1.5　色板面板

选择某一个预设的颜色块，即可快速将前景色与背景色改变，也可以将设置的前景色与背景色添加到“色板”面板中或删除此面板中的颜色。具体操作如下：

如果要在此面板中添加颜色块，可将光标移至色块中的空白区域，此时光标变成油漆桶形状，如图 4.1.6 所示，单击可弹出色板名称对话框，如图 4.1.7 所示。

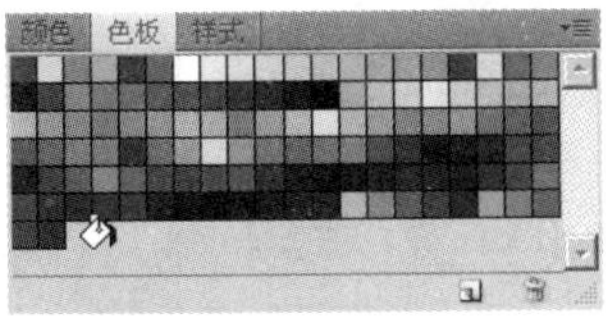

图 4.1.6　添加颜色块

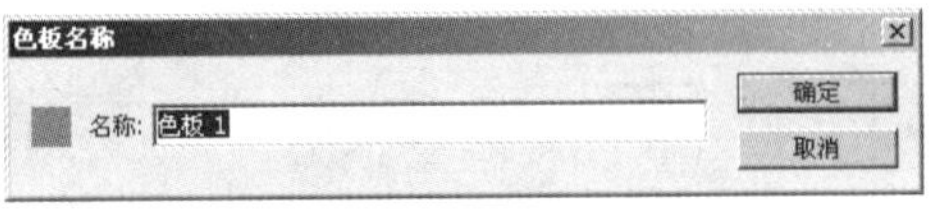

图 4.1.7　“色板名称”对话框

单击确定按钮，即可将当前的前景色添加到色板面板中。

如果要删除色板面板中的某个颜色块，按住鼠标将需要删除的颜色块拖至底部的“删除色板”按钮上即可，也可在需要删除的色块上单击鼠标右键，从弹出的快捷菜单中选择删除色板命令。

在色板面板右上角单击按钮，可弹出此面板菜单，从弹出的菜单中选择相应的命令对色板进行复位、存储、载入以及替换等操作。

4.1.4 使用吸管工具选取颜色

使用吸管工具可以直接在图像区域中进行颜色采样，并将采样颜色显示在前景色色块中。

单击工具箱中的“吸管工具”按钮，将鼠标移至图像中需要选取颜色的区域上单击，如图 4.1.8 所示，就可完成采样工作。

使用吸管工具时，也可设置其属性栏中的参数，其属性栏如图 4.1.9 所示。

图 4.1.8 使用吸管工具选取颜色

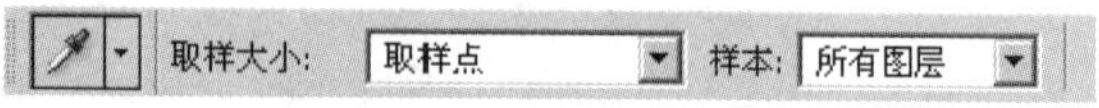

图 4.1.9 “吸管工具”属性栏

单击取样大小:下拉列表，在此下拉列表中提供了 3 种选取颜色的方式。

选择取样点选项，表示吸取样点的范围为 1 个像素。

选择3 x 3 平均选项，表示吸取样点的范围为 9 个像素色彩的平均值。

选择5 x 5 平均选项，表示吸取样点的范围为 25 个像素色彩的平均值。

选择11 x 11 平均选项，表示吸取样点的范围为 121 个像素色彩的平均值。

选择31 x 31 平均选项，表示吸取样点的范围为 961 个像素色彩的平均值。

选择51 x 51 平均选项，表示吸取样点的范围为 2 601 个像素色彩的平均值。

选择101 x 101 平均选项，表示吸取样点的范围为 10 201 个像素色彩的平均值。

4.2 图像的描绘

描绘工具是使用前景色描绘图像的，因此在描绘前应该先设置好前景色，然后再使用描绘工具对图像进行描绘处理。本节具体介绍几种描绘工具的使用方法。

4.2.1 画笔工具

利用画笔工具可使图像产生用画笔绘制的效果。单击工具箱中的“画笔工具”按钮，其属性栏如图 4.2.1 所示。

图 4.2.1 “画笔工具”属性栏

单击右侧的按钮，可以在打开的预设画笔面板（见图 4.2.2）中设置画笔的类型及大小。

在模式:下拉列表中可以选择绘图时的混合模式，在其中选择不同的选项可以使利用画笔工具画出的线条产生特殊的效果。

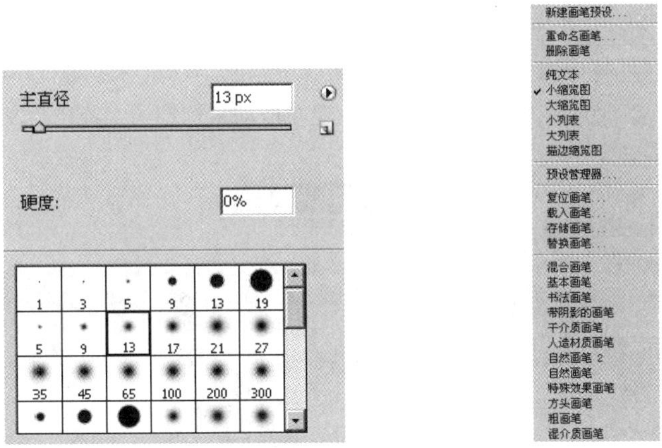

图 4.2.2　预设画笔面板

在不透明度:文本框中输入数值可设置绘制图形的不透明程度。

在流量:文本框中输入数值可设置画笔工具绘制图形时的颜色深浅程度，数值越大，画出的图形颜色就越深。

单击按钮，在绘制图形时，可以启动喷枪功能。

单击按钮，可打开“画笔”面板，如图 4.2.3 所示，在此面板中可以更加灵活地设置笔触的大小、形状及各种特殊效果。

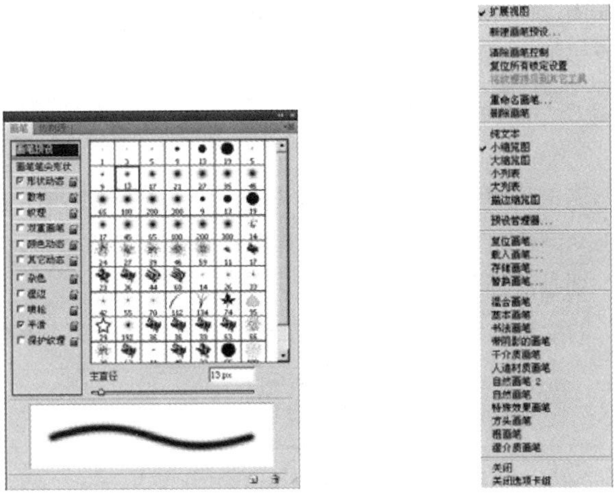

图 4.2.3　“画笔”面板

（1）选择画笔笔尖形状选项，可以设置笔触的形状、大小、硬度以及间距等参数。

（2）选中☑形状动态复选框，可以设置笔尖形状的抖动大小和抖动方向等参数。

（3）选中☑散布复选框，可以设置以笔触的中心为轴向两边散布的数量和数量抖动的大小。

（4）选中☑纹理复选框，可以设置画笔的纹理，在画布上用画笔工具绘图时，会出现该图案的轮廓。

（5）选中☑双重画笔复选框，可使用两个笔尖创建画笔笔迹，还可以设置画笔形状、直径、数量和间距等参数。

（6）选中☑颜色动态复选框，可以随机地产生各种颜色，并且可以设置饱和度等各种抖动幅度。

（7）选中☑其它动态复选框，可以调整不透明度抖动和流量抖动的幅度。

（8）☑杂色、☑湿边、☑喷枪、☑平滑、☑保护纹理等复选框也可以用来设置画笔属性，但没有参数设置选项，只要选中复选框即可。

在“画笔工具”属性栏中设置好选项后，在图像中来回拖动鼠标可进行绘画，若要绘制直线，可用鼠标在图像中单击确定起点，然后按住“Shift”键并拖动鼠标即可。若在绘制时将画笔工具做喷枪，则按住鼠标左键（不拖动）可增大颜色量。

如图 4.2.4 所示为在“画笔”面板中选择画笔笔尖形状选项，并设置适当的参数后绘制的图形。

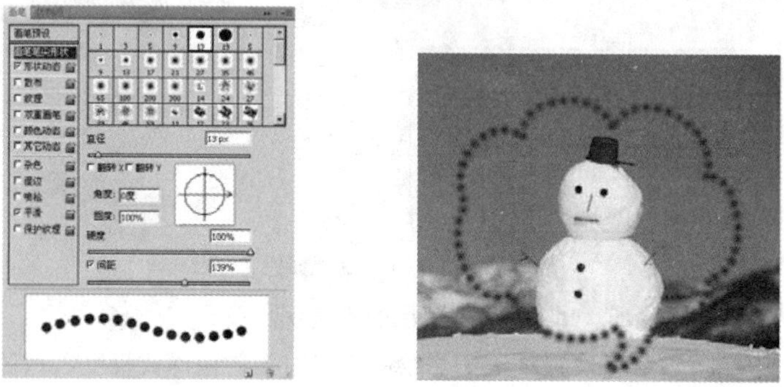

图 4.2.4　设置画笔绘制图形

4.2.2　铅笔工具

利用铅笔工具可以在图像中绘制边缘较硬的线条及图像，并且绘制出的形状边缘会有比较明显的锯齿。单击工具箱中的“铅笔工具”按钮，其属性栏如图 4.2.5 所示。

图 4.2.5　“铅笔工具”属性栏

其属性栏中的选项与画笔工具的基本相同，唯一不同的是☑自动抹除复选框，选中此复选框，在绘制图形时铅笔工具会自动判断绘画的初始点。如果像素点颜色为前景色，则以背景色进行绘制；如果像素点颜色是背景色，则以前景色绘制。

铅笔工具与画笔工具的绘制方法相同，如图 4.2.6 所示为使用铅笔工具绘制的图形。

图 4.2.6　用铅笔工具绘制的图形

4.2.3　仿制图章工具

利用仿制图章工具可将图像中某一部分图像复制到需要修补的区域。单击工具箱中的“仿制图章工具”按钮，其属性栏如图 4.2.7 所示。

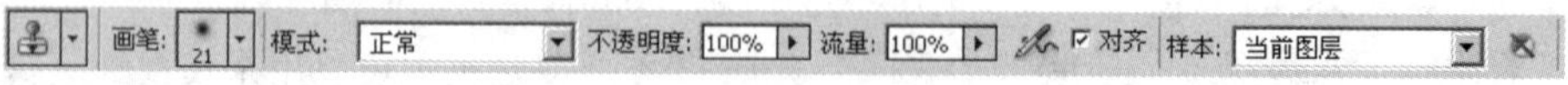

图 4.2.7　“仿制图章工具”属性栏

选中☑对齐复选框，表示在图像中再次使用仿制图章工具时，所复制的图像与上次复制的图像相同。

打开一幅图像，选择工具箱中的仿制图章工具，按住“Alt”键将鼠标指针移至图像中需要复制（取样）处，当鼠标指针变为⊕形状时在图像中单击进行取样，再将鼠标指针移至图像中需要修补的位置单击并拖动，即可复制取样处的图像，如图 4.2.8 所示。

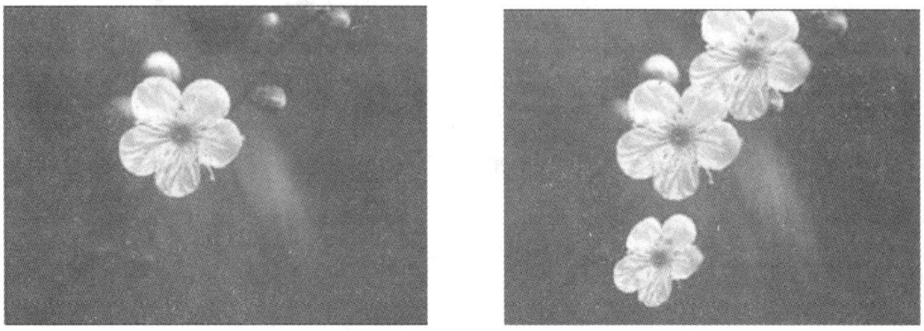

图 4.2.8 使用仿制图章工具复制图像效果

4.2.4 图案图章工具

图案图章工具用图像的一部分或预置图案进行绘画。单击工具箱中的“图案图章工具”按钮，其属性栏如图 4.2.9 所示。

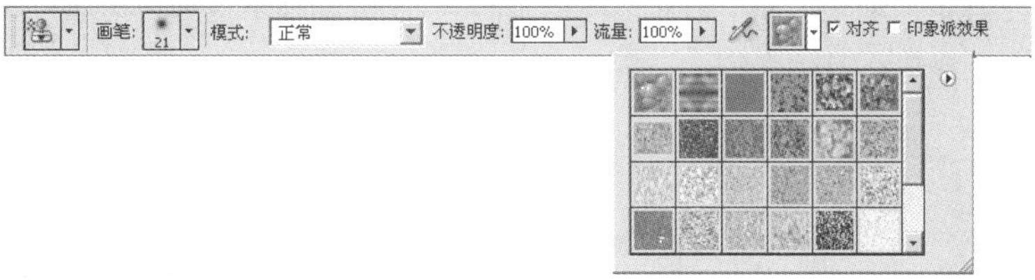

图 4.2.9 “图案图章工具”属性栏

在属性栏中单击下拉按钮，可打开预设的图案样式面板，从中可以选择一种预设的图案样式，然后在图像中拖动鼠标填充所选的图案。

在属性栏中选中☑印象派效果复选框，可在绘制图案时添加印象派画的艺术效果。

用户可在预设图案中选择一种预设的图案样式，然后在图像中拖动鼠标填充所选的图案，也可自定义图案对图像进行填充。下面通过一个例子来介绍图案图章工具的使用方法，具体操作步骤如下：

（1）打开一幅图像，然后在图像中需要定义图案处创建选区，如图 4.2.10 所示。

（2）选择编辑(E)→定义图案...命令，弹出图案名称对话框，如图 4.2.11 所示。

图 4.2.10 在图像中创建选区

图 4.2.11 “图案名称”对话框

（3）输入定义图案的名称后，单击 确定 按钮，所定义的图案将被添加到属性栏中的预设图案面板中，如图 4.2.12 所示。

（4）选择新定义的图案，然后在图像或选区中拖动鼠标填充所定义的图案，按“Ctrl+D”键取消选区，如图 4.2.13 所示。

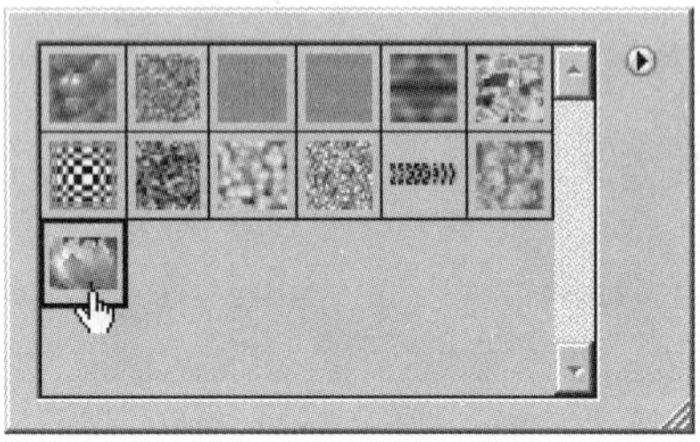

图 4.2.12　定义的图案

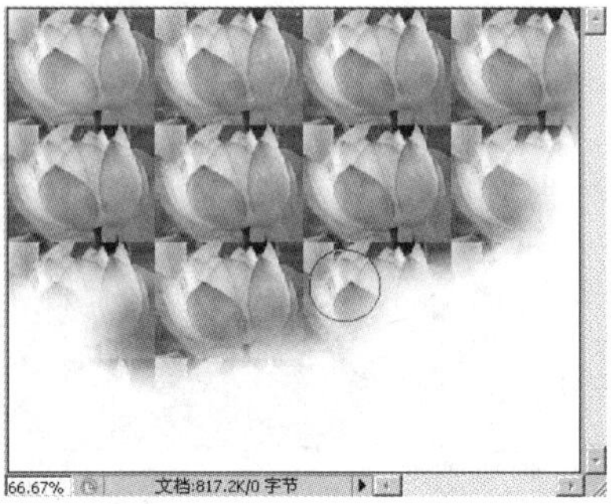

图 4.2.13　使用图案图章工具为图像填充图案

4.3　图像的填充

图像的填充工具包括渐变填充工具和油漆桶工具两种，灵活使用这两个工具可以给图像填充各种不同的颜色效果。下面进行具体介绍。

4.3.1　渐变工具

使用渐变工具可以创建多种颜色之间的逐渐混合效果。创建渐变颜色，可以使图像更加丰富多彩，增强视觉效果。

1．渐变工具属性栏的设置

单击工具箱中的“渐变工具”按钮，其属性栏如图 4.3.1 所示。

图 4.3.1　“渐变工具”属性栏

点按可编辑渐变：单击右侧的小三角可选择渐变预设填充，单击此下拉列表，弹出 渐变编辑器 对话框，可对渐变的颜色进行编辑。

在此属性栏中提供了 5 种渐变填充的方式：

线性渐变：此方式以直线从起点到终点渐变。

径向渐变：此方式以圆形图案从起点到终点渐变。

角度渐变：此方式以逆时针扫过的方式围绕起点渐变。

对称渐变：此方式使用对称线性渐变在起点的两侧渐变。

菱形渐变：此方式以菱形图案从起点向外渐变，终点定义菱形的一个角。

选中 ☑反向 复选框，可反转渐变填充中的颜色顺序。

选中 ☑仿色 复选框，可以用较小的带宽创建较平滑的混合。

选中 ☑透明区域 复选框，不透明的设置才会生效，对渐变填充使用透明区域蒙版。

2. 自定义渐变模式

在渐变工具属性栏中单击点按可编辑渐变的右侧小三角，可弹出渐变编辑器对话框，如图 4.3.2 所示。

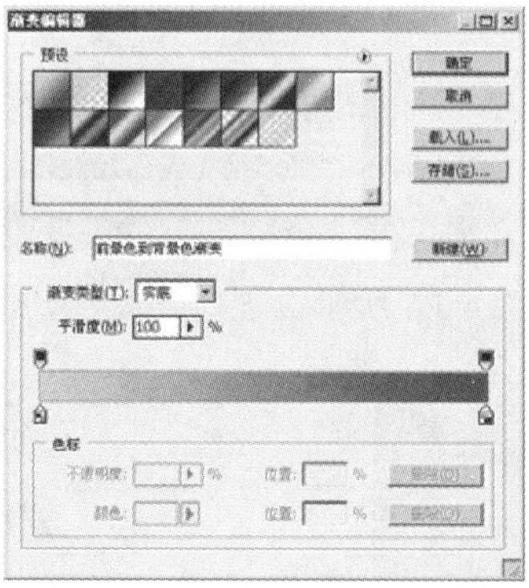

图 4.3.2 “渐变编辑器”对话框

在此对话框中可定义新的渐变或修改现有渐变，还可将中间的颜色添加到渐变中，创建两种以上颜色的混合。如图 4.3.3 所示的渐变填充就是一种自定义的渐变填充。

图 4.3.3 自定义的渐变填充效果

自定义渐变的具体操作方法如下：

（1）打开或新建一幅图像，单击工具箱中的“渐变工具”按钮，在其属性栏中单击“对称渐变”按钮，然后单击点按可编辑渐变的右侧小三角，弹出渐变编辑器对话框。

（2）如果要定义渐变颜色的起点颜色，则单击渐变条左下方的色标，该色标会显示成黑色，表示正在编辑起始颜色。

（3）在色标选项区中单击颜色:右侧的框，在弹出的选择色标颜色:对话框中可以定义渐变条下面的色标颜色。或将鼠标移至渐变条上，此时鼠标指针会变成吸管，在渐变条上单击以吸取颜色的方式改变并自定义渐变颜色。

（4）如果要移动起点或终点色标的位置，可直接用鼠标将色标向左或向右拖动调整。

（5）如果要定义起点与终点的不透明度，可单击渐变条上方的不透明色标，使其显示为可编辑状态。在色标选项区中的不透明度(O):输入框中输入不透明度百分比数值，或拖动滑块进行调节。

（6）也可在起点与终点色标之间添加一个或多个新的色标，还可以对新色标定义新的颜色。

（7）如果要删除多余的色标，可单击该色标，然后在色标选项区单击删除(D)按钮。

（8）设置好渐变后，在名称(N):输入框中输入新的渐变名称。单击新建(W)按钮，新的渐变将显示在预设选项区中。

（9）单击确定按钮，即可在图像中需要填充渐变色的起点到终点拖动鼠标填充渐变效果。

4.3.2 油漆桶工具

利用油漆桶工具可以给图像或选区填充颜色或图案。单击工具箱中的“油漆桶工具”按钮，其属性栏如图 4.3.4 所示。

图 4.3.4 “油漆桶工具”属性栏

单击前景右侧的按钮，在弹出的下拉列表中可以选择填充的方式，选择前景选项，在图像中相应的范围内填充前景色，如图 4.3.5 所示；选择图案选项，在图像中相应的范围内填充图案，如图 4.3.6 所示。

图 4.3.5 前景色填充效果

图 4.3.6 图案填充效果

在不透明度:文本框中输入数值，可以设置填充内容的不透明度。

在容差:文本框中输入数值，可以设置在图像中的填充范围。

选中消除锯齿复选框，可以使填充内容的边缘不产生锯齿效果，该选项在当前图像中有选区时才能使用。

选中连续的复选框后，只在与鼠标落点处颜色相同或相近的图像区域中进行填充，否则，将在图像中所有与鼠标落点处颜色相同或相近的图像区域中进行填充。

选中所有图层复选框，在填充图像时，系统会根据所有图层的显示效果将结果填充在当前层中，否则，只根据当前层的显示效果将结果填充在当前层中。

4.4 图像的擦除

图像的擦除工具包括橡皮擦工具、背景橡皮擦工具、魔术橡皮擦工具 3 种，如图 4.4.1 所示。使用这些橡皮擦工具都可对图像中的局部图像进行擦除，可在不同的情况下使用不同的橡皮擦工具。

图 4.4.1 擦除工具组

4.4.1 橡皮擦工具

利用橡皮擦工具可以直接对图像以及图像中的颜色进行擦除。如果在背景层上擦除图像，则被擦除的区域颜色变为背景色。单击工具箱中的“橡皮擦工具”按钮，其属性栏如图 4.4.2 所示。

图 4.4.2 “橡皮擦工具”属性栏

在模式:下拉列表中可以选择橡皮擦擦除的笔触模式，包括画笔、铅笔和块 3 种。

选中☑抹到历史记录复选框，可将擦除的图像恢复到未擦除前的状态。

单击▤按钮，可在打开的画笔面板中设置笔触的不透明度、渐隐和湿边等参数。

在属性栏中设置好各选项后，将鼠标移至要擦除的位置，按下鼠标左键来回拖动即可擦除图像。如图 4.4.3 所示为擦除图像效果。

图 4.4.3 利用橡皮擦工具擦除图像

4.4.2 背景橡皮擦工具

利用背景橡皮擦工具对图像中的背景层或普通图层进行擦除，可将背景层或普通图层擦除为透明图层。单击工具箱中的“背景橡皮擦工具”按钮，其属性栏如图 4.4.4 所示。

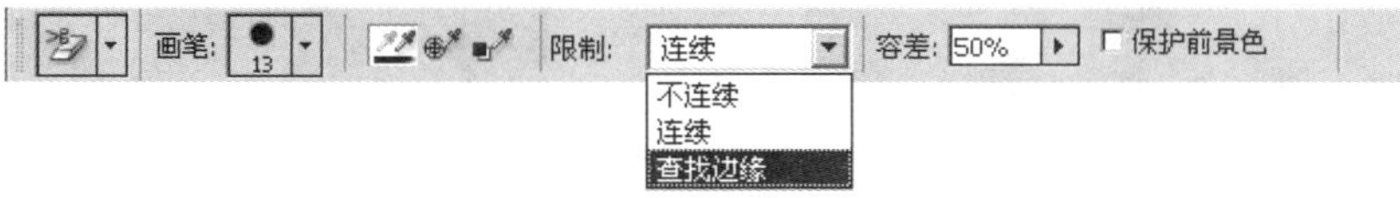

图 4.4.4 “背景橡皮擦工具”属性栏

在按钮组中，可以选择颜色取样的模式，从左至右分别是连续的、一次、背景色板 3 种模式。

在限制:下拉列表中可以选择背景橡皮擦工具擦除的图像范围。

在容差:文本框中输入数值，可以设置在图像中要擦除颜色的精度。数值越大可擦除颜色的范围就越大；数值越小可擦除颜色的范围就越小。

选中☑保护前景色复选框，在擦除时图像中与前景色相匹配的区域将不被擦除。

背景橡皮擦工具与橡皮擦工具的使用方法相同。如图 4.4.5 所示为利用背景像皮擦工具擦除图像效果。

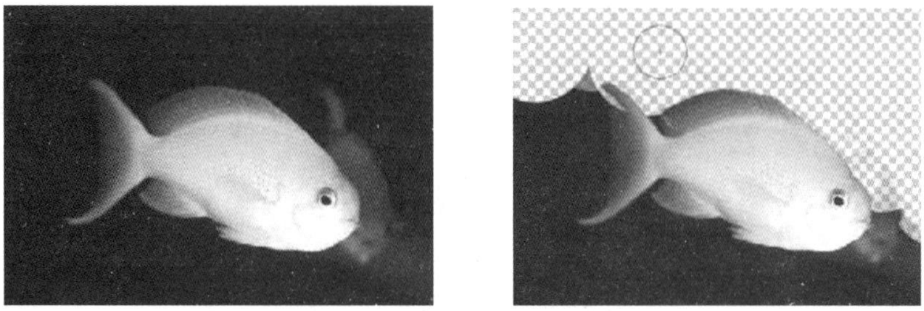

图 4.4.5 利用背景橡皮擦工具擦除图像

使用背景橡皮擦工具进行擦除时，如果当前图层是背景层，系统会自动将其转换为普通层。

4.4.3 魔术橡皮擦工具

利用魔术橡皮擦工具可以擦除图层中具有相似颜色的区域，并以透明色替代被擦除的区域。单击工具箱中的“魔术橡皮擦工具”按钮，其属性栏如图 4.4.6 所示。

图 4.4.6 “魔术橡皮擦工具”属性栏

在“魔术橡皮擦工具”属性栏中选中 连续 复选框，表示只擦除与鼠标单击处颜色相似的在容差范围内的区域。

选中 消除锯齿 复选框，表示擦除后的图像边缘显示为平滑状态。

在 不透明度: 文本框中输入数值，可以设置擦除颜色的不透明度。

在属性栏中设置好各选项后，在图像中需要擦除的地方单击鼠标即可擦除图像，效果如图 4.4.7 所示。

图 4.4.7 利用魔术橡皮擦工具擦除图像

4.5 图像的修饰

在 Photoshop CS4 中提供了一些图像的修饰工具，利用这些工具可对图像进行各种修饰操作，下面进行具体介绍。

4.5.1 污点修复画笔工具

使用污点修复画笔工具可以快速地移去图像中的污点和其他不理想部分，以达到令人满意的效果。单击工具箱中的“污点修复画笔工具”按钮，其属性栏如图 4.5.1 所示。

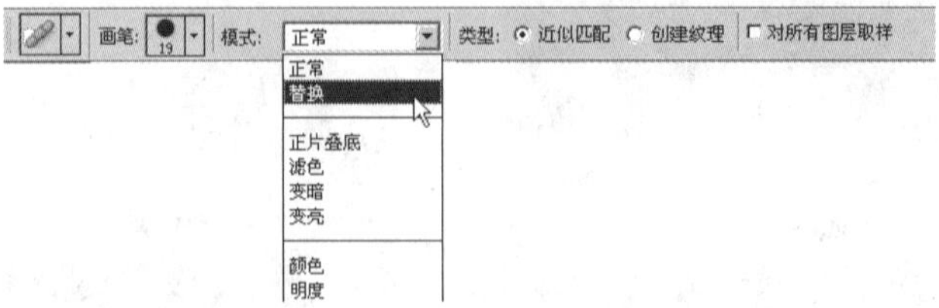

图 4.5.1 “污点修复画笔工具”属性栏

在 模式: 下拉列表中可以选择修复时的混合模式。

选中 近似匹配 单选按钮，将使用选区周围的像素来查找要用做修补的图像区域。

选中 创建纹理 单选按钮，将使用选区中的所有像素创建一个用于修复该区域的纹理。

在属性栏中设置好各选项后，在要去除的瑕疵上单击或拖曳鼠标，即可将图像中的瑕疵消除，而且被修改的区域可以无缝混合到周围图像环境中。

如图 4.5.2 所示为应用污点修复画笔工具修复图像中瑕疵的效果。

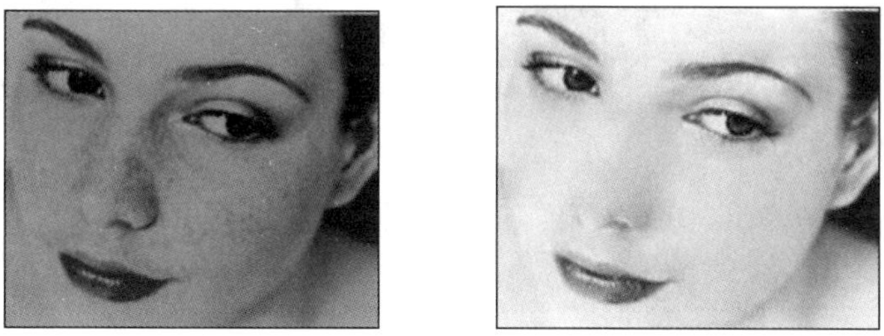

图 4.5.2 利用污点修复画笔工具修复图像

4.5.2 修复画笔工具

修复画笔工具可用于校正图像中的瑕疵，如图 4.5.3 所示。它与仿制图章工具一样，使用修复画笔工具可以利用图像或图案中的样本像素来绘画。

图 4.5.3 使用修复画笔工具修复图像

单击工具箱中的“修复画笔工具”按钮，其属性栏如图 4.5.4 所示。

图 4.5.4 “修复画笔工具”属性栏

在 画笔: 下拉列表中可设置画笔的形状、大小、硬度以及角度等。

单击 模式: 右侧的 正常 下拉列表框，可从弹出的下拉列表中选择不同的混合模式。

在 源: 选项区中提供了两个选项，可用于设置修复画笔工具复制图像的来源。选中 取样 单选按钮，必须按住“Alt”键在图像中取样，然后对图像进行修复；选中 图案: 单选按钮，可单击右侧的下拉按钮，从弹出的预设图案样式中选择图案对图像进行修复。

选中 对齐 复选框，会以当前取样点为基准连续取样，这样无论是否连续进行修补操作，都可以连续应用样本像素；若不选中此复选框，则每次停止和继续绘画时，都会从初始取样点开始应用样本像素。

4.5.3 修补工具

修补工具可以利用图像的局部或图案来修复所选图像区域中不完美的部分。与修复画笔工具一样，修补工具会将样本像素的纹理、光照、阴影与所要修补的像素进行匹配，但与修复画笔工具不同的是修补工具要先建立选区，然后用拖动选区的方法来修补图像。具体的使用方法如下：

（1）单击工具箱中的“修补工具”按钮，在图像中拖动鼠标选择想要修复的区域，如图 4.5.5 所示。

图 4.5.5 选择修复区域

（2）将鼠标移至选区内，按住鼠标左键将其拖到要取样的区域进行修复，如图 4.5.6 所示。

（3）松开鼠标后，即可用取样的区域修补选择的区域，然后取消选区，如图 4.5.7 所示。

图 4.5.6 拖动选区

图 4.5.7 使用修补工具修复图像

单击工具箱中的“修补工具”按钮，属性栏显示如图 4.5.8 所示。

图 4.5.8 “修补工具”属性栏

在修补:选项区中提供了两种修补方式：选中源单选按钮，将图像选择的区域拖动至另一区域，即可用另一区域的像素修补选择区域的像素；选中目标单选按钮，将图像选择的区域拖动至另一区域，即可将选择区域像素复制到另一区域，并且选区内的图像将会和目标图像融合在一起，达到修复图像的效果。

选中透明复选框，可使修补的图像与原图像产生透明的叠加效果。

单击使用图案按钮，可从图案库中选择图案来填充建立的选区，如图 4.5.9 所示。

图 4.5.9 使用图案修复图像

4.5.4 模糊工具

模糊工具可以软化图像中硬的边缘或区域，对图像的细节进行局部的修饰，使图像变得模糊。单击工具箱中的“模糊工具”按钮，其属性栏如图 4.5.10 所示。

图 4.5.10 “模糊工具”属性栏

画笔:：可设置画笔的形状与大小。

强度:：可设置画笔的压力，压力越大，色彩越浓。

使用模糊工具修饰图像的方法很简单，打开需要进行模糊修饰的图像，然后单击工具箱中的“模糊工具”按钮，在属性栏中设置好参数，在图像中按住鼠标左键来回拖动进行涂抹即可，其效果如图 4.5.11 所示。

图 4.5.11 使用模糊工具修饰图像

4.5.5 锐化工具

锐化工具与模糊工具刚好相反，该工具可以使图像像素之间的反差加大，从而使图像变得更清晰。单击工具箱中的“锐化工具”按钮，其属性栏中的选项与使用方法都与模糊工具相同，这里不再赘述。如图 4.5.12 所示为锐化图像效果。

图 4.5.12 锐化图像效果

4.5.6 涂抹工具

利用涂抹工具可以将涂抹区域中的像素与颜色沿鼠标拖动的方向扩展，形成类似在湿颜料中拖移手指后的绘画效果。单击工具箱中的“涂抹工具”按钮，其属性栏如图 4.5.13 所示。

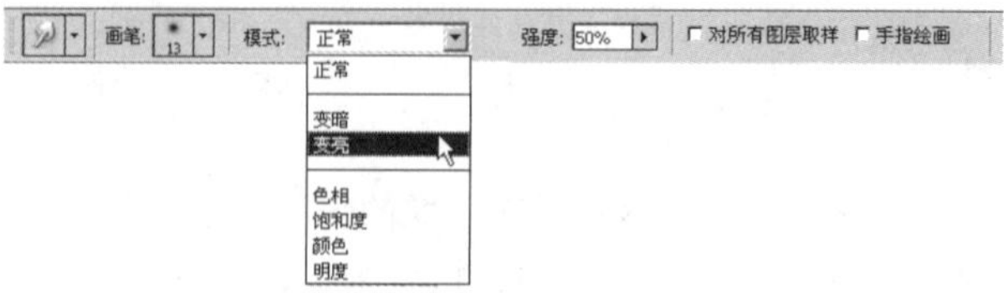

图 4.5.13 “涂抹工具”属性栏

在属性栏中选中 ☑手指绘画 复选框，可以用前景色对图像进行涂抹处理，并逐渐过渡到图像的颜色，类似于用手指混合并搅拌图像中的颜色，如图 4.5.14 所示。

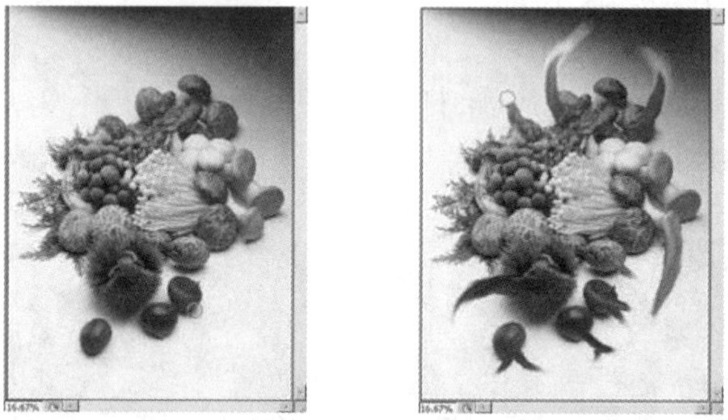
图 4.5.14 涂抹图像效果

4.5.7 减淡工具

利用减淡工具可以增加图像的曝光度，使图像颜色变浅、变淡。单击工具箱中的“减淡工具”按钮，其属性栏如图 4.5.15 所示。

图 4.5.15 “减淡工具”属性栏

在 范围: 下拉列表中可选择不同的色调范围，选择 阴影 选项，可更改图像内的暗调区域；选择 中间调 选项，可更改图像内的中间色调区域；选择 高光 选项，可更改图像内的亮光区域。

在 曝光度: 输入框中输入数值，可设置处理图像时的曝光强度。

在属性栏中设置好各选项后，在图像中单击并拖动鼠标，即可增加图像的曝光度，效果如图 4.5.16 所示。

图 4.5.16 减淡图像效果

4.5.8 加深工具

利用加深工具可以降低图像的曝光度，使图像的颜色变深，变得更加鲜艳。单击工具箱中的“加深工具”按钮，其属性栏如图 4.5.17 所示。

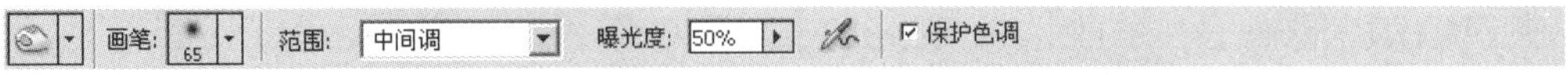

图 4.5.17 “加深工具”属性栏

加深工具的使用方法和属性栏设置都与减淡工具相同，这里不再赘述。如图 4.5.18 所示为使用加深工具加深图像颜色效果。

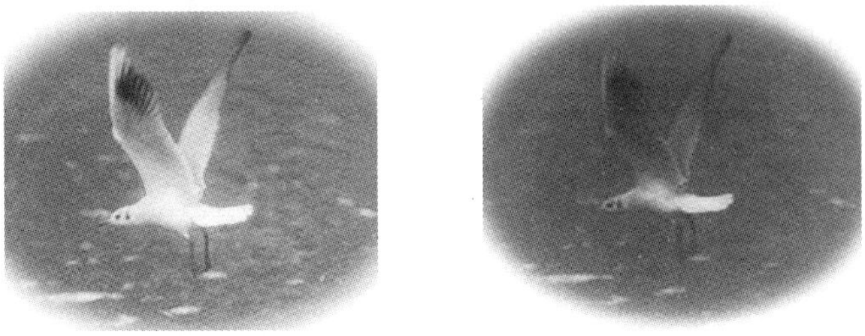

图 4.5.18 加深图像效果

4.5.9 海绵工具

利用海绵工具可以精确地更改图像区域的色彩饱和度。在灰度模式下，该工具通过使灰阶远离或靠近中间调来增加或降低对比度。单击工具箱中的“海绵工具”按钮，其属性栏设置如图 4.5.19 所示。

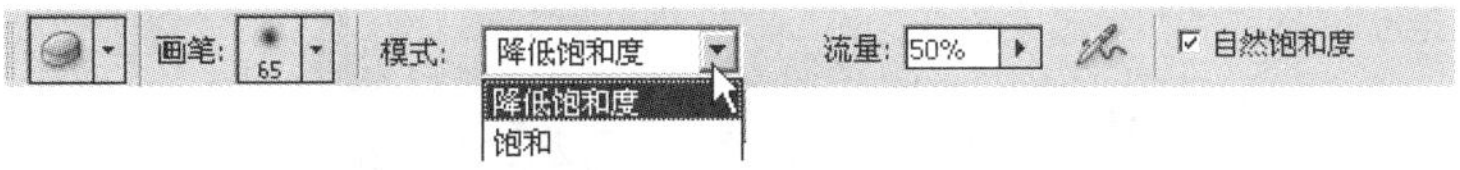

图 4.5.19 “海绵工具”属性栏

在 模式: 下拉列表中提供了两种模式，即 降低饱和度 与 饱和 。选择 降低饱和度 选项，可降低图像颜色的饱和度，使图像中的灰度色调增强；选择 饱和 选项，将增加图像颜色的饱和度，使图像中的灰度色调减少。如图 4.5.20 所示为使用“饱和”模式修饰图像的效果。

图 4.5.20 使用图像色彩饱和模式的效果

4.5.10 红眼工具

红眼工具可移去用闪光灯拍摄的人物照片中的红眼，也可以移去用闪光灯拍摄的动物照片中的白色或绿色反光。单击工具箱中的“红眼工具”按钮，其属性栏如图 4.5.21 所示。

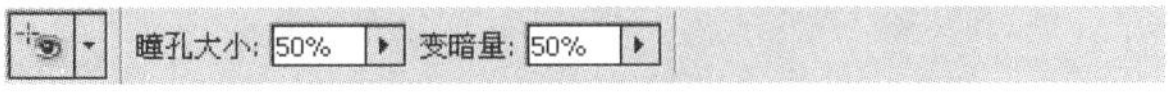

图 4.5.21 “红眼工具”属性栏

瞳孔大小: ：在该文本框中输入数值，可设置瞳孔的大小。

变暗量：在该文本框中输入数值，可设置瞳孔的明暗度。

使用该工具消除照片中的红眼，效果如图 4.5.22 所示。

图 4.5.22　使用红眼工具修复照片中的红眼前后对比图

4.6　应用实例——绘制相框

实例分析

本节主要利用矩形选框工具、画笔工具、羽化命令等绘制相框，最终效果如图 4.6.1 所示。

图 4.6.1　最终效果图

操作步骤

（1）按“Ctrl+N”快捷键，将弹出“新建”对话框，设置参数如图 4.6.2 所示。

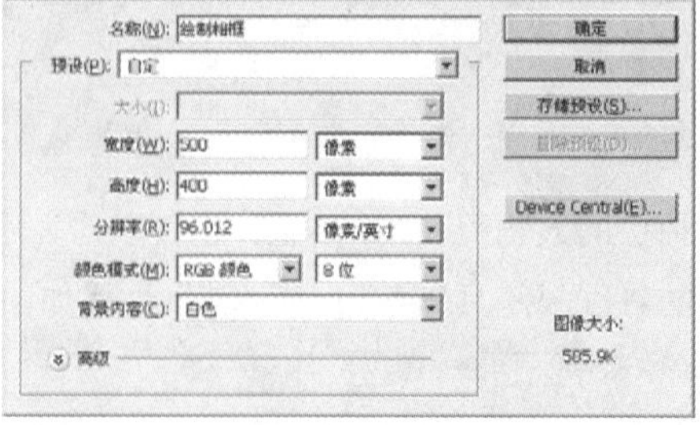

图 4.6.2　“新建”对话框

（2）将前景色设置为粉红色（R：246，G：112，B：169），单击工具箱中的“油漆桶工具”按钮，其属性栏设置如图 4.6.3 所示。

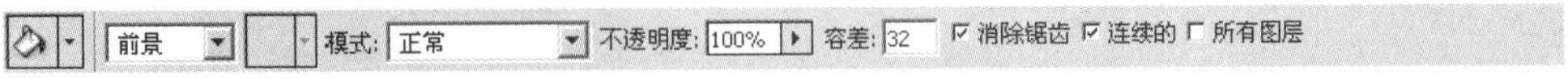

图 4.6.3　“油漆桶工具”属性栏

（3）设置完参数后，用鼠标左键在图像中单击，将新建图像文件背景填充为粉红色。

（4）单击工具箱中的“矩形选框工具”按钮，其属性栏设置如图 4.6.4 所示。

图 4.6.4　“矩形选框工具”属性栏

（5）设置完参数后，在图像中绘制一个矩形选区，如图 4.6.5 所示。

图 4.6.5　绘制的矩形选区

（6）在菜单栏中选择 窗口(W) → 样式 命令，弹出样式面板，从中选择如图 4.6.6 所示的样式，填充效果如图 4.6.7 所示。

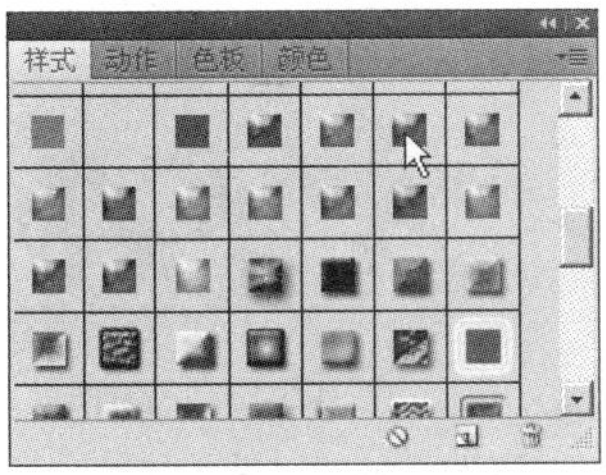

图 4.6.6　样式面板

图 4.6.7　填充效果

（7）在菜单栏中选择 选择(S) → 变换选区(T) 命令，调整选区的大小，效果如图 4.6.8 所示。

（8）在菜单栏中选择 选择(S) → 修改(M) → 羽化(F)... 命令，弹出“羽化”对话框，设置其参数如图 4.6.9 所示。

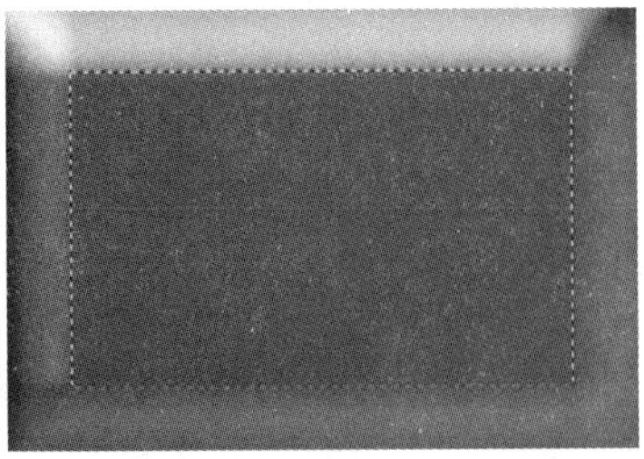

图 4.6.8　调整选区后的效果

图 4.6.9　“羽化选区”对话框

（9）设置完参数后，单击 确定 按钮，然后按“Delete”键，删除选区内的图像，效果如图 4.6.10 所示。

（10）按“Ctrl+O”快捷键打开一幅图像文件，然后单击工具箱中的“移动工具”按钮，将打开的图像文件拖曳到新建图像中，按“Ctrl+T”快捷键，执行自由变换命令，对图像大小及位置进行适当地调整，并将其拖到图层 1 的下方（见图 4.6.11），得到的效果如图 4.6.12 所示。

图 4.6.10　删除图像后的效果

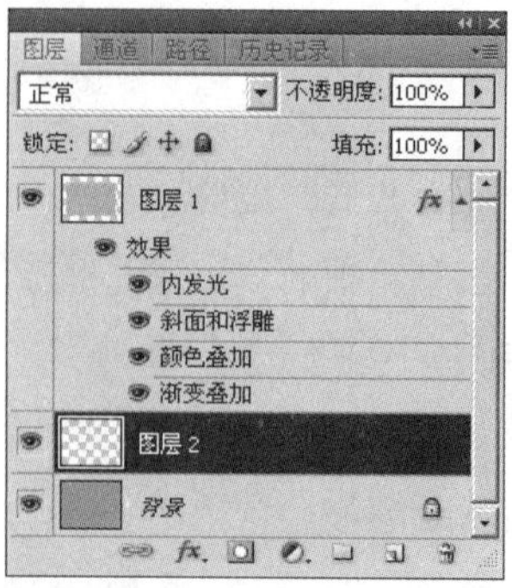

图 4.6.11　图层面板

（11）单击工具箱中的“画笔工具”按钮，在其属性栏中单击“切换画笔面板”按钮，弹出画笔面板，其参数设置如图 4.6.13 所示。

图 4.6.12　调整图像大小及位置效果

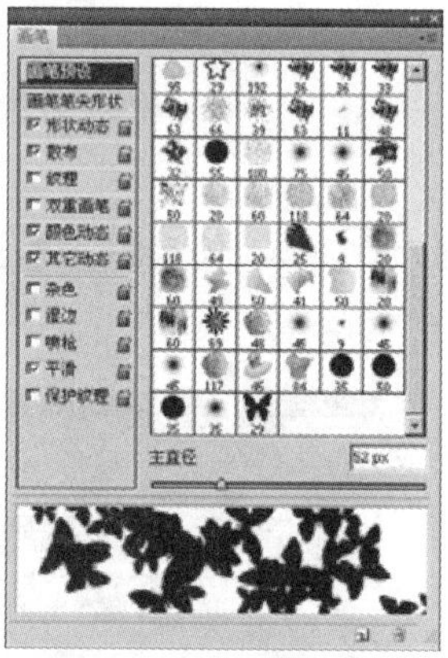

图 4.6.13　画笔面板

（12）设置完参数后，用鼠标在新建图像中单击，最终效果如图 4.6.1 所示。

4.7　自 我 检 测

一、填空题

1．单击按钮或按“X”键，可切换__________色。

2．__________工具不仅可以从图像中取样颜色，也可以指定新的前景色或背景色。

3．__________工具是 Photoshop 中最基本的绘图工具，可用于创建图像内柔和的色彩线条或者黑白的线条。

4．__________工具属于实体画笔，主要用于绘制硬边画笔的笔触。

5．利用__________可以擦除图层中具有相似颜色的区域，并以透明色替代被擦除的区域。

二、选择题

1. 如果在背景层中进行擦除，使用（　）工具不能将背景层转换为普通图层。
   A．普通橡皮擦　　B．魔术橡皮擦
   C．背景橡皮擦　　D．都不能
2.（　）工具可以利用图像或图案中的样本像素来绘画。
   A．修补　　B．图章
   C．修复画笔　　D．图案
3. 使用（　）工具绘制的线条比较尖锐，比较生硬。
   A．艺术画笔　　B．铅笔
   C．颜色替换　　D．画笔
4.（　）工具可用于图案绘画，也可以将自定义的图案复制到同一图像或其他图像中。
   A．仿制图章　　B．修复
   C．图案图章　　D．修补

三、简答题

如何使用艺术画笔工具处理图像效果？

四、上机操作题

1. 自定义一个画笔，并在图像中绘制自定义的画笔笔触效果。
2. 利用渐变工具与画笔工具绘制如题图 4.1 所示的柱子效果。
3. 利用工具箱中的椭圆选框工具和渐变填充工具绘制如题图 4.2 所示的按钮效果。

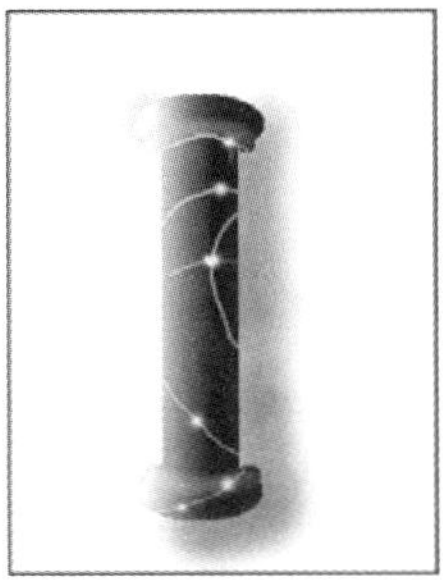

题图　4.1

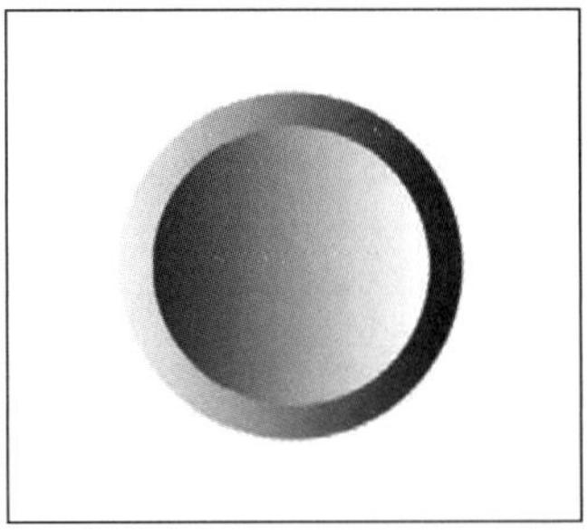

题图　4.2

4.8　知 识 问 答

问：在处理一些图片的过程中遇到了一些应用红眼工具，红眼是由什么原因造成的，可以避免吗？

答：红眼是由于相机闪光灯在主体视网膜上反光引起的。在光线暗淡的房间里照相时，由于主体的虹膜张开得很宽，将会更加频繁地看到红眼。为了避免红眼，可以使用相机的红眼消除功能。或者，最好使用可安装在相机上远离相机镜头位置的独立闪光装置。

问：吸管工具有什么使用技巧？

答：选择吸管工具吸取颜色即可定义当前前景色，按住“Alt”键用吸管工具选取颜色，即可定义当前背景色。按住“Shift+I”组合键可以在测量工具组之间进行转化。通过信息面板上的弹出菜单可以定义取样点的色彩模式，要增加新取样点只须在画布上用颜色取样器工具在任意位置再点一下，按住“Alt”键单击可以除去取样点。但一张图上最多只能放置 4 个颜色取样点。当 Photoshop CS4 中有对话框（例如：色阶命令、曲线命令）等弹出时，要增加新的取样点必须按住“Shift”键再单击，按住“Alt+Shift”单击可以减去一个取样点。

问：在定义图案时应注意哪些问题？

答：在任何打开的图像上选择工具箱中的“矩形选框工具”按钮，选择要用作图案的区域。选择 编辑(E) → 定义图案(Q)... 命令，弹出“图案名称”对话框，输入定义图案的名称即可。但是要注意的是在用矩形选框工具选取时，必须将“羽化”设置为“0 像素”，而且对于大图像的处理可能会变得不方便。

值得注意的是，如果正在使用某个图像中的图案并将它应用于另一个图像，则 Photoshop CS4 将转换颜色模式。Photoshop CS4 附带了一组 Illustrator 格式文件，可以使用这些文件来定义预设图案。“PostScript 图案”文件夹中的每个文件都包含一个单独的图案，可以在任何分辨率下缩放和渲染该图案。打开文件，可选择任何渲染选项，然后定义图案即可。

第5章 色彩与色调调整

本章要点

- 图像色彩模式
- 调整图像色调
- 调整图像色彩
- 特殊色调调整

学习目标

在 Photoshop CS4 中提供了功能全面的色彩与色调调整命令，利用这些命令，可以非常方便地对图像进行修改和调整。本章将向用户介绍图像的色彩模式以及调整图像色调命令、调整图像色彩命令和特殊色调调整命令的使用方法。

5.1 图像色彩模式

色彩模式是指同一属性下的不同颜色的集合。它的功能在于方便用户使用各种颜色，而不必每次使用颜色时都重新调配颜色。Adobe 公司为用户提供的色彩模式有十余种，每一种模式都有自己的优缺点和适用范围，并且在各种模式之间可以根据需要进行转换。

5.1.1 色彩的一些基本概念

在 Photoshop 中需要经常接触色相、饱和度、亮度和对比度这几个概念，用户应该清楚其含义，以便在设计中灵活运用。

（1）色相：是指从物体反射或透过物体显示的颜色。在通常情况下，色相以颜色名称标识，如红色、绿色和蓝色等。

（2）饱和度：是指颜色的强度或纯度。它表示色相中灰色部分所占的比例，使用从灰色至完全饱和的百分比来度量。

（3）亮度：是指色彩明暗的程度。

（4）对比度：是一幅画中不同颜色的差异程度，通常使用从黑色至白色的百分比来度量。

5.1.2 色彩模式间的相互转换

在 Photoshop 中，用户可以根据图像处理的要求，将色彩模式进行转换。Photoshop 默认的色彩模式是 RGB 模式，在 Photoshop 中也可以将图像的色彩模式转换为 CMYK、灰色以及索引颜色等其他的色彩模式。选择 图像(I) → 模式(M) 命令，将弹出如图 5.1.1 所示的子菜单，在其中选择相应的模式命令，即可将图像转换为该模式。如要将图像用于印刷使用，只须选择“模式”子菜单中的 CMYK 颜色(C) 命令将其转换为 CMYK 模式即可。

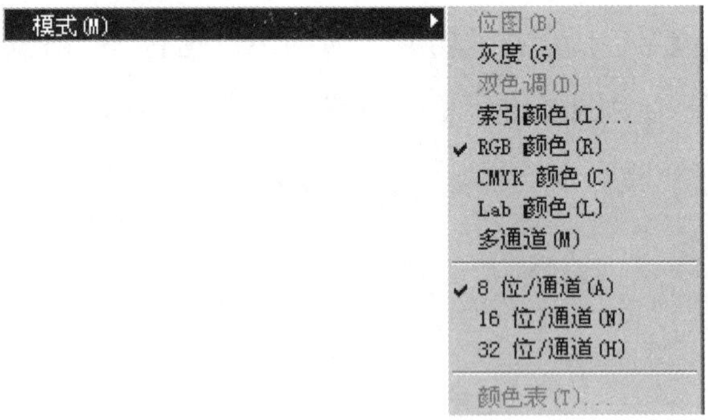

图 5.1.1 “模式”子菜单

5.2 调整图像色调

对图像进行色调调整，主要是调整图像的明暗程度。色调调整命令主要包括自动色阶、色阶、曲线、色彩平衡、亮度/对比度等。

5.2.1　自动色阶命令

当使用图像(I)→调整(A)→自动色阶(A)命令调整图像色调时，系统不弹出任何对话框，只是按照默认值来调整图像颜色的明暗度。一般情况下，这种调整只能针对该图像中的所有颜色来进行，而不能只针对某一种色调来调整。如图 5.2.1 所示，对左边的图像使用“自动色阶”命令调整明暗度后，得到右图所示的效果。

图 5.2.1　应用自动色阶命令前后效果对比

5.2.2　色阶命令

利用色阶命令可以调整图像的亮度或暗度。打开一幅图像，选择图像(I)→调整(A)→色阶(L)...命令，弹出“色阶”对话框，如图 5.2.2 所示。

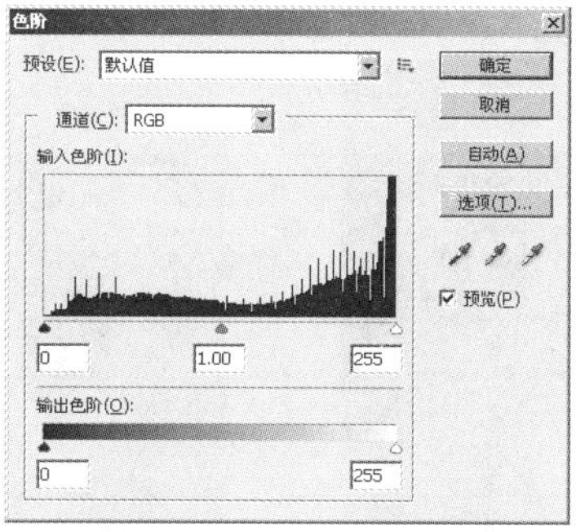

图 5.2.2　“色阶”对话框

在通道(C):下拉列表中可选择一种通道来进行调整。此下拉列表中的选项会随图像的模式而变化。

在输入色阶(I):后面有 3 个输入框，可用于设置图像的最暗调、中间调和最亮调，也可通过移动相对应的滑块来对图像的色调进行调整。

在输出色阶(O):后面的两个输入框中输入数值，可以限定图像的亮度范围。

在图像中单击“设置黑场”按钮，则会将图像中最暗处的色调值设置为单击处的色调值，所有比它更暗的像素都将成为黑色。

在图像中单击“设置灰点”按钮，则单击处颜色的亮度将成为图像的中间色调范围的平均亮度。

单击“设置白场”按钮，在图像中单击，可将最亮处的色调值设置为单击处的色调值，所有比它更亮的像素都将成为白色。

单击自动(A)按钮，Photoshop CS4 将以 0.5%的比例调整图像的亮度。它把图像中最亮的像素变成白色，最暗的像素变成黑色。其作用与选择菜单栏中的图像(I)→调整(A)→自动色阶(A)命令相同。

一般来说，自动色阶适用于简单的灰度图像和像素值比较平均的图像。如果是复杂的图像，则只有手动调整才能得到更为精确的效果。

单击 选项(T)... 按钮，即可弹出自动颜色校正选项对话框，如图 5.2.3 所示。在此对话框中可设置各种颜色校正选项。

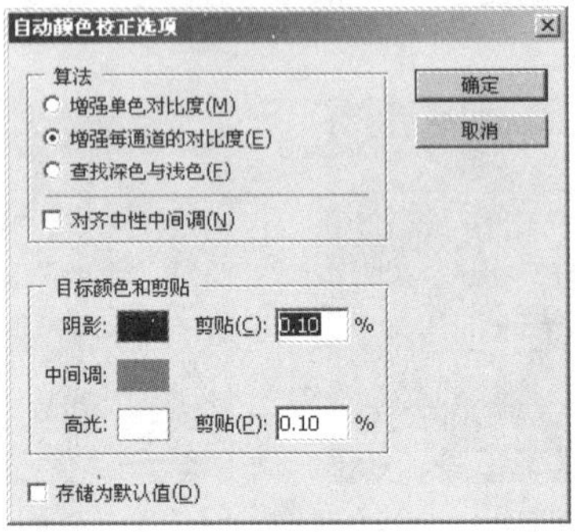

图 5.2.3 “自动颜色校正选项”对话框

在算法选项区中可选择颜色校正的算法。

在目标颜色和剪贴选项区中可设置暗调、中间调与高光 3 种色调的颜色。

选中 ☑ 存储为默认值(D) 复选框，则可以将在此对话框中设置的参数保存为默认值。

设置好各项参数后，单击 确定 按钮，即可完成图像色阶的调整。如图 5.2.4 所示为调整色阶前后效果对比。

图 5.2.4 应用色阶命令调整图像前后效果对比

5.2.3 曲线命令

曲线命令的功能比较强大，它不仅可以调整图像的亮度，还可以调整图像的对比度与色彩范围。曲线命令与色阶命令类似，不过它比色阶命令的功能更全面、更精密。

打开一幅需要调整的图像，选择菜单栏中的 图像(I) → 调整(A) → 曲线(U)... 命令，弹出曲线对话框，或按“Ctrl+M”键，可弹出曲线对话框，如图 5.2.5 所示。

在 通道(C): 下拉列表中可选择要调整色调的通道。

改变对话框中曲线框中的线条形状就可以调整图像的亮度、对比度和色彩平衡等。曲线框中的横坐标表示原图像的色调，对应值显示在 输入(I): 输入框中；纵坐标表示新图像的色调，对应值显示在 输出(O): 输入框中，数值范围在 0～255 之间。调整曲线形状有两种方法：

（1）使用曲线工具。在曲线对话框中单击“曲线工具”按钮，将鼠标移至曲线框中，当鼠标指针变成十形状时，单击一下可以产生一个调节点。该调节点的输入与输出值显示在输入(I):与输出(O):输入框中。用鼠标拖动节点改变曲线形状，如图 5.2.6 所示。曲线向左上角弯曲，色调变亮；曲线向右下角弯曲，色调变暗。

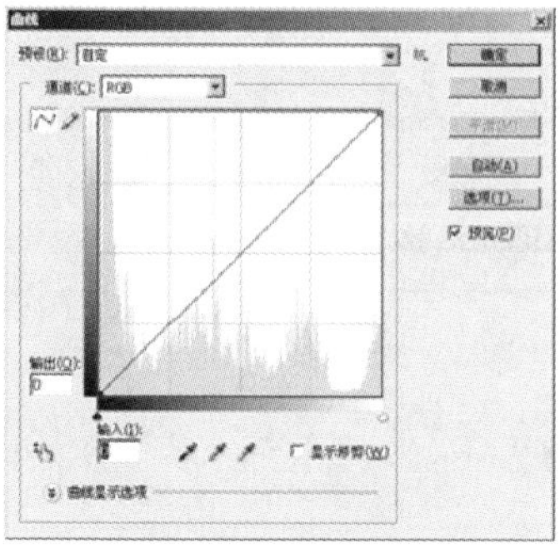

图 5.2.5 “曲线”对话框

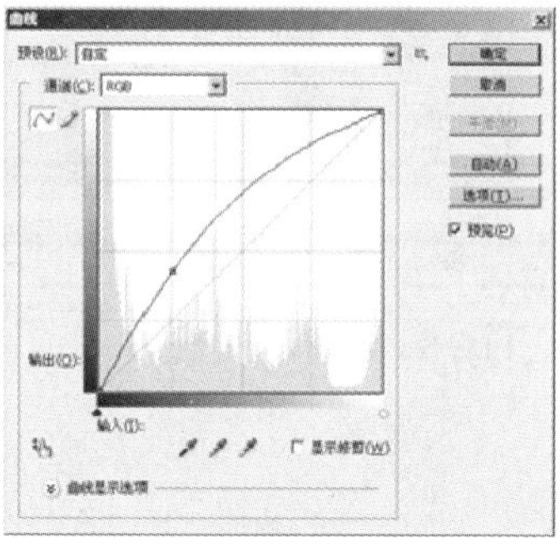

图 5.2.6 使用曲线工具改变曲线形状

（2）使用铅笔工具。在曲线对话框中单击“铅笔工具”按钮，在曲线框内移动鼠标就可以绘制曲线，如图 5.2.7 所示。使用铅笔工具绘制曲线时，对话框中的平滑(M)按钮将显示为可用状态，单击此按钮，可改变铅笔工具绘制的曲线的平滑度。

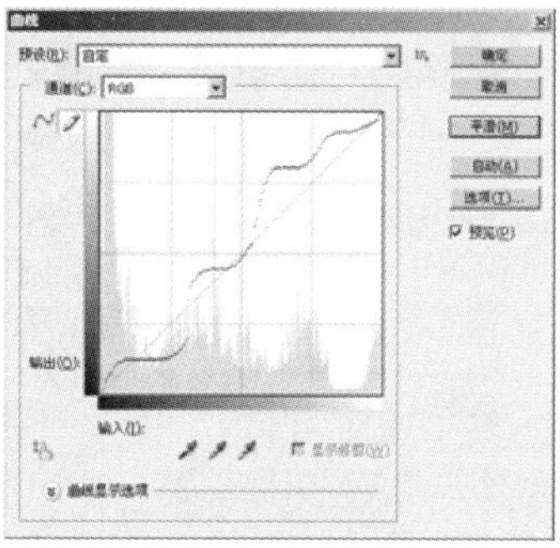

图 5.2.7 使用铅笔工具改变曲线形状

在曲线对话框中的曲线框左侧与下方各有一个亮度杆，单击它可以切换成以百分比为单位显示输入与输出的坐标值，如图 5.2.8 所示。在切换数值显示方式的同时，改变亮度的变化方向。默认状态下，亮度杆代表的颜色是从黑到白，从左到右输出值逐渐增加，从下到上输入值逐渐增加。当切换为百分比显示时，黑白互换位置，变化方向与原来相反，即曲线越向左上角弯曲，图像色调越暗；曲线越向右下角弯曲，图像色调越亮。

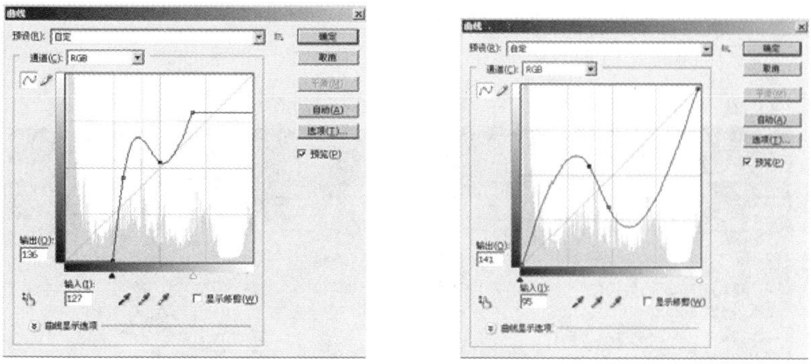

图 5.2.8 两种不同的坐标

在曲线对话框中设置好曲线形状后，单击确定按钮，效果如图 5.2.9 所示。

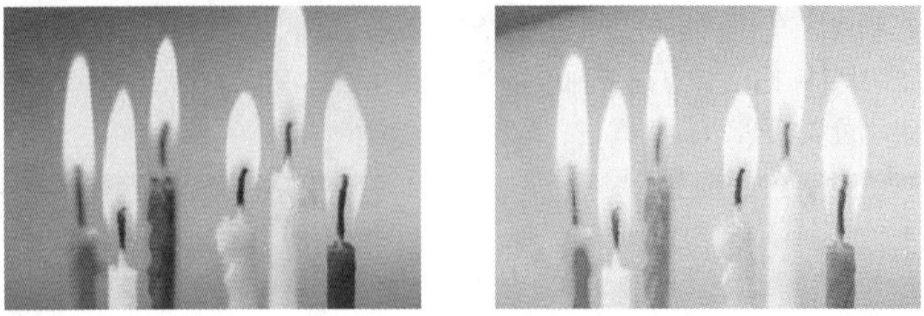

图 5.2.9　使用曲线命令调整图像前后效果对比

注 意 Tips

如果一个调节点还不能满足需求，可以在曲线上添加多个调节点来综合调整图像的效果，但是调节节点的数量最多只能增加到 14 个。

5.2.4　色彩平衡命令

利用色彩平衡命令可以调整图像整体的色彩平衡，但此命令不能精确控制单个颜色成分（单色通道），只能作用于复合颜色通道。

打开一幅图像，选择菜单栏中的 图像(I) → 调整(A) → 色彩平衡(B)... 命令，可弹出 色彩平衡 对话框，如图 5.2.10 所示。

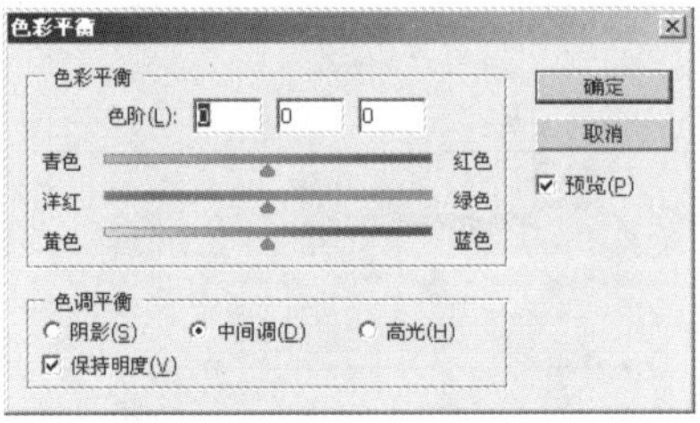

图 5.2.10　“色彩平衡”对话框

在 色阶(L): 右侧的 3 个输入框中输入数值或拖动下方相应的滑块，可依次调整暗调、中间调和高光，其数值范围在-100～100 之间。滑杆上的滑块越向左端，图像中的颜色越接近 CMYK 的颜色；越向右端，图像中的颜色越接近于 RGB 色彩。

在 色彩平衡 选项区中有 3 个单选按钮，即 阴影(S)、中间调(D) 与 高光(H)。选中其中一个单选按钮，则色调平衡命令将会调整对应图像的色调。

选中 保持明度(V) 复选框，可以保持图像的整体亮度不变。

设置好参数后，单击 确定 按钮，调整后的效果如图 5.2.11 所示。

图 5.2.11　应用色彩平衡命令前后效果对比

5.2.5　亮度/对比度命令

利用亮度/对比度命令可以调整图像的亮度和对比度，该命令只能对图像进行整体调整，不能对单个的通道进行调整。选择图像(I)→调整(A)→亮度/对比度(C)...命令，弹出“亮度/对比度”对话框，如图 5.2.12 所示。

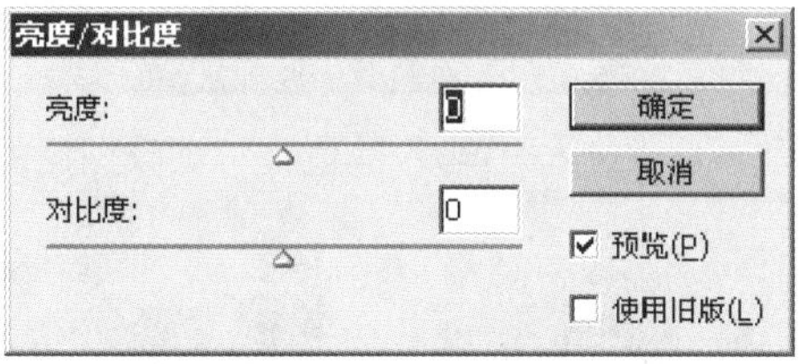

图 5.2.12　“亮度/对比度”对话框

在亮度:文本框中输入数值，可调整图像的亮度或暗度。

在对比度:文本框中输入数值，可调整图像的对比度。

打开一幅图像，选择亮度/对比度命令，在弹出的“亮度/对比度”对话框中对图像的对比度进行调整，单击确定按钮即可，效果如图 5.2.13 所示。

图 5.2.13　应用亮度/对比度命令前后效果对比

5.3　调整图像色彩

图像的色彩调整是指对图像的偏色、色彩过饱和或饱和度不够等现象进行的调整。色彩调整命令主要包括色相/饱和度、去色、可选颜色、渐变映射、暗调/高光以及曝光度等，下面分别介绍这些命令的使用方法。

5.3.1　色相/饱和度命令

色相/饱和度命令可以调整整个图像或图像中单个颜色成分的色相、饱和度与明度，还可以通过给像素指定新的色相与饱和度，实现给图像上色的功能。

选择菜单栏中的图像(I)→调整(A)→色相/饱和度(H)...命令，弹出“色相/饱和度”对话框，如图 5.3.1 所示。

预设(E):：用于设定所要调整的颜色范围，可以对全图的颜色进行调整，也可以对个别颜色进行调整。

色相(H):：拖动其对应的滑块或在文本框中输入数值可更改图像的色相。

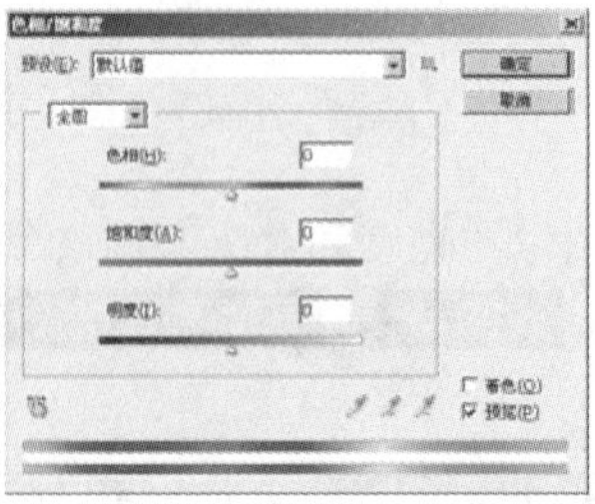

图 5.3.1　“色相/饱和度”对话框

饱和度(A):：拖动其对应滑块或在文本框中输入数值都可更改图像的饱和度，如图 5.3.2 所示。

图 5.3.2　应用饱和度对比效果

明度(I):：拖动其对应滑块或在文本框中输入数值可更改图像的明度。

选中 ☑ 着色(O) 复选框，可给整幅图像添加其他的颜色。

5.3.2　去色命令

利用去色命令可以将图像中的颜色信息去除，使彩色图像转化为灰度图像。选择菜单栏中的 图像(I) → 调整(A) → 去色(D) 命令，系统将会自动将彩色图像转化为灰度图像，效果如图 5.3.3 所示。

图 5.3.3　应用去色前后效果对比

5.3.3　可选颜色命令

利用可选颜色命令可以选择某种颜色范围进行有针对性地调整，在不影响其他原色的情况下调整图像中某种原色的数量。此命令主要利用 CMYK 颜色来对图像的颜色进行调整。选择菜单栏中的 图像(I) → 调整(A) → 可选颜色(S)... 命令，弹出“可选颜色”对话框，如图 5.3.4 所示。

可选颜色校正是高端扫描仪和分色程序使用的一种技术，用于在图像中的每个主要原色成分中更改印刷色数量。用户可以有选择地修改任何主要颜色中的印刷色数量而不会影响其他主要颜色，该命令使用 CMYK 颜色来校正图像。

“可选颜色”对话框中各选项含义如下：

（1）颜色(O):：该选项区用于设置需要调整的颜色，单击其右侧的下拉按钮▼，弹出颜色下拉列表，其中包括红色、黄色、绿色、青色、蓝色、洋红、白色、中性色和黑色。

（2）分别在 青色(C): 、 洋红(M): 、 黄色(Y): 和 黑色(B): 右侧的文本框中输入数值或拖动其下方的滑块，可以增加或减少所选颜色中的像素。

（3） 方法: ：该选项用于设置图像中颜色的调整是相对于原图像调整，还是使用调整后的颜色覆盖原图。

1）选中 相对(R) 单选按钮表示按照总量的百分比更换现有的青色、洋红、黄色或黑色的量。

2）选中 绝对(A) 单选按钮表示采用绝对值调整颜色。

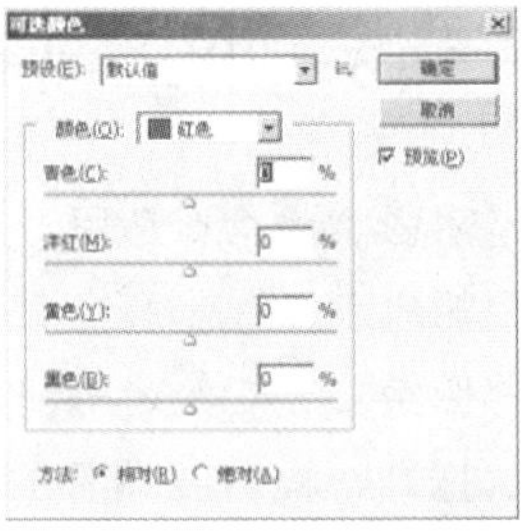

图 5.3.4 “可选颜色”对话框

设置完成后，单击 确定 按钮，效果如图 5.3.5 所示。

图 5.3.5 应用可选颜色前后效果对比

5.3.4 渐变映射命令

利用渐变映射命令可将图像颜色调整为选定的渐变颜色。选择菜单栏中的 图像(I) → 调整(A) → 渐变映射(G)... 命令，弹出“渐变映射”对话框，如图 5.3.6 所示。

在 灰度映射所用的渐变 下拉列表中提供了多种预设的渐变样式。单击右侧的下拉按钮，可弹出渐变色预设面板，如图 5.3.7 所示，从中可以选择预设的渐变颜色；如果单击下拉列表框，可弹出 渐变编辑器 对话框，可以对渐变色进行编辑。

图 5.3.6 “渐变映射”对话框

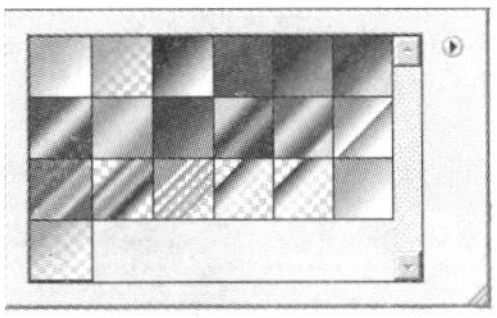

图 5.3.7 渐变色预设面板

在 渐变选项 选项区中选中 仿色(D) 复选框，可为渐变后的图像增加仿色；选中 反向(R) 复选框，可将渐变后的图像颜色反转。

设置好参数后，单击 确定 按钮，图像效果如图 5.3.8 所示。

图 5.3.8 应用渐变映射前后效果对比

5.3.5 阴影/高光命令

阴影/高光命令适用于校正由强逆光而形成剪影的照片，或者校正由于太接近相机闪光灯而有些发白的焦点。阴影/高光命令不是简单地使图像变亮或变暗，它基于阴影或高光中的周围像素（局部相邻像素）增亮或变暗。

打开一幅需要调整的图像，选择菜单栏中的 图像(I) → 调整(A) → 阴影/高光(W)... 命令，弹出 阴影/高光 对话框，如图 5.3.9 所示。

在 阴影 选项区中的 数量(A): 输入框中输入数值或拖动相应的滑块，可设置暗部数量的百分比，数值越大，图像越亮。而在 高光 选项区中的 数量(U): 输入框中输入数值或拖动相应的滑块，可设置高光数量的百分比，数值越大，图像就越暗。

选中 ☑ 显示更多选项(O) 复选框，阴影/高光 对话框将显示成如图 5.3.10 所示的状态，在此对话框中可以进行更精确的调整。

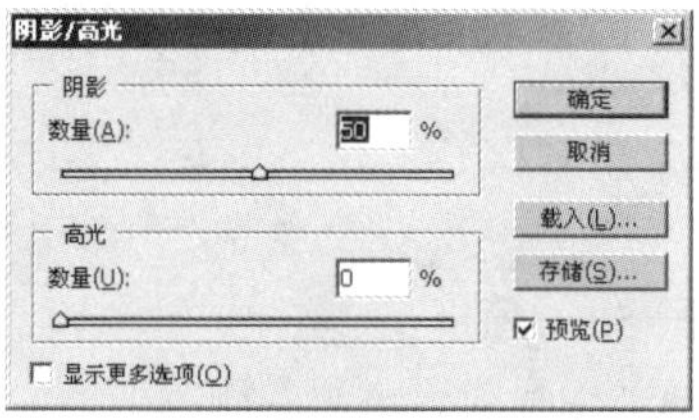

图 5.3.9 “阴影/高光”对话框

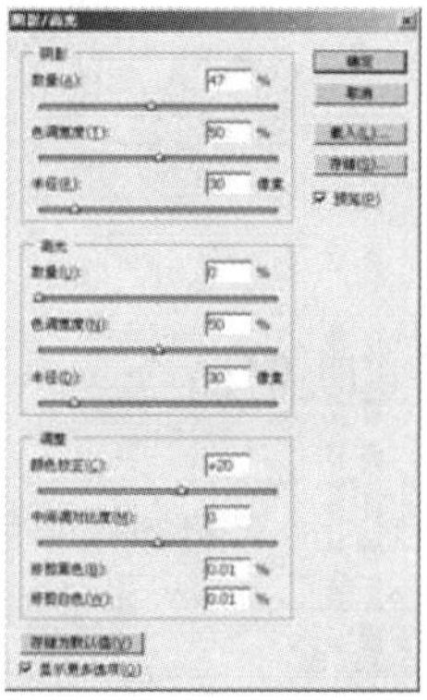

图 5.3.10 “阴影/高光”对话框的其他选项

在 色调宽度(N): 输入框中输入数值，可设置阴影或高光中色调的修改范围。

在 半径(D): 输入框中输入数值，可设置每个像素周围的局部相邻像素的大小。

设置好参数后，单击 确定 按钮，图像效果如图 5.3.11 所示。

图 5.3.11 使用阴影/高光前后效果对比

5.3.6 曝光度命令

利用曝光度命令可以调整图像的色调，该命令也可以用于 8 位和 16 位图像。选择菜单栏中的 图像(I) → 调整(A) → 曝光度(E)... 命令，弹出“曝光度”对话框，如图 5.3.12 所示。

在 曝光度(E): 文本框中输入数值，可以调整色调范围的高光端，此选项对极限阴影的影响很小。

在位移(O):文本框中输入数值，可以使图像中阴影和中间调变暗，此选项对高光的影响很小。

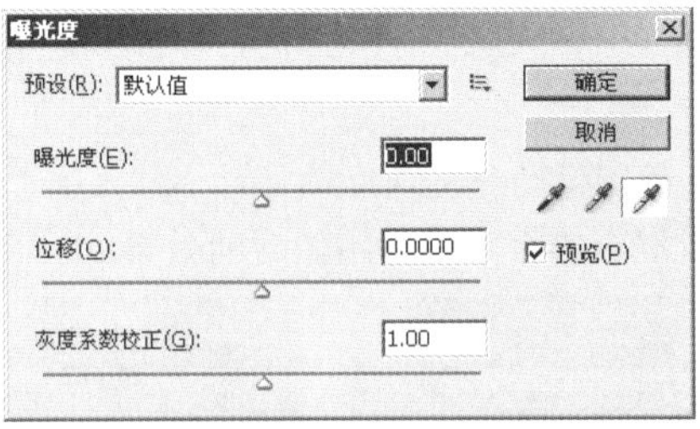

图 5.3.12 “曝光度”对话框

在灰度系数校正(G):文本框中输入数值，可以使用简单的乘方函数调整图像灰度系数。负值会被视为它们的相应正值。

：该组按钮可用于调整图像的亮度值。从左至右分别为“设置黑场”吸管工具、“设置灰场”吸管工具和“设置白场”吸管工具。

打开一幅图像，选择曝光度(E)...命令，在弹出的“曝光度”对话框中对图像进行调整，调整完毕后单击确定按钮即可，效果如图 5.3.13 所示。

图 5.3.13 应用曝光度前后效果对比

5.3.7 通道混合器命令

利用通道混合器可调整图像中某一通道的颜色，将调整后的通道与其他几个通道混合，从而产生图像合成的效果。选择菜单栏中的图像(I)→调整(A)→通道混合器(X)...命令，弹出“通道混合器”对话框，如图 5.3.14 所示。

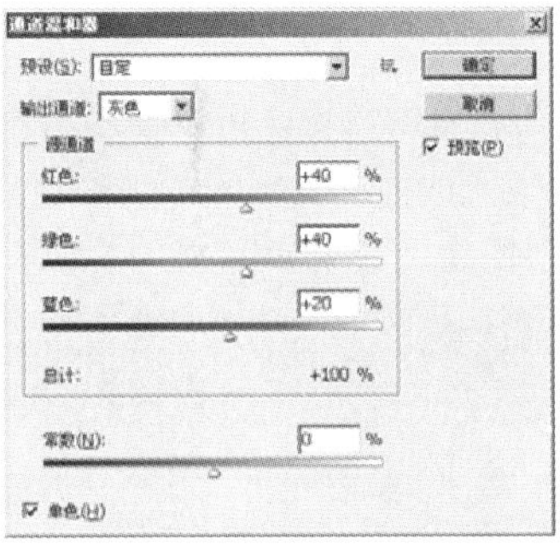

图 5.3.14 “通道混合器”对话框

输出通道:：用于选择所要调整的图像通道。

源通道：可用于调整通道的色彩组成成分的值，输入数值范围在－200～200 之间，还可以拖动通道的滑块来调整，以达到满意的效果。

常数(N)：用于设置当前通道的不透明度，若为负值则可使颜色通道偏黑；若为正值则可使颜色通道偏白。

选中☑单色(H)复选框可使彩色图像转化为灰度图像。

如图 5.3.15 所示为利用通道混合器命令调整图像后的效果。

图 5.3.15　应用通道混合器命令后的效果

5.3.8　照片滤镜命令

选择菜单栏中的图像(I)→调整(A)→照片滤镜(F)...命令，弹出“照片滤镜”对话框，如图 5.3.16 所示。

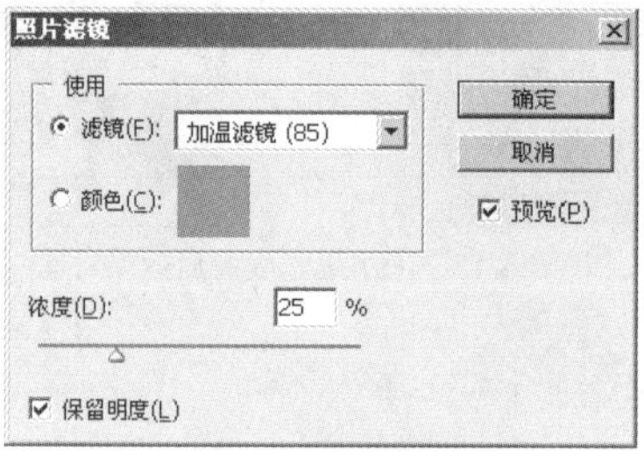

图 5.3.16　“照片滤镜”对话框

照片滤镜命令模拟在相机镜头前面添加彩色滤镜，以便调整通过镜头传输的光的色彩平衡和色温，使胶片曝光。

选中◉滤镜(F):单选按钮，单击其右侧的下拉按钮▼，弹出其下拉列表，用户可根据需要选择相应的滤镜或颜色。

选中◉颜色(C):单选按钮，单击其右侧的色块，可以使用拾色器为自定颜色滤镜指定颜色。

在浓度(D):右侧的文本框中输入数值或拖动其下方的滑块可以调整颜色的浓度，值越大，颜色调整幅度越大。使用照片滤镜命令调整图像，效果如图 5.3.17 所示。

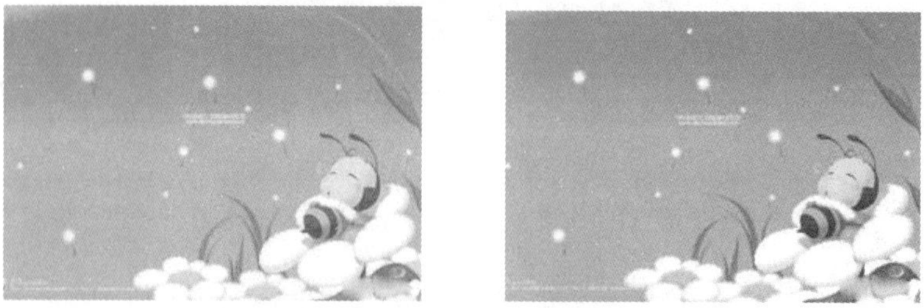

图 5.3.17　使用照片滤镜命令调整图像

5.3.9 变化命令

变化命令可以通过显示图像的缩略图来调整图像的色彩平衡、对比度与饱和度。此命令可用于不需要精确调整色彩的图像。

打开一幅图像，选择图像(I)→调整(A)→变化(N)...命令，弹出“变化”对话框，如图 5.3.18 所示。

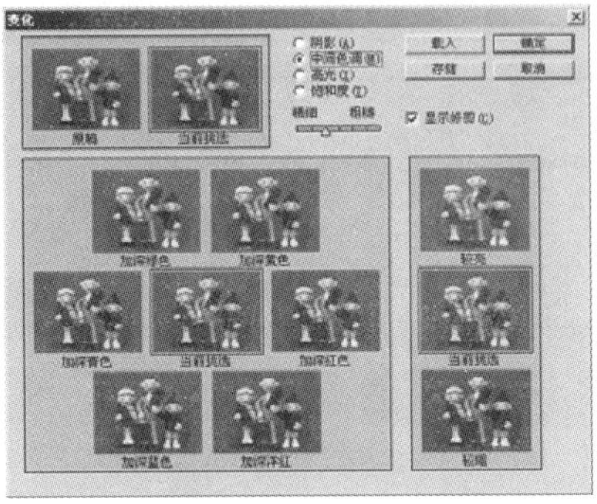

图 5.3.18 “变化”对话框

在该对话框中，左上角有两个缩略图窗口，一个是原图，它显示原图像的效果；另一个是当前挑选，用于显示当前调整图像的整体效果。左侧还有 7 个缩略图窗口，其中一个是当前挑选，它显示了当前调整图像的颜色，单击其他相应颜色的缩略图可更改图像的颜色。右侧有 3 个缩略图，其中一个是当前挑选，它显示了当前调整的图像明暗度，单击其他相应的缩略图窗口可更改图像的明度和暗度。

选中 阴影(A)、 中间色调(M) 和 高光(I) 3 个单选按钮可分别调整图像的暗调、中间调和高光的区域。

选中 饱和度(T) 单选按钮，可调整图像的饱和度。

精细 粗糙：用于设置拖动滑块每次调整的数量。将滑块每移动一格可使调整数量双倍增加或减小。

选中 显示修剪(C) 复选框，当图像的色彩超出了色彩变化的最大范围时，图像将以反相显示颜色，以提醒用户采取相应措施。

如图 5.3.19 所示为利用变化命令调整图像后的效果。

图 5.3.19 应用变化命令后的效果

5.4 特殊色调调整

特殊色调调整命令常用于增强图像的颜色，使图像产生特殊效果。特殊色调调整命令主要包括反相、色调均化、阈值和色调分离等。

5.4.1 反相命令

使用反相命令可以将图像的色彩反转，以原图像的补色显示，而且不会丢失图像的颜色信息，再次使用该命令时可还原图像。当使用图像(I)→调整(A)→反相(I)命令调整图像色调时，系统不弹出任何对话框，只是按照默认值来调整图像，效果如图 5.4.1 所示。

图 5.4.1 应用反相命令前后效果对比

5.4.2 色调均化命令

利用色调均化命令可以重新分布图像中像素的亮度值，使其更均匀地表现所有范围的亮度级别，即在整个灰度范围内均匀分布中间像素值。色调均化的操作步骤如下：

（1）打开一幅需要处理的图像，可以是整个图像，也可以是图像的某一部分。

（2）选择菜单栏中的图像(I)→调整(A)→色调均化(Q)命令，即可对整体图像进行色调均化处理。

（3）如果要对图像的某一部分进行处理，可先创建某区域的选区，然后选择菜单栏中的图像(I)→调整(A)→色调均化(Q)...命令，弹出色调均化对话框，如图 5.4.2 所示。

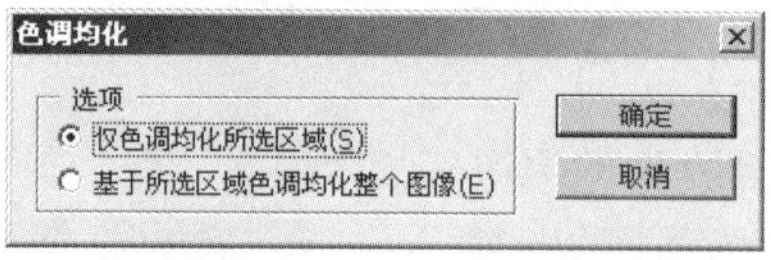

图 5.4.2 “色调均化”对话框

1）选中仅色调均化所选区域(S)单选按钮，对图像进行处理时，仅对选区内的图像起作用。

2）选中基于所选区域色调均化整个图像(E)单选按钮，将以选区内图像的最亮和最暗像素为基准使整幅图像色调平均化。

（4）单击确定按钮，即可对选区中的图像进行色调均化处理，如图 5.4.3 所示。

图 5.4.3 应用色调均化命令前后效果对比

5.4.3　阈值命令

利用阈值命令可以将一个灰度或彩色图像转换为高对比度的黑白图像。此命令可以将一定的色阶指定为阈值，所有比该阈值亮的像素被转换为白色，所有比该阈值暗的像素被转换为黑色。应用阈值的操作步骤如下：

（1）打开一幅灰度或彩色图像。

（2）选择菜单栏中的 图像(I) → 调整(A) → 阈值(T)... 命令，弹出 阈值 对话框，如图 5.4.4 所示。

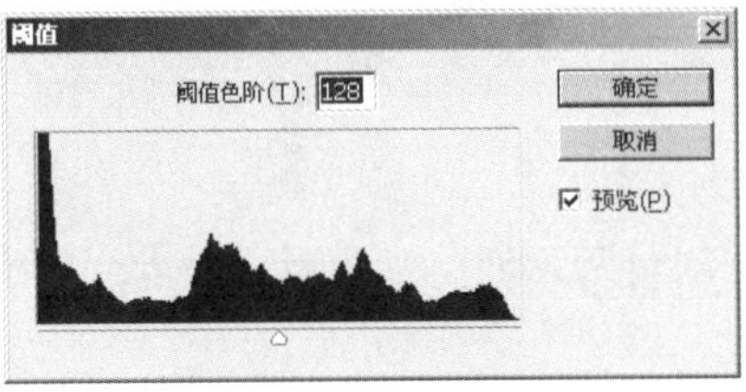

图 5.4.4　“阈值”对话框

（3）在 阈值色阶(T): 输入框中输入数值，可改变阈值色阶的大小，其范围在 1～255 之间。输入的数值越大，黑色像素分布越广；输入的数值越小，白色像素分布越广。

（4）设置好参数后，单击 确定 按钮，应用阈值前后效果对比如图 5.4.5 所示。

图 5.4.5　应用阈值命令前后效果对比

5.4.4　色调分离命令

色调分离命令可指定图像每个通道的亮度值的数目，并将指定亮度的像素映射为最接近的匹配色调。此命令的功能与阈值命令功能类似，阈值命令在任何情况下都只考虑两种色调，而色调分离命令的色调可以指定 2～255 之间的任何一个值。如果要使用自己指定的颜色数，则先将该图像转换为灰度图像，然后指定色阶数，用指定的颜色替换灰色色调即可。

选择菜单栏中的 图像(I) → 调整(A) → 色调分离(P)... 命令，弹出 色调分离 对话框，如图 5.4.6 所示。

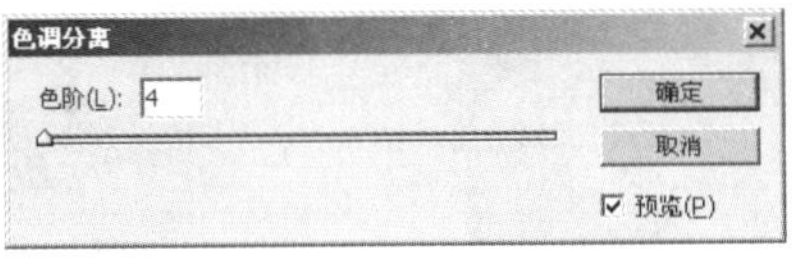

图 5.4.6　“色调分离”对话框

色阶(L): 可控制图像色调分离的程度。输入的数值越小，图像色调分离程度越明显；输入的数值越大，色调变化得越轻微。

设置好参数后，单击 确定 按钮，效果如图 5.4.7 所示。

图 5.4.7　应用色调分离命令前后效果对比

5.5　应用实例——为图片上色效果

实例分析

本例将为一幅图片上色，在制作过程中将用到色阶命令和应用图像命令等，要求掌握基本的颜色调整命令，进行图片处理，其最终效果如图 5.5.1 所示。

图 5.5.1　最终效果图

操作步骤

（1）选择菜单栏中的文件(E)→打开(O)...命令，打开如图 5.5.2 所示的图像。

（2）选择菜单栏中的图像(I)→模式(M)→✔CMYK 颜色(C)命令，将文件转化为“CMYK”模式，其通道面板如图 5.5.3 所示。

图 5.5.2　打开图像文件

图 5.5.3　通道面板

（3）选中“背景”层，将其拖动至图层面板下方的“创建新图层”按钮上，系统自动复制出新“背景副本”层。

（4）单击通道面板中的“青色”通道，通道面板及图像效果如图 5.5.4 所示。

图 5.5.4　通道面板及图像效果

（5）选择菜单栏中的图像(I)→应用图像(Y)...命令，弹出“应用图像”对话框，设置其对话框参数如图 5.5.5 所示。

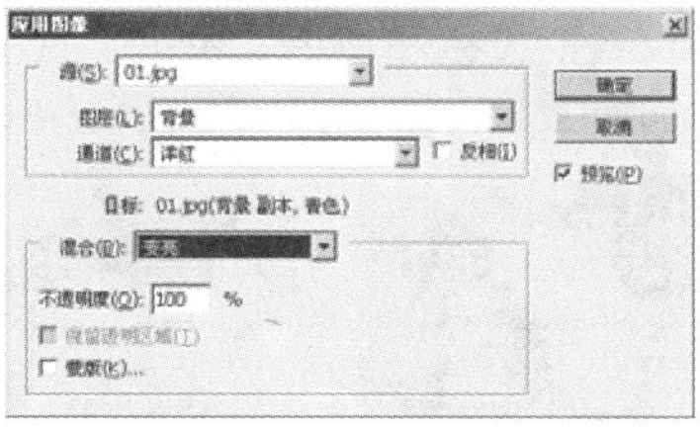

图 5.5.5　“应用图像”对话框

（6）单击通道面板中的“洋红”通道，通道面板及图像效果如图 5.5.6 所示。

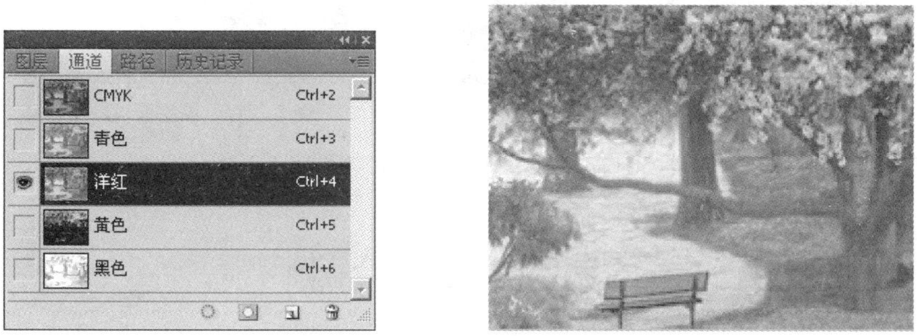

图 5.5.6　通道面板及图像效果

（7）选择菜单栏中的图像(I)→调整(A)→色阶(L)...命令，弹出“色阶”对话框，设置其对话框参数如图 5.5.7 所示。

（8）设置完参数后，单击确定按钮，图像效果如图 5.5.8 所示。

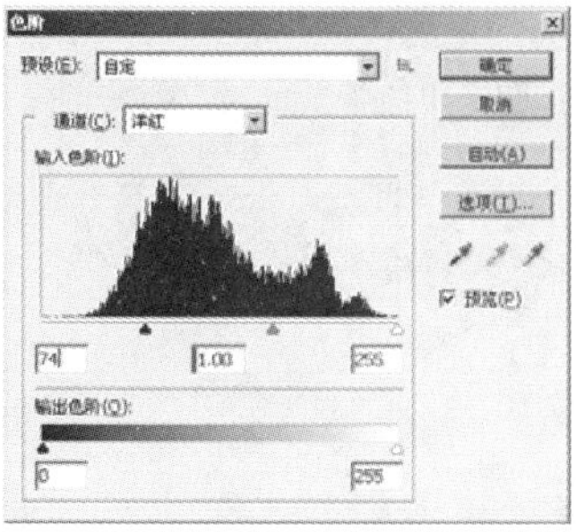

图 5.5.7　“色阶”对话框

图 5.5.8　执行色阶命令后的效果

（9）单击“CMYK”通道，此时为花上色效果如图 5.5.9 所示。

（10）重复步骤（6）和（7）的操作，改变黄色通道的色阶，设置其“色阶”对话框参数如图 5.5.10 所示。

图 5.5.9　为花上色效果图

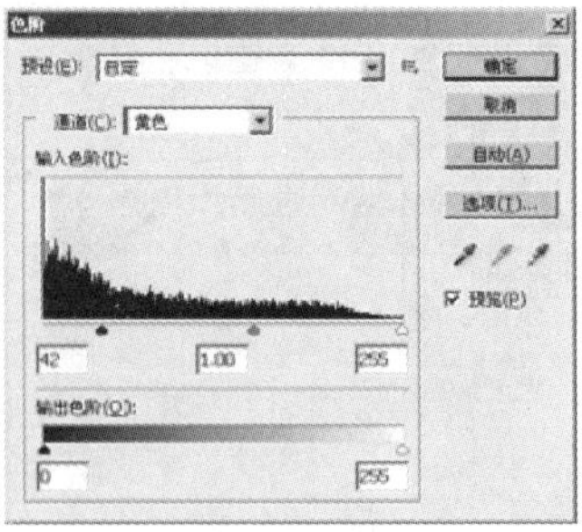

图 5.5.10　“色阶”对话框

（11）设置完参数后，单击 确定 按钮，图像效果如图 5.5.11 所示。

（12）单击图层面板下方的“添加矢量蒙版”按钮，为“背景副本”添加蒙版。

（13）调整前景色和背景色为默认的黑色和白色。单击工具栏中的“渐变工具”按钮，在图像上从左到右拉出渐变，图层面板如图 5.5.12 所示。

图 5.5.11　调整图像色阶效果

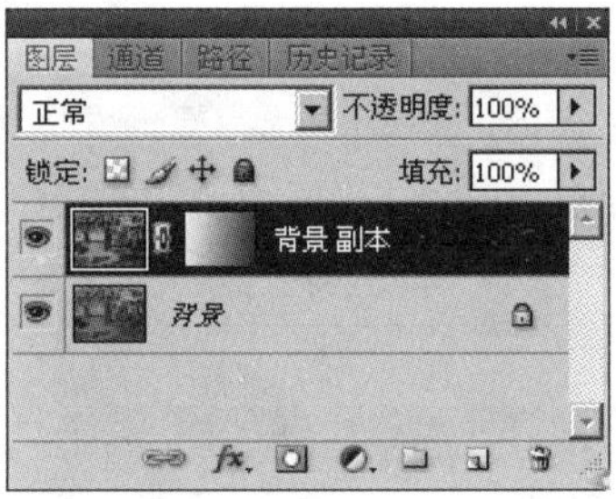

图 5.5.12　图层面板

（14）调整图像的渐变色彩，为图片上色的最终效果如图 5.5.1 所示。

5.6　自 我 检 测

一、填空题

1．色彩和色调调整主要是对图像中的________、________、________和________等进行调整。

2．利用________命令可以综合调整图像的亮度、对比度和色彩。

3．要调整特殊色调和色彩，可通过________、________、________、________等命令来实现。

二、选择题

1．利用（　）命令可调整图像的整体色彩平衡，使图像颜色看起来更加自然，图像也更加美观。

A．自动色阶　　B．色相/饱和度
C．色彩平衡　　D．色阶

2．利用（　）命令可以去掉彩色图像中的所有颜色值，将其转换为相同色彩模式的灰度图像。

A．去色　　B．可选颜色
C．反相　　D．曝光度

3．利用（　）命令可以将图像的色彩反转，以原图像的补色显示，而且不会丢失图像的颜色信息。

A．阈值　　B．色调均化
C．色调分离　　D．反相

4．利用（　）命令可将一个灰度或彩色的图像转换为高对比度的黑白图像。

A．色调均化　　B．阈值
C．色调分离　　D．色阶

三、上机操作题

打开一幅图像文件，如题图 5.1 所示。利用本章所讲的色彩调整命令对其颜色进行调整，并掌握每个命令的功能和使用方法。

题图　5.1

5.7　知识问答

问：可以将彩色图片转化为黑白图像的"黑白"命令有什么快捷键？

答：用于使用黑白对话框的快捷键：

结果	Windows	Mac OS
打开"黑白"对话框	Shift + Ctrl + Alt + B	Shift + Command + Option+ B
将选定值增大/减少 1%	向左箭头键/向右箭头键	向左箭头键/向右箭头键
将选定值增大/减少 10%	Shift+向左箭头键/向右箭头键	Shift+向左箭头键/向右箭头键
更改最接近的颜色滑块的值	单击并在图像上拖移	单击并在图像上拖移

问：“自动颜色”命令调节图像是根据什么，是否可以更改？

答：“自动颜色”命令通过搜索图像来标识阴影、中间调和高光，从而调整图像的对比度和颜色。默认情况下，“自动颜色”使用 RGB 128 灰色这一目标颜色来中和中间调，并将阴影和高光像素剪切 0.5%。可以在“自动颜色校正选项”对话框中更改这些默认值。

问：最精细的调节图像色彩的工具是什么？

答：最精确的调节图像色彩的工具是曲线命令。曲线不仅可以对 RGB 整体进行修改调整，也可以对 RGB 三通道分别进行调解。如果图像是 CMYK 模式的也可以分别对 CMYK 各通道进行调整，如图 5.7.1 所示。此外在打开 Curve（曲线）对话框时，按“Alt”键后单击曲线框，可使格线更精细，再单击鼠标可恢复原状。

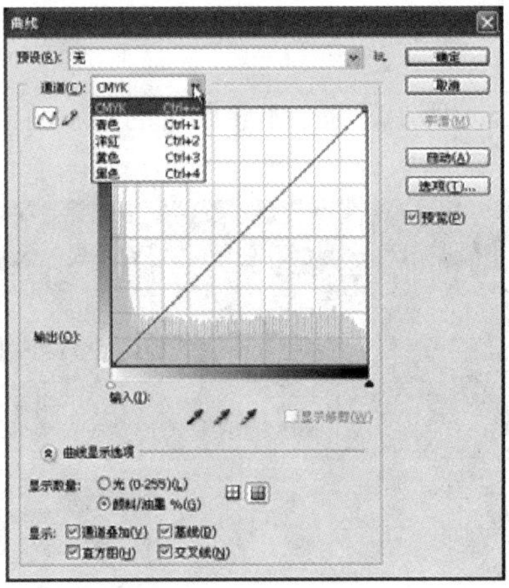

图 5.7.1 “曲线”对话框

第 6 章 文字的编辑与处理

本章要点

- 文字工具的介绍
- 设置文本的属性
- 文字图层的编辑

学习目标

在 Photoshop 中创作平面作品时，文字是不可或缺的部分，它不仅可以帮助大家快速了解作品所呈现出的主题，还可以在整个作品中充当重要的修饰元素。

6.1　文字工具的介绍

在 Photoshop CS4 中利用文字工具和文字蒙版工具，可直接输入文字或创建文字形状的选区，这两种工具都有横排和竖排两种输入方式，如图 6.1.1 所示为文字工具组。其输入文字的方式有输入点文字、输入段落文字以及输入路径文字。当输入文字时，在图层面板中会自动生成一个新的文字图层。

图 6.1.1　文字工具组

横排文字工具：可以在图像中输入横向的文字。

直排文字工具：可以在图像中输入纵向的文字。

横排文字蒙版工具：可以在图像中创建横向的文字选区。

直排文字蒙版工具：可以在图像中创建纵向的文字选区。

6.1.1　输入点文字

点文字是一种不能自动换行的单行文字，文字行的长度会随着输入文本长度的增加而增加，若要进行换行操作，可按“Enter”键。其通常用于输入名称、标题和一些简短的广告语等。

在 Photoshop CS4 中，可利用工具箱中的横排文字工具或直排文字工具来创建点文字，具体的操作方法如下：

（1）单击工具箱中的“横排文字工具”按钮，其属性栏如图 6.1.2 所示。

图 6.1.2　“文字工具”属性栏

其各选项的含义介绍如下：

：单击此按钮，可以在横排文字和直排文字之间进行相互切换。

在宋体下拉列表中可以设置字体样式，字体的选项取决于系统装载字体的类型。

在12 点下拉列表框中可以设置字体大小，也可以直接在文本框中输入要设置字体的大小。

在锐利下拉列表中可设置不同的消除锯齿方法。其中包括无、锐利、犀利、浑厚、平滑 5 个选项。字号较大时效果比较明显。

：该组按钮可以设置文字的对齐方式。从左至右分别为左对齐文本、居中对齐文本、右对齐文本。

：单击此按钮，弹出“拾色器”对话框，在其中可以选择输入文字的颜色。

：单击此按钮，弹出“变形文字”对话框，在其中可以设置文字的不同变形效果。

：单击此按钮，可以显示或隐藏字符和段落面板。

（2）设置完成后，在图像中需要输入文字的位置单击鼠标，将出现一个闪烁的光标，然后输入所需的文字即可，效果如图 6.1.3 所示。

（3）输入完成后，单击其他工具，或按“Ctrl+Enter”键，可以退出文字的输入状态。

图 6.1.3　输入点文字效果

6.1.2　输入段落文本

段落文本最大的特点就是在段落文本框中创建，根据外框的尺寸在段落中自动换行，常用于输入画册、杂志和报纸等排版使用的文字。其具体的操作方法如下：

（1）单击工具箱中的“横排文字工具”按钮 T 或“直排文字工具”按钮 IT，在其属性栏中设置相关的参数。

（2）设置完成后，在图像窗口中按下鼠标左键并拖曳出一个段落文本框，当出现闪烁的光标时输入文字，则可得到段落文字，效果如图 6.1.4 所示。

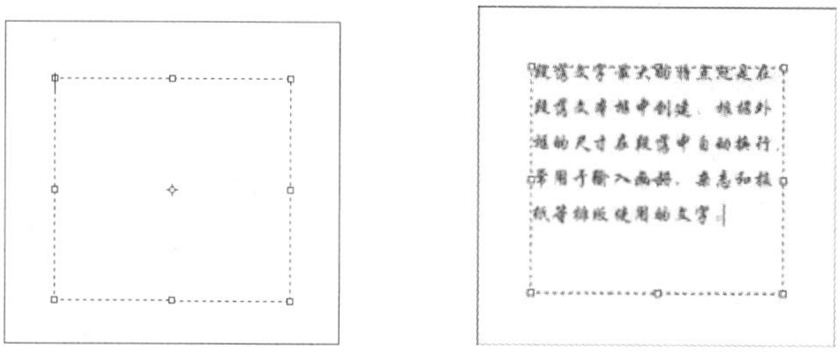

图 6.1.4　段落文字效果

与点文字相比，段落文字可设置更多的对齐方式，还可以通过调整文本框使段落文本倾斜排列或使文本框大小发生变化。将鼠标指针放在段落文本框的控制点上，当指针变成↗形状时，可以很方便地调整段落文本框的大小，效果如图 6.1.5 所示。当指针变成↷形状时，可以对段落文本进行旋转，如图 6.1.6 所示。

图 6.1.5　调整文本框的大小

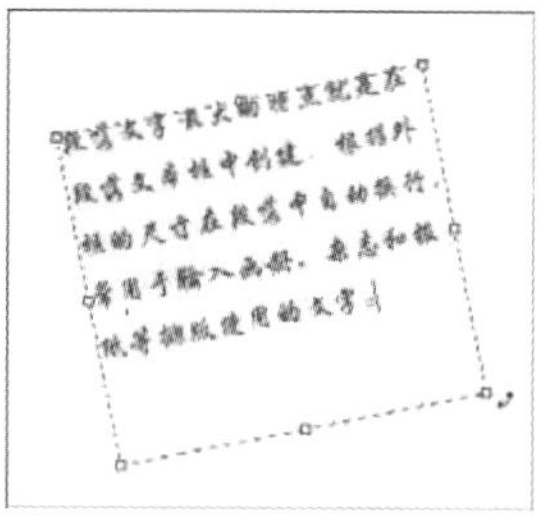

图 6.1.6　旋转文本框

6.1.3　输入路径文字

在 Photoshop CS4 中输入文字时，可以利用钢笔工具或形状工具在图像中创建工作路径，然后再输入文字，使创建的文字沿路径排列，具体的操作步骤如下：

（1）打开一个图像文件，单击工具箱中的“钢笔工具”按钮，其属性栏设置如图 6.1.7 所示。

图 6.1.7 “钢笔工具”属性栏

（2）设置完成后，在图像中需要添加路径文字的位置绘制所需的路径，效果如图 6.1.8 所示。

（3）单击工具箱中的“横排文字工具”按钮 T，将鼠标光标放在路径上，此时鼠标光标将变成如图 6.1.9 所示的形状。

图 6.1.8 绘制的路径

图 6.1.9 输入路径文字时光标的形状

（4）单击鼠标并输入文字，文字将会自动沿所创建的路径排列，效果如图 6.1.10 所示。

（5）若想要在路径上移动文字的位置，可以单击工具箱中的“路径选择工具”按钮，将鼠标指针指向文字，当鼠标光标变成形状时，拖动鼠标即可改变文字在路径上排放的位置，如图 6.1.11 所示。

图 6.1.10 输入路径文字效果

图 6.1.11 改变文字在路径上的位置效果

（6）利用工具箱中的调整路径工具对路径进行修改，路径上的文字也会随着路径的变化而改变，如图 6.1.12 所示为删除路径上的锚点后的效果。

图 6.1.12 删除锚点后的效果

6.2 设置文本的属性

在 Photoshop CS4 中，用户可以通过字符面板和段落面板来精确地控制文本的属性。字符面板主要用于控制文字本身的大小、行距、颜色、基线偏移等，而段落面板则用于控制文本的对齐方式、缩进等。

6.2.1 字符面板

选择 窗口(W) → 字符 命令，弹出字符面板如图 6.2.1 所示，在此面板中可以设置文字的各种属性。

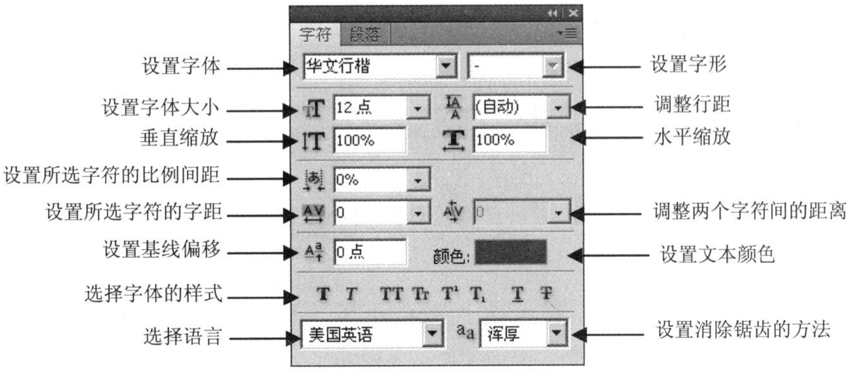

图 6.2.1 字符面板

字符面板中的部分选项介绍如下：

在 华文行楷 下拉列表中，可以设置输入文字的字体。

在 12点 下拉列表中，可以设置输入文字的字号。

在 (自动) 下拉列表中，可以设置文字行与行之间的距离。

在 100% 文本框中输入数值，可以设置文字在垂直方向上的缩小或放大。当输入的数值大于100%时，文字会在垂直方向上放大，当输入的数值小于100%时，文字会在垂直方向上缩小。

在 100% 文本框中输入数值，可以设置文字在水平方向上的缩小或放大。当输入的数值大于100%时，文字会在水平方向上放大，当输入的数值小于100%时，文字会在水平方向上缩小。

在 0% 下拉列表中，可以调整所选择字符的比例间距。

在 0 下拉列表中，可以调整两个相邻字符的距离，但在文字被选中时无效。

在 0点 文本框中输入数值，可设置文字相对于基线进行上下偏移。文本框内数值为正值时向上偏移，为负值时向下偏移。

T T TT Tr T¹ T₁ T Ŧ：该组选项可用来设置字体的样式。

6.2.2 段落面板

选择菜单栏中的 窗口(W) → 段落 命令，弹出段落面板如图 6.2.2 所示，在此面板中可以对段落文本进行格式编辑。

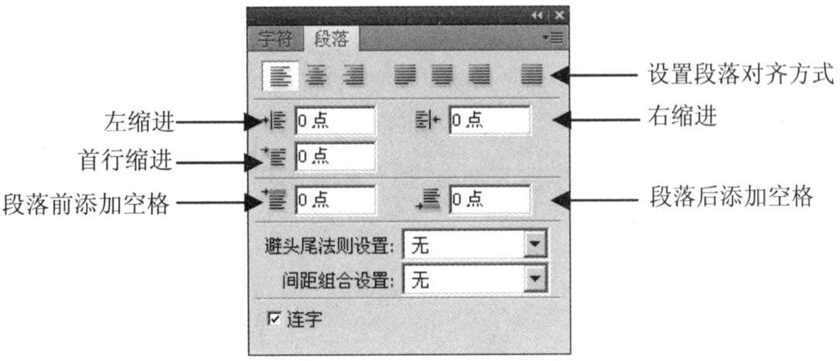

图 6.2.2 段落面板

段落面板中的部分选项介绍如下：

在 0点 文本框中输入数值，可以调整文本相对于文本输入框左边的距离。

在 0点 文本框中输入数值，可以调整文本相对于文本输入框右边的距离。

在 0点 文本框中输入数值，可以调整段落中的第一行文本相对于文本输入框左边的距离。

在 0点 文本框中输入数值，可以设置当前段落与前一个段落之间的距离。

在 0点 文本框中输入数值，可以设置当前段落与后一个段落之间的距离。

选中 连字 复选框，在输入英文时可以使用连字符连接单词。

6.3　文字图层的编辑

利用文字工具在图像中输入文字后，在图层面板中会自动生成一个文字图层。用户可对文字图层进行栅格化、将文字转换为选区、将文字图层转换为工作路径、将文字图层转换为形状图层以及进行变形等操作，下面将具体介绍。

6.3.1　栅格化文字图层

在图像中创建文字以后，有些效果不能直接作用于文本图层，因此，在应用前首先要将文字图层进行栅格化，也就是将文字图层转换为普通图层，再对它进行各种特殊效果处理。下面介绍几种栅格化文字图层的常用方法。

（1）选择需要栅格化的文字图层，然后选择菜单栏中的 图层(L) → 栅格化(Z) → 文字(T) 命令，即可将文字图层转换为普通图层。

（2）在需要栅格化的文字图层上单击鼠标右键，可在弹出的快捷菜单中选择 栅格化文字 命令来栅格化文字图层。

如果还未将文字图层转换为普通图层，对其使用某些效果时，系统会自动弹出提示框，如图 6.3.1 所示。单击 确定 按钮，系统会自动将文字图层转换为普通图层，并对其进行相关的效果处理。

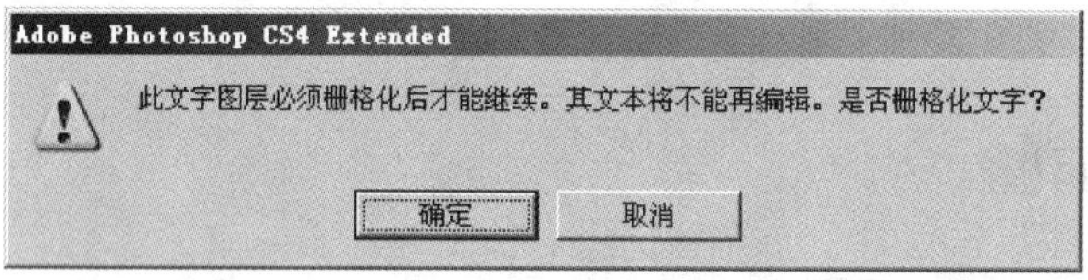

图 6.3.1　提示框

6.3.2　将文字转换为选区

在 Photoshop CS4 中，不仅可以使用文字蒙版工具创建文字的选区，还可以使用横排文字工具与直排文字工具创建文字后，将其转换为选区，再进行编辑处理，从而可以创作出特殊的文字效果。将文字转换为选区的具体操作方法如下：

（1）在 图层 面板中选择文字图层。

（2）按住“Ctrl”键的同时在 图层 面板中单击文字图层列表前的缩览图，就可将文字图层转换为选区，如图 6.3.2 所示。

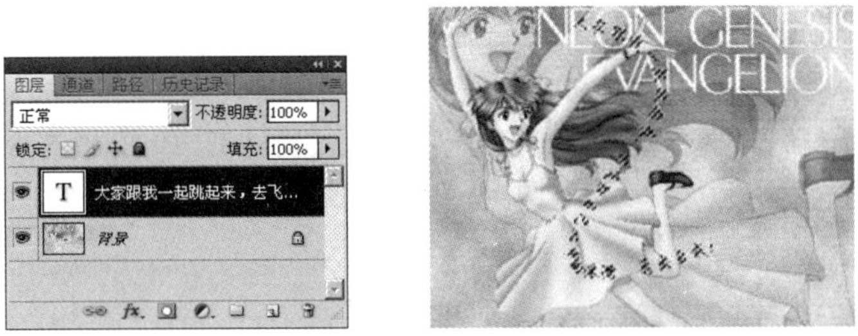

图 6.3.2 将文字图层转换为选区

6.3.3 将文字图层转换为工作路径

将文字图层转换为工作路径就是在图像中的文字边缘处加上与文字形状相同的路径，这样就可利用编辑路径工具对其进行各种编辑操作，而不会影响文字图层。将文字转换为工作路径的操作方法很简单，在图像中输入文字，选择菜单栏中的图层(L)→文字→创建工作路径(C)命令，即可将输入的文字转换为工作路径，效果如图 6.3.3 所示。利用工具箱中的“路径选择工具”按钮，选择转换后的文字路径并拖动鼠标即可将其移动。

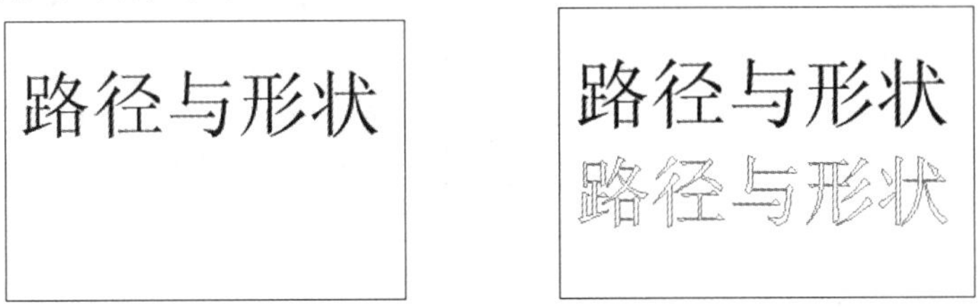

原图 转换后的效果

图 6.3.3 转换文字图层为工作路径

6.3.4 将文字图层转换为形状图层

将文字转换为形状，可以对其进行形状图层的一些操作，还可以对其设置各种特殊的样式。其操作方法很简单，在图像中输入文字，选择菜单栏中的图层(L)→文字→转换为形状(A)命令，即可将文字图层转换为形状图层，此时，单击“样式”面板中预设的特殊样式，即可将其应用到形状文字中，效果如图 6.3.4 所示。

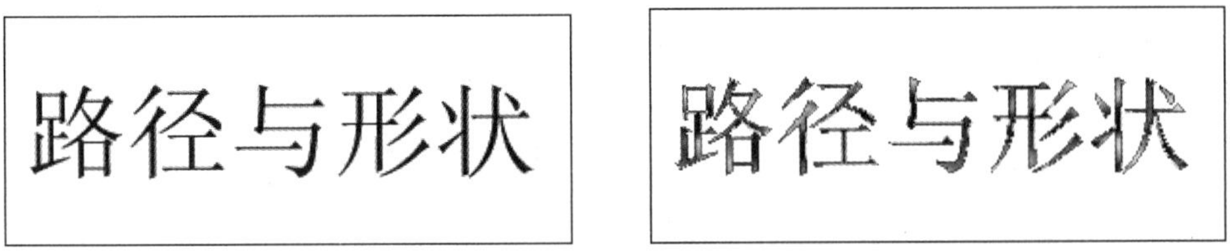

原图 转换后的效果

图 6.3.4 转换文字图层为形状图层

6.3.5 变形文字

在 Photoshop CS4 中提供了 15 种变形文字样式，利用这些样式可以对文字图层进行各种形式的弯曲与变形操作，如扇形、旗帜、拱形、凸起、扭转等。

选择需要变形的文字，然后单击“文字工具”属性栏中的“变形文本”按钮，或选择菜单栏中的图层(L)→文字→文字变形(W)...命令，弹出“变形文字”对话框，如图 6.3.5 所示，在其中的样式(S):下列表中可选择各种文字的变形样式，如图 6.3.6 所示。

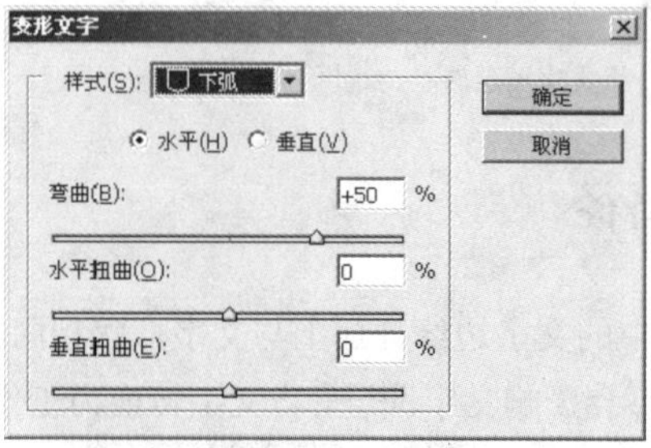

图 6.3.5 “变形文字”对话框

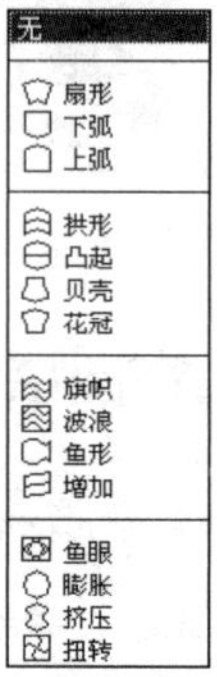

图 6.3.6 “样式”下拉列表

以下为输入的文字创建“扇形”变形文字样式的例子，具体的操作方法如下：

（1）选择需要变形的文字图层，单击工具箱中的“横排文字工具”按钮 T，再单击属性栏中的“创建文字变形”按钮，弹出“变形文字”对话框，如图 6.3.7 左图所示。

（2）在样式(S):下拉列表中选择“扇形”样式，然后选中 水平(H) 单选按钮，可将变形的方向设置为水平方向；选中 垂直(V) 单选按钮可将变形的方向设置为垂直方向。

（3）在弯曲(B):文本框中输入数值，调整文字变形的弯曲程度，数值越大，弯曲幅度越大；在水平扭曲(O):文本框中输入数值，可设置文字在水平方向的弯曲程度；在垂直扭曲(E):文本框中输入数值，可设置文字在垂直方向的弯曲程度。

（4）在该对话框中设置参数后，单击 确定 按钮，即可对当前文字图层应用变形样式效果，如图 6.3.7 右图所示为扇形变形样式效果。

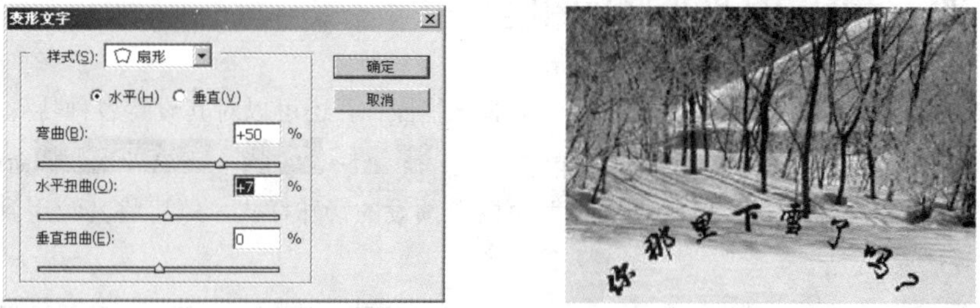

图 6.3.7 为文字添加扇形变形样式

6.4 应用实例——制作特效文字

实例分析

本例将利用文字工具、路径、移动工具、渐变工具、直接选择工具等制作“舞动中国”特效文字效果，如图 6.4.1 所示。

图 6.4.1　最终效果图

操作步骤

（1）选择菜单栏中的文件(F)→新建(N)...命令，弹出“新建”对话框，设置参数如图 6.4.2 所示。

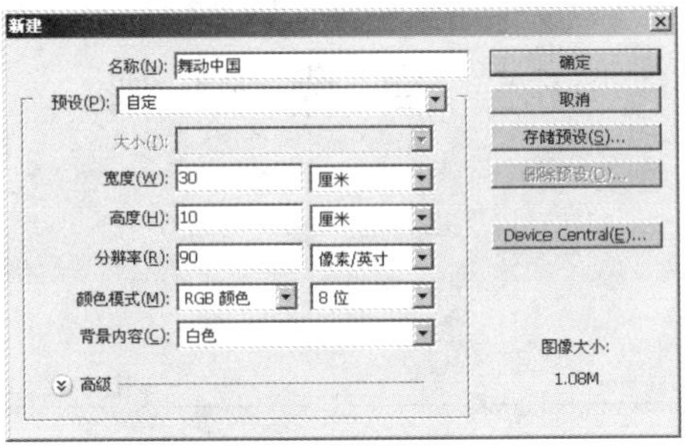

图 6.4.2　“新建”对话框

（2）单击确定按钮，新建文件。选择工具栏中的“横排文字工具”按钮T，设置文字属性栏参数如图 6.4.3 所示。

图 6.4.3　设置文字属性栏参数

（3）设置完成后，在图像中输入“舞动中国”文字信息。

（4）选择图层(L)→文字→转换为形状(A)命令，将文字转换为形状，如图 6.4.4 所示。

（5）选择工具箱中的“直接选取工具”按钮，调节锚点变形文字如图 6.4.5 所示。

图 6.4.4　将文字转换为形状

图 6.4.5　变形文字效果

（6）按“Ctrl+Enter”键，将形状转化为选区，如图 6.4.6 所示。

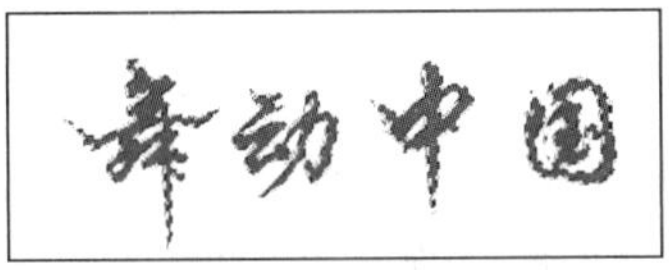

图 6.4.6　将形状转化为选区

（7）选择工具栏中的“渐变工具”按钮，设置渐变属性栏参数如图 6.4.7 所示。

图 6.4.7　渐变属性栏参数

（8）新建“图层 1”，自左到右拖动鼠标拉出渐变，效果如图 6.4.8 所示。

图 6.4.8　填充渐变效果

（9）选中“背景图层”，选择工具栏中的“渐变工具”按钮，设置其属性栏参数如图 6.4.9 所示。

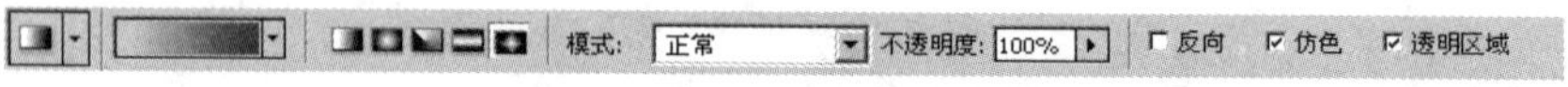

图 6.4.9　“渐变工具”属性栏

（10）新建“图层 2”，自右到左拖动鼠标拉出渐变，最终效果如图 6.4.1 所示。

6.5　自 我 检 测

一、填空题

1. 创建文本工具包括________、________、________和________4 种。
2. 文本输入工具包括________工具、________工具和________工具。
3. 设置文字格式通过________面板可以完成。
4. 选择________命令，可将文字图层转换为普通图层。
5. 在 Photoshop 中，可以将文字转化为________和________，然后对其进行变形。

二、选择题

1. 要为文字四周添加变形框，可以按（　）键。

   A．Ctrl+Alt+T　　　　B．Ctrl+T

   C．Alt+T　　　　D．Shift+T

2. 按（　）键可在 4 个文字工具之间相互进行切换。

   A．Ctrl+W　　　　B．Shift+I

   C．Ctrl+J　　　　D．Shift+T

3. 在字符面板中，可以对文字属性进行设置，这些设置包括（　）。

   A．字体、字号　　　　B．字间距和行距

   C．字体颜色　　　　D．以上都正确

4. 以下对文字图层叙述不正确的是（　）。

   A．文字图层也显示在“图层”调板中　　　　B．可以调整文字图层

   C．文字图层可以转换为普通图层　　　　D．普通图层可以转换为文字图层

5. 在选中文字图层且启动文字工具的情况下，显示文字定界框的方法是（　）。

   A．在图像中的文本中单击　　　　B．在图像中的文本中双击

   C．按 Ctrl 键　　　　D．使用选择工具

三、简答题

1．在 Photoshop CS4 中，如何将文本转换为普通图层？

2．如何在点文字和段落文字间转换？

四、上机操作题

1．利用工具箱中的文字工具、文字变形效果制作如题图 6.1 所示的文字效果。

2．利用文字工具、路径选择工具、转换点工具、转换为形状命令以及样式面板制作如题图 6.2 所示的特殊文字效果。

题图 6.1　文字效果图

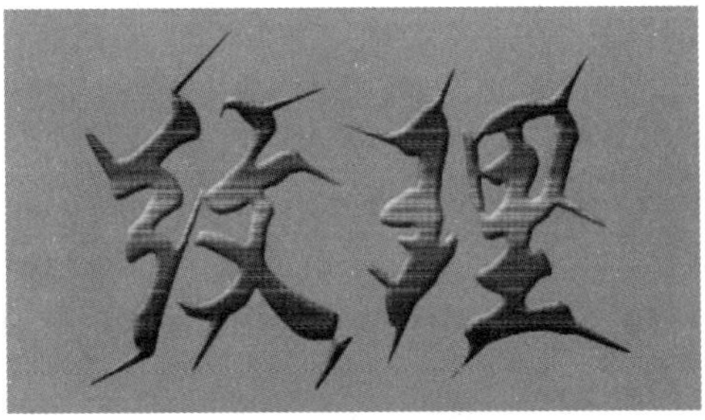

题图 6.2　特殊文字效果图

提 示 Tips

先输入“纹理”文字，然后将文字转化为形状，选择直接选取工具对形状进行变形，具体形状可以自行调整。将形状转化为选区，选择渐变工具对其进行渐变填充。

6.6 知 识 问 答

问：栅格化图层和栅格化文字图层分别是指什么？

答：栅格化图层是指在有些包含矢量数据（如文字图层、形状图层、矢量蒙版或智能对象）和生成的数据（如填充图层）的图层上，不能使用绘画工具或滤镜。但是，可以栅格化这些图层，将其内容转换为平面的光栅图像。

栅格化文字图层是栅格化图层的一部分，是指当某些命令和工具（如滤镜效果和绘画工具）不可用于文字图层时，必须在应用命令或使用工具之前栅格化文字。栅格化将文字图层转换为正常图层，并使其内容不能再作为文本编辑。如果选取了需要栅格化图层的命令或工具，则会出现一条警告信息。某些警告信息提供了一个“确定”按钮，单击此按钮即可栅格化图层。

问：打开一个文字类型较多的PSD格式的图片，而计算机中没有足够的字体时，Photoshop CS4会怎么处理这种情况？

答：此时会启动缺少的字体和字形保护。如果文档使用了您的系统上未安装的字体，您在打开该文档时，将看到一条警告信息。Photoshop CS4会指明缺少哪些字体，并使用可用的匹配字体替换缺少的字体。如果出现这种情况，可以选择文本并应用任何其他可用的字体。

如果在选择罗马字体之后输入非罗马文本（例如日文或西里尔文），则字形保护功能将防止出现不正确的、不可辨认的字符。默认情况下，Photoshop CS4通过自动选择一种适当的字体来提供字形保护。要停用字形保护，请取消选择“文字”首选项中的“启用丢失字形保护”。

问：路径文字、点文字和段落文字分别指什么形式？点文字与段落文字之间可以转换吗？如果可以，怎么转换？

答：路径文字是指沿着开放或封闭路径的边缘流动的文字。当沿水平方向输入文本时，字符将沿着与基线垂直的路径出现。当沿垂直方向输入文本时，字符将沿着与基线平行的路径出现。在任何一种情况下，文本都会按将点添加到路径时所采用的方向流动；点文字是一个水平或垂直文本行，它在图像中单击的位置开始。要向图像中添加少量文字，在某个点输入文本是一种有用的方式；段落文字使用以水平或垂直方式控制字符流的边界。当想要创建一个或多个段落（比如为宣传手册创建）时，采用这种方式输入文本十分有用。

点文字与段落文字是可以互相转换的。

将点文字转换为段落文字，可以在外框内调整字符排列，每个文字行的末尾（最后一行除外）都添加一个回车符；将段落文字转换为点文字，可以使各文本行彼此独立地排列，每个文字行的末尾都删除回车符，并将文字行的长度调整到合适长度。

第 7 章 CorelDRAW X4 入门

本章要点

- CorelDRAW X4 基础操作
- 使用辅助工具
- 使用泊坞窗

学习目标

本章对 CorelDRAW X4 的工作界面以及软件的一些基本设置进行讲解。通过本章的学习，要求用户熟练掌握 CorelDRAW X4 的基本操作。

7.1 CorelDRAW X4 基础操作

CorelDRAW X4 的基础操作包括文件的基本操作、绘图显示模式、设置显示比例、预览显示、版面设置以及辅助设置等，本节将介绍这些基本的操作。

7.1.1 文件的基本操作

进入 CorelDRAW X4 之后，在设计作品的过程中，需要进行创建新文件、打开已有文件、保存或关闭文件等操作，这也是 CorelDRAW X4 中文件的一些基础操作，下面对这些操作分别进行介绍。

1. 新建和打开文件

新建或打开一个图形文件的方法有多种，下面分别介绍。

（1）启动 CorelDRAW X4 后，屏幕上会出现 CorelDRAW X4 的欢迎界面，单击“新建图形”图标，即可创建一个图形文件；单击“打开图形”图标，弹出打开绘图对话框，如图 7.1.1 所示，可以从中选择需要打开的图形文件。

图 7.1.1 “打开绘图”对话框

（2）如果已经在 CorelDRAW X4 中完成了图形的绘制，要想再新建一个文件，选择菜单栏中的文件(F)→新建(N)命令，或按“Ctrl+N”键新建文件；选择菜单栏中的文件(F)→打开(O)…命令，或按“Ctrl+O”键可打开文件。

（3）通过 CorelDRAW X4 工具栏中的“新建”按钮和“打开”按钮来新建和打开文件。

2. 导入和导出文件

CDR 格式是 CorelDRAW X4 默认的文件格式。不同的应用程序默认的文件格式也不相同，但在 CorelDRAW X4 中可以使用导入命令将位图和文本文件等导入到 CorelDRAW X4 中进行编辑，也可以将 CorelDRAW X4 编辑完成的文件导出为可以被其他应用程序使用的文件。

要用导入命令导入文件，可在 CorelDRAW X4 中选择菜单栏中的文件(F)→导入(I)…命令，或在工具栏中单击“导入”按钮，弹出导入对话框，如图 7.1.2 所示，从中选择需要导入的文件后，单击导入按钮即可。

使用导出命令，可将 CorelDRAW X4 中绘制好的图形输出为位图或其他格式的文件。选择菜单栏中的文件(F)→导出(E)…命令，或单击“导出”按钮，弹出导出对话框，在保存类型(T):下拉列表中可选择需要导出的文件格式，如图 7.1.3 所示，单击导出按钮，可在弹出的相应对话框中设置该格式的相关参数，然后单击确定按钮，就可完成文件的导出。

图 7.1.2 “导入”对话框

图 7.1.3 “导出”对话框

3. 保存和关闭文件

当完成一幅作品后，需要将文件保存并关闭。下面介绍保存和关闭文件的多种方法。

（1）选择菜单栏中的文件(F)→保存(S)…命令，或按“Ctrl+S”键可保存文件；选择菜单栏中的文件(F)→另存为(A)…命令，或按“Ctrl+Shift+I”键可另存储文件。如果是第一次保存文件，将弹出如图 7.1.4 所示的保存绘图对话框。在对话框中可以设置文件名、保存类型以及版本等选项。也可在 CorelDRAW X4 工具栏中单击“保存”按钮保存文件。

（2）选择菜单栏中的文件(F)→关闭(C)命令，或单击绘图窗口右上角的“关闭”按钮，来关闭文件。此时，如果文件尚未保存过，将弹出如图 7.1.5 所示的提示框，询问是否保存文件。单击是(Y)按钮，保存文件；单击否(N)按钮，不保存文件；单击取消按钮，取消保存操作。

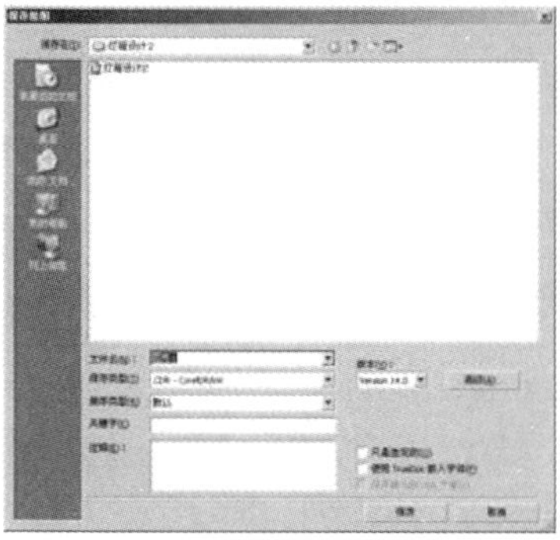

图 7.1.4 “保存绘图”对话框

图 7.1.5 提示框

7.1.2 绘图显示模式

在 CorelDRAW X4 中，为了提高工作效率，系统提供了简单线框、线框、草稿、正常、增强和使用叠印增强 6 种图像显示模式。在不同的视图模式下，显示的画面内容、品质会有所区别。但这些显示模式只改变图形显示的速度，而对打印结果完全没有影响。

1. 以简单线框模式显示

选择菜单栏中的视图(V)→简单线框(S)命令，以简单的框架模式显示视图，只显示图形最基本的框架，不显示图形的填充内容；位图则以灰色点阵图显示；立体化对象、调和对象则只显示控制对象。此显示模式是一种非常简单的显示模式，显示速度非常快，便于快速查看某些对象。

2. 以线框模式显示

选择菜单栏中的视图(V)→线框(W)命令，以线框模式显示视图，只显示图形的基本框架，包括立体透视图、调和形状等，而不显示填充效果；位图则以灰色点阵图显示。

3. 以草稿模式显示

选择菜单栏中的视图(V)→草稿(D)命令，以草稿模式显示视图，它是一种比较粗糙的显示模式，页面中所有的图形均以低分辨率显示。此种模式的显示速度也较快，适用于对图形显示质量要求不高，文件尺寸较大或硬件配置较低的电脑。

4. 以正常模式显示

选择菜单栏中的视图(V)→正常(N)命令，以正常模式显示视图，可显示出图形的实际情况，它是最常用的显示模式，既能保证图形的显示质量，也不影响计算机显示图形的速度。

5. 以增强模式显示

选择菜单栏中的视图(V)→增强(E)命令，以增强模式显示视图，此模式呈现视图的最佳显示效果。如果对视图中的图形质量要求很高，就应采用此显示模式。在增强模式下，系统将以优化图形的方式显示视图，使对象的轮廓更加光滑，过渡更加自然，以得到高质量的显示效果。

6. 以使用叠印增强模式显示

选择菜单栏中的视图(V)→使用叠印增强(C)命令，以使用叠印增强模式显示，视图在此显示模式下，系统将以高分辨率显示所有图形对象，并使图形圆滑，这种模式也是系统默认的模式。

7.1.3 设置显示比例

在 CorelDRAW X4 中绘图时，可以根据需要缩放与平移视图。单击工具箱中的缩放工具按钮右下角的小三角，可显示出隐藏的工具组，此时可看到缩放工具或平移工具，如图 7.1.6 所示，其属性栏如图 7.1.7 所示。

图 7.1.6 缩放与平移工具组

图 7.1.7 缩放工具属性栏

1. 缩放工具

在绘图工作中经常需要将绘图页面放大或缩小，以便于查看个别对象或整个图形的结构。

单击工具箱中的缩放工具按钮，将鼠标指针移至绘图区中，此时，指针显示为形状，直接在绘图区中单击，将会以单击处为中心放大图形。

在属性栏中的76%下拉列表中可选择需要显示的绘图页面比例。

单击“缩放全部对象”按钮，可以将文件中的所有对象全部显示在一个视图窗口中。

单击“按页面显示”按钮，可在工作窗口中显示全部页面。

单击“按页面宽度显示”按钮，可将工作窗口调整为与页面同宽。

单击“按页面高度显示”按钮，可以将工作窗口调整为与页面高度相同。

2．平移工具

当页面显示超出当前工作区时，为了观察页面的其他部分，可单击工具箱中的“平移工具”按钮，将鼠标指针移至页面中，此时，鼠标指针显示为形状，按住鼠标左键并拖动，即可移动视图。

7.1.4 预览显示

视图(V)菜单中提供了 3 种预览显示方式，即全屏预览、只预览选定对象和分页预览视图。

1．全屏预览

选择菜单栏中的视图(V)→全屏预览(F)命令，CorelDRAW 会将屏幕上的工具箱、菜单栏、工具栏以及所有窗口都隐藏起来，只将文档显示在整个屏幕上，从而可以很清晰地显示图形的细节部分。

2．只预览选定对象

在绘图区中选择将要显示的对象，选择菜单栏中的视图(V)→只预览选定的对象(O)命令，即可将所选择的对象以全屏模式显示出来。

3．分页预览

选择菜单栏中的视图(V)→页面排序器视图(A)命令，可对文件中包含的所有页面进行预览。

进入分页预览显示模式后，如果要返回到正常显示状态，可使用挑选工具选中某一页面，此时所选的页面周围将显示一个深蓝色外框，然后再选择菜单栏中的视图(V)→页面排序器视图(A)命令，取消其前面的“√”符号，即可返回到所选页的正常显示状态。

7.1.5 版面设置

在绘图之前，可以根据需要设置新的页面，也可进行删除、重命名页面以及切换页面顺序等操作。

1．插入、删除与重命名页面

如果要在当前打开的文档中插入页面，可选择菜单栏中的版面(L)→插入页(I)…命令，弹出插入页面对话框，如图 7.1.8 所示。

在插入(I)输入框中可输入插入页面的数量，并通过选中前面(B)或后面(A)单选按钮来决定插入页面的位置（放置在设定页面的前面或后面）。

通过选中纵向(P)或横向(L)单选按钮，可设置插入页面的放置方式。

单击纸张(R):右侧的A4下拉列表框，可从弹出的下拉列表中选择插入页面的纸张类型。如果需要自定义插入页面的大小，可在宽度(W):与高度(E):输入框中输入数值来自定义页面大小。

要删除无用的页面，可选择菜单栏中的版面(L)→删除页面(D)…命令，弹出删除页面对话框，如图 7.1.9 所示。

在删除页面对话框中可设置要删除的某一页，也可以选中通到页面(T):复选框来删除所设置页面范围内（包括所设页面）的所有页面。

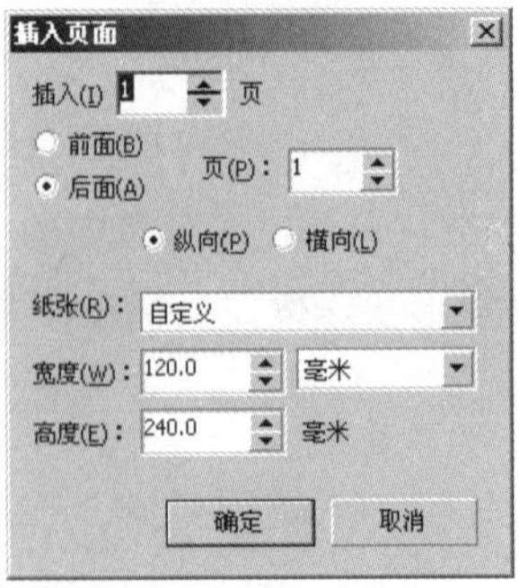

图 7.1.8 “插入页面”对话框

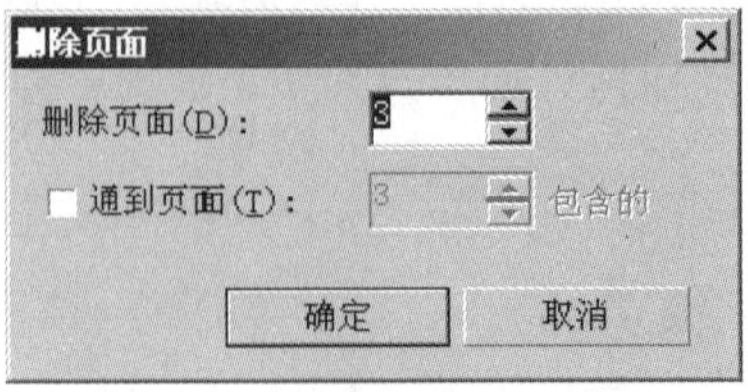

图 7.1.9 “删除页面”对话框

当一个文档中包含多个页面时，可以给各页面分别设定易于识别的名称，以便于对其进行管理。

要更改页面名称，可先选定要命名的页面，然后选择菜单栏中的 版面(L) → 重命名页面(A)… 命令，弹出 重命名页面 对话框，在 页名: 输入框中可输入要更改页面的名称，单击 确定 按钮，则设置的页面名称将会显示在页面指示区中。

2．转换页面与切换页面方向

在 CorelDRAW X4 中，当一个文档中包含多个页面时，可通过转换页面功能在不同页面之间进行切换，也可以对同一文档中的不同页面设置不同的方向。

如果一个文档中包含了多个页面，要想指定所需的页面，可选择菜单栏中的 版面(L) → 转到某页(G)… 命令，弹出 定位页面 对话框，如图 7.1.10 所示。在 定位页面(G): 输入框中可设置要定位的页面，然后单击 确定 按钮即可。

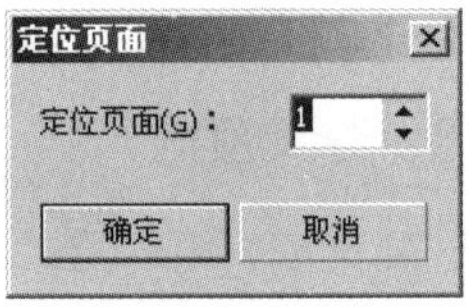

图 7.1.10 “定位页面”对话框

要切换页面的方向，可选择菜单栏中的 版面(L) → 切换页面方向(R) 命令，在纵向与横向之间切换页面。但切换页面方向后，页面中的内容并不会随着页面方向的变换而改变位置或发生变化，如图 7.1.11 所示。

图 7.1.11 切换页面方向

3．设置页面大小与背景

在 CorelDRAW X4 中，版面的样式决定了组织文件进行打印的方式，因此，在打印文件之前，就需要对页面大小与背景的颜色进行设置。

要设置页面大小，可选择菜单栏中的 版面(L) → 页面设置(P)… 命令，弹出 选项 对话框，在此对话框中展开 文档 列表，然后再展开其中的 页面 列表，选择 大小 选项，此时的 选项 对话框如图 7.1.12 所示。

在此对话框中，选中普通纸(N)单选按钮，表示使用正常纸张模式，此时可设置其他参数，例如，页面的放置方向、纸张的类型以及自定义纸张的宽度与高度等。

要设置页面背景，可选择菜单栏中的版面(L)→页面背景(B)…命令，弹出如图 7.1.13 所示的选项对话框。

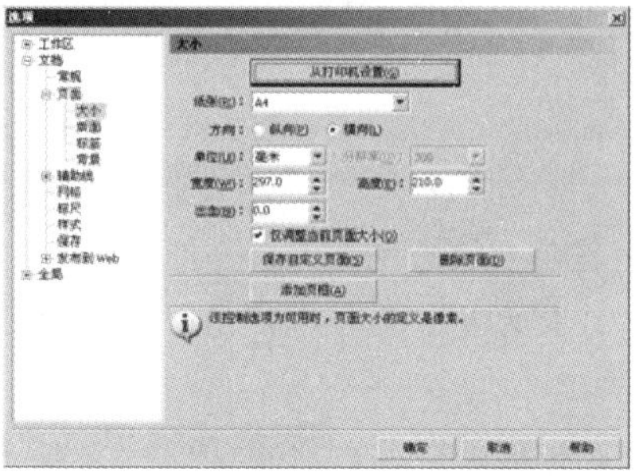

图 7.1.12　设置页面大小“选项”对话框

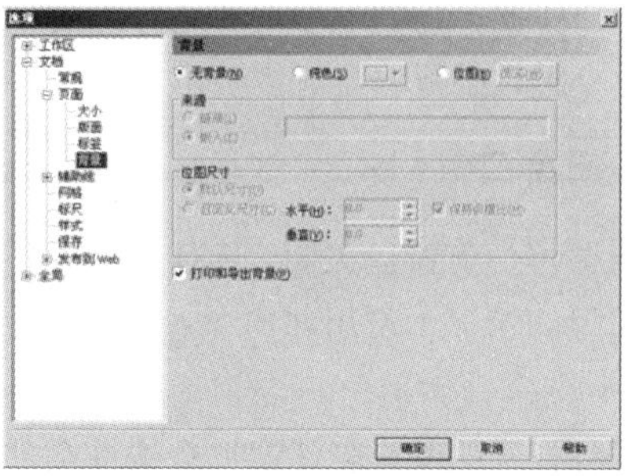

图 7.1.13　设置背景“选项”对话框

在此对话框中，有 3 种背景设置可供选择，即无、纯色与位图。如果使用位图图像作为页面背景，可按以下步骤进行操作：

（1）在此对话框中选中位图(B)单选按钮，然后单击浏览(W)...按钮，可弹出导入对话框。

（2）在导入对话框中选择一幅位图文件，单击导入按钮，即可返回到选项对话框。

（3）在来源选项区中可显示出位图的名称。在来源选项区中选中链接(L)单选按钮，可以将选择的位图对象链接到页面中；如果选中嵌入(E)单选按钮，就可以将选中的位图对象嵌入到页面中。

（4）在位图尺寸选项区中可以调整图像的尺寸。如果选中默认尺寸(D)单选按钮，就可以将位图对象按原始尺寸以默认的方式放置在页面中；选中自定义尺寸(C)单选按钮，就可以自定义所选位图对象的尺寸大小；选中保持纵横比(M)复选框，可以保持位图对象纵横向比例不变；选中打印和导出背景(P)复选框，可在输出或打印文档时将背景显示出来。设置好各项参数后，单击确定按钮，就可将选择的位图图像设置为当前页面的背景。

7.1.6　窗口操作

一般情况下，为了观察一个文档的不同页面，或同一页面的不同部分，或同时观察两个或多个文档，都需要同时打开多个窗口。为此，可选择窗口(W)菜单下的相关命令来新建窗口或调整窗口的显示。

1．新建窗口

在绘图工作中，有时需要建立一个与原有窗口相同的窗口来对比修改前后的图形对象，此时，可选择菜单栏中的窗口(W)→新建窗口(N)命令，即可创建一个与原有窗口相同的窗口。

2．层叠窗口

层叠窗口可将多个绘图窗口按顺序层叠在一起，这样有利于从中选择需要使用的绘图窗口。如果要按顺序层叠多个窗口，选择菜单栏中的窗口(W)→层叠(C)命令即可。通过单击要切换的窗口的标题栏，即可将选中的窗口设置为当前窗口。

3．平铺窗口

如果想要同时在屏幕上显示两个或多个窗口，可使用平铺窗口方式。选择菜单栏中的窗口(W)→

水平平铺(H)命令，可按水平方式平铺窗口；如果需要按垂直方式平铺窗口，选择菜单栏中的窗口(W)→垂直平铺(V)命令即可。

4. 排列图标

要将窗口按照一定的顺序重新进行排列，选择菜单栏中的窗口(W)→排列图标(A)命令即可。但使用此命令时，必须将窗口最小化。

5. 关闭窗口

如果需要将当前窗口关闭，选择菜单栏中的窗口(W)→关闭(C)命令即可。如果在没有保存当前文件窗口的情况下使用此命令，系统则会弹出一个提示框，提示用户是否保存对该文件所做的修改。

如果要将打开的所有文件窗口一次性全部关闭，选择菜单栏中的窗口(W)→全部关闭(L)命令即可。

6. 刷新窗口

选择菜单栏中的窗口(W)→刷新窗口(W) Ctrl+W命令，可以刷新正在使用的文件窗口中没有完全显示的图像，使之完整地显示出来。

7.2 使用辅助工具

CorelDRAW X4 除了有强大的绘图功能外，还提供了标尺、网格以及辅助线等辅助工具以帮助用户精确绘制图形，而在打印输出文档时，这些辅助工具不会被打印出来。

7.2.1 使用标尺

标尺能帮助用户精确绘图、确定图形位置及测量大小。选择菜单栏中的视图(V)→标尺(R)命令，可在绘图窗口中打开或关闭标尺。如果需要移动标尺，可在按住“Shift”键的同时单击并拖动标尺，将其移至合适的位置，然后松开鼠标即可，如图 7.2.1 所示。

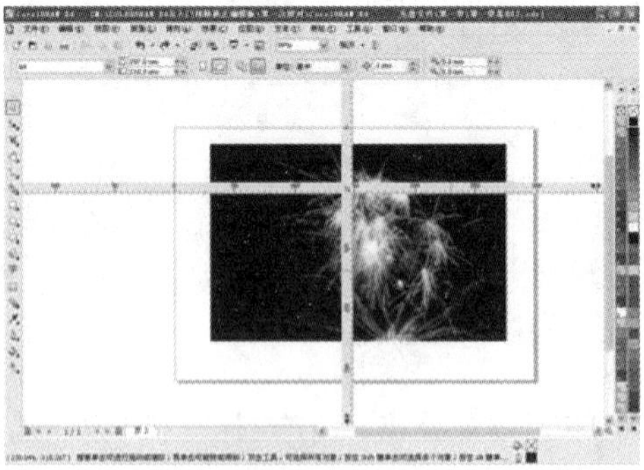

图 7.2.1 移动标尺

如果要改变原点的位置，只须将鼠标指针移至水平与垂直标尺左上角相交的坐标原点单击并拖动，松开鼠标，该处即成为新的坐标原点。用鼠标双击坐标原点，可以将改变的坐标原点恢复至系统默认的位置。

7.2.2 使用网格

网格是由水平线与垂直线构成的一连串方框组成，一般可用于协助绘图与排列对象。但在默认情况下，网格是不会显示在窗口中的，只有通过选择菜单栏中的 视图(V) → 网格(G) 命令，才可打开网格。使用重复的命令也可以隐藏网格。

如果要在绘图时对齐网格，可选择菜单栏中的 视图(V) → 贴齐网格(P) Ctrl+Y 命令，此时如果用鼠标移动对象，当鼠标指针移至网格点附近时，系统会自动使对象对齐网格点。

7.2.3 使用辅助线

辅助线是绘图时所使用的有效辅助工具。在绘图窗口中，可以任意调节辅助线，例如，调节成水平、垂直、倾斜方向来协助对齐所绘制的对象。将光标移至标尺上单击并向窗口中拖动，即可产生辅助线。如果此时没有产生辅助线，可选择菜单栏中的 视图(V) → 辅助线(I) 命令，使其显示出来。

如果要移动辅助线，可先将光标移到要移动的辅助线上，此时光标变为 ↔ 或 ↕ 形状，然后按住鼠标左键并拖动即可。

如果要旋转辅助线，只须单击两次要旋转的辅助线，此时在辅助线两端将显示符号，将光标移至该符号上，此时光标变为形状，按住鼠标左键并拖动即可旋转辅助线。

如果要删除辅助线，只须单击辅助线，此时该辅助线的颜色变为“红色”，表示该辅助线被选中，然后按“Delete”键即可。

提 示 Tips

产生辅助线之前必须先显示标尺。

7.2.4 网格、标尺与辅助线设置

用户还可以根据自己的需要来自定义网格、标尺与辅助线的属性，例如，设置标尺的单位、标尺原点、网格间距等。

1. 设置网格

在 选项 对话框左侧选择 网格 选项，可显示出网格选项的参数，如图 7.2.2 所示。

在此对话框中，通过选中 ⊙ 频率(F) 或 ⊙ 间距(S) 单选按钮，可以在下面显示的相应选项区中设置网格线的间距或频率的大小。选中 ☑ 显示网格(W) 复选框，可显示网格；选中 ☑ 贴齐网格(N) 复选框，可以在绘图时对齐网格。此外，通过选中 ⊙ 按线显示网格(L) 或 ⊙ 按点显示网格(D) 单选按钮，可设置网格的显示方式。

2. 设置标尺

选择菜单栏中的 视图(V) → 设置(T) → 网格和标尺设置(L)… 命令，可弹出 选项 对话框，在该对话框左侧选择 标尺 选项，此时的对话框如图 7.2.3 所示。

在此对话框中可设置标尺的度量单位、原点位置以及刻度记号，也可设置移动对象时每次移动的距离。此外，在 选项 对话框中单击 编辑刻度(S)... 按钮，可弹出 绘图比例 对话框，用户可以根据实际需

要在此对话框中设置各种缩放的比例。

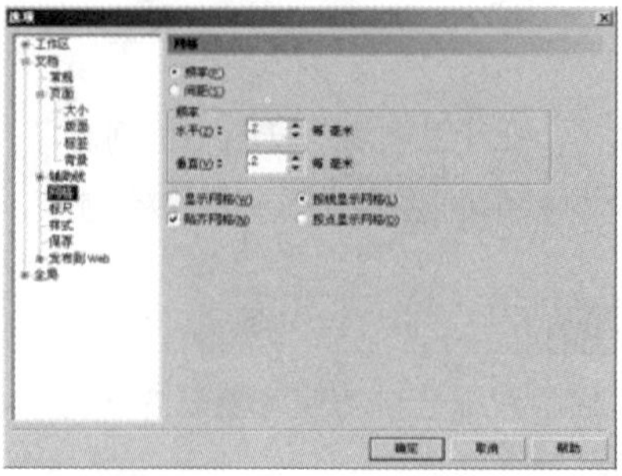

图 7.2.2　设置“网格”选项参数

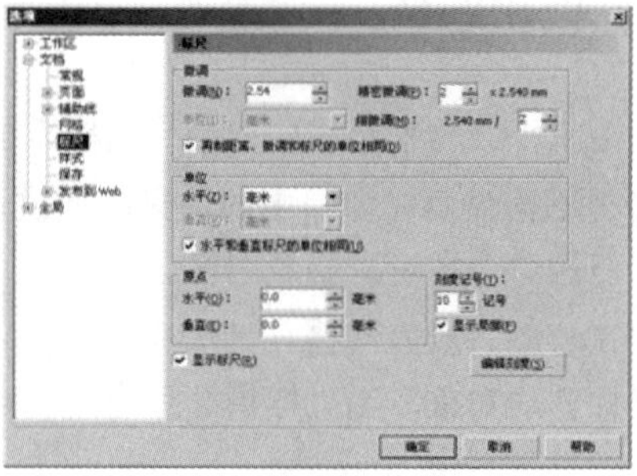

图 7.2.3　设置“标尺”选项参数

3. 设置辅助线

选择菜单栏中的 视图(V) → 设置(T) → 辅助线设置(T)… 命令，可弹出 选项 对话框，并显示出辅助线的参数，如图 7.2.4 所示。

选中 ☑ 显示辅助线(S) 复选框，可显示辅助线，反之，则会隐藏辅助线。

选中 ☑ 对齐辅助线(N) 复选框，可使图形对象贴齐辅助线。

单击 默认辅助线颜色(G): 与 默认预设辅助线颜色(P): 右侧的下拉按钮，可从弹出的预设颜色列表中选择颜色，以重新设置辅助线的颜色。

如果在 选项 对话框的左侧选择 水平、垂直、导线 或 预设 选项，可在对话框的右侧显示出相关选项的参数，分别对各种方向的辅助线进行设置。在此选择 水平 选项，则显示出水平方向的辅助线设置，如图 7.2.5 所示。

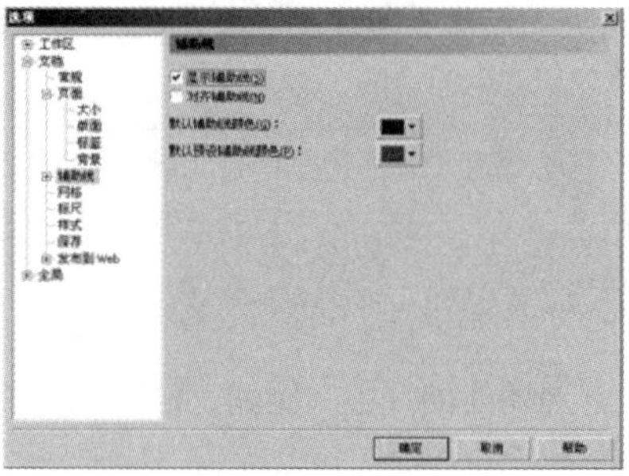

图 7.2.4　设置“辅助线”选项参数

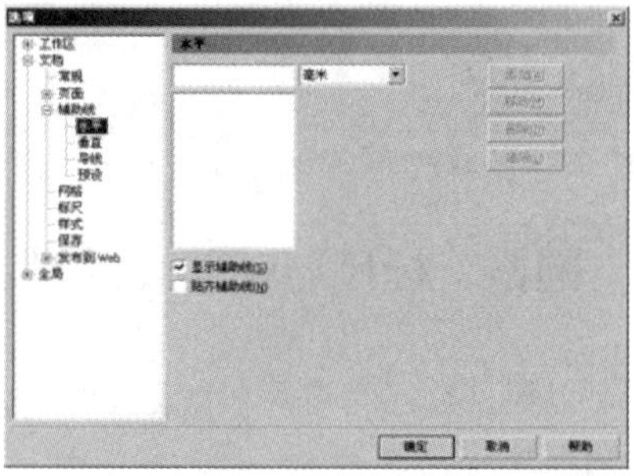

图 7.2.5　设置“水平”辅助线参数

7.3　使用泊坞窗

CorelDRAW X4 中包含了多种泊坞窗，泊坞窗实际上是一个包括了各种操作按钮、列表与菜单的操作面板。在泊坞窗命令子菜单中可以设置显示或隐藏具有不同功能的面板，以方便用户的操作。本节将主要介绍对象管理器与对象数据管理器等泊坞窗的用法。

7.3.1　对象管理器

对象管理器可用于组织与管理图形对象。选择菜单栏中的 工具(O) → 对象管理器(N) 命令，或选择菜单栏中的 窗口(W) → 泊坞窗(D) → 对象管理器(N) 命令，都可打开 对象管理器 泊坞窗，在泊坞窗中将显示当前绘图区域中的对象图层与页面结构。

通过使用对象管理器泊坞窗，可以创建、复制、移动、删除、隐藏、锁定与打印选定图层，以及控制绘图区域中的图形对象之间的重叠方式。当有多个图形对象时，还可以选取与编辑图层。

在绘图页面中绘制多个图形对象，或打开一个包含多个对象的图形文档，其效果如图 7.3.1 所示。

选择菜单栏中的工具(O)→对象编辑器(N)命令，打开对象管理器泊坞窗，可查看所有图形对象的信息，如图 7.3.2 所示。

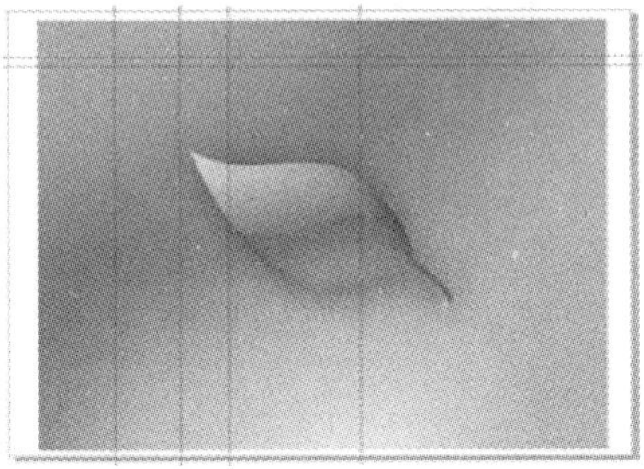

图 7.3.1　创建或打开多个图形对象

图 7.3.2　“对象管理器”泊坞窗

1. 泊坞窗中的图标

在泊坞窗中每个图层前都有几个功能图标，了解并掌握这些功能有助于图层的管理，其具体的含义如下：

（1）眼睛图标：通过单击眼睛图标可显示或隐藏图层。当该图标变为灰色时，表示此图层是不可见的。

（2）打印机图标：此图标表示在打印输出时是否打印该图层。在默认情况下，网格与辅助线为不可打印，因此其前面的打印机图标为灰色。当单击该图标使其打开时，就可以打印网格与辅助线。

（3）铅笔图标：此图标表示是否可以编辑该图层。当该图标显示为灰色时，则锁定了该图层，也就是该图层中的任何对象均不可编辑，这样可防止意外修改或移动图层中的对象。

（4）色块图标：此图标位于铅笔图标的后面，它可表示该图层的颜色。用鼠标双击该色块，显示出颜色列表，从中可选择需要的颜色来设置图层的颜色。

2. 泊坞窗中的图层操作

在对象管理器泊坞窗右上角单击按钮，可弹出如图 7.3.3 所示的泊坞窗菜单。在此菜单中选择相应的命令，可对泊坞窗中的图层或对象进行操作。

在此菜单中选择新建图层(N)命令，可创建一个新的图层，创建的新图层将显示在泊坞窗列表中，如图 7.3.4 所示；如果选择新建主图层(A)命令，可建立一个新的主页图层。

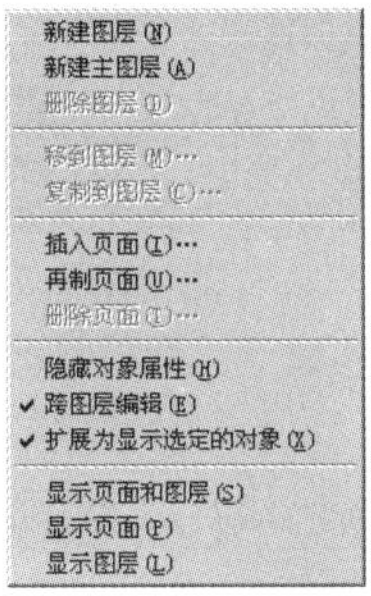

图 7.3.3　泊坞窗菜单

图 7.3.4　新建图层

如果要复制图层，可在绘图页面中选择某个图形对象，或在泊坞窗中选择某个对象，然后在弹出的菜单中选择复制到图层(C)...命令，即可将所选图形对象复制一份到指定的图层，也就是复制选择的对象。

如果要改变对象在图层内或图层间的层叠顺序，可使用鼠标拖动的方式来进行改变。例如选择“图层 2”中的图形对象，按住鼠标左键将其拖至“图层 1”上，松开鼠标，此时所选择的“图层 2”中的对象被移到“图层 1”中，如图 7.3.5 所示。

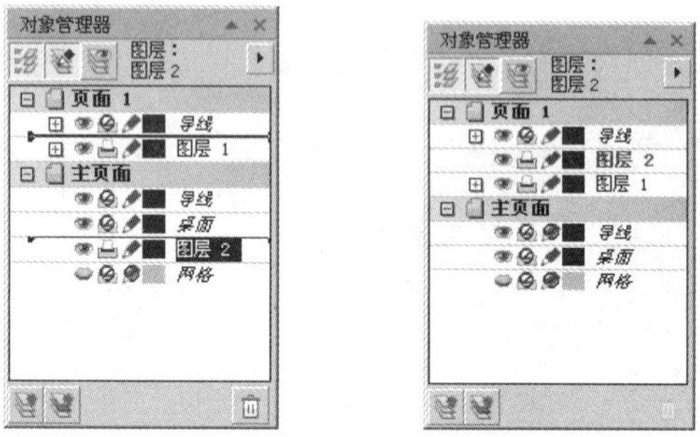

图 7.3.5　改变图层的层叠顺序

如果要在泊坞窗中删除一个图层，只须选中将要删除的图层，然后在弹出的泊坞窗菜单中选择删除图层(D)命令即可，也可在泊坞窗中单击“删除”按钮来删除所选中的图层。

如果需要同时在多个图层中进行编辑，可单击泊坞窗中的“跨图层编辑”按钮，此时泊坞窗中的所有图层中的对象都处于可选择状态，也可在弹出的泊坞窗菜单中选择跨图层编辑(E)命令进行跨图层编辑。

如果要在泊坞窗中显示文档所包含的页面与所有的图层，可从弹出的泊坞窗菜单中选择显示页面和图层(S)命令，即可实现这些操作；如果在弹出的菜单中选择显示页面(P)命令，将只显示文档中所包含的页面；如果在弹出的菜单中选择显示图层(L)命令，则只显示所有的图层。

7.3.2　对象数据管理器

对象数据管理器可以为所选的对象或者群组对象附加一些信息，如文本、数字、数据以及时间等，这有利于图形对象的管理。

选择菜单栏中的工具(O)→对象数据管理器(E)命令，或选择菜单栏中的窗口(W)→泊坞窗(D)→对象数据管理器(E)命令，都可打开对象数据泊坞窗，如图 7.3.6 所示。

单击此泊坞窗中的“打开域编辑器”按钮，可弹出对象数据域编辑器对话框，如图 7.3.7 所示。

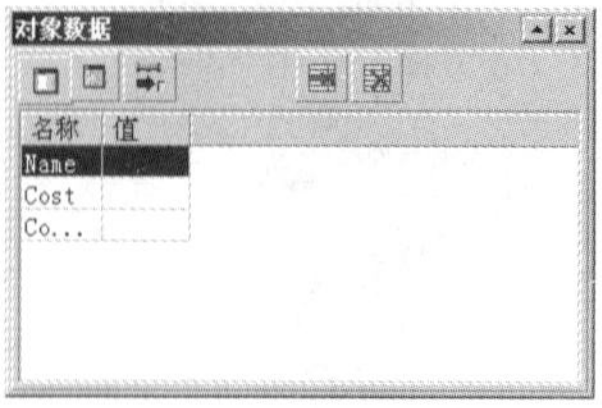

图 7.3.6　“对象数据”泊坞窗

图 7.3.7　“对象数据域编辑器”对话框

在此对话框中单击新建域按钮，可创建一个新的域；单击添加选定的域按钮，可以将新建的或选取的域添加到对象数据泊坞窗中；单击删除域按钮，可删除所选的域；单击更改...按钮，弹出格式定义对话框，在此对话框中可以对所选的域进行格式定义，如图 7.3.8 所示。

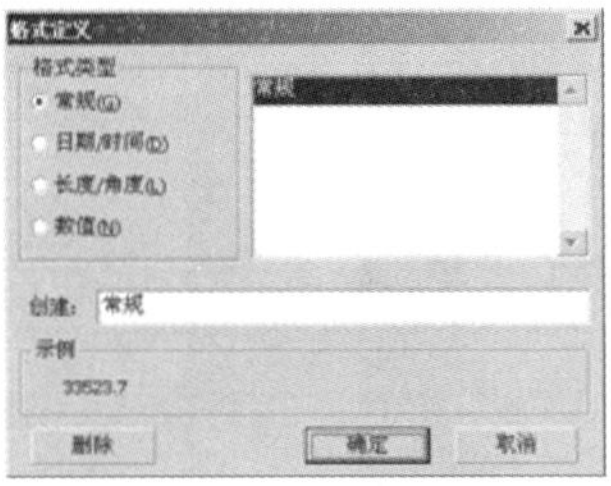

图 7.3.8 “格式定义”对话框

当在**对象数据**泊坞窗中增加了新的域后，可单击“清除域”按钮或“清除全部域”按钮，来清除新增的域。

在**对象数据**泊坞窗中单击“复制数据从”按钮，可以复制其他指定的对象数据到所选对象中。

7.4 应用实例——CorelDRAW X4 的基本操作

实例分析

本例将练习对 CorelDRAW X4 的基本操作，在练习过程中主要用到打开、导入、设置页面大小、设置背景等命令，其最终效果如图 7.4.1 所示。

图 7.4.1 最终效果图

操作步骤

（1）选择 开始 → 所有程序(P) → CorelDRAW Graphics Suite X4 → CorelDRAW X4 命令，或双击桌面的快捷方式图标，启动 CorelDRAW X4，其欢迎界面如图 7.4.2 所示。

（2）单击 新建空文件 用默认的设置开始新建一个空白文件。按钮创建新页面，进入 **CorelDRAW X4 - [图形1]** 界面，如图 7.4.3 所示。

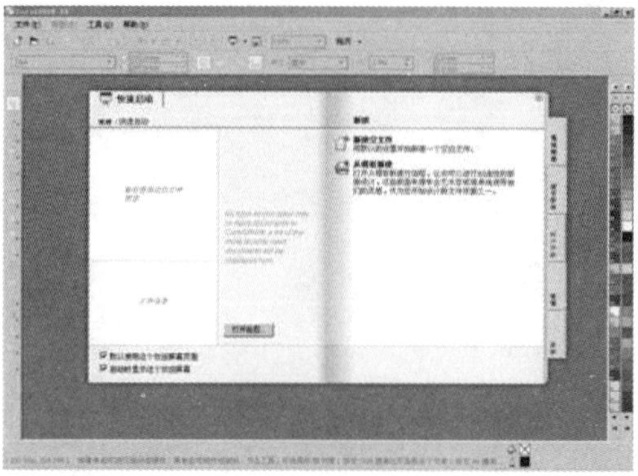

图 7.4.2　欢迎界面

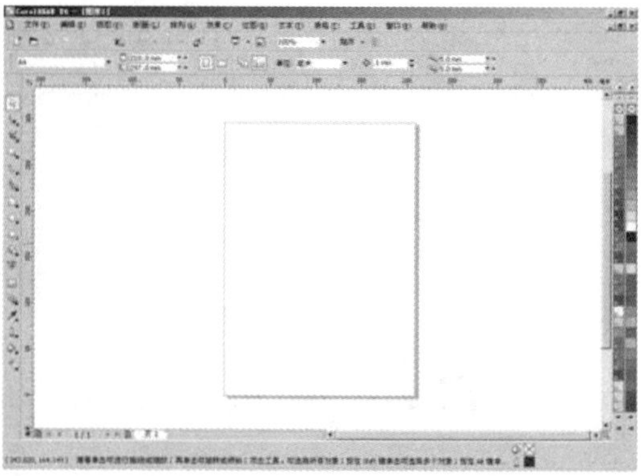

图 7.4.3　“CorelDRAW－[图形 1]”界面

（3）选择“挑选工具”按钮，设置其页面大小为“100mm×100mm”，属性栏如图 7.4.4 所示。

图 7.4.4　“挑选工具”属性栏

（4）选择 版面(L) → 页面背景(B)… 命令，弹出“选项”对话框，选中 位图(B) 单选按钮，单击其后面的 浏览(W)... 按钮，选择需要的图片，如图 7.4.5 所示。

（5）单击 导入 按钮，返回“选项”对话框，单击 确定 按钮为背景填充图案，效果如图 7.4.6 所示。

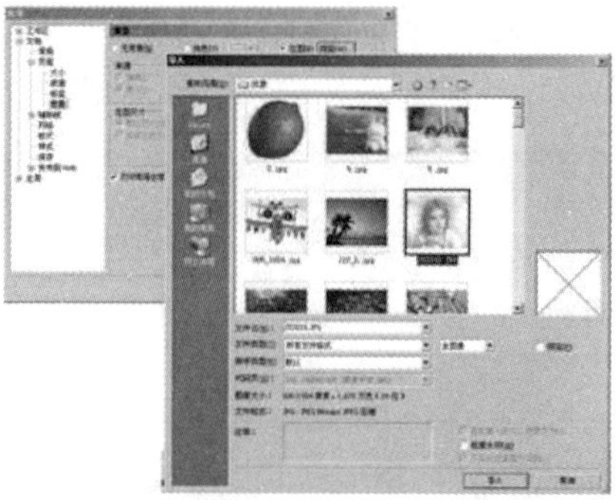

图 7.4.5　设置页面背景

图 7.4.6　页面背景

（6）选择 文件(F) → 导入(I)… Ctrl+I 命令，弹出“导入”对话框，如图 7.4.7 所示。

（7）单击 导入 按钮导入图片，如图 7.4.8 所示。

图 7.4.7　“导入”对话框

图 7.4.8　导入图片

（8）用鼠标单击图片，图片即被选中，当光标接近图片四角时光标变成⤢形状，按住鼠标拖动调整图片大小，最终效果如图 7.4.1 所示。

7.5 自我检测

一、填空题

1．在 CorelDRAW 中，预览方式有全屏预览、________和分页预览。

2．窗口的操作有________、层叠窗口、平铺窗口、________、关闭窗口和刷新窗口。

3．选择 文件(F) 菜单中的________命令，可查看所绘制图形的文件信息。

4．CorelDRAW X4 中进行页面设置有两种方法，分别是________和________。

5．多页面设置主要包括________、________、________、________4 种基本操作。

6．在 视图(V) 命令中有简单线框、________、草稿、正常、________、________、________、只预览选定对象以及________和________10 种查看页面命令。

二、选择题

1．使用（ ）功能，可以将 CorelDRAW X4 绘制好的图形输出为位图或其他格式的文件。

A．新建　　B．导入

C．导出　　D．打开

2．在 CorelDRAW X4 中，为了提高工作效率，系统提供了（ ）种形式的图像显示模式。

A．5　　B．4

C．3　　D．2

3．选择菜单栏上的（ ）→ 页面设置(P)… 命令，弹出设置页面的 选项 对话框。

A．编辑　　B．版面

C．排列　　D．效果

4．对于多页面文档，使用（ ）查看方法，可以同时显示所有的页面。

A．增强　　B．草稿

C．页面分类视图　　D．全屏预览

三、简答题

1．怎样使用缩放工具缩小画面显示？

2．怎样使用平移工具移动画面显示？

四、上机操作题

1．新建一个图形文件，在绘图页面中绘制多个图形对象，然后使用对象管理器泊坞窗功能创建新图层、复制图层、改变图层间的层叠顺序等操作。

2．打开一个已存文件，练习使用标尺、网格与辅助线。

7.6 知 识 问 答

问：可否一次性导入多个文件？

答：可以一次性导入多个文件。在打开文件时，只要所导入的文件在一个文件夹中，只须按住“Ctrl”键即可选择多个连续或者不连续的文件。如果所选文件是连续的，按“Shift”键单击第一个文件，然后再单击最后一个文件即可。

问：在 CorelDRAW X4 中进行图像编辑和绘制图像时，为什么要显示网格线、标尺和参考线等辅助工具？

答：辅助工具的用处很多，在进行图像编辑和绘制时主要用网格线和标尺来计算大概尺寸，方便查看具体尺寸；参考线在制图中起辅助作用，可以用来布局；用辅助工具也可以帮助显示出血线的位置，方便图片的打印输出。

问：在绘图过程中显示的辅助线可以更改和消除吗？

答：在绘图过程中辅助线只是起到辅助作用，可以更改，也可以选择视图(V)→标尺(R)命令，将标尺隐藏与隐藏其他辅助线的方法基本相同。如果想再显示参考线，只须用同样的方法即可。

问：CorelDRAW X4 提供了另外几种移动视图的方式？分别是什么？

答：Corel Draw X4 提供了另外 3 种移动视图的方式：

（1）用 Alt+方向箭头。

（2）单击工具箱中的“手形工具”按钮，按住鼠标左键进行拖动使视图移动。

（3）用视图移动工具，就是在工作区右下角两个滚动条交汇的地方，按住那个小方块移动鼠标。

第8章 基本图形的绘制与编辑

本章要点

- 线条的绘制
- 基本形状的绘制
- 线条与图形的编辑
- 图形的填充

学习目标

复杂的图形是由线条、矩形等最简单、最基本的图形构成的，本章主要讲述基本图形的绘制与编辑技巧。认真学习本章的内容，可以为进一步学习CorelDRAW X4打好基础。

8.1　线条的绘制

CorelDRAW X4 中提供了许多绘制线条的工具，如手绘工具、贝塞尔工具、艺术笔工具、钢笔工具以及多点线工具等，使用这些工具可以绘制各种各样的线条，如直线、曲线及折线等。

8.1.1　手绘工具

使用手绘工具不但可以绘制出直线、连续的折线与曲线，还可以绘制出封闭的图形。

1. 用手绘工具绘制曲线

在绘图区中，要使用手绘工具绘制曲线，其具体的操作方法如下：

（1）在工具箱中单击“手绘工具”按钮。

（2）移动鼠标指针至绘图区中，按住鼠标左键并随意拖动，沿拖动的路线将显示曲线的形状，松开鼠标即可完成曲线的绘制，如图 8.1.1 所示。

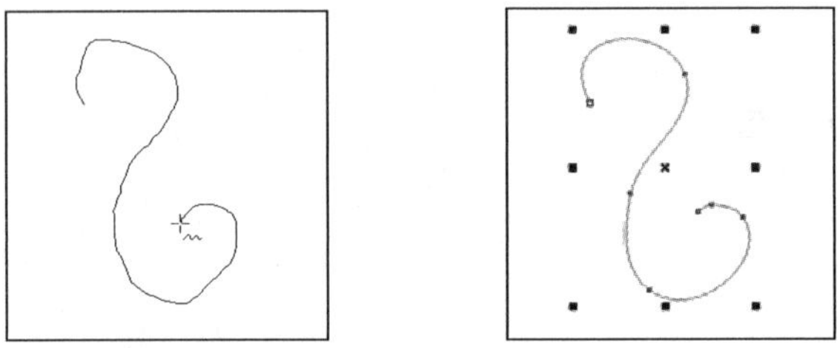

图 8.1.1　使用手绘工具绘制曲线

使用手绘工具绘制好曲线后，将鼠标移至其他位置，按住鼠标左键拖动即可绘制出第二条曲线。若要在已经绘制好的曲线上接着拖动鼠标绘制曲线，其具体的操作方法如下：

（1）使用挑选工具选择绘制好的曲线，然后单击“手绘工具”按钮，移动鼠标指针至曲线左端或右端的节点上，此时，鼠标指针显示为形状。

（2）按住鼠标左键并拖动，可在所选曲线的基础上继续绘制曲线，拖动鼠标至曲线起点处，松开鼠标，即可绘制一个封闭的图形。

2. 用手绘工具绘制直线

使用手绘工具绘制直线的方法很简单，只须在工具箱中单击“手绘工具”按钮，将鼠标指针移至绘图区中，此时，指针显示为形状，单击鼠标左键确定直线的起点位置，然后移动鼠标至其他位置。移动鼠标时，可产生一条直线，再次单击鼠标确定直线的另一端点，即可绘制出一条直线。

3. 用手绘工具绘制折线

使用手绘工具也可绘制折线，其具体的操作方法如下：

（1）在工具箱中单击“手绘工具”按钮，将鼠标指针移至绘图区中，单击鼠标左键确定起点位置，移动鼠标至其他位置，双击鼠标左键，确定第二个节点。

（2）拖动鼠标至其他位置并单击，即可绘制折线，如图 8.1.2 所示。

（3）如果要在折线的基础上绘制封闭的图形，可使用手绘工具，将鼠标指针移至折线末端的节点，此时，鼠标指针显示为形状，在末端节点上单击，移动鼠标指针至起点处并单击，即可形成一个封闭的图形。

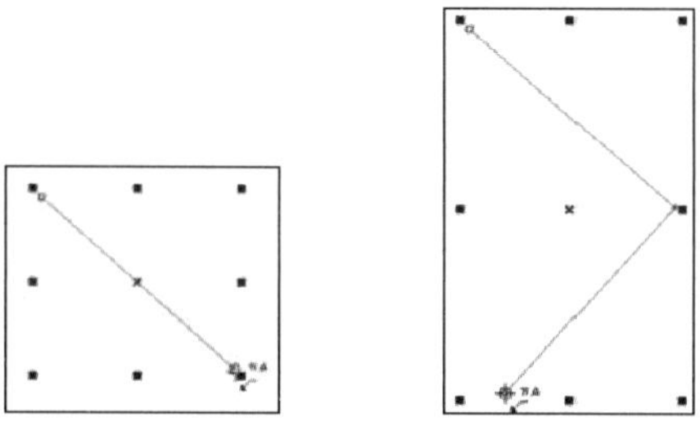

图 8.1.2　绘制折线

8.1.2　贝塞尔工具

使用贝塞尔工具可以绘制平滑的曲线，也可绘制直线。可以通过确定节点和改变控制点的位置来控制曲线的弯曲程度。

1．绘制曲线

使用贝塞尔工具绘制曲线的具体操作方法如下：

（1）单击手绘工具组中的“贝塞尔工具”按钮，在绘图区中单击鼠标左键确定曲线的起点，拖动鼠标，此时将显示出一条带有两个节点和控制点的蓝色虚线调节杆，然后再到任意一处单击并拖动鼠标，即可产生一条贝塞尔曲线。

（2）如果对所绘曲线的形状不满意，可在绘图区的其他位置单击，以定义下一个点，并通过调节新显示的调节杆来将原有的曲线加长并变形，从而得到不同形状的曲线，如图 8.1.3 所示。

（3）继续在其他位置单击，将出现一条连续的平滑曲线，如图 8.1.4 所示。

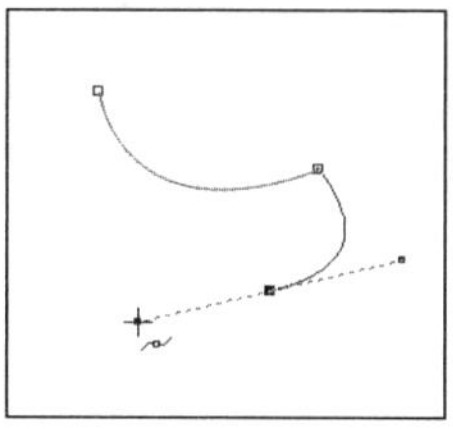

图 8.1.3　绘制曲线

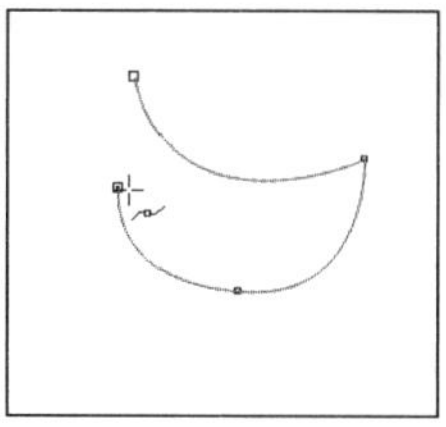

图 8.1.4　编辑曲线

（4）如果要绘制封闭图形，只须在曲线绘制完毕后单击该曲线的起始节点，即可将曲线的首尾连接起来，形成一个封闭图形。

2．绘制直线与折线

使用贝塞尔工具绘制直线与使用手绘工具绘制直线的方法相似，单击工具箱中的“贝塞尔工具”按钮，将鼠标指针移至绘图区中，此时，指针变为形状，在绘图区中单击鼠标确定直线的起点，移动鼠标到满意位置后，再单击鼠标以确定直线的终点，即可绘制出直线。只要再继续确定下一个节点，就可以绘制折线，如果想绘制出有多个折角的折线，只须继续确定节点即可。

8.1.3　艺术笔工具

在 CorelDRAW X4 中使用艺术笔工具可以绘制出多种精美的线条和图形，模仿钢笔、画笔的真实效果，其绘制方法与手绘工具绘制曲线的方法相似，但使用艺术笔工具绘制的线条为封闭图形，可以对其进行填充。

单击工具箱中的“艺术笔工具”按钮，可显示其属性栏，如图 8.1.5 所示。

图 8.1.5 “艺术笔工具”属性栏

属性栏中显示了 5 种艺术笔工具，包括预设、笔刷、喷罐、书法与压力。使用这些工具可以绘制出各种别具特色的艺术图形。

在手绘平滑输入框100中输入数值，可以设置所绘制图形的平滑度。

在艺术笔工具宽度微调框25.4 mm中输入数值，或调节右侧的三角按钮，可以改变绘制图形的宽度。

单击预设笔触下拉列表框，可从弹出的下拉列表中选择任意一种预设的笔刷样式。

1．预设模式

预设模式提供了多种线条类型，通过属性栏的设置可以改变线条的宽度。

单击工具箱中的“艺术笔工具”按钮，在其属性栏中单击“预设”按钮，在属性栏中单击预设笔触下拉列表框，弹出其下拉列表，如图 8.1.6 所示，从中选择所需的线条类型，将鼠标指针移至绘图区中，当鼠标指针变为形状时，按住鼠标左键并拖动，释放鼠标后即可绘制出所需的艺术笔触图形，如图 8.1.7 所示。

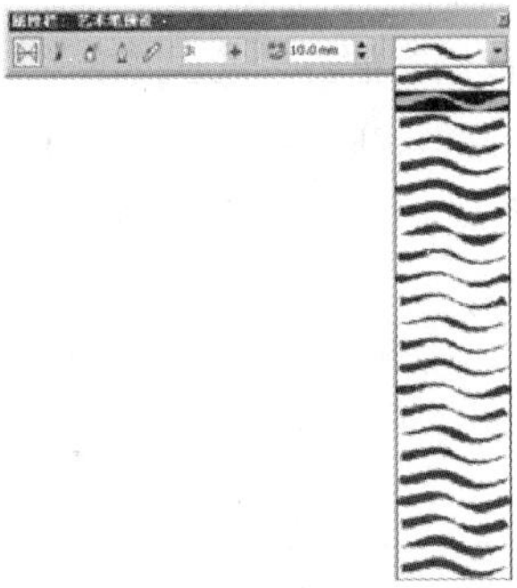

图 8.1.6 预设笔触下拉列表

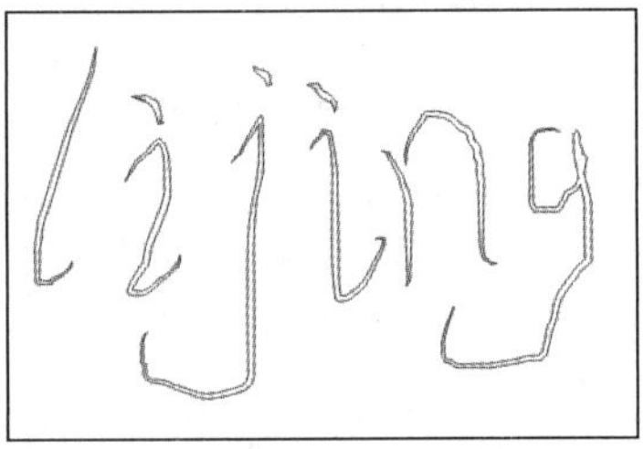

图 8.1.7 绘制预设线条

从图中可以看到，所绘的曲线是一条封闭式的曲线，可以为其填充任何颜色，也可通过调整属性栏中的各项参数，来改变所绘艺术笔触图形的宽度、样式以及平滑度。

2．笔刷模式

在艺术笔工具属性栏中单击“笔刷”按钮，可显示出画笔的属性栏，如图 8.1.8 所示。

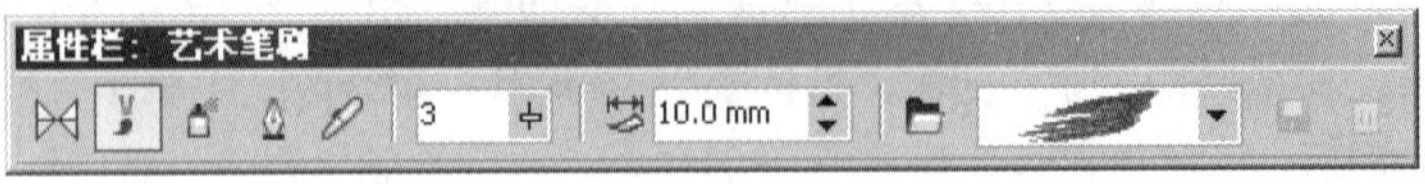

图 8.1.8 “笔刷工具”属性栏

在笔触下拉列表中选择一种笔刷类型，然后在绘图区中按住鼠标左键并拖动，即可绘制出所需的图形，如图 8.1.9 所示。

也可以使用其他绘图工具先在绘制区中绘制出相应的图形，然后在笔触下拉列表中选择一种图形，则所选笔触将自动适配所绘制的路径。

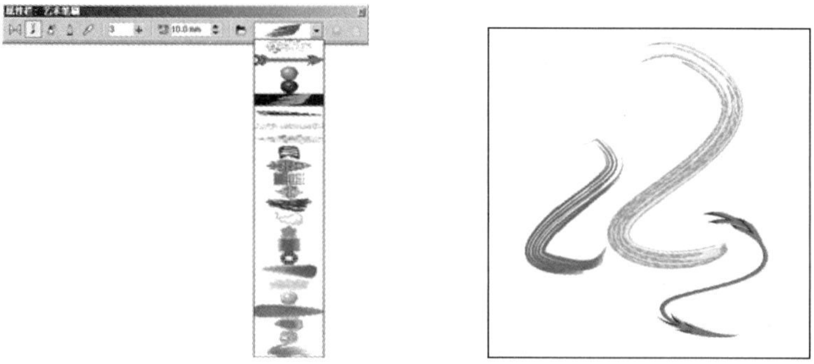

图 8.1.9　使用笔刷绘制的图形

如果对使用笔刷工具绘制出的图形比较满意，可以在选中所绘图形后，单击属性栏中的“保存艺术笔触”按钮，将其保存在笔触列表中，便于以后使用。

如果要删除笔触列表中的图形，只须选中该图形，单击属性栏中的“删除”按钮即可。

3. 喷罐模式

单击艺术笔工具属性栏中的“喷罐”按钮，可显示其属性栏，如图 8.1.10 所示。

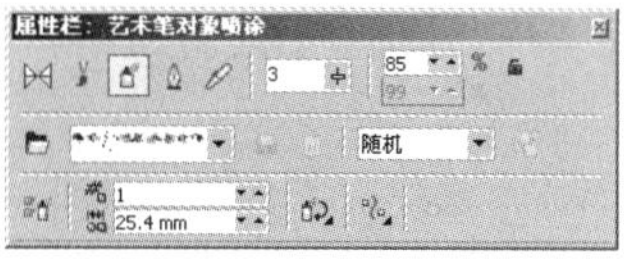

图 8.1.10　“喷罐工具”属性栏

在属性栏中单击下拉列表框，可从弹出的下拉列表中选择一种喷涂类型，将鼠标指针移至绘图区中，按住鼠标左键并拖动，即可绘制所选的图形。

在属性栏中的下拉列表中选择一种喷涂类型，单击属性栏中的“喷涂列表对话框”按钮，弹出如图 8.1.11 所示的创建播放列表对话框。在此对话框中的喷涂列表中显示着所选喷涂类型的组成元素，在播放列表中显示着所使用的喷涂组成元素，可以根据需要对喷涂类型的组成元素进行删除或添加。

在属性栏中单击随机下拉列表框，可从弹出的下拉列表中选择所绘制图形的喷涂顺序。

在属性栏中的微调框中输入数值，可对所绘制的笔触图形进行稀疏程度的调整。

如果要对所绘制的喷涂图形进行旋转，可单击属性栏中的“旋转”按钮，将会打开如图 8.1.12 所示的面板。

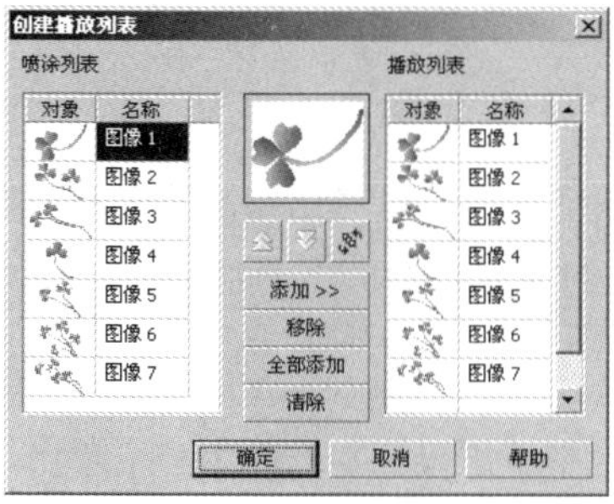

图 8.1.11　“创建播放列表”对话框

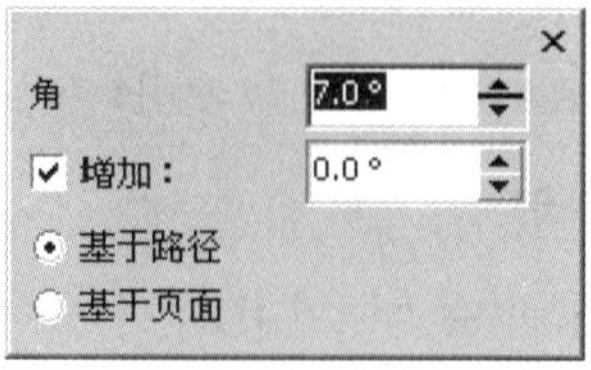

图 8.1.12　旋转面板

在角微调框中输入数值，可设置喷涂图形的倾斜角度；在增加微调框中输入数值，可设置图形所要增加的旋转角度。选中基于路径单选按钮，可使所选图形相对于自己绘制的路径进行旋转；选

中 基于页面 单选按钮，可使所选图形相对于页面设置的角度进行旋转。

如果要对所绘制的喷涂图形进行偏移，可单击属性栏中的“偏移”按钮，打开偏移面板。在偏移微调框中输入数值，可设置所绘图形的偏移量；在偏移方向下方单击替换下拉列表框，在弹出的下拉列表中可选择图形的偏移方向。

4．书法模式

使用书法艺术笔可以绘制出类似于书法作品的效果，所绘图形根据笔尖的方向可产生粗细不同的效果。通常水平绘制的线条最细，而垂直绘制的线条最粗。

在艺术笔工具属性栏中单击“书法”按钮，可显示其属性栏，如图 8.1.13 所示，将鼠标指针移至绘图区中，按住鼠标左键并拖动，即可绘制图形。

图 8.1.13　“书法工具”属性栏

如要调整所绘图形的笔触宽度，可在属性栏中的艺术媒体工具的宽度微调框 10.0 mm 中输入数值，按回车键，即可将所做的设置应用于该图形上。

在属性栏中的书法角度微调框 0.0 ° 中输入数值，可设置图形笔触的倾斜角度。

5．压力模式

在艺术笔工具属性栏中单击“压力”按钮，可显示出该工具的属性栏。在属性栏中的预设模式中选择需要的笔触类型；在属性栏中单击“压力”按钮，在压力模式中设置好压力笔的平滑度和笔触宽度。

将鼠标指针移至绘图区中，按住鼠标左键并拖动，即可绘制图形，如图 8.1.14 所示，在调色板中单击任意一种色块，可为绘制的图形填充相应的颜色，如图 8.1.15 所示。

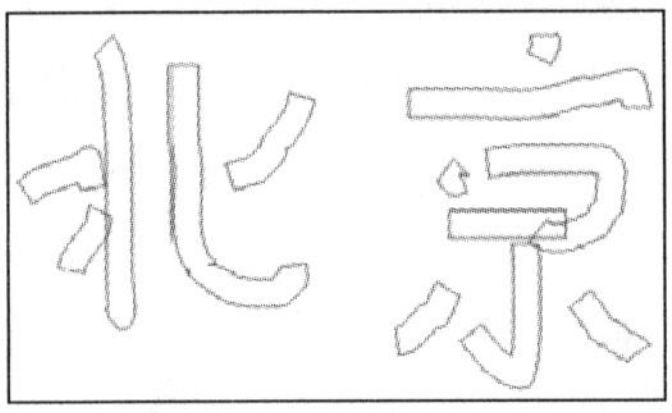

图 8.1.14　绘制压力图形

图 8.1.15　填充图形

8.1.4　钢笔工具

使用钢笔工具可以绘制出多种不规则的曲线和图形，还可以对已绘制的曲线和图形进行编辑修改。在 CorelDRAW X4 中可以使用钢笔工具来完成各种复杂图形的绘制。

1．绘制曲线

单击工具箱中的“钢笔工具”按钮，在绘图区中单击鼠标左键确定一个起点，松开鼠标，将鼠标移到另一位置单击并拖动，此时，在两个节点间可出现与贝塞尔工具相同的两个控制点，松开鼠标，这时鼠标指针将变成形状，移动鼠标再次单击鼠标左键，即可绘制连续的曲线，如图 8.1.16 所示。

如果想在曲线后绘制出直线，可在键盘上按住“C”键，在要继续绘制直线的节点上单击并移动鼠标，至适当位置后单击，可绘制出一段直线。

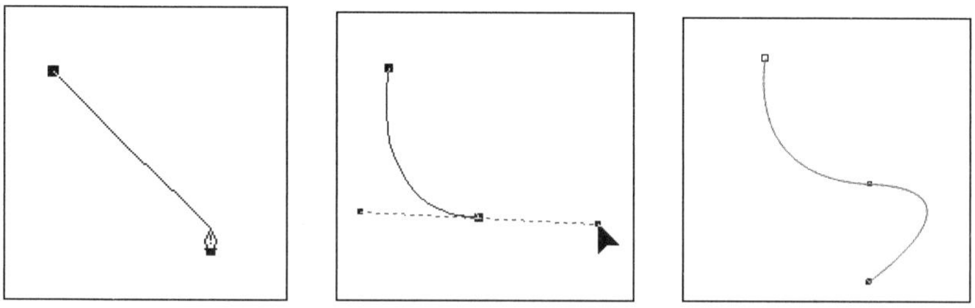

图 8.1.16 用钢笔工具绘制曲线

2．绘制直线和折线

单击工具箱中的“钢笔工具”按钮，在绘图区中单击确定直线的起点，移动鼠标到其他位置，再单击以确定直线的终点，即可绘制出一段直线。只要再继续移动鼠标并单击确定下一个节点，就可以绘制出折线的效果，要结束绘制，按“Esc”键即可。

在钢笔工具属性栏中单击“自动添加/删除”按钮，可以增加或删除节点。单击“自动添加/删除”按钮，在绘制好的曲线上，将鼠标指针移到节点上时可以删除节点，将鼠标指针移到节点外路径上时可以添加节点。如果要将曲线转换为封闭路径，则将鼠标指针移到起点处，单击鼠标就可闭合路径。

8.1.5 多点线工具

使用多点线工具可以随心所欲地绘制各种复杂的图形，如直线、曲线、折线、多边形、三角形、四边形以及任意形状的图形等。它结合了手绘工具的所有功能，并在其功能上有所改进，可以在绘制曲线后接着绘制直线，因此，使用多点线工具可以使直线与曲线的绘制一步完成。

单击工具箱中的“多点线工具”按钮，将鼠标指针移至绘图区中，单击鼠标左键并拖动可以自动生成路径，需要绘制直线时，只须松开鼠标左键，移动鼠标并单击，即可绘制直线，如图 8.1.17 所示。

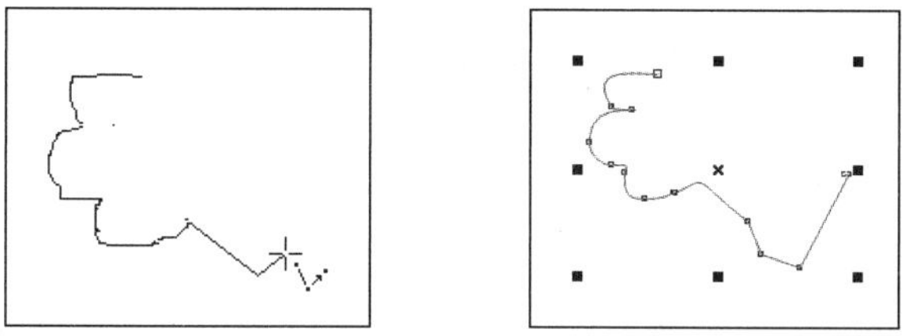

图 8.1.17 用多点线工具绘制线条

如果要绘制封闭的不规则图形，只须将最后一个点与起始点相连接即可形成封闭图形。

8.1.6 3 点曲线工具

使用 3 点曲线工具能绘制出多种弧线或近似圆弧的曲线。它的使用方法灵活，是用 3 个点确定一条曲线，而且只要确定两点，便可以用第三个点来确定曲线的高度和深度，为绘图免除了很多不必要的麻烦。

单击工具箱中的“3 点曲线工具”按钮，将鼠标指针移至绘图区中，单击鼠标左键确定一个点，然后按住鼠标左键，将鼠标拖动一定距离并单击鼠标左键确定第二个点，此时绘制出的将会是一条直线，释放鼠标左键并移动，直线会跟着鼠标的移动变成曲线，移动到合适位置后单击鼠标左键确定第三个点，即可绘制出 3 点曲线，如图 8.1.18 所示。

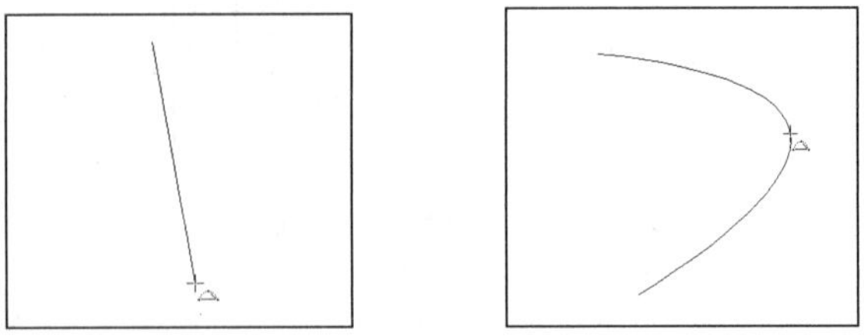

图 8.1.18　绘制 3 点曲线

如果要绘制闭合的 3 点曲线，可单击属性栏中的“自动闭合曲线”按钮，即可将绘制的 3 点曲线变成闭合的不规则图形。

8.2　基本形状的绘制

使用矩形工具可以绘制任意大小的矩形、正方形、椭圆、圆以及多边形等。

8.2.1　创建矩形

CorelDRAW X4 中提供了两种绘制矩形的工具，即矩形工具和 3 点矩形工具。使用这两种工具可以方便地绘制任意形状的矩形。

1．使用矩形工具创建矩形

使用矩形工具绘制矩形是通过确定矩形两个对角点的方式来决定矩形的大小和位置。其具体的操作方法如下：

（1）单击工具箱中的“矩形工具”按钮，将鼠标指针移至绘图区中，鼠标指针变为形状，按住鼠标左键随意拖动，即可拖出一个矩形框，如图 8.2.1 所示。

（2）在拖动鼠标绘制矩形时，其属性栏中可显示出矩形的坐标位置，松开鼠标即可完成矩形的绘制，如图 8.2.2 所示。

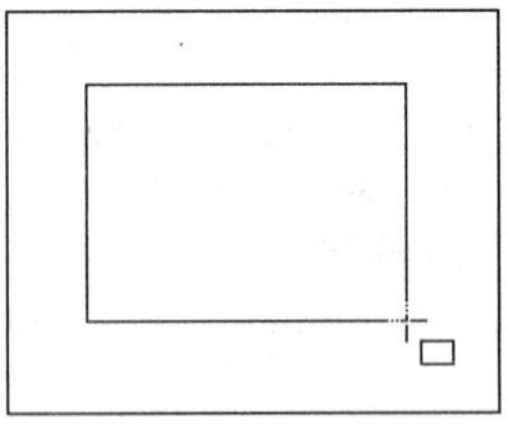

图 8.2.1　拖出一个矩形框

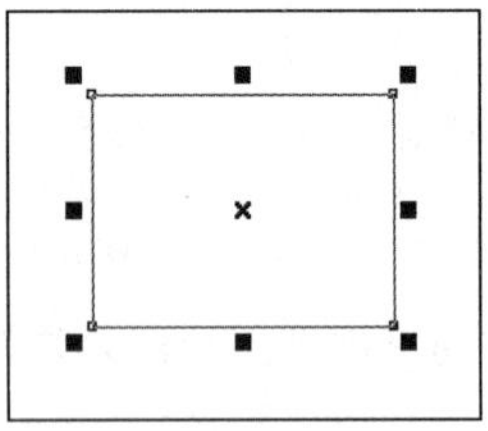

图 8.2.2　绘制好的矩形

如果对矩形的大小不满意，可以在矩形工具属性栏中的对象大小微调框中输入数值，单击属性栏中的“不按比例缩放”按钮，即可不等比改变矩形大小，完成设置后按回车键即可。

2．使用 3 点矩形工具创建矩形

3 点矩形工具可通过矩形同一边上两个角点及与此边平行的边上任意一点的位置来确定矩形的大小和位置，其具体操作如下：

（1）单击工具箱中的“3 点矩形工具”按钮，将鼠标指针移至绘图区中，此时，鼠标指针显示为形状，按住鼠标左键确定一个角点，并拖动鼠标至其他位置。

（2）松开鼠标，确定另一个角点，这两个角点之间生成一条直线，即矩形的一条边。

（3）移动鼠标指针至边的任意一侧，单击鼠标确定矩形另一条边所在的位置，即可绘制出矩形。

3. 绘制正方形

使用矩形工具与 3 点矩形工具可以绘制正方形。使用矩形工具绘制正方形的具体操作方法如下：

（1）在工具箱中单击“矩形工具”按钮。

（2）将鼠标指针移至绘图区中，在按住“Ctrl”键的同时拖动鼠标即可绘制正方形。

使用 3 点矩形工具绘制正方形的具体操作方法如下：

（1）单击工具箱中的“3 点矩形工具”按钮，将鼠标指针移至绘图区中，拖动鼠标绘制好正方形的一条边。

（2）在按住“Ctrl”键的同时移动鼠标指针至边的任意一侧并单击，松开鼠标，即可绘制正方形。

8.2.2 创建圆形

椭圆形和圆形是经常使用的两种基本图形，要创建圆形可通过工具箱中的椭圆形工具与 3 点椭圆形工具来完成。另外，在 CorelDRAW X4 中还可以使用椭圆形工具创建饼形与弧形。

1. 用椭圆形工具创建椭圆

单击工具箱中的“椭圆形工具”按钮，将鼠标指针移至绘图区中，按住鼠标左键并拖动，即可绘制出任意大小的椭圆，如图 8.2.3 所示。

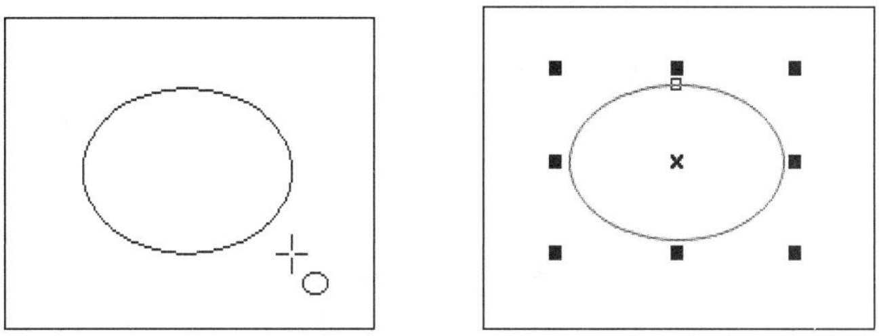

图 8.2.3 使用椭圆形工具绘制椭圆

2. 用 3 点椭圆形工具创建椭圆

3 点椭圆形工具可通过椭圆两个轴的长度和方向来确定椭圆的大小和位置，具体的操作方法如下：

（1）单击工具箱中椭圆形工具组中的“3 点椭圆形工具”按钮。

（2）将鼠标指针移至绘图区中，按住鼠标左键并拖动，可绘制出一条线段作为椭圆的轴线，松开鼠标后，移动鼠标指针至线段一侧，在适当位置单击即可。

3. 创建圆

要使用椭圆形工具与 3 点椭圆形工具创建圆。其方法与创建正方形的方法相同，绘制时只须按住“Ctrl”键即可。如果在按住“Shift+Ctrl”键的同时拖动鼠标绘制，则可以绘制出以起点为中心向外扩展的圆。

4．创建饼形和弧形

绘制一个椭圆形，单击椭圆形工具属性栏中的“饼形”按钮，可将椭圆形转换为饼形。

弧形的创建方法与饼形一样。在选择椭圆形后，在属性栏中单击“弧形”按钮，即可将椭圆形转换为弧形。

在属性栏中的起始和结束角度微调框中输入数值，可设置饼形与弧形的弧度；单击属性栏中的“确认饼形与弧形的方向”按钮，可将饼形或弧形进行 180° 的旋转。

8.2.3 创建多边形

在 CorelDRAW X4 中，使用多边形工具可以创建对称多边形、三角形、菱形、六边形、星形以及多边星形等。

1．绘制多边形

单击工具箱中的“多边形工具”按钮，将鼠标指针移至绘图区中，按住鼠标左键并拖动，即可绘制出五边形，如图 8.2.4 所示。

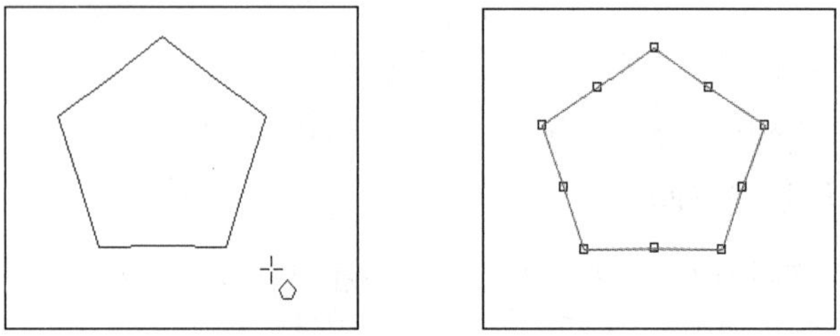

图 8.2.4 绘制多边形

如果要改变已绘制的多边形的边数，可先选择绘制的多边形，然后在多边形工具属性栏中的多边形端点数微调框中输入所需的边数，按回车键，即可得到所需的多边形。

2．绘制星形

使用多边形工具也可以快速地绘制星形，其具体的操作方法如下：

（1）单击工具箱中的“多边形工具”按钮，在属性栏中的多边形端点数微调框中输入所需的边数，再单击属性栏中的“星形”按钮。

（2）将鼠标指针移至绘图区中，按住鼠标左键拖动，即可绘制出交叉星形。

当在绘图区中绘制的多边形或星形处于选中状态时，单击属性栏中的“多边形”按钮或“星形”按钮，可以使选中的图形在多边形与星形之间转换。

3．创建图纸图形

使用图纸工具可以快速地绘制出不同大小、不同行列的图纸图形。网格图纸图形实际上就是将多个矩形进行连续排列而形成的。

单击多边形工具组中的“图纸工具”按钮，在属性栏中的图纸列和行数微调框中输入数值，在绘图区中拖动鼠标即可绘制图纸。

4．复杂星形工具

使用复杂星形工具可绘制复杂星形图形，只须在属性栏中单击“复杂星形工具”按钮，在图像中拖动鼠标，即可绘制复杂的星形图形，如图 8.2.5 所示。

在复杂星形工具属性栏中的微调框 6 中输入数值，来改变复杂星形的边数，在 2 中输入锐度，更改输入数值后效果如图 8.2.6 所示。

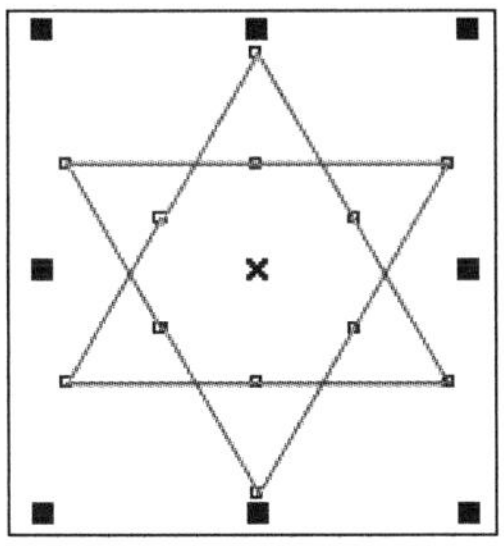

图 8.2.5　绘制复杂星形

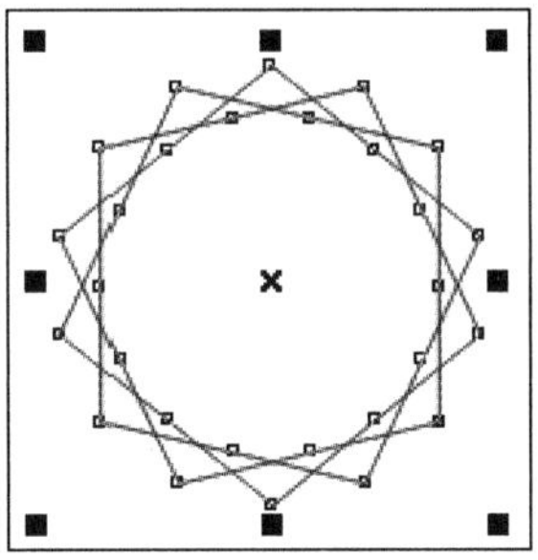

图 8.2.6　改变复杂星形的边数

5. 创建螺旋形

螺旋形的创建方法与多边形的创建方法相似，使用螺旋形工具可以绘制两种不同的螺旋形，即对称式螺纹与对数式螺纹。

（1）对称式螺纹。对称式螺纹是由许多圈的曲线环绕形成的，且每一圈螺旋的间距都是相等的。单击工具箱中的“螺旋形工具”按钮，在属性栏中单击“对称式螺纹”按钮，将鼠标指针移至绘图区中，按住鼠标左键拖动，即可绘制出对称式的螺纹。

（2）对数式螺纹。对数式螺纹与对称式螺纹相同，都是由许多圈的曲线环绕形成的，但对数式螺纹的间距可以等量增加。

要绘制对数式螺纹，可单击螺旋工具属性栏中的“对数式螺纹”按钮，将鼠标指针移至绘图区中，按住鼠标左键并拖动，即可绘制出对数式螺纹。

在属性栏中的螺纹回圈微调框 3 中输入数值可设置螺纹的圈数。

8.2.4　创建预设的形状

CorelDRAW X4 中提供了一些比较常用的形状，如标题、箭头与标注等，选择这些形状可以方便地绘制出一些特殊的图形。

1. 基本形状的绘制

CorelDRAW X4 中提供的基本图形主要有心形、平行四边形、环形、直角三角形以及等腰梯形等。要绘制这些基本图形，其具体的操作方法如下：

（1）单击工具箱中的“基本形状”按钮，在属性栏中单击“完美形状”按钮，可打开如图 8.2.7 所示的面板。

（2）在基本形状面板中选择所需的基本形状，然后将鼠标指针移至绘图区中，此时，鼠标指针变为形状，按住鼠标左键拖动，即可绘制出所选的图形。

2. 箭头形状的绘制

CorelDRAW X4 中提供了多种箭头类型，要绘制这些箭头，其具体的操作方法如下：

（1）单击基本形状工具组中的“箭头形状”按钮。

（2）在属性栏中单击“完美形状”按钮，可打开预设的箭头形状面板，如图 8.2.8 所示，从中选择所需的箭头形状，在绘图区中拖动鼠标即可绘制出所选的箭头。

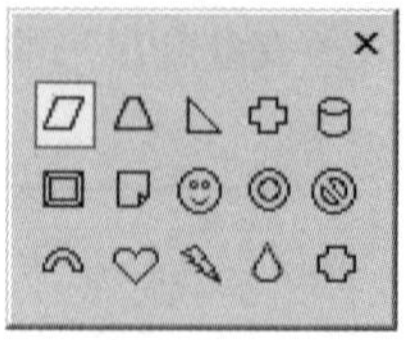

图 8.2.7　基本形状面板

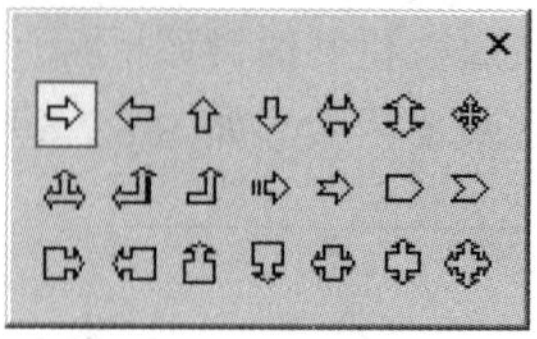

图 8.2.8　预设箭头形状面板

3．流程图形状的绘制

CorelDRAW X4 中提供了流程图工具，使用它可以绘制出数据流程图、信息系统业务流程图等常见流程图。要绘制流程图，其具体的操作方法如下：

（1）在基本形状工具组中单击“流程图形状”按钮。

（2）在属性栏中单击“完美形状”按钮，打开流程图面板，从中选择一种形状，在绘图区中按住鼠标左键拖动，即可绘制出所选的流程图。

4．标题形状的绘制

使用星形工具可以绘制出多种常见的标题图形。要绘制预设的星形图形，其具体的操作方法如下：

（1）在基本形状工具组中单击“标题图形工具”按钮。

（2）单击属性栏中的“完美形状”按钮，打开星形形状面板，从中选择一种标题形状，在绘图区中按住鼠标左键拖动，即可绘制出所选的标题形状图形。

5．标注形状的绘制

标注经常用于做进一步的补充说明，例如绘制了一幅风景画，可以在风景画上绘制标注图形，并在标注图形中添加相关的文字信息。CorelDRAW X4 中提供了多种标注图形，要绘制标注图形，其具体的操作方法如下：

（1）在基本形状工具组中单击“标注形状工具”按钮。

（2）在属性栏中单击“完美形状”按钮，可打开完美形状面板，从中选择所需的标注形状，然后在绘图区中拖动鼠标进行绘制，至适当大小后松开鼠标即可。

8.3　线条与图形的编辑

在 CorelDRAW X4 中，绘制完曲线与图形后，可以对其进行相应的调整，以达到设计和制作的要求，此时就可以使用 CorelDRAW X4 的编辑曲线功能来进行编辑与修改。

8.3.1　曲线的节点编辑

构成图形对象的基本要素是节点，使用形状工具可以对所绘图形的节点与线段进行编辑，通过移动节点和节点的控制点、控制线可以编辑曲线或图形的形状，也可通过增加和删除节点来编辑曲线与图形。

单击工具箱中的“形状工具”按钮，其属性栏如图 8.3.1 所示。此属性栏中提供了 3 种节点类型，即尖突节点、平滑节点和对称节点。节点类型的不同决定了节点控制点的属性也不同。

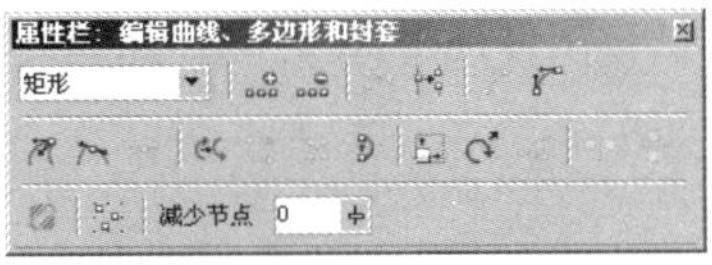

图 8.3.1 “形状工具”属性栏

尖突节点：在属性栏中单击“使节点成为尖突”按钮，可使所选中的节点变为尖突节点。尖突节点的控制点是独立的，当移动一个控制点时，另外一个控制点并不移动，从而使通过尖突节点的曲线能够尖突弯曲。

平滑节点：平滑节点的控制点之间是相关的，当移动一个控制点，另外一个控制点也会随之移动，通过平滑节点的线段将产生平滑的过渡。如果要想使某个尖角节点平滑或使节点两边的线段对称，就可单击形状工具属性栏中的“平滑节点”按钮。

对称节点：生成对称节点的操作与使节点平滑的操作相似，唯一不同的是，单击形状工具属性栏中的“生成对称节点”按钮后，节点两侧控制点的距离始终相等。

1. 选取节点

要对线条或图形的节点进行编辑，必须先选取要编辑的节点，选择节点一般有 3 种情况，即选择一个节点、选择多个节点和选择全部节点。

（1）选择曲线上的一个节点。要选择一个节点，可单击工具箱中的“形状工具”按钮，在所需选择的节点上单击，即可选中该节点。

（2）选择曲线上的多个节点。如果要选择多个节点，单击工具箱中的“形状工具”按钮，在按住“Shift”键的同时，用鼠标单击需要选择的多个节点，或者用鼠标框选所需节点，即可选中多个节点。

（3）选择曲线上的全部节点。如果要选择全部节点，单击工具箱中的“形状工具”按钮，在按住“Shift+Ctrl”键的同时，用鼠标单击任意一个节点，则全部节点都被选中，也可在形状工具属性栏中单击“选择全部节点”按钮，即可选中全部节点。

2. 移动节点

通过移动节点可以调整曲线和图形的形状，移动节点和节点上的控制点，可以使图形更加完美。

（1）移动曲线上的单个节点。使用贝塞尔工具在绘图区中绘制一个图形，使用形状工具在需要移动的节点上单击并按住鼠标左键拖动，节点可被移动。将鼠标指针移至节点上的控制点上并拖动，可调整图形的形状。

（2）移动曲线上的多个节点。单击工具箱中的“形状工具”按钮，框选图形上的多个节点，然后用鼠标拖动任意一个被选中的节点，其他被选中的节点也会随之移动。

3. 连接节点

连接节点后可以将一个开放的线段变成一个封闭的图形。其操作方法是单击工具箱中的“形状工具”按钮，选择两个需要连接的节点，然后在属性栏中单击“连接两个节点”按钮，就可以使开放的路径成为封闭的图形。

4. 分割节点

利用分割节点功能可以将一个封闭的图形变成一条一条的线段。具体的操作方法为单击工具箱中的“形状工具”按钮，在需要分割的节点上单击，然后在属性栏中单击“分割曲线”按钮，此时闭合的图形变为开放的图形，然后使用挑选工具移动断开的节点，可看到分割节点。

5. 添加节点

如果要在绘制的曲线或图形上添加一个节点来改变它的形状，可单击工具箱中的“形状工具”按钮，在曲线或图形上要添加节点的地方单击鼠标左键，单击的地方会出现一个小黑点，然后在属性栏中单击“添加节点”按钮，即可在该处添加一个节点。

单击形状工具属性栏中的“添加节点”按钮，也可以在同一线段上添加等比节点。其操作方法很简单，只须使用形状工具在图形上随意选取一个节点，然后单击“添加节点”按钮，此时，线段中央将生成一个新的节点，再单击“添加节点”按钮，即可添加等比节点。

6. 删除节点

使用形状工具选择图形或曲线上需要删除的节点，单击属性栏中的“删除节点”按钮，或直接在需要删除的节点上双击鼠标左键，即可删除节点。

8.3.2 编辑曲线的端点和轮廓

使用贝塞尔工具或手绘工具绘制曲线后，可以通过其属性栏设置曲线的端点和轮廓的样式。

1. 设置曲线的轮廓宽度

使用贝塞尔工具绘制曲线，再使用挑选工具选择绘制的曲线，如图 8.3.2 所示。

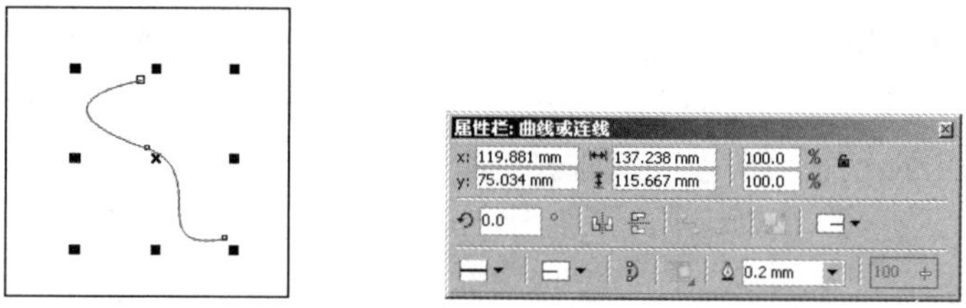

图 8.3.2　绘制曲线并选中

在属性栏中单击轮廓宽度下拉列表框，弹出轮廓宽度的下拉列表，从中选择相应的数值，也可直接在轮廓宽度下拉列表中输入相应的数值，按回车键来设置曲线宽度。

2. 设置曲线的箭头与样式

CorelDRAW X4 中提供了多种箭头与样式，应用这些箭头与符号可以使图形对象更加完善。属性栏中有两个选择箭头的下拉列表，其中，左边的可用于设置线条起始处的箭头，右边的可用于设置终止处的箭头。单击或下拉按钮，弹出箭头样式下拉列表，如图 8.3.3 所示。从中选择所需箭头样式，可在曲线的起始或终止点添加所选的箭头，效果如图 8.3.4 所示。

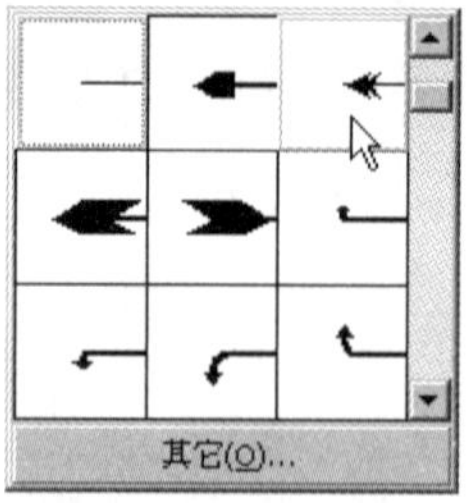

图 8.3.3　箭头样式下拉列表

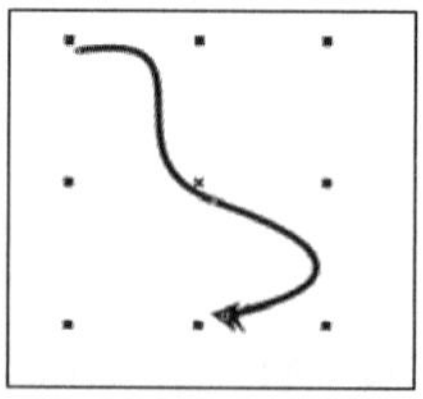

图 8.3.4　选择箭头样式

在箭头样式下拉列表中单击 其它(O)... 按钮，可弹出 编辑箭头尖 对话框，如图 8.3.5 所示，在此对话框中用鼠标拖动箭头编辑框右侧中间的黑色控制点，可以拉长箭头，也可改变箭头的宽度，编辑好后，单击 确定 按钮，所选曲线的箭头效果如图 8.3.6 所示。

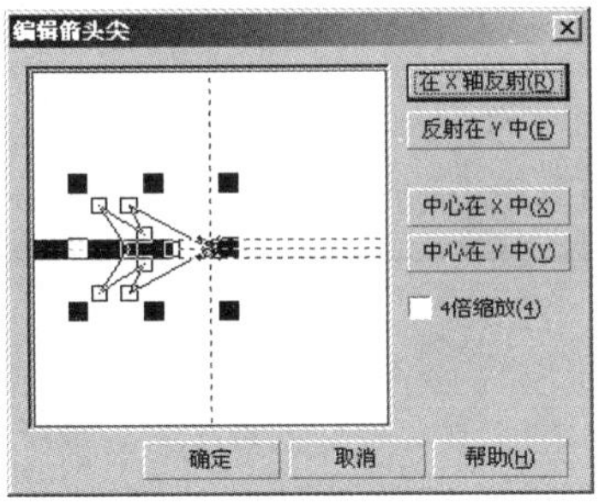

图 8.3.5 “编辑箭头尖”对话框

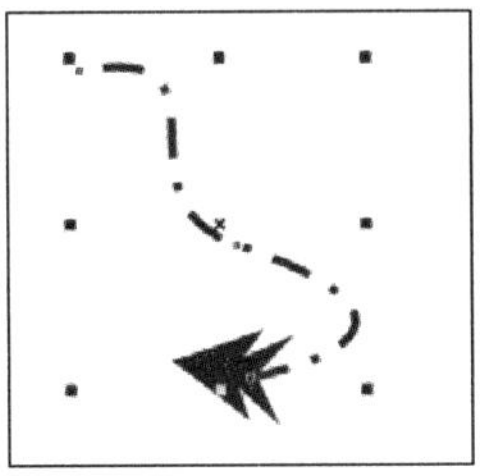

图 8.3.6 编辑箭头

在贝塞尔工具属性栏中单击轮廓样式选择器下拉列表框，弹出轮廓样式选择器下拉列表，在其中选择所需的轮廓样式，即可改变曲线的样式。

在轮廓样式选择器下拉列表中单击 其它(O)... 按钮，弹出 编辑线条样式 对话框。在对话框中可以对轮廓线进行编辑，编辑好后，单击 添加(A) 按钮，可以将新编辑的线条样式应用到曲线上。

8.3.3 编辑和修改形体

使用矩形、椭圆、多边形以及基本图形工具绘制的图形都是简单的形体，此类图形具有其特殊的属性，可以对其进行简单的编辑，如果需要对其进行比较复杂的编辑，就需要将这些简单的形体转换为曲线。

在 CorelDRAW X4 中可以使用形状工具调整图形的形状，调整图形形状主要有两种情况，一种是在保持图形原有的特殊属性的情况下，直接使用形状工具拖动节点进行调整；另一种是将图形对象转换为曲线后，再通过形状工具进行调整。

1. 直接用形状工具调整图形

通过工具箱中的矩形工具、椭圆形工具以及多边形工具等绘制的图形，都可以直接使用形状工具来调整。例如，在绘图区中绘制一个矩形后，单击工具箱中的“形状工具”按钮，将鼠标指针移至矩形四角的任意一个节点处，按住鼠标左键并拖动，即可调整矩形为圆角矩形，如图 8.3.7 所示。

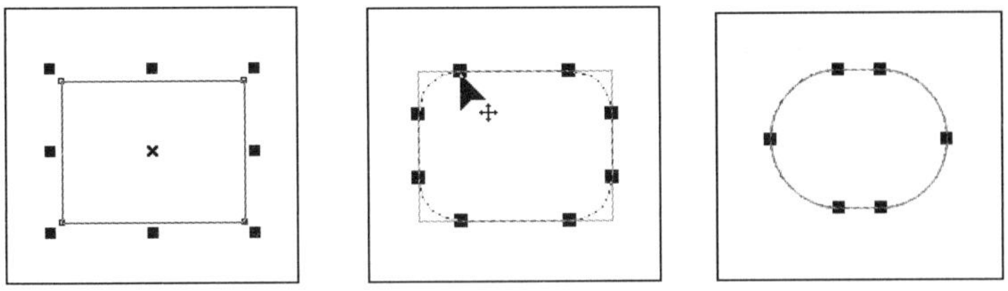

图 8.3.7 用形状工具调整矩形

也可在绘图区中绘制一个椭圆形，然后使用形状工具拖动椭圆图形上的节点，可将其调整为饼形图形。

2. 转换为曲线后调整图形

在 CorelDRAW X4 中，如果要修改图形的外形，可以使用 CorelDRAW X4 提供的转换曲线功能，将这些基本形体转换为曲线后，可以方便地调整图形对象的外形。

要将图形转换为曲线后调整，其具体的操作方法如下：

（1）使用多边形工具在绘图区中拖动鼠标绘制一个三角形。

（2）选择菜单栏中的 排列(A) → 转换为曲线(V) 命令，或在属性栏中单击“转换为曲线”按钮，此时可以看出三角形上角的节点变大了一些，表示该节点为转换为曲线后图形的起点。

（3）单击工具箱中的“形状工具”按钮，将鼠标指针移至三角形的任意一个节点上，按住鼠标左键拖动，可调整三角形的形状，也可在三角形的三条边上添加节点，然后再对该节点进行编辑。

3．图形的修改

CorelDRAW X4 的工具箱中提供了一些修改图形的工具，包括刻刀工具、橡皮擦工具、涂抹笔刷以及粗糙笔刷等，使用这些工具可以方便地对图形进行修改。

使用刻刀工具可以将图形剪切成开放的曲线，也可将一个图形对象分割成两个图形对象。

如果要将图形对象变成开放的曲线，除了使用形状工具外，还可以使用刻刀工具来完成，其具体的操作方法如下：

（1）使用星形工具在绘图区中绘制一个星形。

（2）单击工具箱中的“刻刀工具”按钮，并在属性栏中单击“成为一个对象”按钮。

（3）在星形图形的任意一个节点上单击鼠标，此时已经将图形剪切为开放的曲线了，但从图中无法看出有什么变化，只是节点变大了一些。

（4）为了观察分割的效果，可使用形状工具选择分割的节点，按住鼠标左键拖动，松开鼠标，其分割后的效果如图 8.3.8 所示。

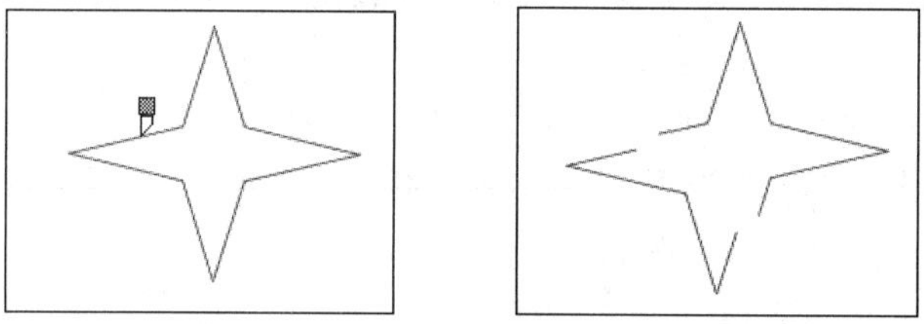

图 8.3.8　剪切图形为开放曲线

要将一个图形分割成两个相互独立的图形，其具体的操作方法如下：

（1）使用基本形状工具在绘图区中绘制需要分割的图形。

（2）单击工具箱中的“刻刀工具”按钮，并在属性栏中单击“剪切时自动闭合”按钮。

（3）将鼠标指针移至图形对象的任意处，当指针显示为形状时单击鼠标左键，再移动鼠标至图形的另一位置单击，可在两个剪切点之间产生一条直线，表示已经将图形分割成两个独立的图形了，此时可使用挑选工具选择分割后的其中一个对象，将其向其他位置拖动，即可清晰地看到分割后的效果，如图 8.3.9 所示。

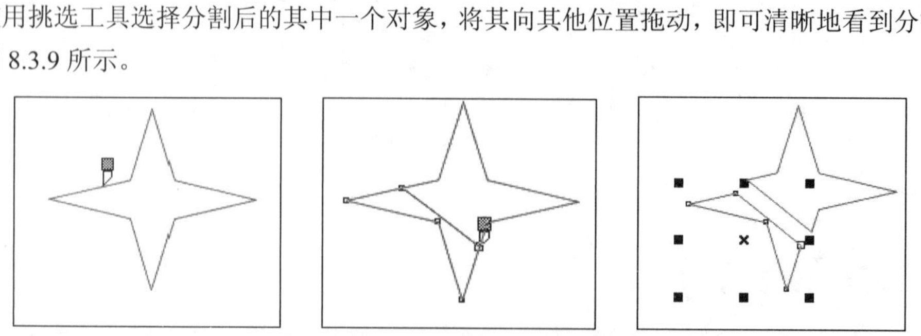

图 8.3.9　分割图形为两个独立的图形

使用橡皮擦工具可以将一个图形擦除为两条闭合的曲线。其具体的操作方法如下：

（1）在绘图区中绘制一个图形，单击工具箱中的“橡皮擦工具”按钮。

（2）将鼠标指针移至图形上，单击鼠标左键，移动鼠标指针至图形的另一端，即图形的外部，单击鼠标左键并拖动，使其经过图形内部直到图形另一端，松开鼠标，这时，鼠标指针经过之处的图形会被擦除，图形被分割成两条闭合曲线。

选择橡皮擦工具后，将鼠标指针移至图形上，单击并按住鼠标左键拖动，可以将图形擦除。

8.4 图形的填充

在 CorelDRAW X4 中，颜色的填充就是对图形对象的轮廓和内部的填充。图形对象的轮廓只能填充单色，而图形对象的内部可以进行单色、渐变、图案以及纹理等多种方式的填充。

8.4.1 选择颜色

CorelDRAW X4 工作窗口右侧的调色板是多个纯色的集合，通过选择调色板中的颜色可以快速地填充图形对象。CorelDRAW X4 中提供了多种调色板，选择菜单栏中的 窗口(W) → 调色板(L) 命令，弹出其子菜单，从中可选择多种颜色调色板，默认状态下使用的是 CMYK 调色板。

使用挑选工具选择需要填充的对象，然后单击工作窗口右侧的调色板中的色彩方块，即可将所选颜色应用到对象上，如图 8.4.1 所示。

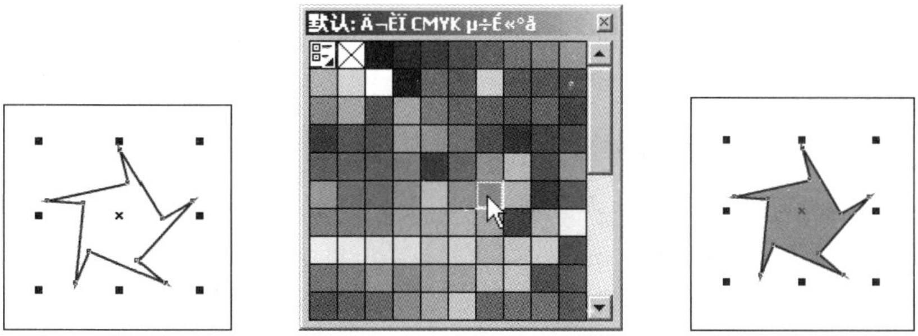

图 8.4.1　通过调色板填充图形

此外，在所选的颜色上按住鼠标左键不放，可弹出其近似色。如果用鼠标右键单击调色板中的☒图标，可取消图形对象轮廓线。

8.4.2 填充颜色

单击工具箱中“填充工具”按钮右下角的小三角形，可弹出隐藏的工具组，其中包括多种填充工具，如图 8.4.2 所示。

单击填充工具组中的“填充颜色对话框”按钮，弹出均匀填充对话框，从中可以设置所需的颜色，如图 8.4.3 所示。

“均匀填充”对话框中提供了 3 种设置颜色的方式，分别是颜色查看器、混合器和调色板，选择其中任何一种都可以设置所需的颜色。

图 8.4.2　填充工具组

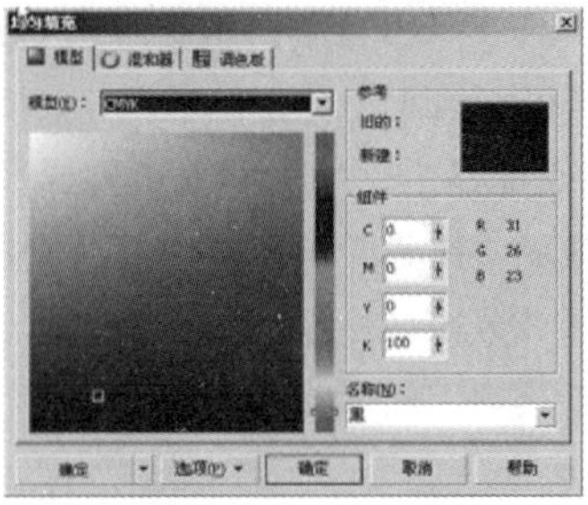

图 8.4.3　“均匀填充”对话框

1. 使用模型选项卡

在均匀填充对话框中打开模型选项卡后，可在模型(E):下拉列表中选择需要的色彩模式。

在名称(N):下拉列表中可以选择系统预设的颜色名称，此时，对话框中将显示所选颜色的有关信息。

选择好一种颜色后，在均匀填充对话框中单击新增至色盘(A)按钮，即可将所选的颜色添加到调色板最后面。

单击选项(P)按钮，从弹出的下拉菜单中选择不同的命令，可以做进一步设置。

选择值 2命令，可以从弹出的子菜单中选择色彩的其他模式。

选择对换颜色(L)命令，可以将新的颜色和原来的颜色互换。

选择颜色查看器命令，可从弹出的子菜单中选择各种不同的色彩模式，然后再用鼠标拖动色轴上的滑块，就可得到各种颜色。

设置好颜色后，单击确定按钮，即可将选择的颜色填充到所选的图形对象中。

2. 使用混合器选项卡

在均匀填充对话框中，打开混和器选项卡，可显示出该选项的参数，如图 8.4.4 所示。

在模型(E):下拉列表中可以选择一种色彩模式，并通过调节大小(S)滑块来设置颜色块的多少。在色度下拉列表中可以选择一种色相，在变化(V)下拉列表中可以选择颜色变化的趋向。

选择好颜色后，单击确定按钮，就可将选择的颜色填充到所选对象中。

3. 使用调色板

在均匀填充对话框中打开调色板选项卡，可显示出该选项参数，如图 8.4.5 所示，从中可以选择各种印刷工业中常见的标准调色板。

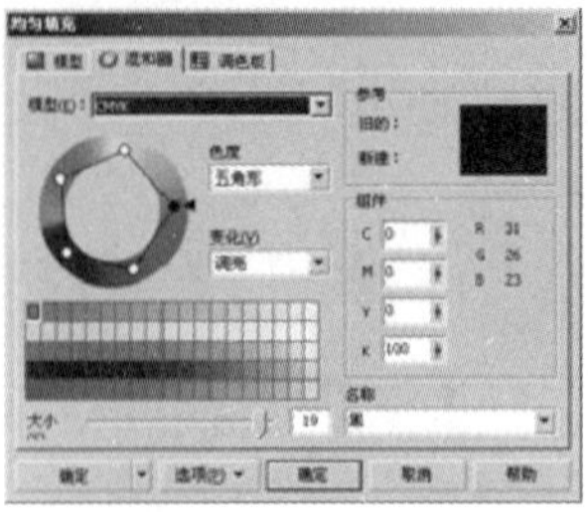

图 8.4.4　“混和器”选项卡

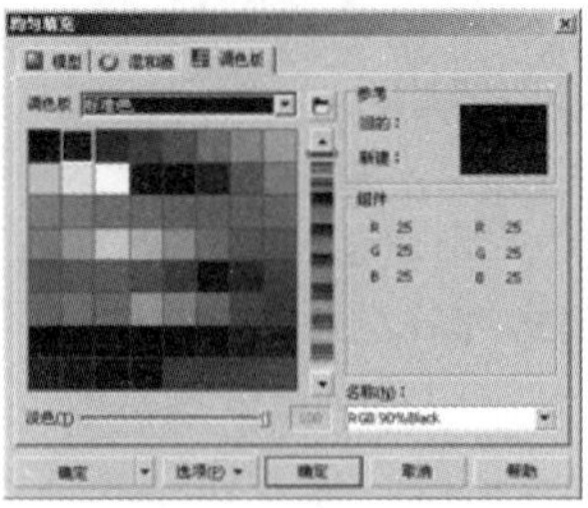

图 8.4.5　“调色板”选项卡

调色板下拉列表中提供了多种常见的标准调色板，用户可根据需要进行选择。在名称(N):下拉列表中选择一种颜色的名称，颜色窗口中将会显示出该颜色。

设置好颜色后，单击确定按钮，即可将选择的颜色填充到所选对象中。

8.4.3 渐变填充

CorelDRAW X4 中提供了线性、射线、圆锥和方角 4 种渐变填充方式，利用渐变填充工具可以制作出多种渐变效果。

在工具箱中的填充工具组中单击“渐变填充”按钮，弹出渐变填充对话框，如图 8.4.6 所示。

在类型(T):右侧的线性下拉列表中提供了 4 种渐变类型，如图 8.4.7 所示，从中可选择所需的渐变类型。

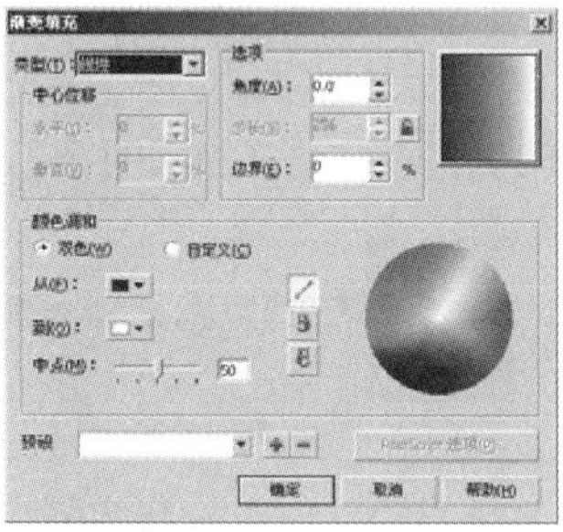

图 8.4.6 “渐变填充”对话框

图 8.4.7 “类型”下拉列表

线性：可将选择的颜色分别置于混合颜色的两边，然后逐渐向中心调和两种颜色，默认的两种调和色为黑色到白色。

射线：由对象的边缘向中心辐射，可用来制作球体的反光效果。

圆锥：由对象的中心引出两条射线，将调和颜色分列两端，从而产生圆锥形的渐变效果。

方角：此渐变填充与射线渐变填充的原理类似，但它产生的是星光效果。

1. 双色渐变填充

在 CorelDRAW X4 中可以用两种颜色来调和渐变色。在渐变填充对话框中的颜色调和选项区中选中 ⊙ 双色(W) 单选按钮。

单击从(F):右侧的下拉列表框，可弹出调色板，从中可选择起始颜色；单击到(O):右侧的下拉列表框，可从弹出的调色板中选择终止颜色。

设置好颜色后，便可在渐变填充方式对话框右上角的渐变预览框中预览最终结果。

在颜色调和选项区中单击“直线”按钮，用两种在色轮上呈直线变化的颜色来填充图形；单击“顺时针”按钮，用两种在色轮上呈顺时针变化的颜色来填充图形；单击“逆时针”按钮，用两种在色轮上呈逆时针变化的颜色来填充图形。

在中点(M):微调框中输入数值或拖动滑块，可改变渐变填充的中心位置。

2. 自定义渐变样式

在渐变填充对话框中的颜色调和选项区中选中 ⊙ 自定义(C) 单选按钮，此时的颜色调和选项区如图 8.4.8 所示。

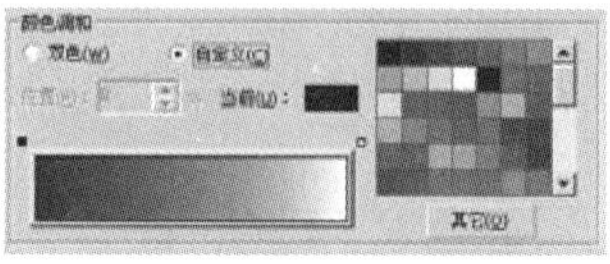

图 8.4.8 颜色调和选项区

在该选项区左下方的渐变预览条上方有两个小方块色标，黑色即为选中状态，在右侧的调色板中选择颜色，即可改变选中的小方块处的颜色（即起始处的颜色）。

在渐变条上单击右上方的小方块色标，然后在右侧的调色板中选择颜色，即可改变终止颜色。

在渐变预览条上的两个小方块色标中间的任意位置双击，即可添加一个新的色标，如图 8.4.9 所示。

使新的色标处于选中状态，然后在调色板中选择需要的颜色，即可在色标处添加所选的颜色，如图 8.4.10 所示。

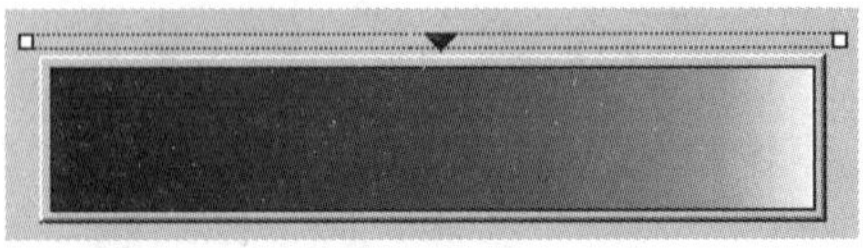

图 8.4.9　添加色标

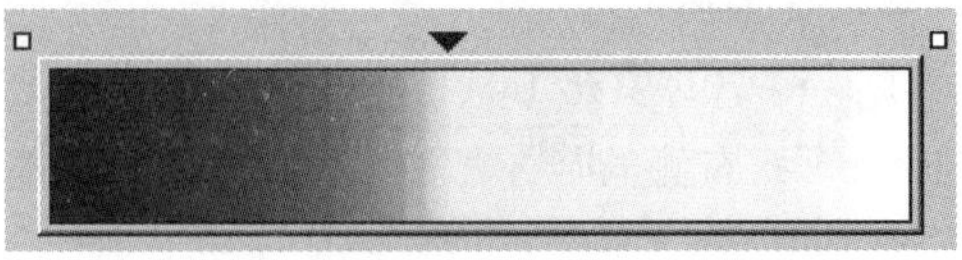

图 8.4.10　设置色标颜色

在位置(P):微调框中输入数值，可改变渐变预览条上被选中色标在渐变条上所处的位置。在渐变预览条上方再次双击，可继续添加色标，并可在右侧的调色板中选择相应的颜色来改变所选中的色标处的颜色。

如果对新增的颜色不满意，在渐变预览条上方双击所添加的色标，即可将添加的色标删除。

3．设置渐变选项

在渐变填充对话框中的选项选项区中可设置渐变的角度、步长与边界填充。

在角度(A):微调框中输入数值，可设置线性、圆锥形或矩形填充渐变颜色的角度，当输入数值为正值时按逆时针旋转，输入负值时可按顺时针旋转。

在步长(S):微调框的右侧单击按钮，可使该微调框处于可用状态，即可以设置步长值。增加步长值，可以使色调更平滑，但会延长打印时间；减少步长值，可以提高打印速度，但会使色调变得粗糙，且使颜色的过渡明显不平滑。

在边界(E):微调框中输入数值，可设置线性、射线、矩形填充的渐变色调和比例，其取值范围在 0～49 之间，数值越小，边界颜色的影响范围就越小。设置数值为 49 时，渐变色将变为起始颜色和终止颜色控制的实色块。

4．选择预设渐变样式

CorelDRAW X4 中提供了很多的预设渐变样式，可以在渐变填充对话框中的预设下拉列表中进行选择，这些样式预先设置了颜色、中心位置以及旋转角度，并且还确定了旋转的类型，可以根据需要进行调整。

在预设右侧单击彩虹 - 01下拉列表框，可弹出其下拉列表，从中可以选择一种预设样式，此时可在预设框与渐变预览条中看到相应的渐变样式。选择好预设的渐变样式后，也可在渐变填充对话框中对所选预设渐变样式的类型、中心位置以及角度进行修改，单击确定按钮，可完成渐变填充，如图 8.4.11 所示。

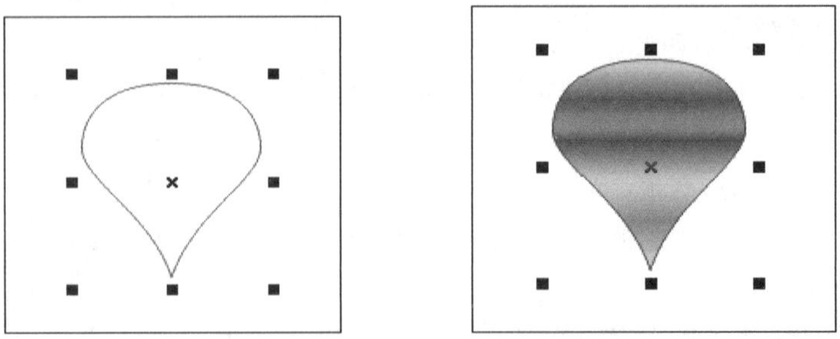

图 8.4.11　填充预设渐变样式

8.4.4 图案填充

CorelDRAW X4 中提供了图案填充功能，此填充方式可将预设图案以平铺的方式填充到图形中，使用图案填充可以设计出多种漂亮的填充效果。图案填充包括双色填充、全色填充和位图填充。

1．双色填充

双色填充可使用由两种颜色构成的图案进行填充。单击工具箱中填充工具组中的“图案填充对话框”按钮，弹出图样填充对话框，选中 双色(C) 单选按钮，可显示该选项参数，如图 8.4.12 所示。

单击图案下拉列表框，弹出其下拉列表，从中可以选择预设的图案，如图 8.4.13 所示。

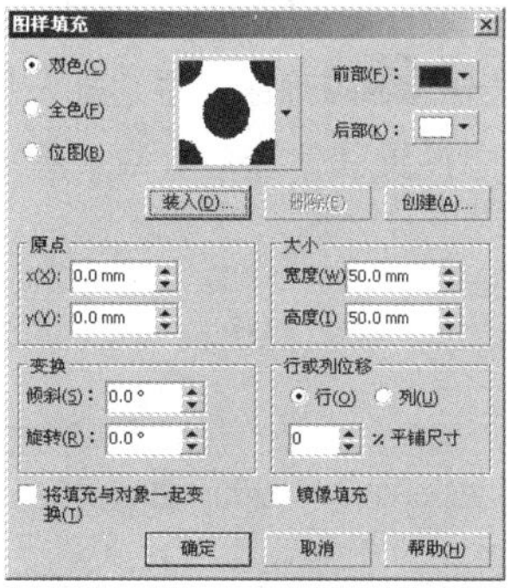

图 8.4.12 “图样填充”对话框

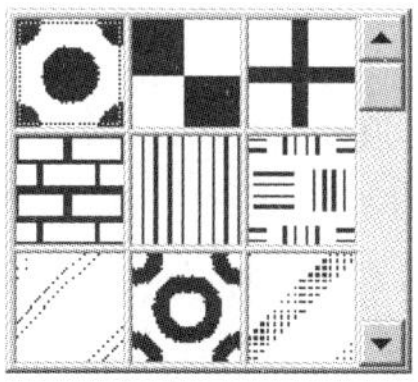

图 8.4.13 图案下拉列表

在 前部(F)：与 后部(K)：右侧单击下拉按钮，从弹出的调色板中可选择双色图案所需的颜色。

在 原点 选项区中，通过设置 X，Y 微调框中的数值，可设置填充中点所在的坐标位置。

在 大小(S) 选项区中，通过设置 宽度(W)：与 高度(I)：数值，可以设置图案的大小。

在 行或列位移 选项区中，选中 行(O) 单选按钮，可设置行平铺尺寸的百分比；选中 列(U) 单选按钮，可设置列平铺尺寸的百分比；调节 平铺尺寸 数值，可指定行或列错位的百分比。

在 变换 选项区中，通过设置 倾斜(S)：与 旋转(R)：数值，可以改变图案的倾斜角度与旋转角度。

设置好各选项参数后，单击 确定 按钮，填充双色图案后的效果如图 8.4.14 所示。

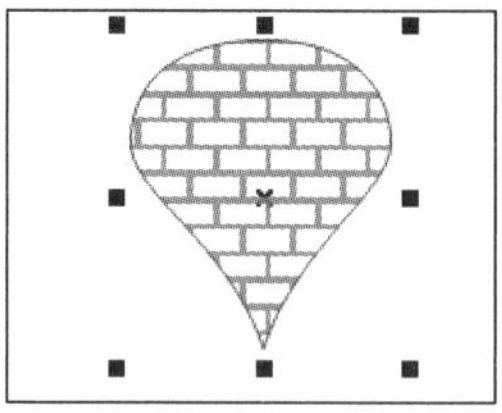

图 8.4.14 填充双色图案

如果预设的双色图案不能满足要求，则可在图样填充对话框中单击 创建(A)... 按钮，弹出双色图案编辑器对话框，在此对话框中可根据需要绘制图案。

在空网格中单击或拖动鼠标左键，可使空网格被填充为黑色，而在黑色网格内单击鼠标右键将恢复网格为空网格。绘制好图案后，单击 确定 按钮，返回到图样填充对话框，即可在图案下拉列表中显示编辑的图案效果。

2．全色填充

全色填充与双色填充非常相似，全色图案支持更多的颜色，它使用两种以上的颜色和灰度填充对象。全色图案可以是矢量图案也可以是位图图案。在图样填充对话框中选中 全色(F) 单选按钮，可显示出该选项参数。

单击图案下拉列表框，可从弹出的下拉列表中选择预设的全色图案。设置其他选项的参数，单击 确定 按钮，即可将所选的全色图案填充到对象中。

也可以从外部导入一幅图像，将其转换为全色图案填充到图形对象中，其具体的操作如下：

（1）在图样填充对话框中选中⊙全色(F)单选按钮，单击装入(D)...按钮，弹出导入对话框，从中选择一幅需要导入的图像。

（2）单击导入按钮，在图样填充对话框中的图案下拉列表中可显示导入的图案，单击确定按钮，即可将该图案填充到所选的图形对象中。

3. 位图填充

位图填充可使用预设的或导入的位图图像来填充对象，与全色填充不同的是，位图填充是使用位图进行填充，而不能使用矢量图填充，且位图图案可以被保存或删除。

要使用位图图案填充对象，可在图样填充对话框中选中⊙位图(B)单选按钮，然后在图案下拉列表中选择需要的预设图案，或单击装入(D)...按钮，从弹出的导入对话框中选择位图图像，单击导入按钮，即可将其导入为位图图案，在图样填充对话框中设置其他选项参数，单击确定按钮，即可为对象填充位图图案。

8.4.5 底纹填充

底纹填充可以将各种材料底纹、材质或纹理填充到对象中。在工具箱中单击填充工具组中的“底纹填充对话框”按钮，弹出底纹填充对话框，如图 8.4.15 所示。

在底纹库(L):下拉列表中可以选择不同的底纹库，在底纹列表(T):下拉列表中选择底纹样式，并可根据所选的底纹样式在对话框右侧设置底纹的亮度以及密度等参数，以产生各种不同的底纹图案。

在底纹填充对话框中选择并设置好底纹样式后，单击选项(O)...按钮，弹出底纹选项对话框，如图 8.4.16 所示，在位图分辨率(R):下拉列表中可选择所需的分辨率也可直接输入数值来改变位图的分辨率。

在底纹填充对话框中单击预览(V)按钮，所选的底纹样式也会随机发生变化。

设置完成后，单击确定按钮，即可将所选的底纹填充到所选对象中。

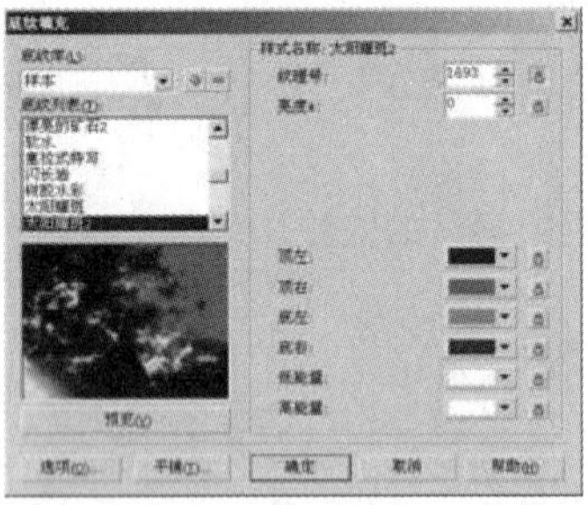

图 8.4.15 “底纹填充”对话框

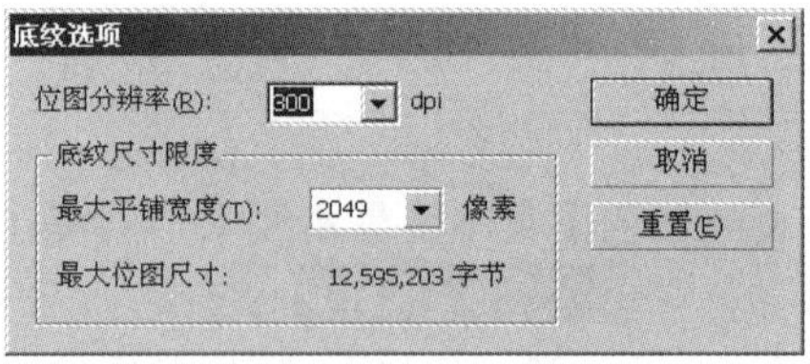

图 8.4.16 “底纹选项”对话框

8.4.6 PostScript 底纹填充

PostScript 底纹是由 PostScript 语言编写出的一种特殊底纹。在填充工具组中单击“PostScript 填充对话框”按钮，弹出PostScript 底纹对话框，如图 8.4.17 所示。

在此对话框中选中☑预览填充(P)复选框，以方便选择底纹样式，在对话框左侧的下拉列表中选择填充样式，然后在参数选项区中可设置 PostScript 底纹的相关参数，单击刷新(R)按钮，可预览设置后的效果，设置完成后，单击确定按钮，即可将所选的 PostScript 底纹填充到所选对象中，如图 8.4.18 所示。

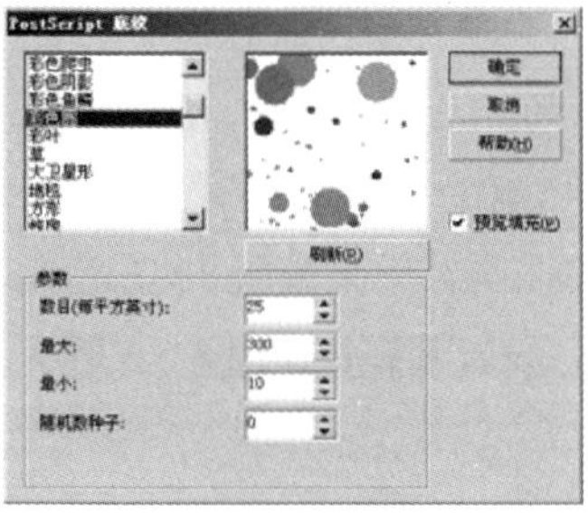

图 8.4.17 “PostScript 底纹”对话框

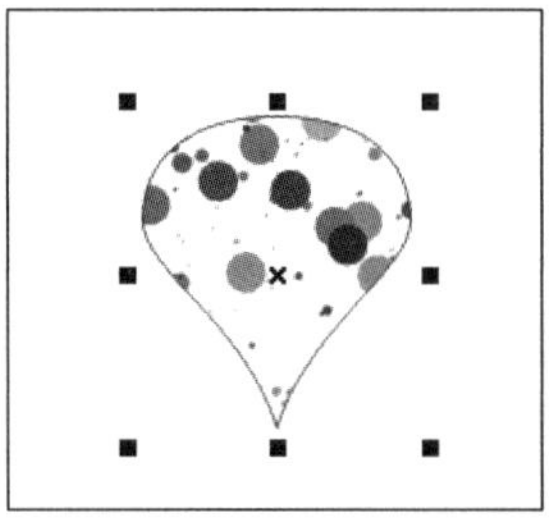

图 8.4.18 PostScript 底纹填充

8.5 应用实例——制作节日彩灯

实例分析

本例将使用艺术笔工具、贝塞尔工具、形状工具等制作节日彩灯，最终效果如图 8.5.1 所示。

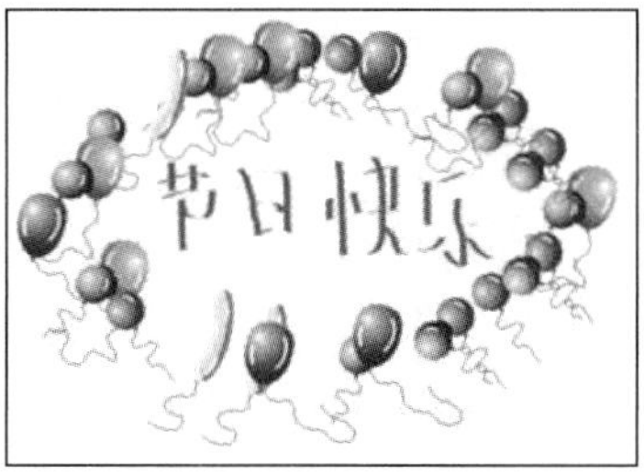

图 8.5.1 最终效果图

操作步骤

（1）新建一个图形文件，单击工具箱中的“贝塞尔工具”按钮，在绘图区中单击鼠标左键确定一个节点，拖动鼠标到另一位置单击，再继续拖动并单击，绘制如图 8.5.2 所示的图形。

（2）单击工具箱中的“形状工具”按钮，在绘制的图形上单击选中该图形，然后再单击每一个节点并对其进行修改，修改后的图形如图 8.5.3 所示。

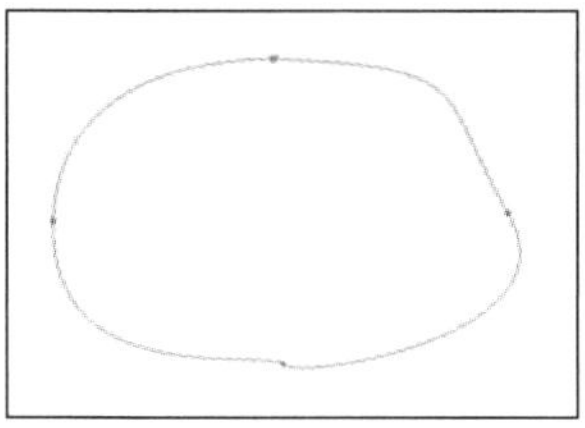

图 8.5.2 绘制图形

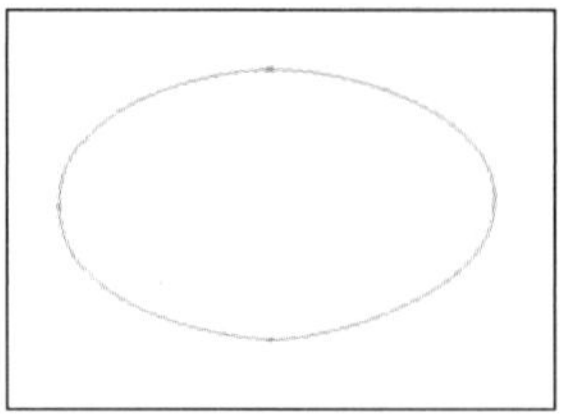

图 8.5.3 调整图形

（3）使用挑选工具选择绘制的图形，单击手绘工具组中的“艺术笔工具”按钮，在其属性栏中单击“喷罐”按钮，然后在属性栏中的喷涂文件列表中选择适当的喷涂样式，设置属性栏中的其他参数如图 8.5.4 所示。

图 8.5.4　“艺术笔工具”属性栏

（4）此时，即可将所做的设置应用于所选的曲线图形上，效果如图 8.5.5 所示。

（5）选择艺术笔工具属性栏中的“书法”按钮，设置其属性如图 8.5.6 所示。

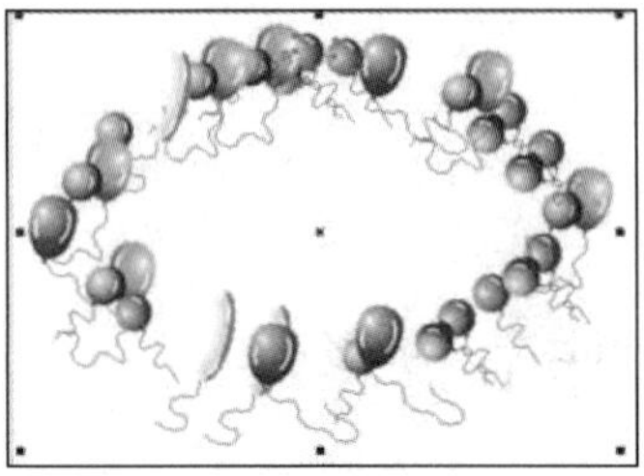

图 8.5.5　艺术笔效果

图 8.5.6　“艺术笔工具”属性栏

（6）在图中合适的位置绘制“节日快乐”文字，效果如图 8.5.7 所示。

（7）使用挑选工具选择“节日快乐”文字，在调色板中单击红色色块，可将其颜色填充为红色，如图 8.5.8 所示。

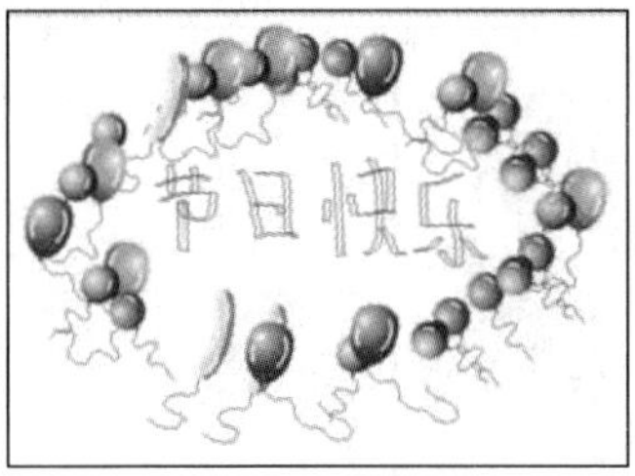

图 8.5.7　绘制文字

图 8.5.8　为文字填充颜色效果

（8）用鼠标右键单击调色板中最上面的无颜色色块，去掉“节日快乐”的轮廓线，最终效果如图 8.5.1 所示。

8.6　自 我 检 测

一、填空题

1. CorelDRAW 中绘制的图形是由各种________、________、________等基本图形元素组合而成。

2. 使用椭圆工具组中的椭圆工具和 3 点椭圆工具可以绘制出椭圆、圆、饼形和_______等形状。

3. 在 CorelDRAW X4 中渐变填充的方式有__________、__________、__________与__________。

二、选择题

1. 在按住（　）键的同时使用椭圆工具在绘图区中拖动鼠标，可绘制圆形。

A．Shift B．Ctrl

C．Ctrl+Alt D．Alt

2．使用工具箱中的矩形工具、椭圆工具以及多边形工具等绘制的图形，都可以直接使用（ ）调整其形状。

A．挑选工具 B．形状工具

C．矩形工具 D．贝塞尔工具

3．使用（ ）工具绘制出的图形是由一系列以行与列排列的矩形组成的。

A．矩形 B．基本形状

C．边形 D．图纸

4．智能绘图工具可以完成（ ）的功能。

A．自动识别图形形状 B．平滑曲线

C．自动平衡对称图形 D．对象轮廓修改

三、简答题

1．简述使用形状工具调整图形形状的方法。

2．如何设置对象的轮廓线颜色？

3．如何使用交互式网状填充工具对图形对象进行填充？

四、上机操作题

1．练习使用手绘工具、贝塞尔工具以及艺术笔工具，在绘图区中绘制所需的图形对象，效果如题图 8.1 所示。

2．新建一个图像文件，使用手绘工具在绘图页面中绘制一幅画，并练习节点的选取、添加、删除、移动、调节等，效果如题图 8.2 所示。

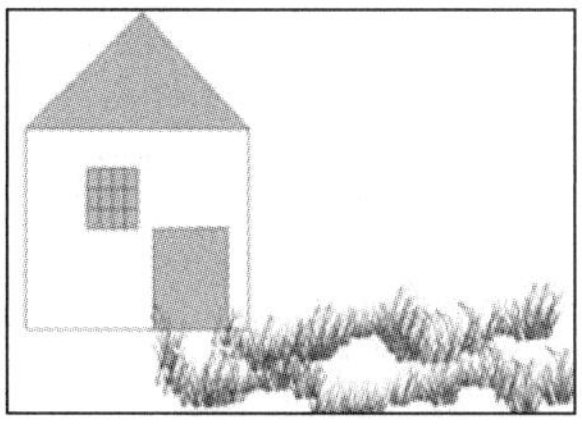

题图 8.1

题图 8.2

3．新建一个图像文件，使用手绘工具或贝塞尔工具在绘图页面中绘制一幅画。为了使图像更美观，也可以使用艺术笔工具，效果如题图 8.3 所示。

题图 8.3

8.7 知识问答

问：在使用 CorelDRAW X4 中的手绘工具时，如果不小心把线条画歪了或画错了，只能把线条删除重新画吗？

答：如果在使用 CorelDRAW X4 中的手绘工具的过程中，不小心把线条画歪了或画错了，不必急着将线条删除，只要立刻按下“Shift”键，然后反向擦除即可。

问：在调整线条时如果遇到尖角或生硬的部分，应该怎么处理呢？

答：在用形状工具调整线条时，在以节点为单位的地方线条过于尖角或生硬，不够柔和自然，此时，只须在此节点两边各双击增加一个节点，然后双击中间的节点删除，线条自然变得柔滑流畅。这样得到的线条一般要比用手调节的更为自然。

问：在 CorelDRAW 中艺术笔工具中的喷罐列表文件是否可以添加？

答：艺术笔工具是一个令人赞叹的工具，它有各种图案预设、笔触，可以根据曲线的变化而改变，线条的粗细使其具有更强的压印的感觉。在艺术笔工具属性栏的列表文件左侧有一个“浏览”按钮，单击按钮打开“浏览文件夹”对话框，如图 8.7.1 所示。选择下载好的图案或笔触即可添加到列表中。

图 8.7.1　“浏览文件夹”对话框

第 9 章 文本的使用

本章要点

- 输入文本
- 编辑文本
- 文本的特殊编辑

学习目标

CorelDRAW X4 是具备专业文字处理和专业彩色排版功能的软件，因此它对文字有很强的编辑和处理能力。本章将重点介绍文本的创建、编辑及文本效果制作的方法。

9.1　输 入 文 本

在 CorelDRAW X4 中，输入的文本可分为美术字文本和段落文本两大类，它们之间可以互相转换。美术字文本是指单个文字对象，而段落文本是指大块区域的文本，对其进行编辑可通过 CorelDRAW X4 的编辑和排版功能来实现。

9.1.1　美术字文本

输入美术字文本的方法如下：

（1）在工具箱中选择文本工具字或按快捷键“F8”。

（2）在绘图页中的适当位置单击鼠标，将会出现闪动的光标，通过键盘直接输入美术字文本，如图 9.1.1 所示。

图 9.1.1　输入文本

（3）单击工具箱中的“挑选工具”按钮，选中要编辑的文字，在字体大小列表和字体列表中设置文本的字号和字体，如图 9.1.2 所示。

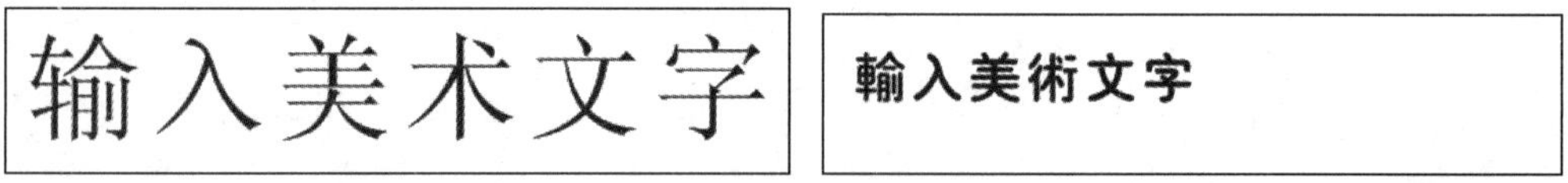

图 9.1.2　设置字号和字体

（4）单击工具箱中的“形状”按钮，文字周围将出现美工文字的控制点，拖动字距控制点和行高控制点可调整文本的字距和行距，如图 9.1.3 所示。

图 9.1.3　调整文本的字距和行距

（5）单击工具箱中的“形状”按钮，选中需要改变颜色的文字的控制点，单击调色板中的色块即可，如图 9.1.4 所示。

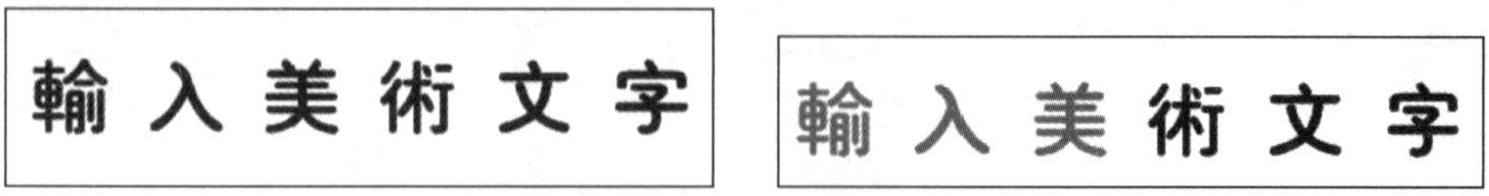

图 9.1.4　更改文本的颜色

（6）单击工具箱中的“形状”按钮，选中所需要移动的文字的控制点，拖动鼠标即可移动要编辑的文字，如图 9.1.5 所示。

（7）单击工具箱中的“形状”按钮，选中所需要旋转的文字的控制点，在其属性栏中的旋转角度微调框中输入数值即可实现旋转操作，如图 9.1.6 所示。

图 9.1.5　移动文本

图 9.1.6　旋转文本

（8）选中需要转换为段落文本的美术字文本，选择 文本(T) → 转换到段落文本(V)　Ctrl+F8 命令即可，如图 9.1.7 所示。

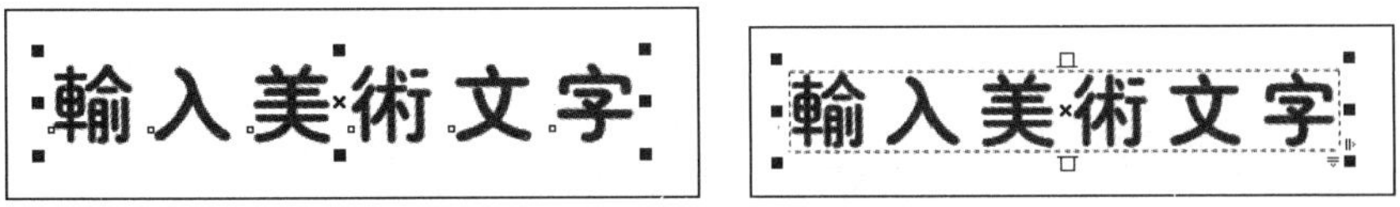

图 9.1.7　将美术字文本转换为段落文本

9.1.2　段落文本

输入段落文本的方法如下：

（1）单击工具箱中的“文本工具”按钮字。

（2）在需要输入文字的位置，拖曳出一个矩形框，松开鼠标即可在该框中输入文字，如图 9.1.8 所示。

图 9.1.8　段落文本

（3）用鼠标拖动框架上方或下方的控制点可调整框架的大小，如图 9.1.9 所示。

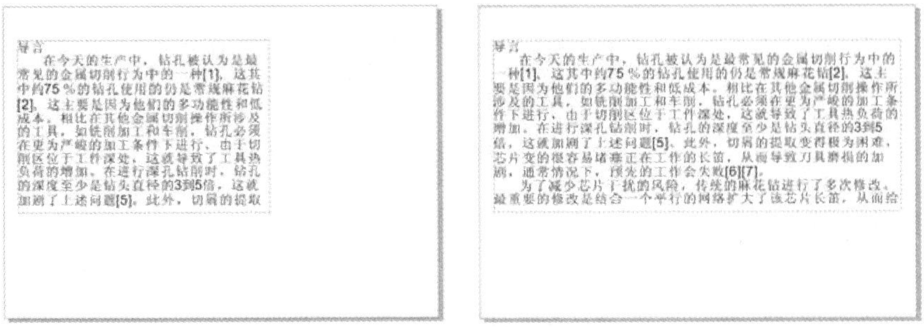

图 9.1.9　调整框架大小

（4）若框架太小而无法显示全部的文本时，可将该框架中无法显示的文本放置在另一个框架中，单击框架下方的控制点▼，当光标呈形状时，在其他合适的位置拖出一个矩形框，可将文本中显示不完全的部分显示在新框架中，如图 9.1.10 所示。

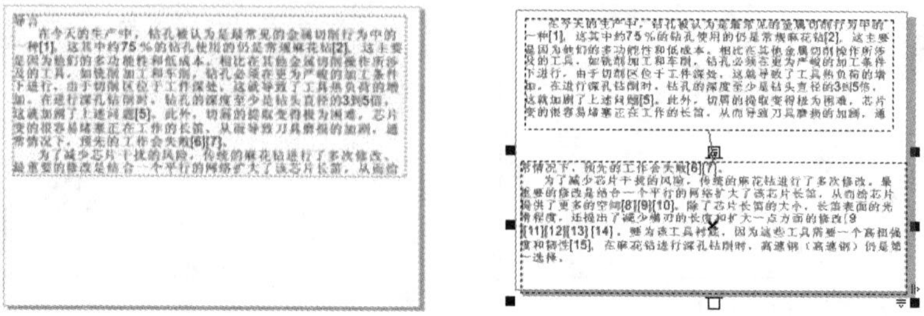

图 9.1.10　将框架中无法显示的文本放置在另一个框架中

（5）选中所要转换的段落文本，选择 文本(T) → 转换到美术字(V) Ctrl+F8 命令即可，如图 9.1.11 所示。

图 9.1.11　段落文本转换为美术字文本

9.2　编辑文本

选择菜单栏中的 文本(T) → 编辑文本(X)... Ctrl+Shift+T 命令，在弹出的 编辑文本 对话框中可实现对文本的编辑，如图 9.2.1 所示。

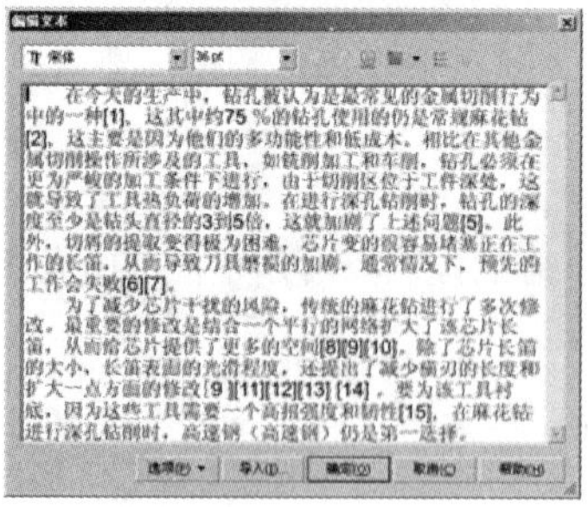

图 9.2.1　“编辑文本”对话框

9.2.1　格式化文本

选择菜单栏中的 文本(T) → 字符格式化(F) Ctrl+T 命令，打开 字符格式化 泊坞窗，在其中显示着设置字符的相关选项参数，如图 9.2.2 所示。

9.2.2 对齐文本

单击工具箱中的“水平对齐”按钮，可在其下拉列表中选择对齐方式来实现文本的对齐效果，如图 9.2.3 所示。

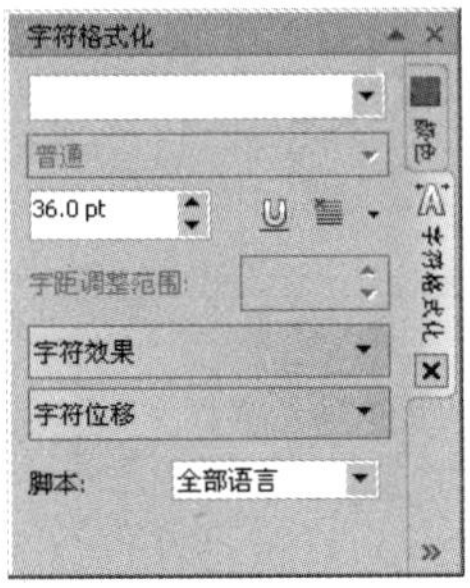

图 9.2.2 “字符格式化”泊坞窗

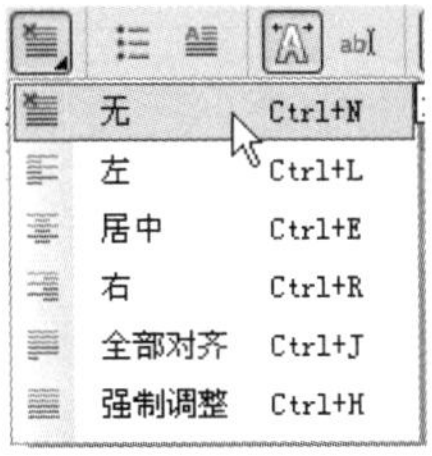

图 9.2.3 水平对齐下拉列表

单击“无”按钮，文本不产生任何对齐效果。

单击“左”按钮，将使文本向左对齐。

单击“居中”按钮，将使文本居中对齐。

单击“右”按钮，将使文本向右对齐。

单击“全部对齐”按钮，将使文本向两端对齐。

单击“强制调整”按钮，将强制使文本全部对齐。

9.3 文本的特殊编辑

在 CorelDRAW X4 中可对文本进行一些特殊编辑，如使文本适配路径、填入框架和环绕图形等。

9.3.1 文本适配路径

文本适配路径的方法如下：

（1）单击工具箱中的“文本工具”按钮字，在视图窗口中输入文本并使用绘制线条工具绘制曲线，如图 9.3.1 所示。

（2）单击工具箱中的“挑选工具”按钮，将所绘制的曲线和输入的文本同时选中。

（3）选择 文本(T) → 使文本适合路径(T) 命令即可使文本适配路径，如图 9.3.2 所示。

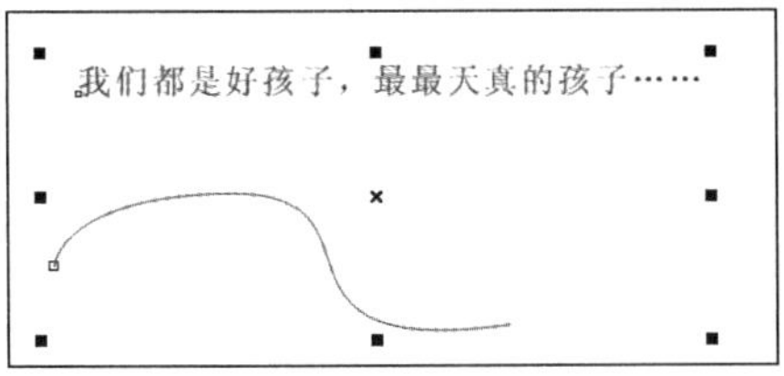

图 9.3.1 输入文本并绘制曲线

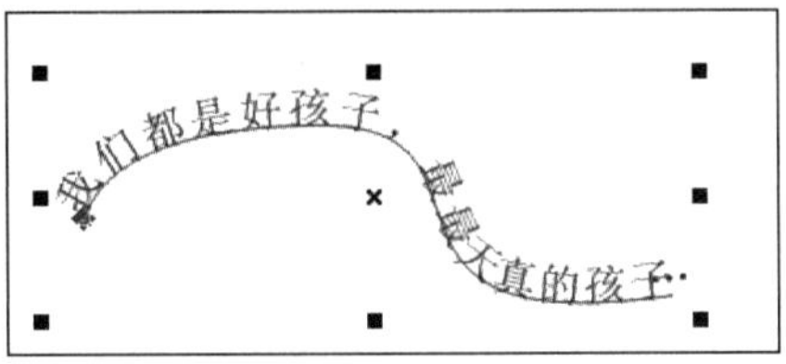

图 9.3.2 文本适配路径

（4）当文本适配路径后，其属性栏如图 9.3.3 所示。

图 9.3.3 “文本适配路径”属性栏

（5）在其属性栏中的下拉列表中可选择文本放置在路径上的方向，如图 9.3.4 所示。

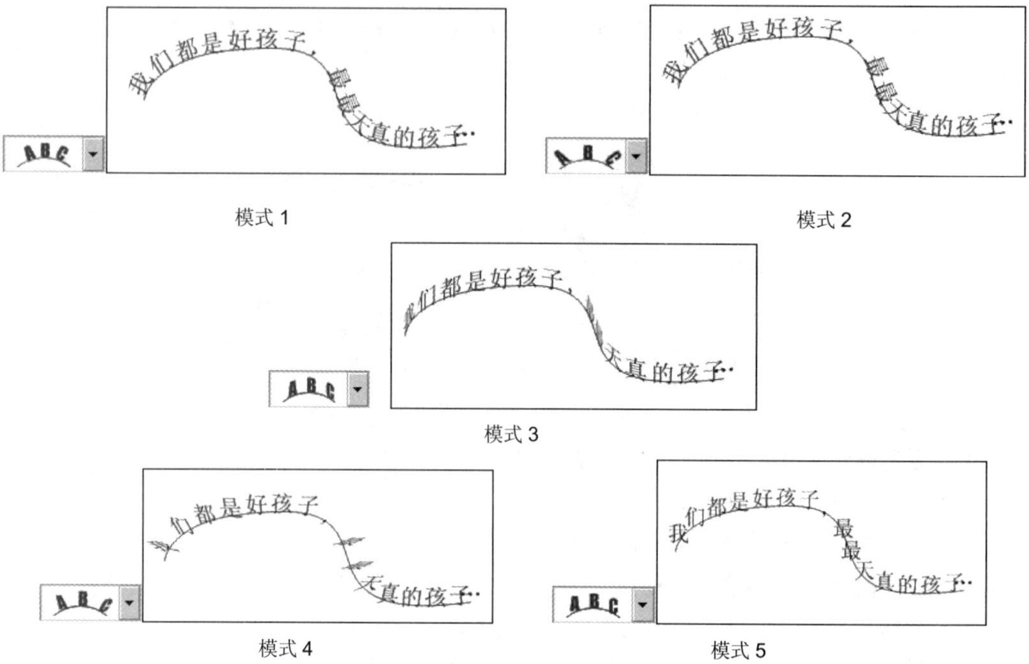

图 9.3.4 设置文本的五种方向

（6）在属性栏的镜像文本:区域中单击“水平镜像”按钮，可以从左向右翻转文本字符；单击“垂直镜像”按钮，可从上向下翻转文本字符，其效果如图 9.3.5 所示。

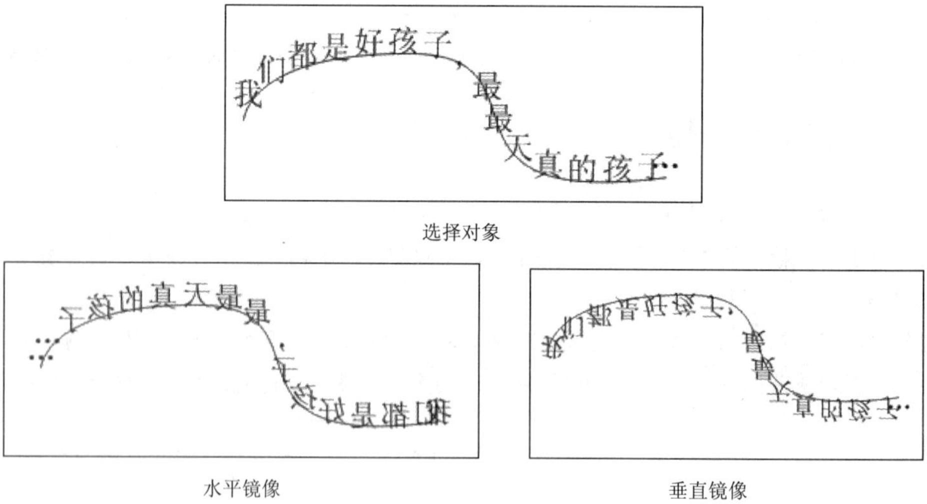

图 9.3.5 镜像适合路径的文本

（7）在属性栏中的和微调框中输入数值，可调整文本和路径在垂直方向和水平方向上的距离。

（8）CorelDRAW X4 将适配路径的文本视为一个对象，如果不需要使文本成为路径的一部分，也可以将文本与路径分离，且分离后的文本将保持它所适合于路径时的形状。使用挑选工具选择路径和适合的文本，选择菜单栏中的 排列(A) → 折分 在一路径上的文本 于 图层 1(B) Ctrl+K 命令，即可拆分文本与路径，如图 9.3.6 所示。

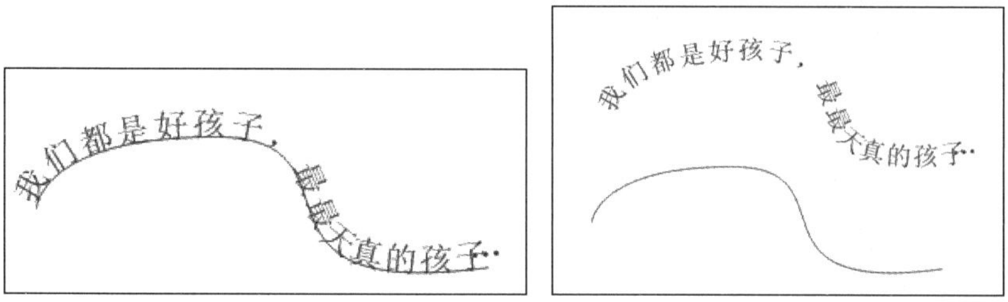

图 9.3.6 将文本与路径分离

9.3.2 文本填入框架

文本填入框架的方法如下：

（1）在视图窗口中创建图形对象，如图 9.3.7 所示。

（2）单击工具箱中的“文本工具”按钮 字，将鼠标移动到图形对象内边缘，当光标呈形状时，单击鼠标可在图形对象内边缘产生一个虚线文本框，并有闪烁的光标，如图 9.3.8 所示。

（3）在该虚线文本框中输入需要的文字，如图 9.3.9 所示。

图 9.3.7 创建图形

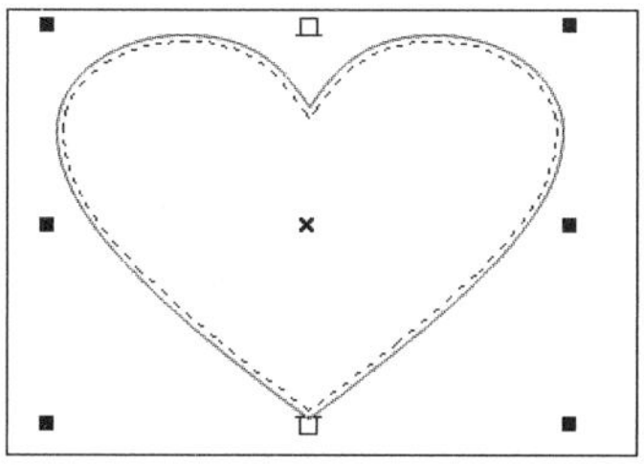

图 9.3.8 虚线文本框效果

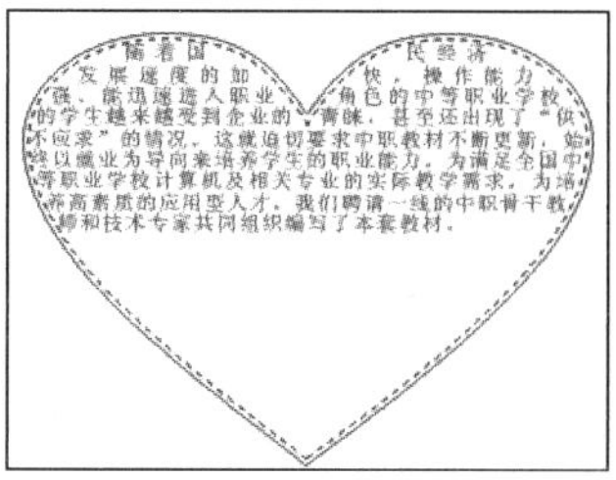

图 9.3.9 文本填入框架

（4）选择 排列(A) → 折分 命令，可将图形对象和文本分隔，如图 9.3.10 所示。

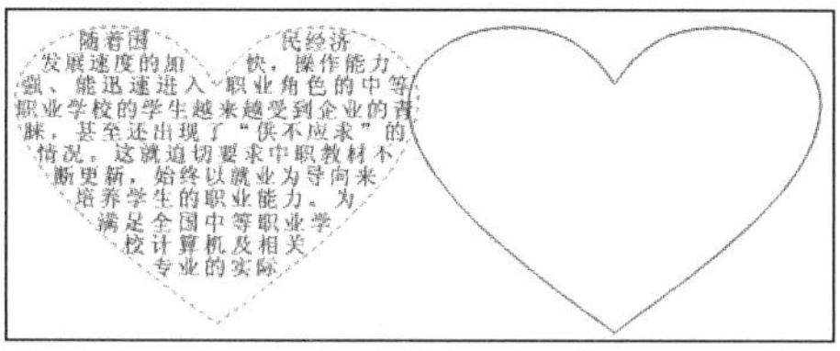

图 9.3.10 将图形对象和文本分隔

9.3.3 段落文本环绕图形

段落文本绕图是常用的一种文本编排方式，其操作方法如下：

（1）在工具箱中选择文本工具 字 按钮，然后在绘图页中创建段落文本。

（2）选择 文件(F) → 打开(O)... 命令打开矢量图，或选择 文件(F) → 导入(I)... 命令导入位图。

（3）选择挑选工具选中图形，单击鼠标右键，在弹出的快捷菜单中选择段落文本换行(W)命令，这样段落文本绕图的效果就产生了，如图 9.3.11 所示。

（4）选择窗口(W)→泊坞窗(D)→✔属性(I)命令，打开如图 9.3.12 所示的对象属性泊坞窗。单击该泊坞窗中的“常规”按钮，在其中的“段落文本换行”下拉列表无中可以设置段落文本环绕图表的样式。

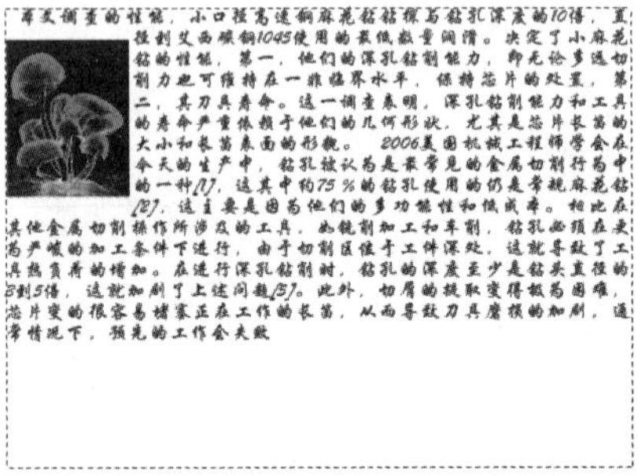

图 9.3.11　段落文本绕图

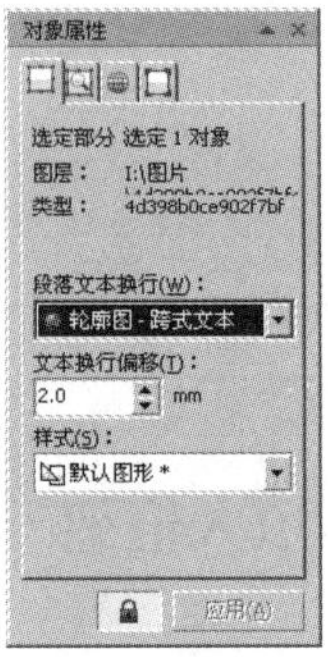

图 9.3.12　“对象属性”泊坞窗

9.3.4　美术文字转换为曲线

使用文本工具在页面中输入文本，我们可以对文本使用特殊属性，也可以随时改变文本的字号、字体类型等，但有时候我们要对文本进行一些其他的操作，文本有一些固有的属性为我们进行某些操作带来不便，这时就需要将文本转换为曲线，对文本进行更多的操作。

在 CorelDRAW 中，可以轻松地对文本进行编辑。下面介绍将文本转换为曲线的具体操作：

（1）单击工具箱中的“文本工具”按钮字，在页面中输入文字，如图 9.3.13 所示。

（2）使输入的文字处于选中状态，选择菜单栏中的排列(A)→转换为曲线(V)命令，将文本转换为曲线，这时的文字状态如图 9.3.14 所示。将文本转换为曲线还可以使用快捷键“Ctrl+Q”。

图 9.3.13　输入文字

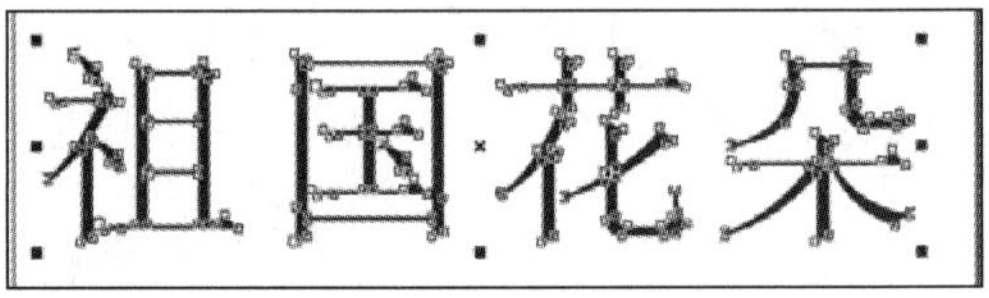

图 9.3.14　将文本转换为曲线

（3）选择菜单栏中的排列(A)→折分 曲线 于 图层 1(B)命令，将曲线拆分，如图 9.3.15 所示。

（4）单击工具箱中的“挑选工具”按钮，就可以将拆分后的曲线文字移动位置，也可以将需要组合的部首组合在一起，如图 9.3.16 所示。

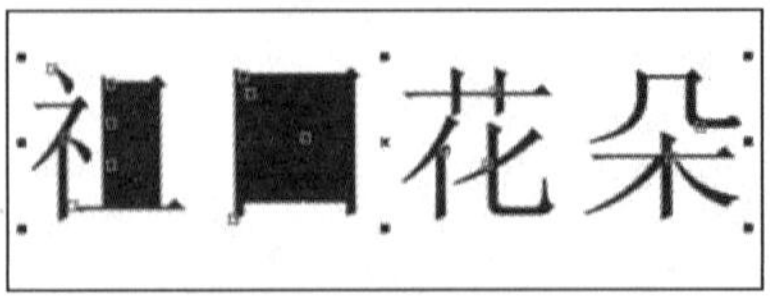

图 9.3.15　拆分曲线

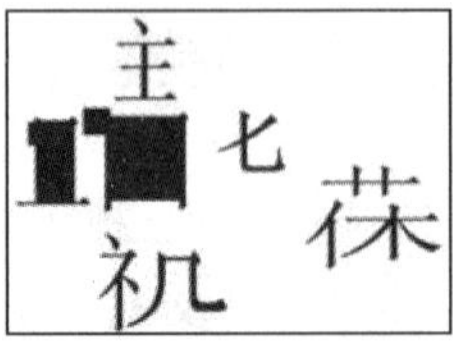

图 9.3.16　移动拆分后的曲线文字

9.4 应用实例——制作商标

实例分析

本例将制作商标，最终效果如图 9.4.1 所示。

图 9.4.1 商标效果

操作步骤

（1）新建一个图形文件，单击工具箱中的“椭圆工具”按钮，在绘图区中创建一个圆对象，再将其填充为淡蓝色。

（2）单击工具箱中的“文本工具”按钮字，在其属性栏中设置文本的字体与字号，在绘图区中输入美术字文本，改变文本的颜色为白色，轮廓为黑色，效果如图 9.4.2 所示。

（3）使用挑选工具选择文本与圆对象，选择菜单栏中的 文本(T) → 使文本适合路径(T) 命令，即可将文本沿圆对象排列，如图 9.4.3 所示。

图 9.4.2 输入文字效果

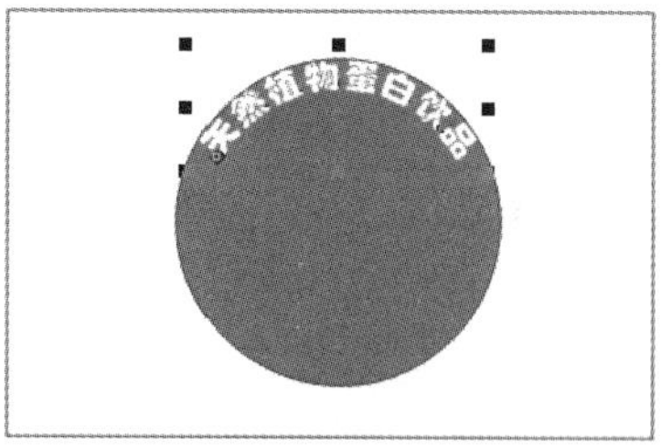

图 9.4.3 将文本沿路径排列

（4）在相应的属性栏中设置参数，如图 9.4.4 所示。

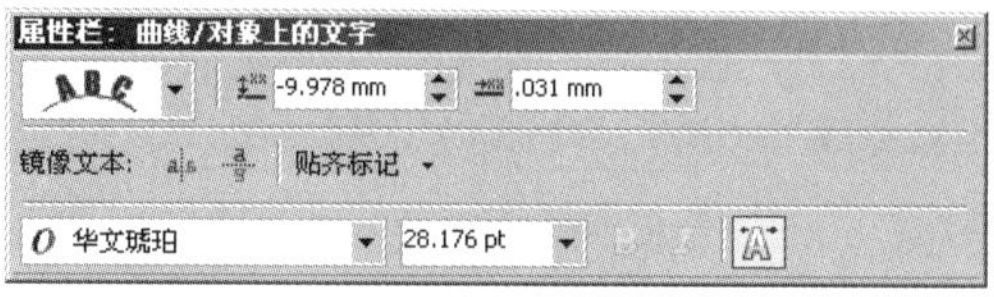

图 9.4.4 “曲线/对象上的文字”属性栏

（5）在属性栏中设置好参数后，按回车键确认，所产生的效果如图 9.4.5 所示。

（6）再使用“椭圆工具”在绘图区中绘制一个小圆，并将其填充为白色，如图 9.4.6 所示。

（7）单击工具箱中的“文本工具”按钮字，在属性栏中根据自己的需要设置字体与字号，在白色圆上输入文本，如图 9.4.7 所示。

图 9.4.5　改变文本填入路径属性后的效果

图 9.4.6　绘制小圆并填充

图 9.4.7　输入文字并设置其属性

（8）使用挑选工具单击文本“%”左下方的控制点，然后设置其字体属性，如图 9.4.8 所示。

（9）使用挑选工具选择“100%”文本，然后在其属性栏中单击“倾斜”按钮，即可将所选的文本倾斜处理。

（10）单击工具箱中的“流程图形状工具”按钮，在属性栏中选择好完美形状后，在绘图区中拖动鼠标绘制所选的形状，并将其填充为淡绿色，如图 9.4.9 所示。

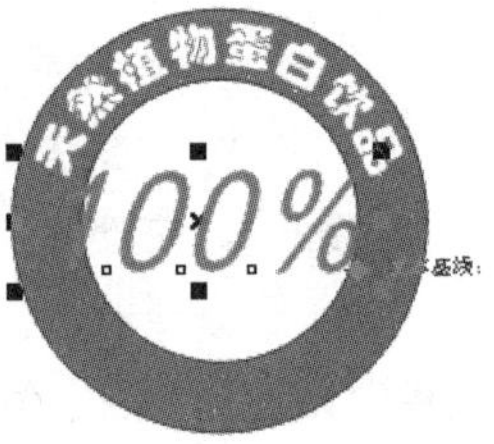

图 9.4.8　设置单个字符的属性

图 9.4.9　绘制流程图形状并填充

（11）单击工具箱中的“文本工具”按钮字，在绘制的流程图对象上输入文字，设置好字体与字号，并设置文字的颜色为白色，然后选择菜单栏中的 文本(T) → 使文本适合路径(T) 命令，将文本填入流程图对象。

（12）选择菜单栏中的 排列(A) → 折分 在一路径上的文本 于 图层 1(B)　Ctrl+K 命令，将填充的文本与路径分离，使用挑选工具选择分离后的文本，将其移至合适位置，效果如图 9.4.1 所示。

9.5　自 我 检 测

一、填空题

1．在 CorelDRAW X4 中，文本分为__________文本与__________文本两种类型。

2．美术文本是指____________；段落文本是指____________。

3．文本的间距包括___________、___________以及___________。

4．输入文本的工具是____________。

5．CorelDRAW 具有强大的文本处理功能，允许对文本应用特殊的文字效果和复杂的文本处理，可以创建__________和__________。

6. 段落文本不同于美术字文本，当使用段落文本时，可通过段落的________来改变不同的效果。

7. 美术字文本作为一种特殊的图形对象，除了可以对其进行_________、________等方面的编辑外，还可以用________、________、________、________、________、________等对其进行艺术效果编辑。

二、选择题

1. 要编排大量的文字，应选择（　）。

A. 美术字　　B. 段落文本

C. 宋体　　D. 24 号字

2. 使用（　）工具只能调整段落文本的字、行间距。

A. 文本　　B. 挑选

C. 手绘　　D. 形状

3. CorelDRAW 中的文本包括（　）。

A. 段落文本　　B. 文本填入框架

C. 对齐文本　　D. 美术字文本

4. 将美术文字转换为曲线后，可使用（ ）对其进行编辑。

A. 形状工具　　B. 文本工具

C. 手绘工具　　D. 贝塞尔工具

三、简答题

1. 如何创建美术字文本与段落文本？

2. 如何将段落文本转换为美术字文本？

四、上机操作题

1. 在绘图区中制作如题图 9.1 所示的文字效果。

2. 运用本章所学内容，绘出如题图 9.2 所示的效果。

题图　9.1

题图　9.2

9.6 知识问答

问：为什么很多时候都要将文字转曲线？

答：要印刷输出或拿到其他电脑上打开同样文件时，文字必须转曲线，不然打开时面目全非。另外，注意文字转曲保存后，文字将不能再编辑，所以最好保存两个文件，一个文字型，一个曲线型，以备后用。

问：怎样将段落文字转换为曲线？

答：可以利用滤镜中的冻结来解决将段落文字转曲线问题。在段落文本上画一全黑的矩形，打开滤镜→透明度→100%，并勾选冻结，应用即可，然后移掉后面的文字层，留下的就是曲线的了。

此方法对于段落中有上标或下标的文本来讲，是不宜的，会出现错误，比如上标/下标通过此方法转曲线后会出现变小现象，相比之下，用输出 WMF 文件转曲线，这种方法才是最保险的。

问：段落文本在排版过程中需要注意哪些问题？

答：文字比较少就用美术字文本（就是用点文本输入工具直接在页面当中打字的）。文字较多时用段落文本（用点文字输入工具在页面当中拉一个虚线框再打的文字），两者可以相互转换，注意全角/半角标点，CorelDRAW 这方面的兼容性不是很好，例如用全角打个双引号，文字全没了。解决的办法是碰到单引号这类特殊符号时，先不打，后单独加进去。如果文字较多，建议要么用 PAGEMAKER 排版，要么把文件先在 Word 中打好，然后复制，再在 CorelDRAW 中拉一个段落文本框进行粘贴。要注意的是，在 Word 当中在段落尾不要使用空格。回到 CorelDRAW 当中，文本格式选择两端对齐，段前与行距保持一致即可，段后为 0，其他默认即可。

第10章 对象操作与特殊效果的处理

本章要点

- 对象的选取
- 对象的基本操作
- 对象的变换
- 对象的排序
- 对象的结合与群组
- 对象的造型

学习目标

本章主要介绍对象组织及其特殊效果的处理。使用这些编辑技术可以对使用 CorelDRAW 绘制的基本图形进行处理，从而使图形变化丰富。

10.1 对象的选取

在对图形对象进行编辑前，通常都要先选中对象。当用户选中对象后，对象中心会出现 8 个黑点，这称之为控制手柄，同时，在其中心会出现一个“×”符号，用来表示对象的中心位置，如图 10.1.1 所示。

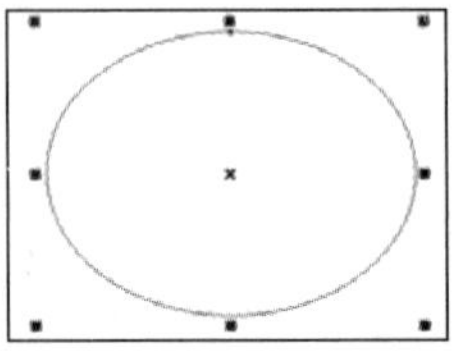

图 10.1.1 对象的选取

10.1.1 普通选取

普通选取是指简单地选取对象，包括对象的单击选取、增加或取消选取对象、框选对象。

1. 对象的单击选取

在工具箱中选择挑选工具，其属性栏如图 10.1.2 所示。

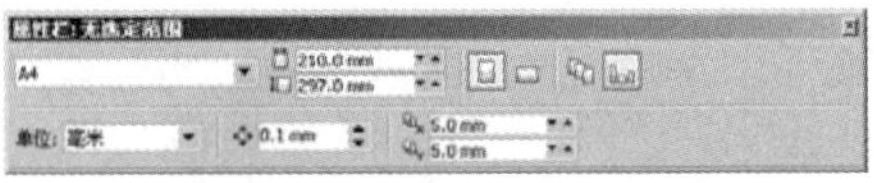

图 10.1.2 “挑选工具”属性栏

空格键是挑选工具的快捷键，在使用其他工具时，按下空格键可以快速切换到挑选工具，再按一下空格键则切换回原来的工具。

2. 增加或取消选取对象

当选中一个对象后，需要增加选取其他对象，可按住“Shift”键，单击要加选的其他对象，即可选取多个图形对象。

当选中多个对象后，需要取消部分对象的选取，可按住“Shift”键，单击需要取消选取的图形对象，即可取消该对象的选取。

3. 框选对象

选择挑选工具后，按下鼠标左键在页面中拖动，将所有的对象框在蓝色虚线框内，则虚线框中的对象将被选中，如图 10.1.3 所示。

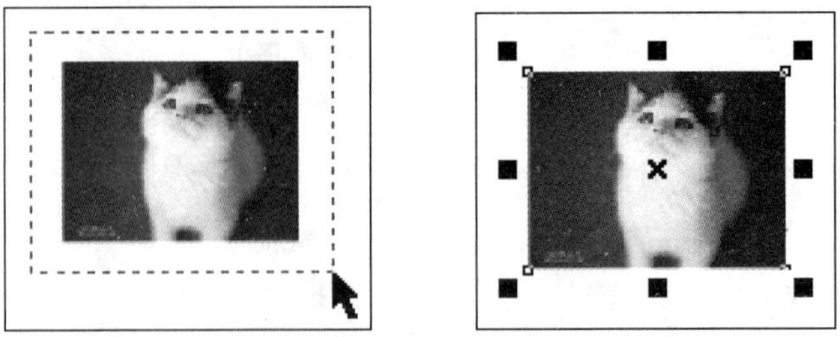

图 10.1.3 框选对象

在框选对象时，要求将所有的对象框在蓝色虚线框内；若按下“Alt”键不放，按下鼠标左键在页面中拖动，只要蓝色虚线框“接触”到的图形对象都可被选中，如图 10.1.4 所示。

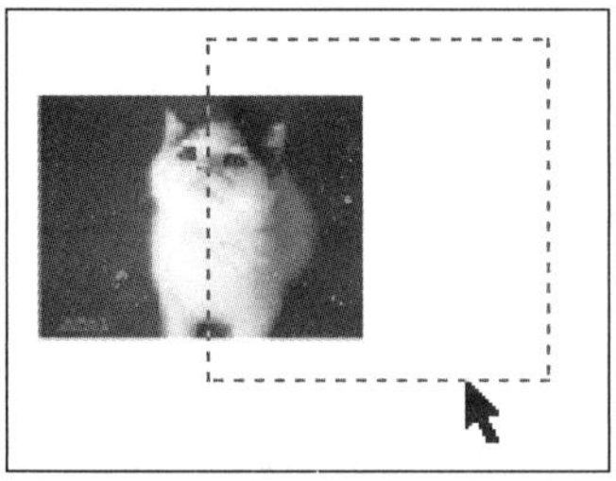

图 10.1.4　接触式框选对象

在框选对象时，可按下“Shift”键，绘制多个虚线框来选择不相邻的几组对象，如图 10.1.5 所示。

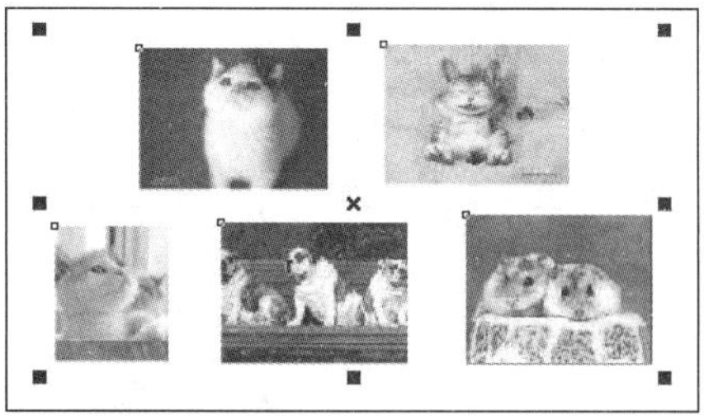

图 10.1.5　选取不相邻的对象

10.1.2　特殊选取

特殊选取是指选取重叠的对象或多层次的对象，包括使用“Alt”键和使用“Tab”键选取对象。

1. 使用“Alt”键选取重叠对象

在选取重叠的对象，特别是完全被覆盖的对象时，使用普通选取方法很难选中，这时就要采用“Alt”键来选取重叠对象。其方法是：按住“Alt”键不放，用挑选工具单击想要选取的图形对象，每单击一次，选取的都是前一个对象下面的对象，当选定到最底层时，顶层的对象又被选中，依次循环。如图 10.1.6 所示是由小到大、由底层到顶层绘制的心形，用户可以按住“Alt”键不放，在心形的公共部分上（即最小的心形上）单击鼠标，来依次选中每一个心形。

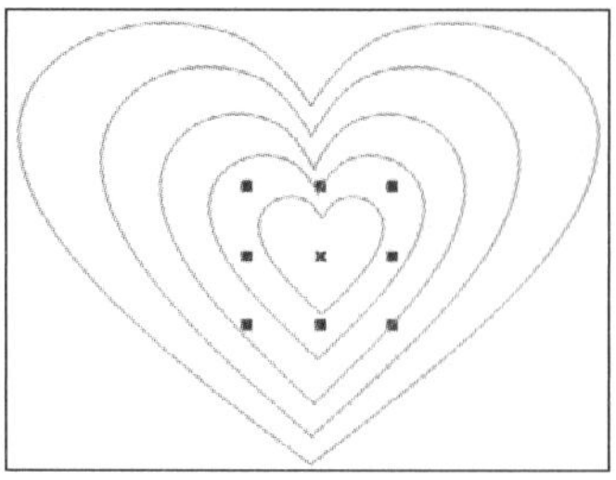

图 10.1.6　使用“Alt”键选取重叠对象

2. 使用“Tab”键依次选取对象

选择选取工具后，按下键盘上的“Tab”键，最后绘制的图形就会被自动选中，再次按下“Tab”键，系统就会自动按照对象创建的顺序，从最后绘制的对象开始依次选择对象；如果同时按下“Tab”键和“Shift”键，系统则会从开始绘制的第一个对象开始依次选择对象。

10.2 对象的基本操作

对象的剪切、复制、粘贴、再制与删除是 CorelDRAW 中常用的基本操作，利用这些基本操作，用户可以轻松地完成看似复杂的绘图。

10.2.1 对象的剪切、复制与粘贴

对象的剪切和复制是指将对象复制到剪贴板上的过程，而对象的粘贴是将剪贴板上的对象复制到 CorelDRAW 绘图页中的过程。用户可以利用标准工具栏中的“剪切”按钮、“复制”按钮和“粘贴”按钮来完成相应的操作。

对象的剪切、复制与粘贴操作常使用的快捷键分别为“Ctrl+X”，“Ctrl+C”和“Ctrl+V”。

只有在执行了剪切或复制命令后，才能够激活“粘贴”按钮。选择“复制”→“粘贴”命令后，复制对象与原对象是重叠在同一个位置上的。在复制时也可以仅仅复制对象某一种属性，如填充、轮廓色或轮廓笔。这时可通过选择 编辑(E) → 复制属性自(M)... 命令，打开如图 10.2.1 所示的 复制属性 对话框，在其中选中需要复制的属性进行复制。

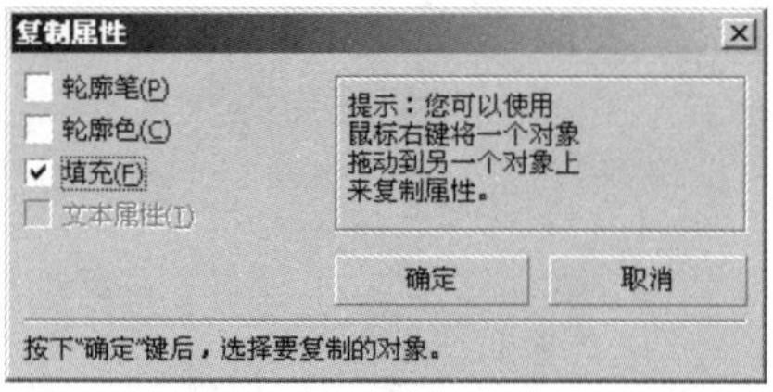

图 10.2.1 “复制属性”对话框

10.2.2 对象的再制

对象的再制与复制功能相似，与“复制”不同的是“再制”是将对象复制到偏离初始位置的右上角，其功能相当于“复制+粘贴”。其操作方法是：选中一个需要再制的对象，然后选择 编辑(E) → 再制(D) Ctrl+D 命令，即可在原对象的右上角再制出一个所选对象，如图 10.2.2 所示。

用户可以用快捷键“Ctrl+D”来再制对象，此时再制的对象与原对象之间有一定的距离；用户还可以按小键盘上的“+”键来再制对象，此时再制的对象与原对象是完全重合的。

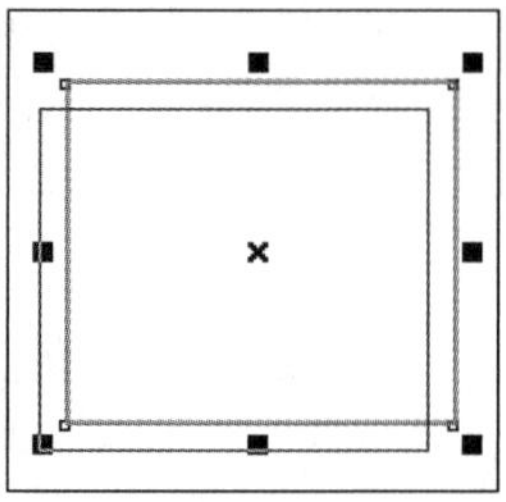

图 10.2.2 对象的再制

10.2.3 对象的删除

删除对象的操作也是非常简单的，其操作方法是选中对象后选择 编辑(E) → 删除(L) 命令或按“Delete”键即可。

当对对象进行了一些操作后，如果想删除上一步操作，可选择 编辑(E) → 撤消填充(U) 命令或按“Ctrl+Z”键，不断地按“Ctrl+Z”键可一步步地撤销上一步操作。有时会出现撤销步骤过多的情况，这时可选择 编辑(E) → 重做填充(E) 命令，或按“Ctrl+Shift+Z”键。当选中一个对象并对其进行任

何一种操作后，希望继续进行与上一步相同的操作可选择 编辑(E) → 重复填充(R) 命令或按“Ctrl+R”键来完成。

10.3 对象的变换

对象的移动、旋转、倾斜、缩放、镜像等操作都可以通过在“变换”泊坞窗中的选项进行设置，以得到更精确的变换效果。

选择 窗口(W) → 泊坞窗(D) → 变换(F) 命令，在变换命令的子菜单中就包含了“位置”“旋转”“比例与镜像”“尺寸”和“倾斜”5 个功能命令，单击其中一个即可打开相应的“变换”泊坞窗，效果如图 10.3.1 所示。

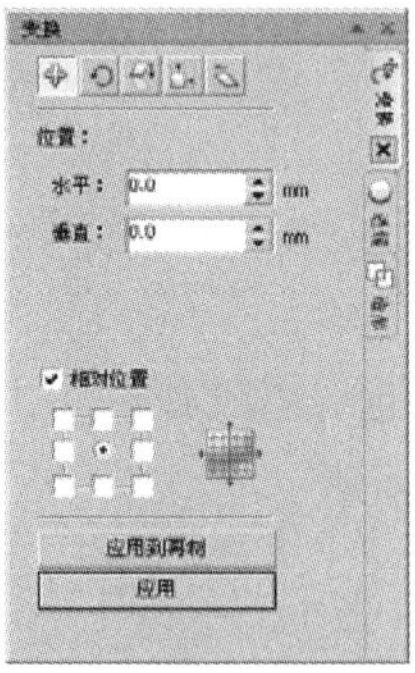

图 10.3.1 “变换”泊坞窗

在变换选项设置完毕后，单击 应用 按钮，即可将变换效果应用到对象上去；如果单击 应用到再制 按钮，将会得到一个该对象变换后的副本。

在 CorelDRAW X4 中可以对对象进行各种变换操作，包括改变对象的位置、大小和旋转、缩放、倾斜对象。

10.3.1 改变对象的位置

要移动对象的位置，可直接使用鼠标移动对象，也可通过属性栏中的参数设置来精确移动对象的位置。

1. 使用鼠标移动对象

选择需要移动的对象后，将鼠标光标移至对象的中心位置，此时光标显示为✥形状，按住鼠标左键并拖动，即可移动所选择的对象。如果按住“Ctrl”键的同时使用鼠标左键拖动对象，则所选的对象只在水平或垂直方向上移动。

2. 精确移动对象

如果要精确移动对象，可在选择对象后，在属性栏中设置水平与垂直方向的坐标值，也可选择菜单栏中的 排列(A) → 变换(F) → 位置(P) Alt+F7 命令，可打开 变换 泊坞窗。

选中 ☑ 相对位置 复选框，再选中对象位置指示器中的原点，系统将以所选对象的中心位置作为坐标原点，此时， 位置: 下方的“水平”与“垂直”微调框中的数值显示为 0。在“水平”与“垂直”微调框中输入数值，可改变所选对象的坐标位置。

设置好参数后，单击 应用 按钮，即可按所设置的参数精确地移动对象。

在 变换 泊坞窗中，设置好参数后，单击 应用到再制 按钮，系统将会在保留原对象的基础上再复制出一个对象。

10.3.2 旋转对象

旋转对象的方法有两种：一种是使用鼠标旋转；另一种是使用“变换”泊坞窗旋转。

1．使用鼠标旋转对象

选择挑选工具，将鼠标指针移至对象上并双击鼠标左键，此时，对象周围将显示出 8 个双向箭头，并在中心位置显示一个小圆圈，即对象的旋转中心，如图 10.3.2 所示。

将鼠标指针移至对象四角的任意一个旋转符号 ↖ 上，此时鼠标指针显示为↻形状，按住鼠标左键并沿顺时针或逆时针方向拖动，即可使对象绕着旋转中心进行旋转，如图 10.3.3 所示。

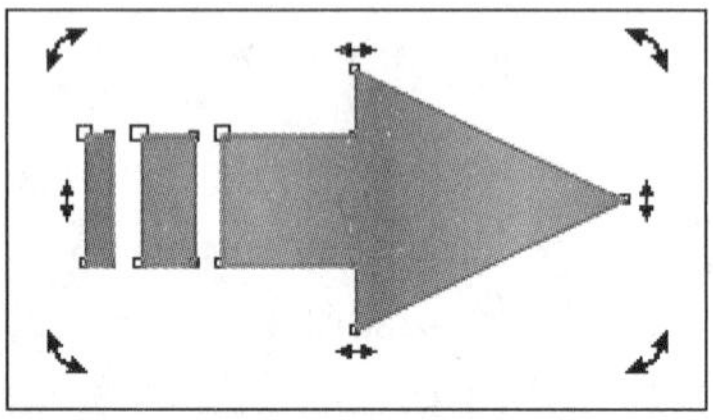

图 10.3.2　使对象处于旋转状态

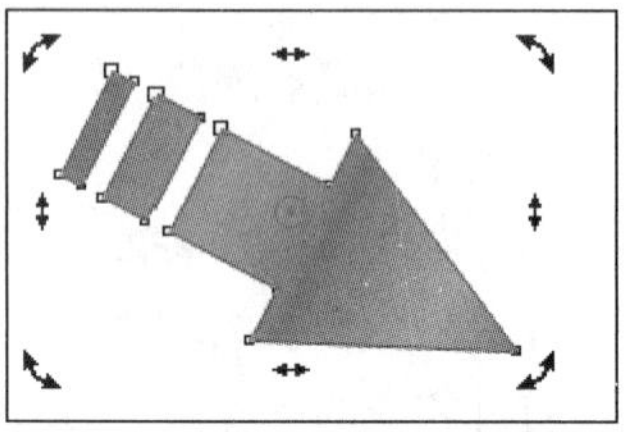

图 10.3.3　旋转对象

也可先改变旋转中心的位置，然后再旋转对象，这就会使对象围绕新的旋转中心进行旋转，如图 10.3.4 所示。

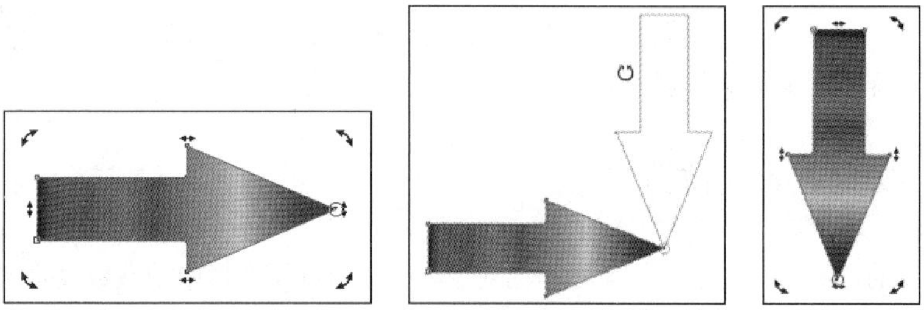

图 10.3.4　调整旋转中心位置后再旋转对象

2．使用“变换”泊坞窗旋转对象

在页面中选择所要旋转的对象，然后选择 排列(A) → 变换(F) → 旋转(R) Alt+F8 命令，打开 变换 泊坞窗，如图 10.3.5 所示。

在 角度：0.0 度 微调框中输入数值，可设置所选对象的旋转角度；在 水平：101.598 mm 与 垂直：184.561 mm 微调框中输入数值，可设置对象的旋转中心；选中 ☑相对中心 复选框，可在下方的指示器中选择旋转中心的相对位置。

设置好参数后，单击 应用 按钮，即可按所设置的值旋转对象，如图 10.3.6 所示。

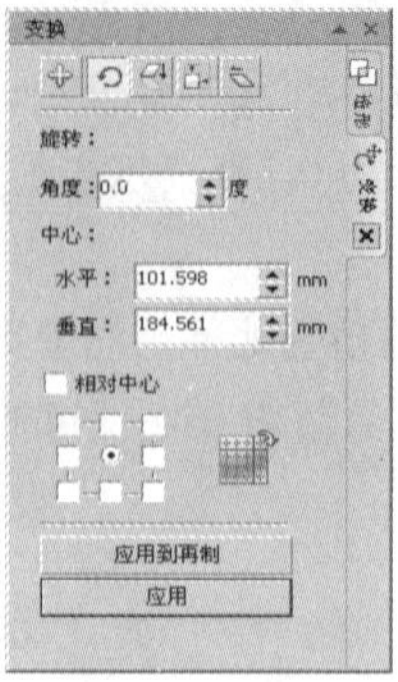

图 10.3.5　旋转选项

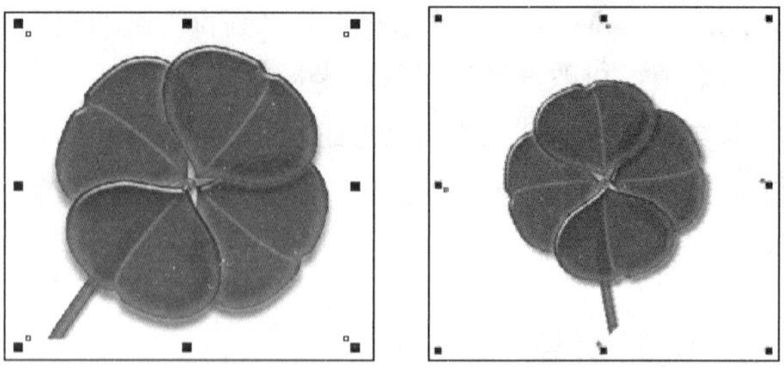

图 10.3.6　旋转对象

如果单击 应用到再制 按钮，系统将在保留原对象的状态下，再复制出一个对象，并将所做的设置应用于复制的对象。

10.3.3 缩放与镜像对象

如果需要将对象进行缩放或镜像操作，可在变换泊坞窗中单击“比例与镜像”按钮，可在此泊坞窗中显示出相应的参数，如图 10.3.7 所示。

在比例：下方的H:100.0 %与V:100.0 %输入框中输入数值，可设置对象在水平与垂直方向上的缩放比例；若选中不按比例复选框，表示可以将对象进行不成比例的缩放设置；在对象缩放指示器中可以选择对象缩放的方向。

在镜像：下方单击“水平镜像”按钮，可将所选对象进行水平镜像；单击“垂直镜像”按钮，可将所选对象进行垂直镜像。

设置好参数后，单击应用按钮，即可缩放与镜像所选对象，如图 10.3.8 所示。

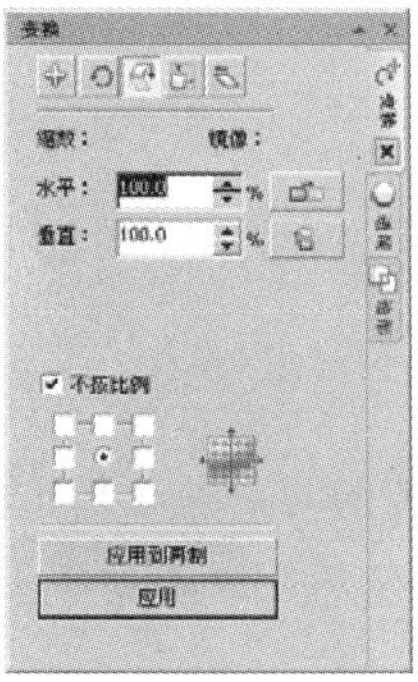

图 10.3.7 比例与镜像选项

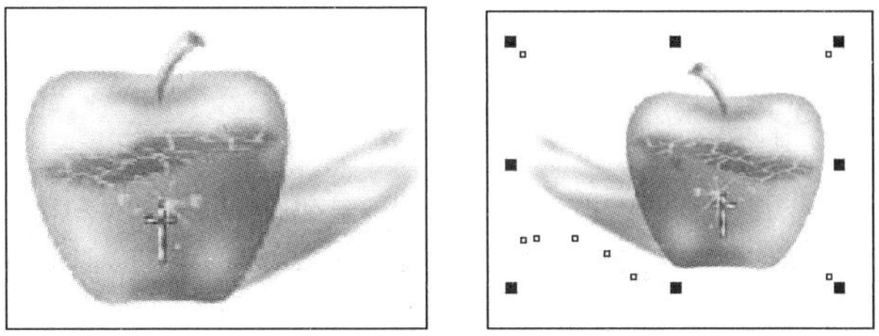

图 10.3.8 缩放与镜像对象

10.4 对象的排序

CorelDRAW X4 中提供了对象的对齐与分布和对象的排序功能，使用这些功能可自如地对对象进行排序。

10.4.1 对象的对齐与分布

对象的对齐与分布，就是将一系列对象按照一定的规则排列，以达到更好的视觉效果。当绘图页面中包含多个对象时，要使各对象相互对齐、整齐分布，就可以使用对齐与分布功能。

1. 图形的对齐

选择菜单栏中的排列(A)→对齐和分布(A)→对齐和分布(A)…命令，或在属性栏中单击“对齐和分布”按钮，弹出对齐与分布对话框，如图 10.4.1 所示。

在此对话框中，可以选择的对齐方式在水平方向有左(L)、中(C)和右(R)，在垂直方向有上(T)、中(C)和下(B)。水平对齐方式与垂直对齐方式既可配合使用，也可单独使用。

左(L)：选中该复选框，垂直左对齐，使对象的左边缘处于同一条垂直线上。

中(C)：选中该复选框，垂直中对齐，使对象的中心处于同一条垂直线上。

右(R)：选中该复选框，垂直右对齐，使对象的右边缘处于同一条垂直线上。

上(T)：选中该复选框，水平上对齐，使所选对象的顶端处于同一水平线上。

☑中(C)：选中该复选框，水平中对齐，使所选对象的中心处于同一水平线上。

☑下(B)：选中该复选框，水平下对齐，使所选对象的底部处于同一水平线上。

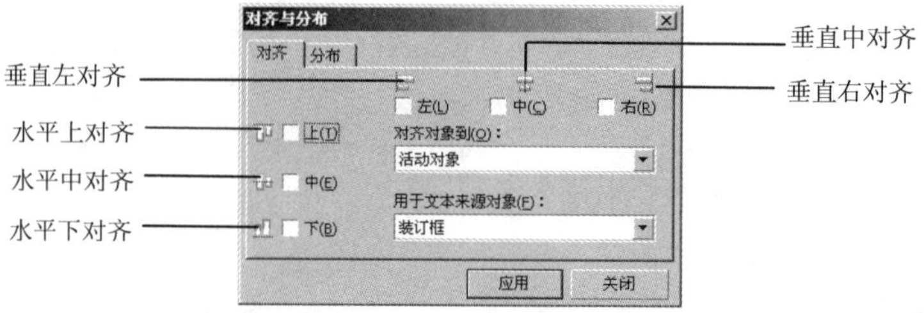

图 10.4.1 “对齐与分布”对话框

在**对齐与分布**对话框中的对齐对象到(O)：下拉列表中可选择一种对象对齐的参照标准，包括激活对象、页边缘、页中心、网格和指定点。

2．图形的分布

分布功能主要用于控制多个图形对象之间的距离，图形对象可以根据所做的设置均匀分布在绘图页面范围或选定的范围内。

要分布对象，其具体的操作方法如下：

（1）单击工具箱中的“挑选工具”按钮，在绘图区中选择需要对齐的两个或多个对象。

（2）选择菜单栏中的排列(A)→**对齐和分布(A)**→对齐和分布(A)…命令，弹出**对齐与分布**对话框，选择分布选项卡，如图 10.4.2 所示。

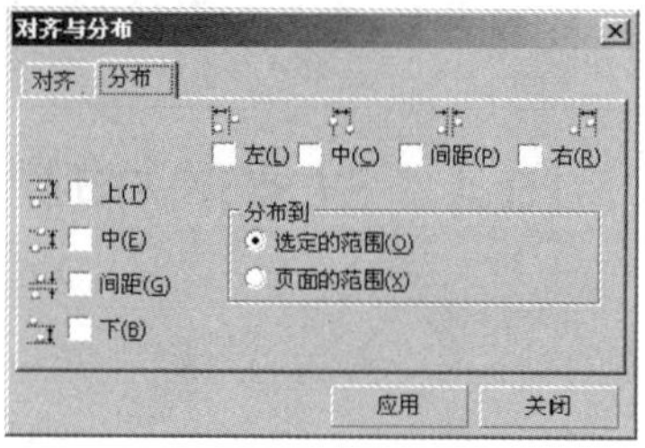

图 10.4.2 “分布”选项卡

（3）设置对象在水平或垂直方向上的分布方式，其中，水平分布方式分为左、中、间距与右 4 种，垂直分布方式分为上、中、间距和底部 4 种。

（4）在分布到选项区中可以选择一种对象的分布范围，即选定的范围或页面范围。

（5）设置完毕后，单击应用按钮，可设置所选对象的垂直间距相等，如图 10.4.3 所示。

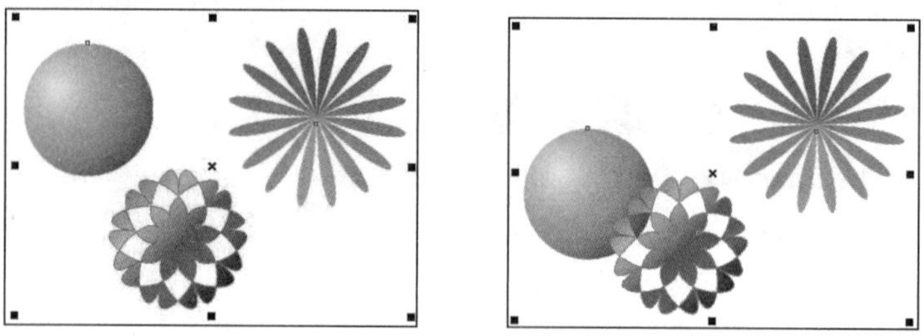

图 10.4.3 分布对象

在实际绘图过程中，对象的对齐与分布经常是同时进行的，此时就需要在**对齐与分布**对话框中同时对对象进行对齐与分布设置。

10.4.2 调整对象的顺序

在 CorelDRAW X4 中绘制的图形对象都存在着重叠关系，如在绘图区中的同一位置先后绘制两个不同的图形对象，最后绘制的对象将在最上层，而最先绘制的对象将在最底层。

使用顺序功能可以安排多个图形对象的前后顺序，也可以通过图层来调整对象的叠放顺序。

1. 使用菜单调整图形对象的顺序

选择菜单栏中的 排列(A) → 顺序(O) 命令，弹出其子菜单，如图 10.4.4 所示，从中选择相应的命令可以轻松地调整对象的叠放顺序。改变对象的顺序就是将对象上移一层、下移一层或移到最顶层或最底层。

选择 到页面前面(F) 命令，可将选中的图形对象放置于绘图页面中所有对象的最前面。

选择 到页面后面(B) 命令，可将选中的图形对象放置于绘图页面中所有对象的最后面。

选择 向前一层(O) 命令，可将选中的图形对象向前移动一层。

选择 向后一层(N) 命令，可将选中的图形对象向后移动一层。

选择 置于此对象前(I) 命令，可将选中的图形对象置于指定对象的前面。

选择 置于此对象后(E) 命令，可将选中的图形对象置于指定对象的后面。

选择 反转顺序(R) 命令，可将选中的图形对象按相反的顺序排序。

在绘图页面中绘制几个叠放在一起的图形对象，如图 10.4.5 所示。

图 10.4.4 顺序子菜单

图 10.4.5 绘制叠放的图形对象

2. 使用图层调整图形对象的顺序

在绘图页面中绘制几个不同的图形对象，如图 10.4.6 所示，选择菜单栏中的 工具(O) → 对象管理器(N) 命令，打开 对象管理器 泊坞窗，如图 10.4.7 所示。

在此泊坞窗中可看到，所绘制的图形对象都显示在一个图层中，即图层 1 中，同时还可看出所有图形对象的状态和属性。

图 10.4.6 绘制的图形对象

图 10.4.7 “对象管理器”泊坞窗

在对象管理器泊坞窗中，图标是用于管理图层的控制开关，单击图标就可以使用其功能。图标可用于显示或隐藏图层；图标用于打印或禁止打印图层内容；图标用于编辑或禁止编辑图层；图标可用于设置图层中图形的颜色。

在对象管理器泊坞窗中单击“新建图层”按钮，可新建一个图层。要删除图层，可将鼠标指针移至需要删除的图层上，单击鼠标右键，从弹出的快捷菜单中选择删除(D)命令，即可删除图层及图层中的内容。

要调整图层中图形对象的顺序，在对象管理器泊坞窗中用鼠标拖曳即可调整，例如要将矩形移至曲线的上面，可将鼠标指针移至矩形上，按住鼠标左键并拖动，至曲线对象上松开鼠标，矩形对象将被移动到曲线对象的上面。

10.5　对象的结合与群组

在 CorelDRAW X4 中，可以将多个相互独立的对象结合或群组，形成一个整体的对象。结合的对象将成为一个整体，得到一个全新的对象，不再具有原有的属性；而群组对象内每个对象依然相对独立，保留其原有的属性，如形状、颜色等。

10.5.1　对象的结合

结合命令可以将多个路径合并为一个路径，如果两个或多个对象之间有重叠的区域，则重叠区域将变成镂空。

要结合对象，首先选择多个对象，然后选择菜单栏中的排列(A)→结合(C)命令，或单击属性栏中的“结合”按钮，则最后生成的对象将会保留所选对象中位于最下层的对象的内部填色、轮廓色、轮廓线粗细等属性，如图 10.5.1 所示。

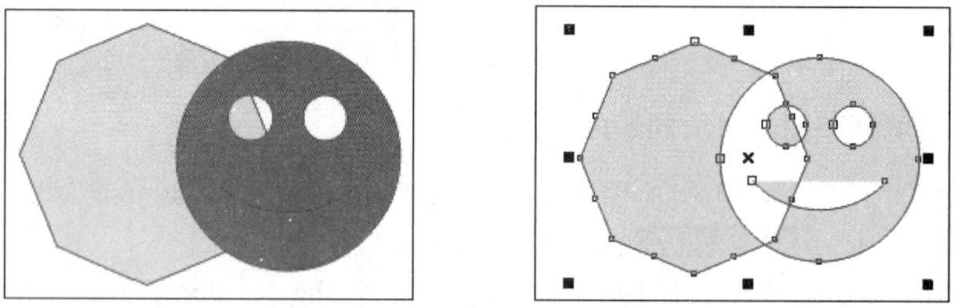

图 10.5.1　结合对象

如果线条与封闭对象结合，则线条将成为封闭对象的一部分，也就是具有与封闭对象相同的属性，如图 10.5.2 所示。

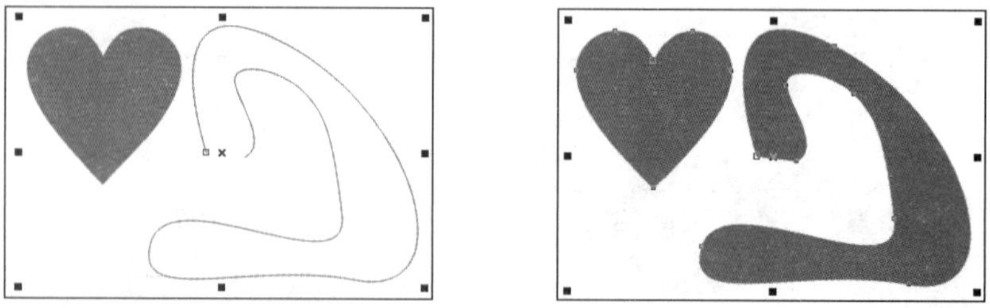

图 10.5.2　结合线条与封闭对象

10.5.2 拆分对象

使用拆分功能可以将结合后的对象拆分，而拆分后对象原有的属性将会丢失。

拆分对象的具体操作如下：

（1）使用挑选工具选择结合的对象，如图 10.5.3 所示。

（2）选择菜单栏中的 排列(A) → 拆分 曲线 于 图层 1(B) 命令，效果如图 10.5.4 所示。

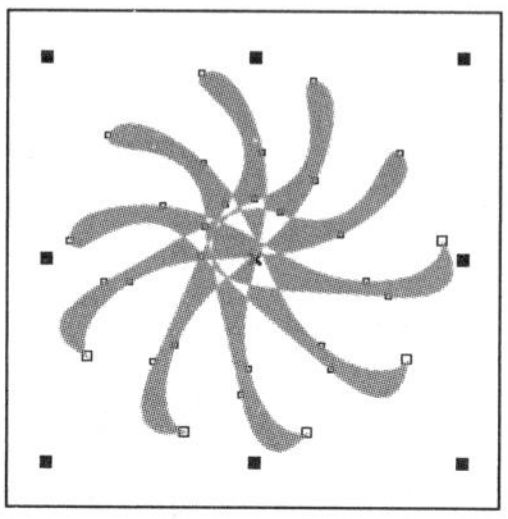

图 10.5.3　选择结合的对象

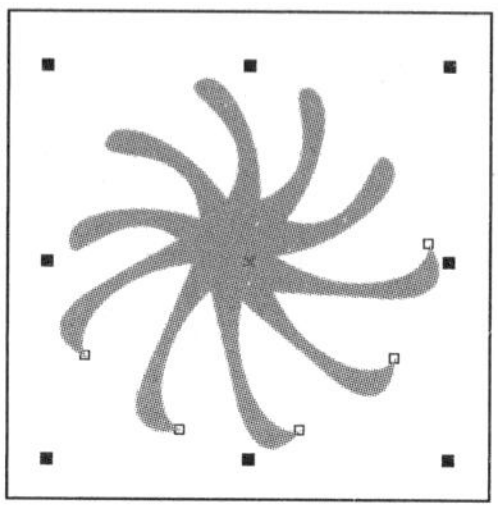

图 10.5.4　拆分对象

10.5.3 群组对象

群组就是将多个对象或一个对象的各部分组合成为一个整体。群组后的对象可以像单个对象一样进行移动、旋转或缩放等操作。

如果要群组对象，首先应选择多个对象，然后选择菜单栏中的 排列(A) → 群组(G) 命令，或单击属性栏中的“群组”按钮，即可将所选的多个对象或一个对象的各个部分群组为一个整体。

如果要选择一个群组中的某个对象，只须在按住“Ctrl”键的同时使用鼠标单击所要选择的对象即可，此时，对象周围的控制点将变成小圆点，用鼠标拖动小圆点可缩放该对象。

多个群组的对象可以再次进行群组，成为一个大的对象，即群组操作是可以嵌套执行的。

10.5.4 取消对象的群组

群组对象后，如果需要取消群组，只须选择群组对象，然后选择菜单栏中的 排列(A) → 取消群组(U) 命令，或单击属性栏中的“取消组合”按钮，即可取消群组关系。

如果要取消一个嵌套对象的群组，使每个对象都成为独立的对象，可选择菜单栏中的 排列(A) → 取消全部群组(N) 命令，或单击属性栏中的“取消全部组合”按钮，即可将多层群组一次性全部解散。

10.6 对象的造型

在进行图形对象的编辑时，可以使用 CorelDRAW X4 提供的修整功能对图形对象进行焊接、修剪和相交等操作。

对对象应用修整功能，可通过选择菜单栏中的 排列(A) → 造形(P) 命令，从弹出的子菜单中选择相应的命令来完成，也可以通过 造形 泊坞窗来完成。

选择菜单栏中的 排列(A) → 造形(P) → 造形(P) 命令，打开 造形 泊坞窗，如图 10.6.1 所示。在

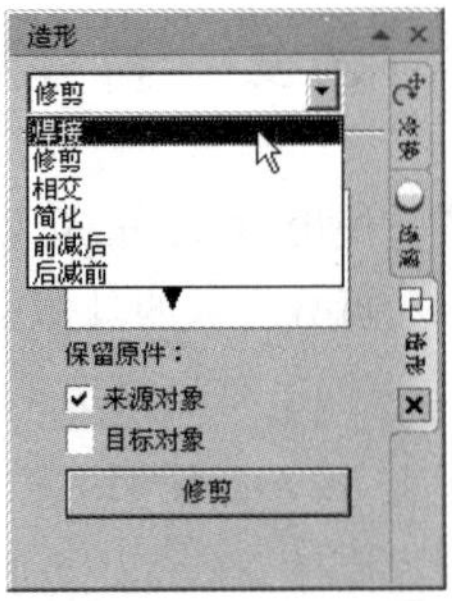

图 10.6.1 “造形”泊坞窗

焊接 下拉列表中提供了与修整子菜单中的命令相对应的 6 个功能选项。

在此泊坞窗中选中 来源对象 与 目标对象 复选框，可确定在修整图形后保留哪些原对象。

10.6.1　对象的焊接

使用焊接命令可以将两个或多个对象结合在一起，从而创建一个独立的对象。如果焊接的是重叠的对象，它们会结合在一起，成为拥有一个轮廓的对象；如果不是重叠对象，它们会形成一个焊接群组。焊接的操作方法如下：

（1）使用挑选工具选择要进行焊接的对象，然后选择菜单栏中的 排列(A) → 造形(P) → 造形(P) 命令，可打开 造形 泊坞窗，在 焊接 下拉列表中选择 焊接 选项。

（2）在此泊坞窗中选中 来源对象 复选框，可保留一个选择对象的拷贝；选中 目标对象 复选框，可保留一个目标对象的拷贝。

（3）单击 焊接到 按钮，此时，鼠标指针显示为形状，单击目标对象，即可将所选的对象焊接到目标对象中，从而成为一个整体对象，如图 10.6.2 所示。

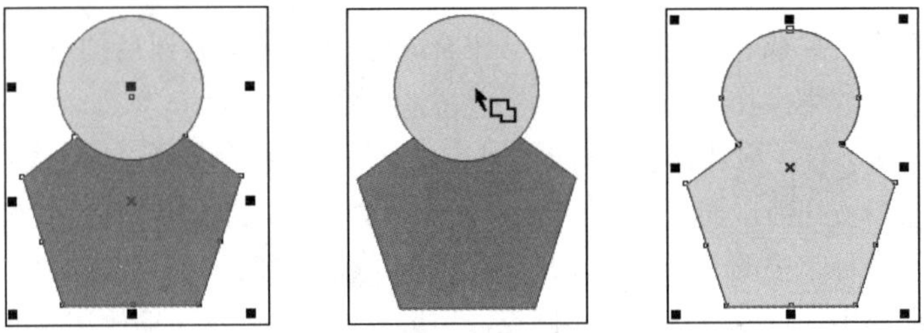

图 10.6.2　焊接对象

10.6.2　对象的修剪

修剪命令用于将目标对象与其他对象重叠的区域从目标对象中修剪掉，而目标对象仍然会保留其填充与轮廓属性。

要修剪对象，可先选中要修剪的所有对象，然后选择菜单栏中的 排列(A) → 造形(P) → 造形(P) 命令，可打开 造形 泊坞窗，在 焊接 下拉列表中选择 修剪 选项，单击 修剪 按钮，此时，鼠标指针变成形状，在要修剪的目标对象上单击即可，为了查看修剪后的效果，可将对象稍微移动一些距离，效果如图 10.6.3 所示。

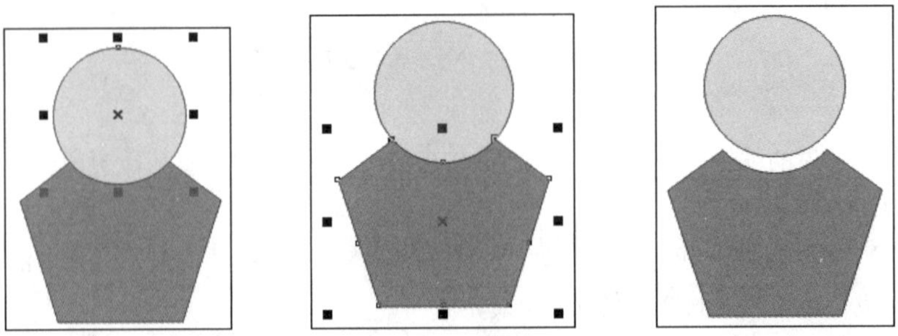

图 10.6.3　修剪对象

10.6.3 对象的相交

相交命令可以将两个或多个重叠对象的交集部分创建成一个新对象。新对象的属性取决于目标对象的属性。

要为对象使用相交功能，应先选择相交的一个对象，在造形泊坞窗中的焊接下拉列表中选择相交选项，选中☑来源对象复选框，然后单击相交按钮，将鼠标指针移至目标对象上单击，此时就可以将两个对象相交的区域保留，并保留源对象，拖动图形可看见相交后的效果，如图 10.6.4 所示。

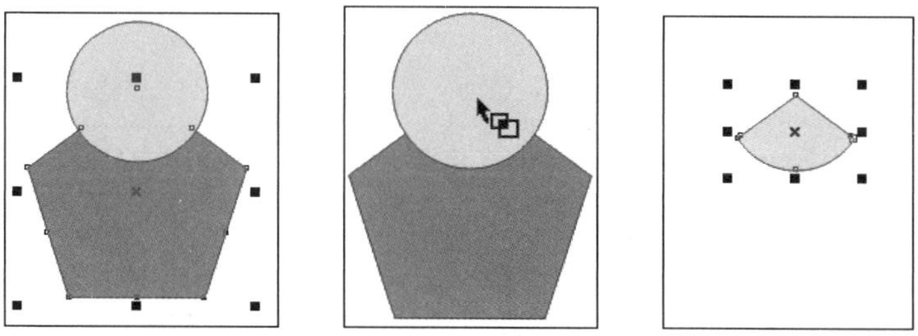

图 10.6.4　相交对象

10.6.4 对象的简化

简化命令可将两个或多个对象的重叠部分修剪掉，创建成一个新对象。该对象的填充和轮廓属性以指定的目标对象的属性为依据。在上面的对象会被视为来源对象，在下面的对象会被视为目标对象。

要对对象进行简化，可先在绘图区中选择多个相交的对象，然后在造形泊坞窗中的焊接下拉列表中选择简化选项，单击应用按钮，会发现多个对象好像没有发生什么变化，这时可使用挑选工具将各个对象移动一定距离，就可看出简化后的效果，如图 10.6.5 所示。

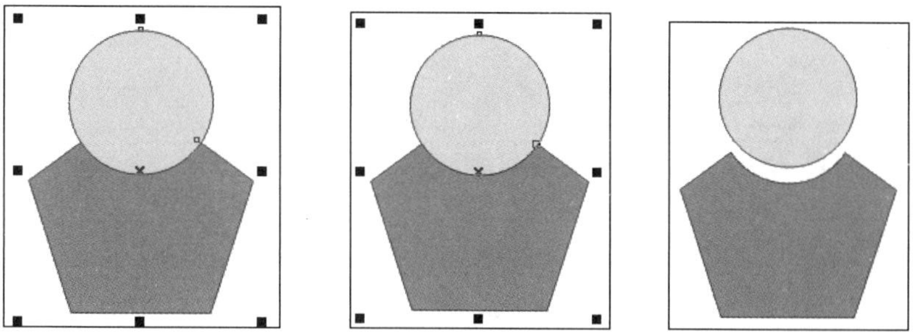

图 10.6.5　简化对象

10.6.5 对象前减后

前减后命令可以用前面的对象减去后面对象，并减去前后对象的重叠部分，保留前面对象。

选择两个需要相减的对象，然后在造形泊坞窗中的焊接下拉列表中选择前减后选项，单击应用按钮，即可使前面的对象减去后面对象，并减去它们的重叠部分，如图 10.6.6 所示。

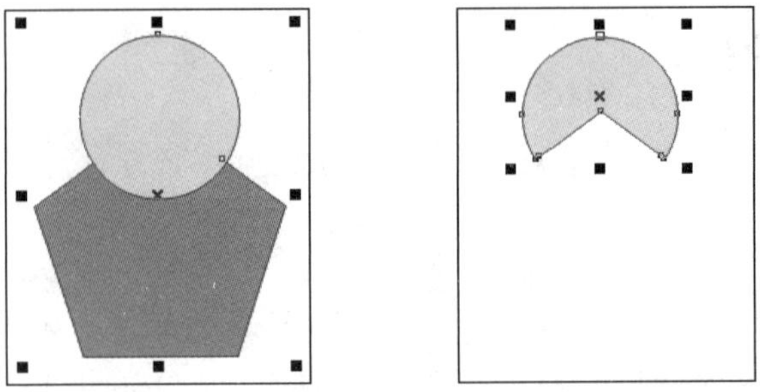

图 10.6.6　前减后效果

10.6.6　对象后减前

后减前命令可以使后面对象减去前面对象，并减去前后对象的重叠部分，保留后面对象。

选择需要相减的两个对象，在 造形 泊坞窗中的 焊接 下拉列表中选择 后减前 选项，然后单击 应用 按钮即可，如图 10.6.7 所示。

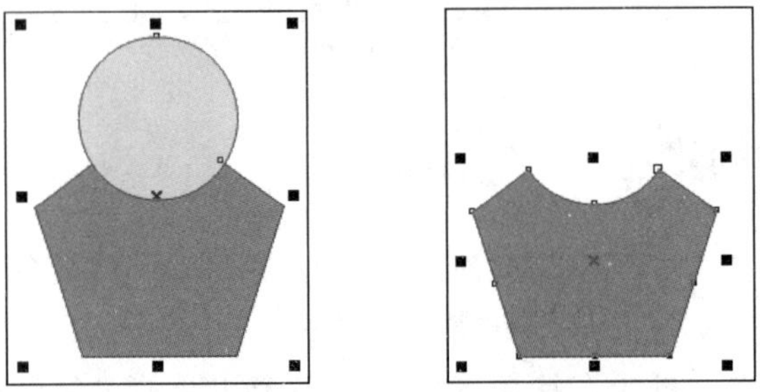

图 10.6.7　后减前效果

10.7　应用实例——绘制卡通形象

实例分析

本例将制作“卡通形象”效果，在制作过程中主要用到矩形工具、贝塞尔工具、艺术笔工具以及对象的结合与变换功能和对象的对齐与分布等功能，最终效果如图 10.7.1 所示。

图 10.7.1　最终效果图

操作步骤

（1）新建一个图形文件，设置其页面大小为“A4”。单击工具箱中的“椭圆工具”按钮，在绘图区中创建一个椭圆对象，大致绘制出卡通人物的头部。

（2）选择 排列(A) → 转换为曲线(V) 命令，将椭圆转化为曲线，选择工具箱中的“形状工具”按钮，调整椭圆，效果如图 10.7.2 所示。

（3）单击工具箱中的“椭圆工具”按钮，在绘图区中创建两个对象，大小形状如图 10.7.3 所示的效果。

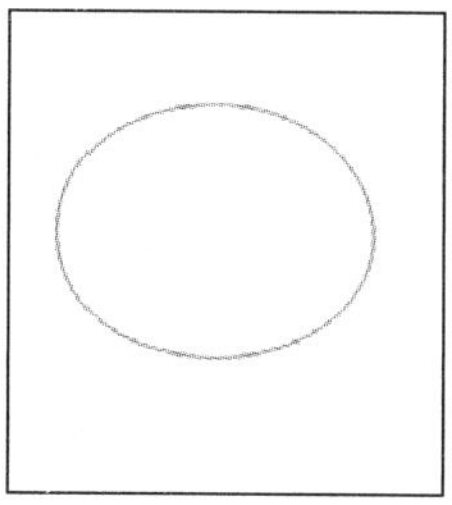

图 10.7.2　绘制头部

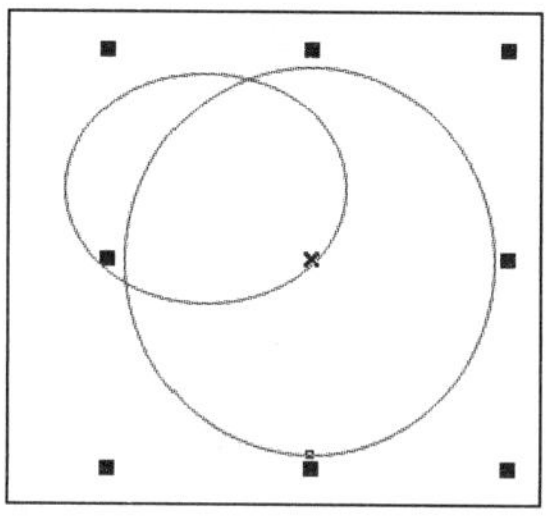

图 10.7.3　绘制椭圆

（4）选择菜单栏中的 排列(A) → 造形(P) → 造形(P) 命令，可打开 造形 泊坞窗，在保留元件选框中不选择任何对象。

（5）选择上层的大圆为选中对象，单击 造形 泊坞窗中的 修剪 按钮，当光标变为形状时单击小椭圆，对小椭圆进行剪切，效果如图 10.7.4 所示。

（6）按住鼠标左键调整图形的大小，用鼠标拖动其到合适位置，在属性栏中设置其旋转角度为“335”，效果如图 10.7.5 所示。

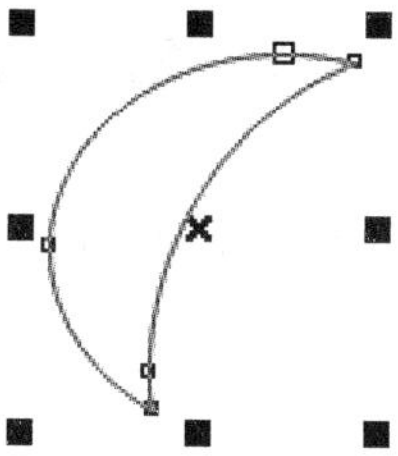

图 10.7.4　剪切椭圆

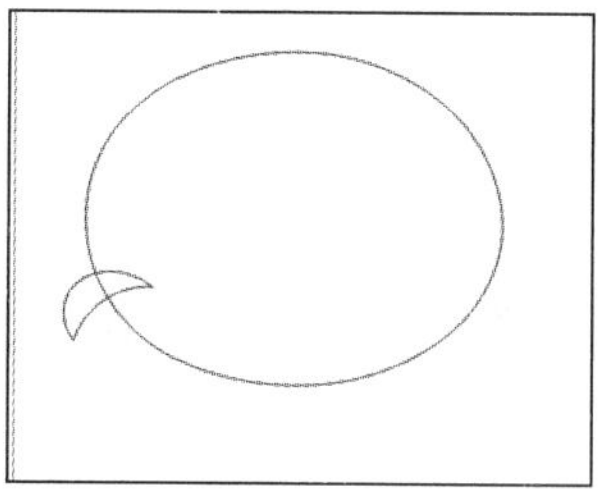

图 10.7.5　绘制耳朵

（7）按住“Ctrl”键向右水平拖动，在合适位置单击鼠标右键复制图形。

（8）在图形属性栏中单击“水平镜像”按钮，效果如图 10.7.6 所示。

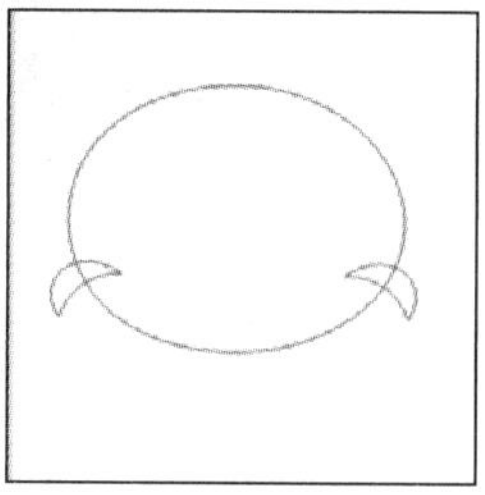

图 10.7.6　复制并调整耳朵

（9）按住“Shift”键选择两只耳朵，选择 排列(A) → 顺序(O) → 置于此对象后(E)... 命令，当光标变成➡形状时，单击头部图形，将耳朵部分放在头部图形的下层。

（10）选中头部图形，单击工具箱中的■按钮，弹出**均匀填充**对话框，设置其参数如图 10.7.7 所示。

（11）单击确定按钮，填充椭圆。单击工具箱中的按钮，弹出**轮廓笔**对话框，设置参数及效果如图 10.7.8 所示。

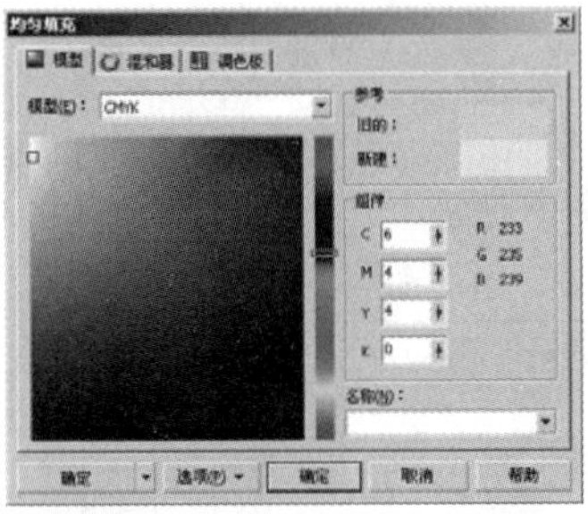

图 10.7.7 “均匀填充”对话框

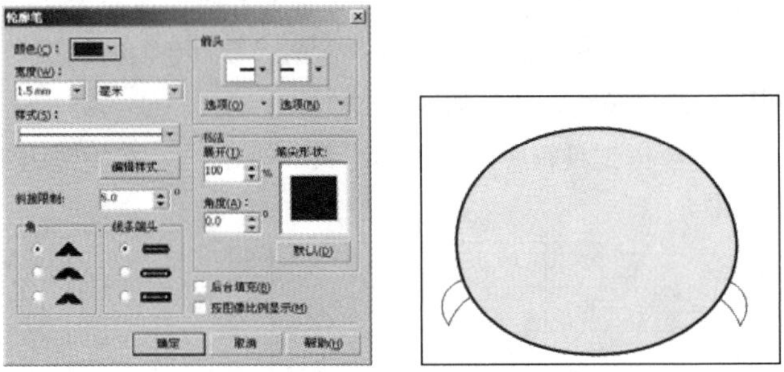

图 10.7.8 “轮廓笔”对话框及效果图

（12）选择大椭圆，用鼠标拖动进行缩小变换，单击窗口右侧调色板中的“白色”色块，再用鼠标右键单击最上部的“无填充”色块，调整其位置使得头部最终效果如图 10.7.9 所示。

（13）重复步骤（1）～（8）的操作，绘制卡通形象的身体部分，效果如图 10.7.10 所示。

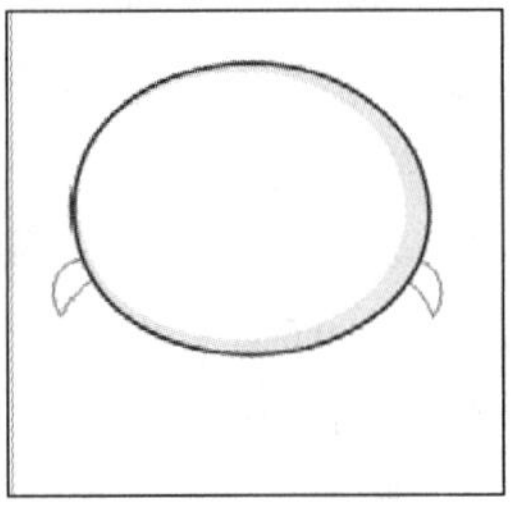

图 10.7.9 头部最终效果

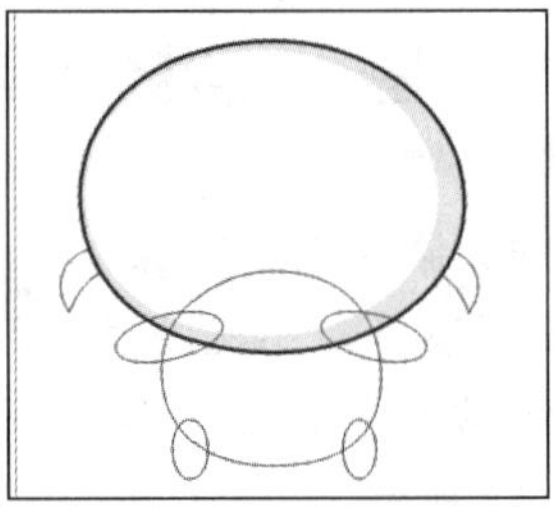

图 10.7.10 绘制身体部分

（14）按住“Shift”键选择身体部分图形，打开造形泊坞窗中的焊接选项，单击焊接到按钮，当光标变为形状时单击中间的大椭圆，完成焊接，效果如图 10.7.11 所示。

（15）选中焊接后的图形，单击工具箱中的■按钮，弹出**均匀填充**对话框，设置其参数如图 10.7.12 所示。单击确定按钮，为身体部分填充颜色。

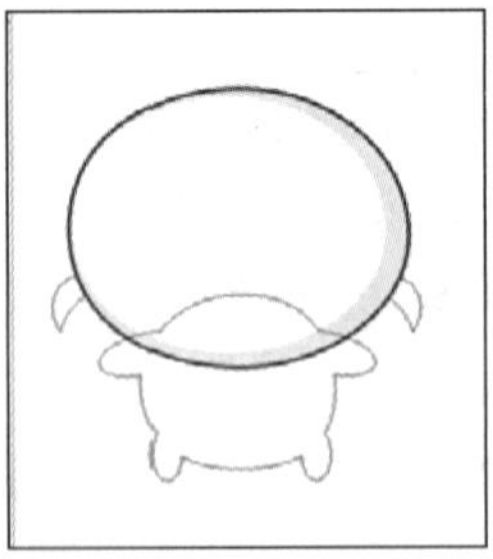

图 10.7.11 焊接效果

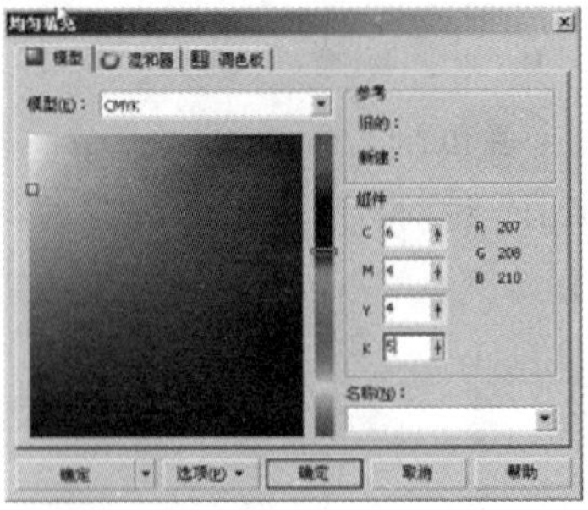

图 10.7.12 “均匀填充”对话框

（16）选择排列(A)→顺序(O)→到页面后面(B)命令，将身体部分图形置于页面的最下层，效果如图 10.7.13 所示。

（17）选择工具箱中的“贝塞尔工具”按钮，在图中绘制如图 10.7.14 所示的图形。

图 10.7.13　更改图形排列顺序

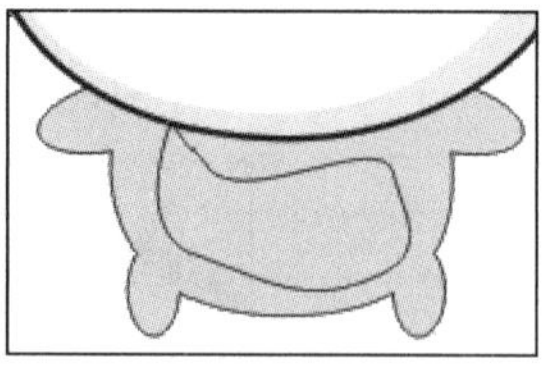

图 10.7.14　绘制图形

（18）单击颜色调色板中的白色色块，为图形填充白色，用鼠标右键单击颜色调色板中的“无填充”色块，效果如图 10.7.15 所示。

（19）选择工具箱中的手绘工具，绘制卡通的眼睛部分，将其填充为“黑色”，效果如图 10.7.16 所示。

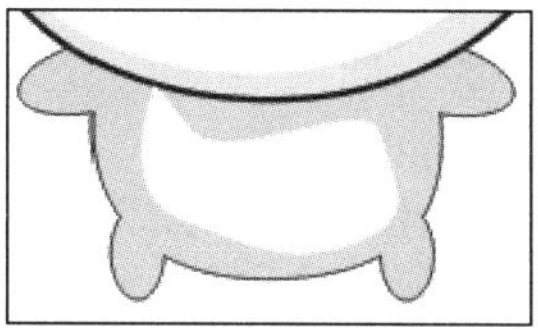

图 10.7.15　填充图形

图 10.7.16　绘制眼睛

（20）复制眼睛部分，在其属性栏中单击“水平镜像”按钮，并调整到合适的位置，效果如图 10.7.17 所示。

（21）选择工具箱中的“椭圆工具”按钮，绘制两个椭圆，选中两个椭圆，选择造形泊坞窗中的相交选项，单击相交按钮，效果如图 10.7.18 所示。

图 10.7.17　复制并调整眼睛

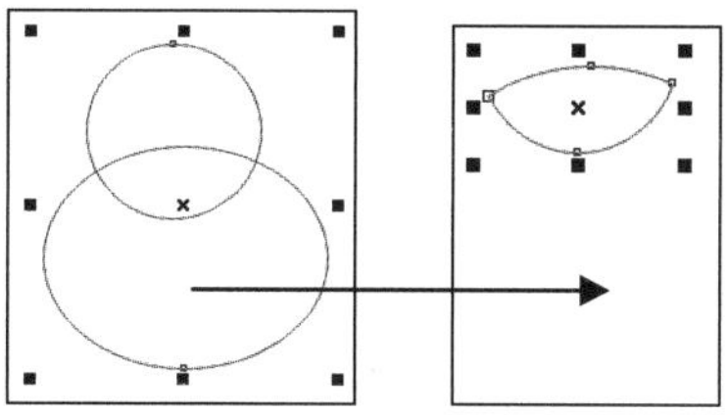

图 10.7.18　绘制嘴巴

（22）调整嘴巴到合适位置，并填充橙色，效果如图 10.7.19 所示。

（23）选择工具箱中的“椭圆工具”按钮，绘制椭圆，在造形泊坞窗中选择相交选项，设置其参数如图 10.7.20 所示。

图 10.7.19　调整嘴巴位置

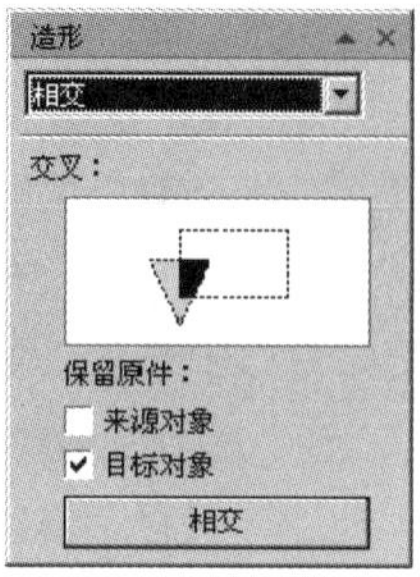

图 10.7.20　“造形”泊坞窗

（24）单击相交按钮，当光标变为形状时单击嘴巴部分，为相交部分填充红色，轮廓线为“无填充”，效果如图 10.7.21 所示。

（25）用相同的方法绘制卡通的牙齿部分，效果如图 10.7.22 所示。

（26）单击工具箱中的“贝塞尔工具”按钮，为卡通曼雅绘制手指，效果如图 10.7.23 所示。

（27）用相同的方法对卡通绘制耳朵、脚趾等，其最终效果如图 10.7.1 所示。

图 10.7.21　绘制舌头部分

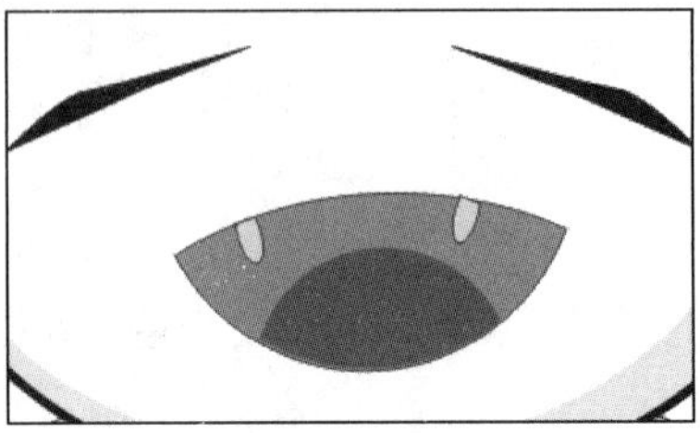

图 10.7.22　绘制牙齿

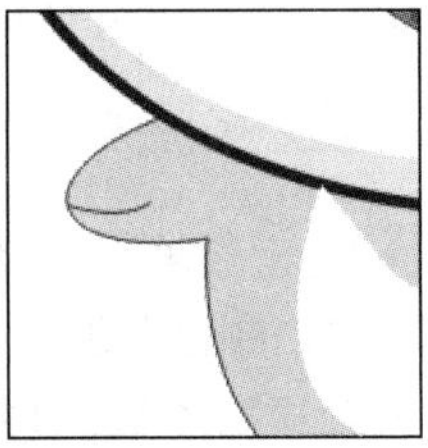

图 10.7.23　绘制手指

10.8　自 我 检 测

一、填空题

1．对齐和分布的功能能使图形在__________和__________快速地对齐或分布。

2．在“对象管理器”泊坞窗中，眼睛图标的功能是_________。

3．属性栏中的按钮是_________按钮。

4．对象的变换包括_________、_________、_________、_________和_________5 种方式。

5．群组和结合的对象要在_________个以上。

二、选择题

1．在标准属性栏中，按钮是（　）按钮。

A．群组　　B．取消群组

C．结合　　D．取消全部群组

2．利用对象管理器可以对图层进行（　）操作。

A．编辑　　B．复制

C．输入文字　　D．不可作任何操作

3．在 CorelDRAW 中可以将对象转换为（　）进行编辑。

A．曲线　　B．轮廓线

C．排列　　D．分布

4．将所选的对象从绘图窗口中删除，同时把它放在剪贴板上，这种操作是（　）。

A．复制　　B．再制

C．仿制　　D．剪切

5．使用（　）功能可以使多个对象融合在一起，成为一个全新形状的对象，并且不再具有原有对象的属性。

A．群组　　B．锁定

C．结合　　D．拆分

三、简答题

1．运用修剪命令修剪过的对象，仍保留着什么属性？

2．在对齐与分布对话框中，分布的方式有两种，分别是什么？

四、上机操作题

1．绘制椭圆、五角星和心形各一个，将这三个对象选中并群组在一起，然后在不解散群组的前提下删除五角星，最终效果如题图 10.1。

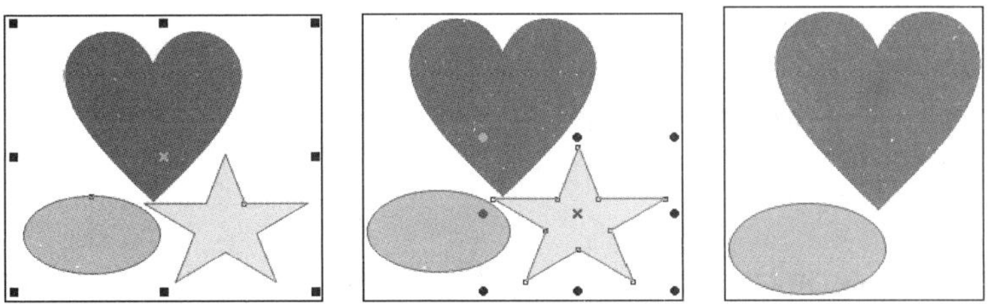

题图 10.1　在不解散群组的前提下删除五角星

2．新建一个图形文件，在绘图区中绘制星形对象，设置其轮廓线宽度为 2 mm，并练习使用各种填充工具对其进行填充。

10.9　知 识 问 答

问：群组后的图形不进行解散群组，是否能再对其中个别的图形进行编辑？

答：群组后的图形不进行解散群组可以对其中个别的图形进行编辑。方法是按住“Ctrl”键，同时单击群组中的图形，图形的四角会变成八个圆点，此时该图形处于选中状态，可以对图形进行删除、旋转、变形等操作。

问：在 CorelDRAW X4 中怎样才可以直接选择被覆盖在下方的图层？

答：在 CorelDRAW 中按住“Alt”键可以直接选择被覆盖在下方的图层。

问：在 CorelDRAW X4 中用挑选工具选择图形时，是不是只有全部框选才可以选择多个图形？

答：不是的。用挑选工具框选图形时，如果按住“Alt”键框选，可以像 AI 一样直接框选接触式选择物体。其实按“Ctrl+J”组合键可以弹出“选项”对话框。选中□ Adobe(R) Illustrator(R)复选框可以把 CorelDRAW X4 的选择方式设置的和在 AI 中一样，鼠标可以在框里拖动而不影响到外框，可以按“Alt”键接触式选择物件。

问：在 CorelDRAW X4 中有没有什么快捷方式可以在挑选工具和刚刚用过的工具之间进行切换？

答：在 CorelDRAW X4 中，按空格键可以在挑选工具和刚刚用过的工具之间来回切换，用习惯了会节省很多操作时间。

问：在用 CorelDRAW 时想沿 45° 角方向移动，但是按住“Ctrl”键后图形无法沿 45° 角方向移动，这是怎么回事？

答：在 CorelDRAW 中拖动对象的时候按住“Ctrl”键，对象被约束成上下移动或左右移动，但不能在两个方向同时移动，也就是不能沿 45° 角方向移动。此外，在旋转对象的同时按住“Ctrl”键，旋转将被固定为以 15° 角为增量进行旋转。

问：在 CorelDRAW 应用过程中，如果按住“Ctrl”键调节图形时会产生什么效果？

答：选择一个对象（这时对象的四周出现 8 个控制柄），按住“Ctrl”键，并向相对的控制柄的方向拖动某个控制柄，可以产生对象在水平、垂直和 45° 的镜像。如果是向相同方向拖动时，图形会以偶数倍变换。

提高篇

第11章 图层、通道与蒙版的应用

本章要点

- 图层的概念及图层面板
- 通道的基本概念及基本操作
- 蒙版及其应用

学习目标

图层是 Photoshop 中非常重要的部分，灵活地使用图层不仅可以创建出许多图像效果，还可以使用户的工作更加方便快捷。

通道与蒙版是 Photoshop CS4 图像处理的重要工具。Photoshop 中的所有颜色都是由若干个通道来表示的，通道可以保存图像中所有的颜色信息；而蒙版技术的使用则使修改图像和创建复杂的选区变得更加方便。

11.1 图层的概念及图层面板

将图像中的内容按层进行管理和操作，是大部分图形制作处理软件的共同特性，如 AutoCAD，3DS MAX 等，这种图层管理技术在 Photoshop 中得到了更为充分和广泛的应用。

11.1.1 图层的概念

图层是将一幅图像分为几个独立的部分，每一部分放在相应独立的层上。在合并图层之前，图像中每个图层都是相互独立的，可以对其中某一个图层中的元素进行绘制、编辑以及粘贴等操作，而不会影响到其他图层。此外，Photoshop CS4 的图层混合模式和不透明度功能可以将两层图像混合在一起，从而得到许多特殊效果。

Photoshop 中的图层与实际绘画的图层不同的是，Photoshop 中的图层可以设置图层不透明度与色彩混合模式，并且可为其添加许多特殊的效果。因此，Photoshop 中的图层功能更加强大，处理更方便。

一般在默认状态下，图层面板处于显示状态，它是管理和操作图层的主要场所，可以进行图层的各种操作，如创建、删除、复制、移动、链接、合并等。如果用户在窗口中看不到图层面板，可以选择窗口(W)→图层命令，或按“F7”键，打开图层面板，如图 11.1.1 所示。

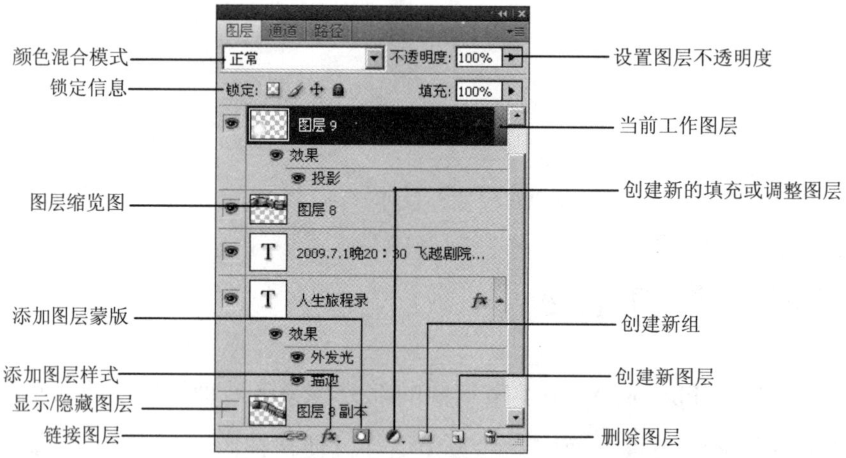

图 11.1.1 图层面板

下面主要介绍图层面板的各个组成部分及其功能：

正常：用于选择当前图层与其他图层的混合效果。

不透明度：用于设置图层的不透明度。

：表示图层的透明区域是否能编辑。选择该按钮后，图层的透明区域被锁定，不能对图层进行任何编辑，反之可以进行编辑。

：表示锁定图层编辑和透明区域。选择该按钮后，当前图层被锁定，不能对图层进行任何编辑，只能对图层上的图像进行移动操作，反之可以编辑。

：表示锁定图层移动功能。选择该按钮后，当前图层不能移动，但可以对图像进行编辑，反之可以移动。

：表示锁定图层及其副本的所有编辑操作。选择该按钮后，不能对图层进行任何编辑，反之可以编辑。

：用于显示或隐藏图层。当该图标在图层左侧显示时，表示当前图层可见，图标不显示时表示当前图层隐藏。

：表示该图层与当前图层为链接图层，可以一起进行编辑。

：位于图层面板下面，单击该按钮，可以在弹出的菜单中选择图层效果。

：单击该按钮，可以给当前图层添加图层蒙版。

：单击该按钮，可以添加新的图层组。

：单击该按钮，可在弹出的下拉菜单中选择要进行添加的调整或填充图层内容命令，如图 11.1.2 所示。

：单击该按钮，在当前图层上方创建一个新图层。

：单击该按钮，可删除当前图层。

单击右上角的按钮，可弹出如图 11.1.3 所示的图层面板菜单，该菜单中的大部分选项功能与图层面板功能相同。

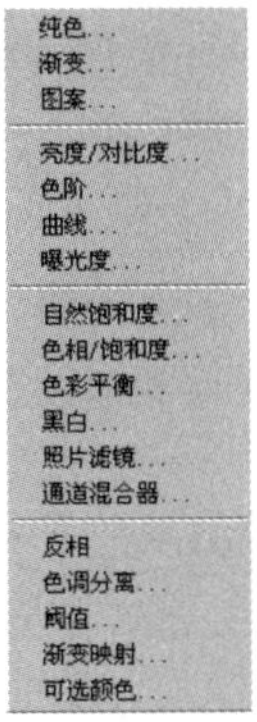

图 11.1.2 调整和填充图层下拉菜单

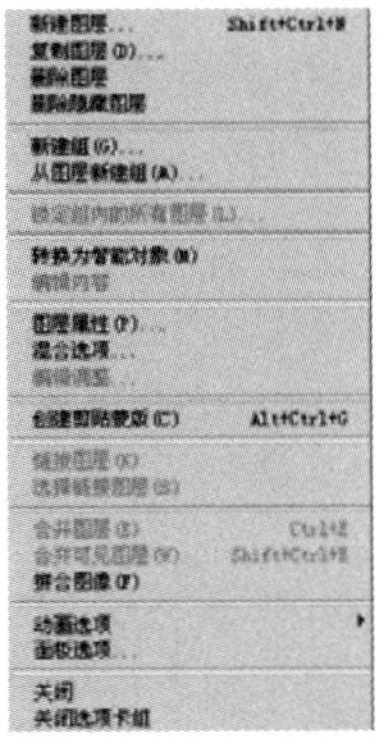

图 11.1.3 图层面板菜单

在图层面板中，每个图层都是自上而下排列的，位于图层面板最下面的图层为背景层。图层面板中的大部分功能都不能应用，需要应用时，必须将其转换为普通图层。所谓的普通图层，就是常用到的新建图层，在其中用户可以做任何的编辑操作。另外，位于图层面板最上面的图层在图像窗口中也是位于最上层，调整其位置相当于调整图层的叠加顺序。

11.1.2 创建图层

用户可以用以下几种方法来创建新图层：

（1）最常用的方法是直接单击图层面板中的“创建新图层”按钮创建一个新图层，系统会自动将其命名为“图层 1”，“图层 2”等，如图 11.1.4 所示。

（2）按下“Alt”键的同时单击图层面板中的“创建新图层”按钮，也可创建新图层。

（3）选择菜单栏中的 窗口(W) → 新建(N) → 图层(L)... 命令，即可创建新图层。

（4）单击图层面板右上角的按钮，在弹出的菜单中选择 新建图层... 命令，可创建新图层。

用第（3）、（4）种方法创建新图层都会弹出“新建图层”对话框，如图 11.1.5 所示。在该对话框中可对新建的图层进行一些详细的设置。

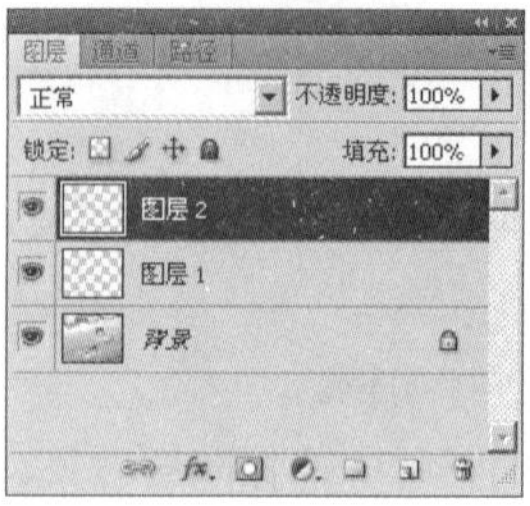

图 11.1.4 创建新图层面板

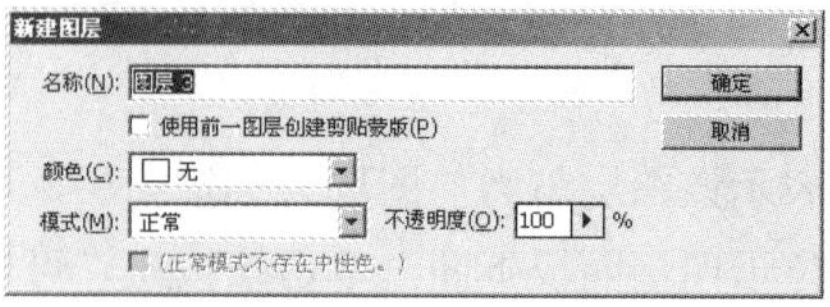

图 11.1.5 “新建图层”对话框

11.1.3 编辑图层

在 Photoshop 中创建图层后，可对其进行复制、删除、链接、合并、重命名以及排列顺序等操作。下面分别进行讲解。

1. 复制图层

复制图层是将图像中原有的图层内容进行复制，可在一个图像中复制图层的内容，也可在两个图像之间复制图层的内容。在两个图像之间复制图层时，由于目标图像和源图像之间的分辨率不同，从而导致内容被复制到目标图像时，其图像尺寸会比源图像小或大。

用户可以用以下几种方法来复制图层内容：

（1）用鼠标将需要复制的图层拖动到图层面板底部的“创建新图层”按钮上，当鼠标指针变成形状时释放鼠标，即可复制此图层。复制的图层在图层面板中会是一个带有副本字样的新图层，如图 11.1.6 所示。

（2）选中需要复制的图层，单击图层面板右上角的按钮，在弹出的图层面板菜单中选择 复制图层(D)... 命令即可。

（3）用鼠标右键在需要复制的图层上单击，在弹出的快捷菜单中选择 复制图层(D)... 命令即可。

用第（2）、（3）种方法复制图层时都会弹出“复制图层”对话框，如图 11.1.7 所示。在该对话框中可对复制的图层进行一些详细的设置。

图 11.1.6 复制图层

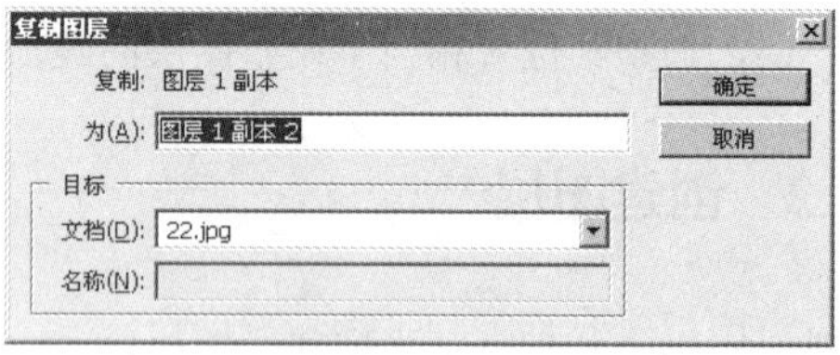

图 11.1.7 “复制图层”对话框

2. 删除图层

用户可以用以下几种方法来删除图层：

（1）最常用的方法是将需要删除的图层拖动到面板中的“删除图层”按钮上，即可将该图层删除。

（2）选中需要删除的图层，单击图层面板右上角的按钮，在弹出的图层面板菜单中选择 删除图层 命令即可。

（3）将要删除的图层设置为当前图层，单击图层面板中的“删除图层”按钮，即可删除该图层。

（4）将要删除的图层设置为当前图层，选择图层(L)→删除→图层(L)命令，即可删除该图层。

用第（2）、（3）、（4）种方法删除图层时都会弹出询问对话框，如图 11.1.8 所示。在该对话框中，用户可以根据需要选择是否删除该图层。

3．调整图层顺序

在编辑图像过程中，有时需要重新排列各图层的顺序，以便达到所需的效果。

用户可以用以下几种方法来调整图层顺序：

（1）在图层面板中，直接用鼠标单击需要调整顺序的图层并拖动，将图层拖动到目标位置松开鼠标即可。

（2）选择需要调整顺序的图层，然后选择图层(L)→排列(A)命令，在该子菜单中包含了几种对图层顺序进行调整的命令，如图 11.1.9 所示。

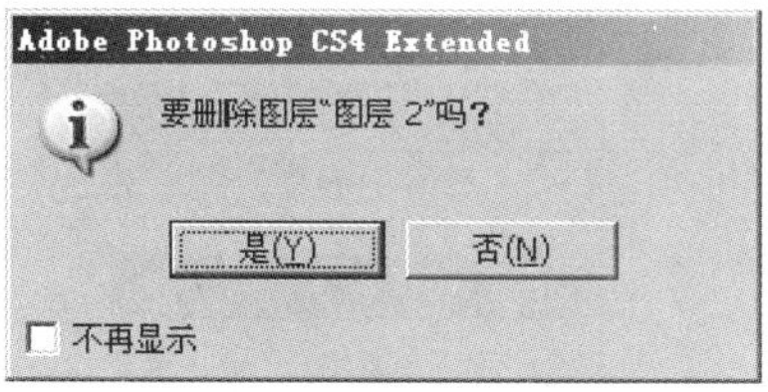

图 11.1.8 “询问”对话框

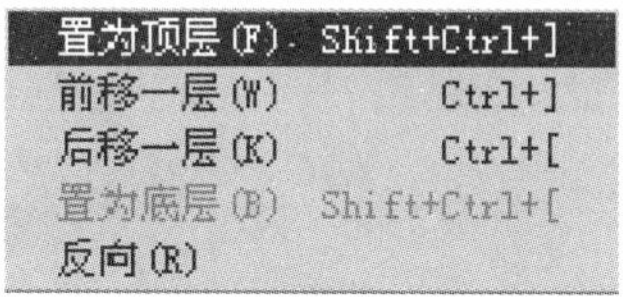

图 11.1.9 “排列”子菜单

4．链接与合并图层

在编辑图像的过程中，有时需要对多个图层上的内容进行统一的旋转、移动、缩放等操作，此时就要将图层链接起来或将它们合并，然后再进行各种处理。下面将进行具体介绍。

（1）链接图层。链接图层就是在图层面板中，将需要进行链接的两个或两个以上的图层选中，然后再单击图层面板中的“链接图层”按钮，即可将选择的图层链接起来。链接后的每个图层中都含有标志，如图 11.1.10 所示。

提示 Tips

在链接图层过程中，按住“Shift”键可以选择连续的几个图层，按住“Ctrl”键可分别选择需要进行链接的图层。

（2）合并图层。合并图层是将两个或两个以上的图层合并为一个图层，这样可以减小文件大小，有利于存储和快速操作。

单击图层面板右上角的按钮，在弹出的菜单中有以下 3 个合并图层命令：

向下合并(E)：该命令可以将当前图层与它下面的一个图层进行合并，而其他图层则保持不变。

合并可见图层(V)：该命令可以将图层面板中所有可见的图层进行合并，而被隐藏的图层将不动。

拼合图像(F)：该命令可以将图像窗口中所有的图层进行合并，并放弃图像中隐藏的图层。若有隐藏的图层，在使用该命令时会弹出一个询问对话框，如图 11.1.11 所示，提示用户是否要扔掉隐藏的图层，若单击确定按钮，合并后将会丢掉隐藏图层上的内容；若单击取消按钮，则可取消合并操作。

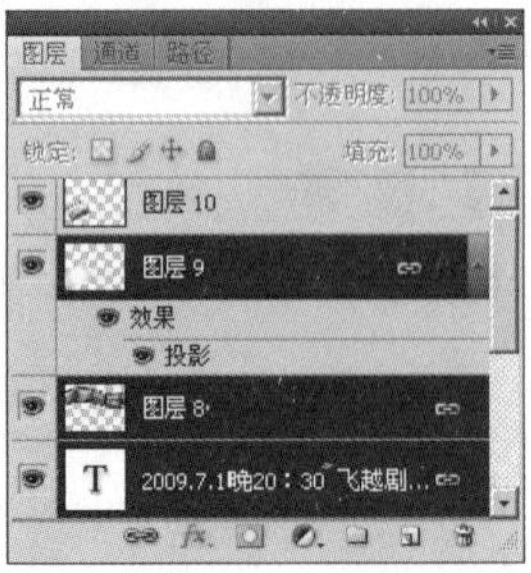

图 11.1.10　链接图层

图 11.1.11　“询问”对话框

5. 将图像选区转换为图层

在 Photoshop 中，用户可以直接创建新图层，也可以将创建的选区转换为图层。具体的操作步骤如下：

（1）按“Ctrl+O”键打开一幅图像文件，并用工具箱中的创建选区工具在其中创建选区，效果如图 11.1.12 所示。

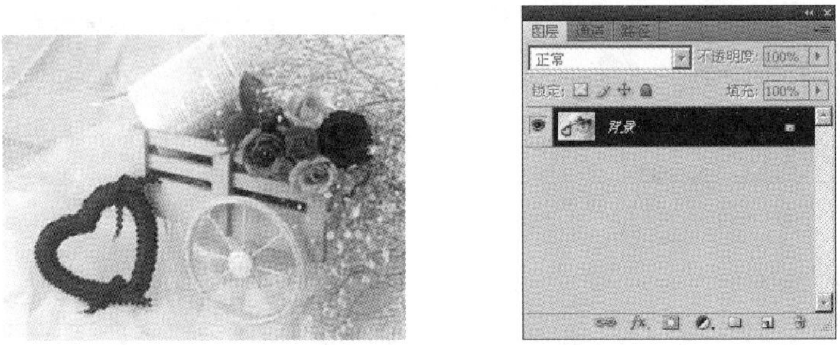

图 11.1.12　创建的选区及图层面板

（2）选择菜单栏中的 图层(L) → 新建(N) → 通过拷贝的图层(C) 命令，此时图层面板如图 11.1.13 所示。

（3）单击工具箱中的“移动工具”按钮，然后在图像窗口中单击并拖动鼠标，此时图像效果如图 11.1.14 所示。由此可看出，执行此命令后，系统会自动将选区中的图像内容复制到一个新图层中。

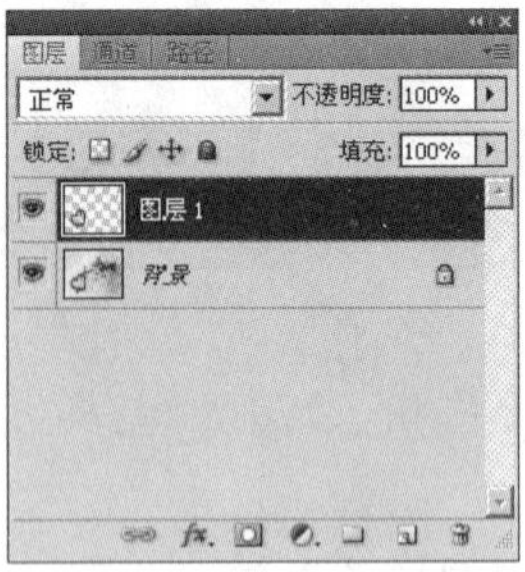

图 11.1.13　图层面板

图 11.1.14　移动图像效果

利用 图层(L) → 新建(N) → 通过剪切的图层(T) 命令，可将选区中的图像内容剪切到一个新图层中。

6. 普通图层与背景图层的转换

普通图层就是经常用到的新建图层，用户可直接新建，也可以将背景图层转换为普通图层。其操作方法非常简单，用鼠标左键在背景图层上双击，可弹出“新建图层”对话框，在其中可设置转换后图层的名称、颜色、不透明度和色彩混合模式。设置完成后，单击 确定 按钮即可。

11.1.4 图层混合模式

图层混合模式决定当前图层中的像素与下面其他图层中的像素以何种方式进行混合。在图层面板中单击正常下拉列表按钮，可弹出如图 11.1.15 所示的下拉列表，从中选择不同的选项可以将当前图层设置为不同的模式，其图层中的图像效果也随之改变。下面简要讲解几种常用的模式。

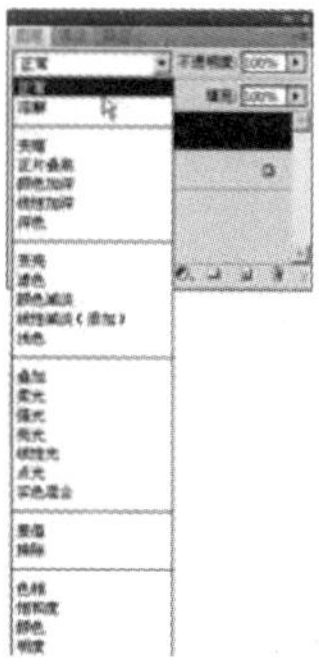

图 11.1.15 图层模式下拉列表

1．正常模式

正常模式是图层的默认模式，也是最常用的使用方式。在该模式下，图像的覆盖程度与不透明度有关，当不透明度为 100%时，该模式将正常显示当前图层中的图像，上面图层的图像可以完全覆盖下面图层的图像；当不透明度小于 100%时，图像中的颜色就会受到下面各层图像的影响，不透明度的值越小，图像越透明，如图 11.1.16 所示。

不透明度为 100%

不透明度为 50%

图 11.1.16 使用正常模式效果对比

2．溶解模式

溶解模式是以当前图层的颜色与其下面图层颜色进行融合。对于不透明的图层来说，此模式不会发挥作用，不透明度的值越小，融合效果就越明显，如图 11.1.17 所示。

不透明度为 100%

不透明度为 70%

图 11.1.17 使用溶解模式效果对比

3．变暗模式

变暗模式可按照像素对比底色和绘图色选择较暗的颜色作为此像素最终的颜色，比底色亮的颜色被替换，比底色暗的颜色保持不变。

在 正常 下拉列表中有 5 种色彩混合后变暗的模式，分别为 变暗 、 正片叠底 、 颜色加深 、 线性加深 和 深色 。这 5 种模式变暗的程度各自不同。

变暗：此模式下，系统分别对各个通道进行处理，对于某个通道，如果下面图层比当前图层的颜色深，则取代当前图层的颜色，否则不影响当前图层或通道的颜色，如图 11.1.18 所示。

图 11.1.18　使用变暗模式前后效果对比

正片叠底：此模式相当于产生一种透过灯光观看两张叠在一起的透明底片效果。这种效果会比分别看两张透明胶片要暗。

颜色加深：此模式增加对比度使当前图层下面图层的颜色变暗，以显示当前图层的颜色。与白色混合，颜色不发生变化。

线性加深：此模式将图层中的图像按线性加深，相当于颜色加深模式的加强。

4．变亮模式

在 正常 下拉列表中提供了 5 种色彩混合后变亮的模式，分别为 变亮 、 滤色 、 颜色减淡 、 线性减淡（添加） 和 浅色 ，这些变亮模式各有不同程度的变亮效果。

变亮：变亮模式与变暗模式相反，如果下面图层比当前图层的颜色浅，则取代当前图层的颜色，如图 11.1.19 所示。

图 11.1.19　使用变亮模式前后效果对比

滤色：此模式与 正片叠底 模式相反，呈现出一种较亮的灯光透过两张透明胶片在屏幕上投影的效果，这种效果比通过单独的胶片产生的投影效果浅。

颜色减淡：此模式与 颜色加深 模式相反，用于将图像做亮化处理，图像的明亮度以其自身的明亮度为基准，进行不同程度的明亮度调整，使当前图层中的图像变亮。

线性减淡（添加）：此模式可将图层中的颜色按线性减淡。

5. 叠加模式

叠加模式综合了滤色与正片叠底两种模式的作用效果，可使下面图层中图像的色彩决定当前图层使用滤色模式还是正片叠底模式。这种模式对中间色调的影响较大，对亮色调与暗色调的作用不大。使用此模式可以使图像的亮度、饱和度以及对比度提高，效果如图 11.1.20 所示。

图 11.1.20　使用叠加模式前后效果对比

11.1.5　图层效果与样式

使用图层效果和样式功能可以产生出很多图层效果，包括投影、外发光、内发光与斜面和浮雕等，从而得到一些特殊的图像效果。但图层效果不能应用于背景图层与图层组中。

1. 使用图层效果

图层效果的使用方法非常简单，其具体的操作步骤如下：

（1）在图层面板中选择要添加图层效果的图层，如图 11.1.21 所示。

图 11.1.21　选择要添加图层效果的图层

（2）选择菜单栏中的图层(L)→图层样式(Y)命令，在弹出的图层样式子菜单中选择一种图层效果的命令，例如，选择描边(K)...命令，弹出图层样式对话框，如图 11.1.22 所示，在此对话框中设置描边效果的参数。

（3）设置完成后，单击确定按钮，即可得到如图 11.1.23 所示的描边样式效果。

提示 Tips

当给一个图层添加了图层效果后，在图层面板中将显示代表图层效果的图标 fx。图层效果与一般图层一样具有可以修改的特点，只要双击图层效果图标，就可以弹出图层样式对话框重新编辑图层效果。

（4）如果要在同一图层中应用多个图层效果，则可以在图层样式对话框左侧选中要应用效果的复选框。选中某个复选框时，在对话框右侧将显示出所选图层效果的相关选项设置。

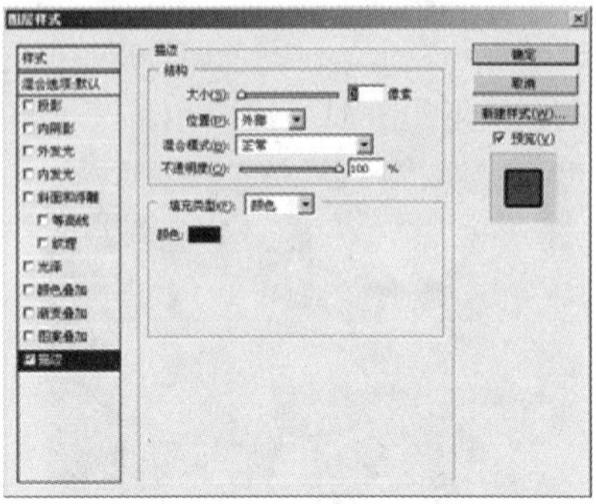

图 11.1.22 “图层样式”对话框

图 11.1.23 描边效果

（5）设置完成后，单击确定按钮。

图层效果在制作特效文字与各种形状的按钮效果时非常有用。使用前，必须先建立文字图层或形状图层，然后再为其添加图层效果即可。

2. 投影与阴影效果

为文字、按钮、边框加上阴影，都会使其产生立体感，并且制作阴影效果的步骤简单而快速。在 Photoshop 中制作阴影效果，只须使用图层效果提供的投影(D)...与内阴影(I)...命令。投影是在图层对象背后产生阴影，从而产生投影的视觉效果；而内阴影则是内投影。这两种图层效果只是产生的图像效果不同，而参数选项是基本一样的，如图 11.1.24 和图 11.1.25 所示。

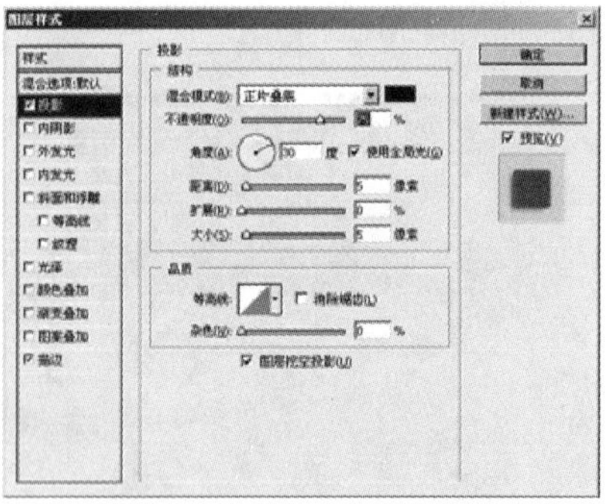

图 11.1.24 “图层样式”对话框中的投影选项

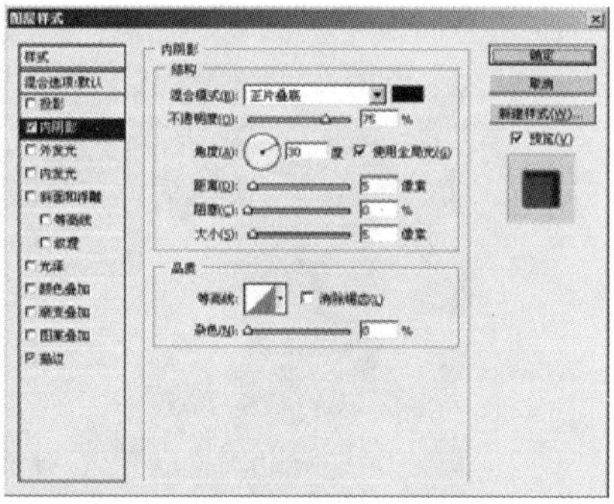

图 11.1.25 “图层样式”对话框中的内阴影选项

这两个阴影选项的意义如下：

（1）混合模式(B)：选择阴影的色彩混合模式，在混合模式(B)下拉列表右侧有一个颜色框，单击颜色框可以弹出选择阴影颜色对话框，从中选择阴影颜色。

（2）不透明度(O)：可以设置阴影的不透明度，数值越大阴影颜色越深。

（3）角度(A)：用于设置光照的角度，即阴影的方向会随着角度的变化而发生相应的变化。

（4）距离(D)：设置阴影距离，其取值范围在 0～30 000 之间，值越大阴影距离越远，如图 11.1.26 所示。

（5）在扩展(R)文本框中输入数值可确定进行处理前对该效果的模糊程度。

（6）大小(S)：设置模糊的数量或暗调大小，取值范围在 0～250 之间，值越大柔化程度越高。

（7）阻塞(C)：设置内阴影边界的清晰度。

阴影距离为 10

阴影距离为 30

图 11.1.26 设置投影距离效果

（8）品质：在此选项区中，可以通过设置等高线:与杂色(N):选项来改变阴影质量。

1）在等高线:选项中可以选择一个已有的轮廓应用于阴影，或者编辑一个轮廓。要选择一个已有的轮廓，可单击下拉列表框中的下拉按钮，打开等高线面板，如图 11.1.27 所示，从中选择轮廓图案。也可单击下拉列表框，弹出等高线编辑器对话框，在其中编辑一个轮廓。如果选中☑消除锯齿(L)复选框，则可以使轮廓更加平滑。

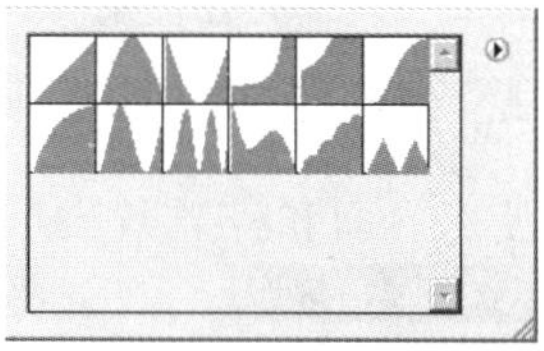

图 11.1.27 等高线面板

2）在杂色(N):输入框中输入数值可以设置杂色百分比，即向投影中添加杂色。

3. 外发光和内发光效果

选择菜单栏中的图层(L)→图层样式(Y)→内发光(W)...命令，可以为当前图层的图像创建一种类似于发光的亮边效果。其中外发光可产生图像边缘外部的发光效果；而内发光则产生图像边缘内部的发光效果。在图层样式对话框中设置相应的选项参数，可设置图像外发光和内发光效果，分别如图 11.1.28 和图 11.1.29 所示。

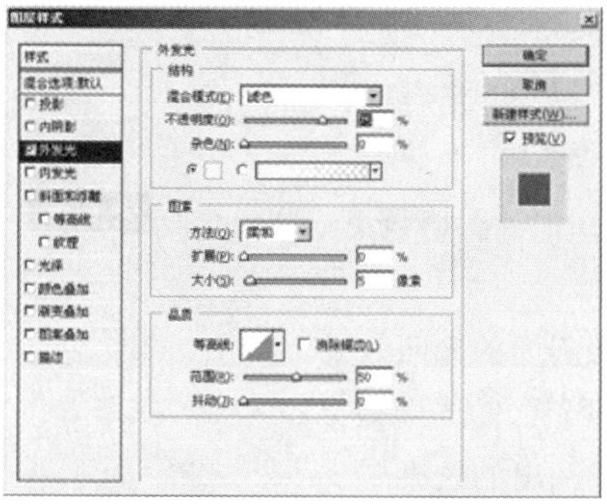

图 11.1.28 “图层样式”对话框中的外发光选项

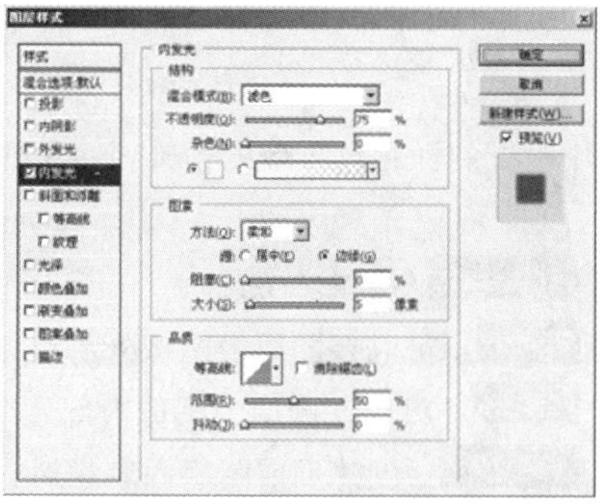

图 11.1.29 “图层样式”对话框中的内发光选项

在其中设置发光效果各选项的参数如下：

（1）结构：在此选项区中可设置混合模式、不透明度、杂色和发光颜色。

（2）图素：在此选项区中可设置发光元素的属性，包括方法(Q):、扩展(P):与大小(S):。在方法(Q):下拉列表中可设置发光方式，选择柔和选项，可应用模糊技术，它可用于所有类型的边缘，不论是柔边还是硬边；选择精确选项，可应用距离测量技术创造发光效果，主要用于消除锯齿形状硬边的杂边，如图 11.1.30 所示。

（3）品质：在此选项区中可设置等高线、范围、抖动。在使用渐变颜色时，在抖动(J):输入框中输入数值可使发光颗粒化。

图 11.1.30　使用柔和与精确的效果对比

（4）在☑内发光复选框中的源:选项中有两个单选按钮，选中⊙居中(E)单选按钮，可从当前图层图像的中心位置向外发光；选中⊙边缘(G)单选按钮，可从当前图层图像的边缘向里发光。

4．斜面和浮雕效果

使用斜面和浮雕效果可以制作出立体感的图像。选择菜单栏中的图层(L)→图层样式(Y)→斜面和浮雕(B)...命令，在弹出的图层样式对话框中可以设置斜面和浮雕效果，如图 11.1.31 所示。

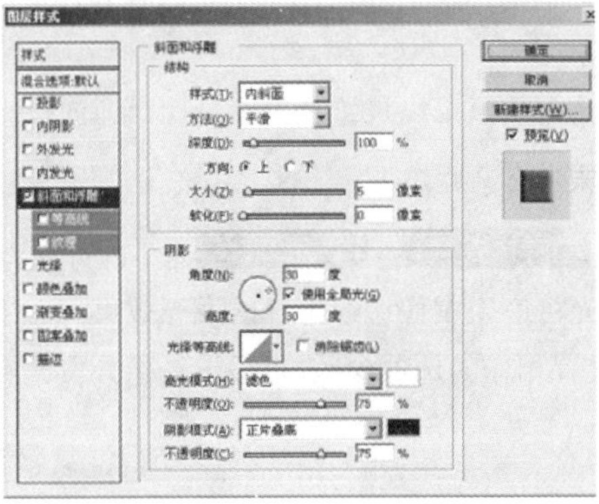

图 11.1.31　“图层样式”对话框中的斜面和浮雕选项

在其中设置斜面和浮雕效果各选项的参数如下：

（1）在结构选项区中的样式(T):下拉列表中可选择一种图层效果。其中包括外斜面、内斜面、浮雕效果、枕状浮雕和描边浮雕选项。

1）外斜面：可以在图层中图像外部边缘产生一种斜面的光照效果。

2）内斜面：可以在图层中图像内部边缘产生一种斜面的光照效果。

3）浮雕效果：创建当前图层内容相对它下面图层凸出的效果。

4）枕状浮雕：创建当前图层中图像的边缘陷入下面图层的效果。

5）描边浮雕：类似浮雕效果，不过只是对图像边缘产生效果。

（2）在方法(Q):下拉列表中可选择一种斜面方式。

（3）在此对话框中也可通过设置斜面的深度(D):、大小(Z):、软化(F):以及方向:来设置斜面的属性。

（4）在阴影选项区中设置阴影的角度(N):、高度:、光泽等高线:以及斜面的亮部和暗部的不透明度和混合模式。

（5）如果要为斜面和浮雕效果添加轮廓或纹理，以产生更多效果，则可在对话框右侧选中☑等高线和☑纹理复选框，然后在对话框右侧设置相应的参数。

（6）设置好参数后，单击确定按钮，应用斜面和浮雕效果如图 11.1.32 所示。

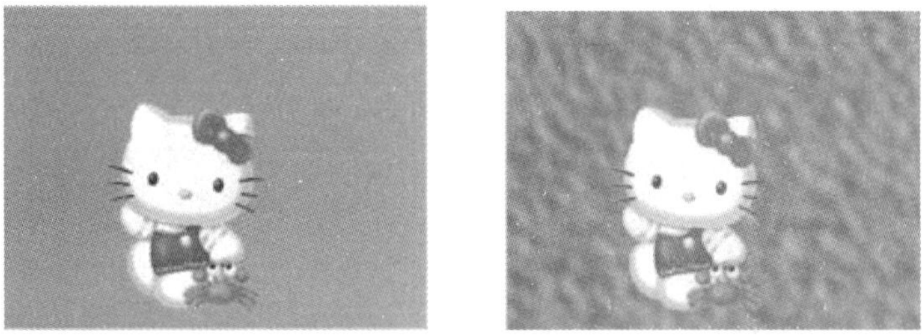

图 11.1.32 应用斜面和浮雕前后效果对比

11.2 通道的基本概念及基本操作

图像都是由各种不同的颜色组成的，例如 CMYK 模式的图像是由青色、洋红、黄色及黑色 4 个颜色通道组成，而记录这些信息的对象就是通道。

一个图像的任何一个通道中的像素都包含了 8 位数据，也就是 0～255 级的 256 级灰度值。当打开一幅图像时，就会自动创建颜色信息通道。颜色信息通道是由图像的色彩模式决定的，对于不同的色彩模式的图像，其通道数目也不同。例如，在一幅 CMYK 图像的通道面板中，共有 5 个默认通道，即青色、洋红、黄色、黑色和一个用于编辑图像的复合通道（CMYK 通道），如图 11.2.1 所示。

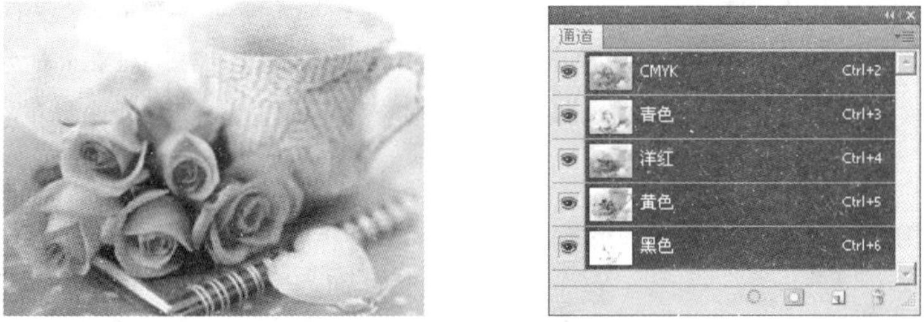

图 11.2.1 CMYK 图像及通道面板

在通道面板中可以同时将一幅图像所包含的通道全部都显示出来，还可以通过面板对通道进行各种编辑操作。默认情况下通道面板位于窗口的右侧，若在窗口中没有显示此面板，则可通过选择菜单栏中的 窗口(W) → 通道 命令打开通道面板。

：单击该图标，可在显示通道与隐藏通道之间进行切换，若显示有图标，则打开该通道的显示，反之则关闭该通道的显示。

：单击此按钮，可以将通道内容作为选区载入。

：单击此按钮，可以将图像中的选区存储为通道。

：单击此按钮，可以在通道面板中创建一个新的 Alpha 通道。

：单击此按钮，可以将不需要的通道删除。

在如图 11.2.2 右图所示的通道面板菜单中可对通道进行一些简单的操作。若用户想更改通道面板中图像缩览图的大小，可以在通道面板菜单中选择 面板选项... 命令，在如图 11.2.2 所示的打开的“通道面板选项”面板中选择需要的大小即可，效果如图 11.2.3 所示。

注意 Tips

在操作过程中，用户最好不要轻易修改原色通道，如果必须要修改，则可先复制原色通道，然后在其副本上进行修改。

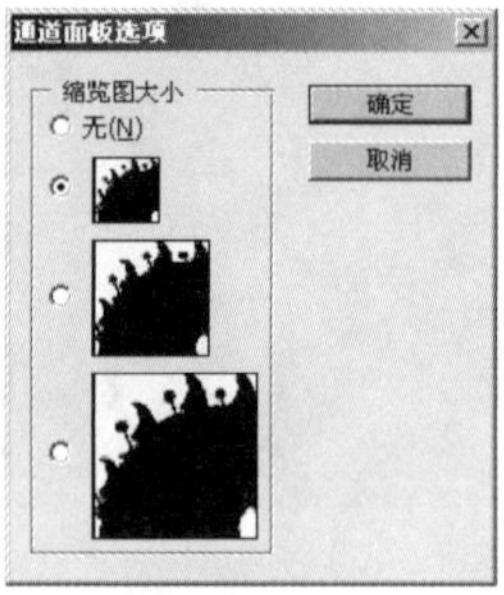

图 11.2.2 “通道面板选项”面板

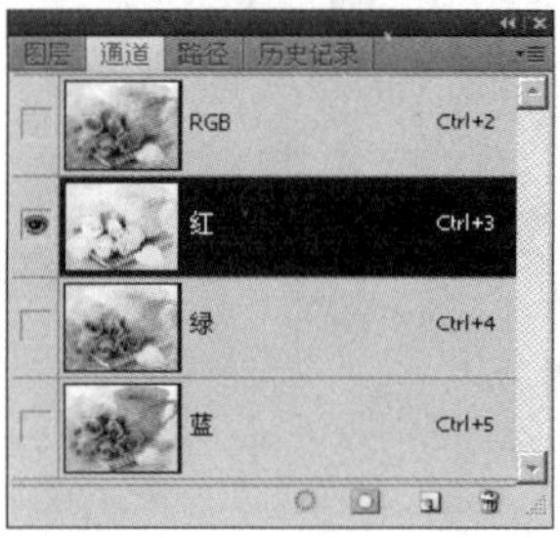

图 11.2.3 更改图像缩览图效果

11.2.1 创建通道

在 Photoshop CS4 中，利用通道面板可以创建 Alpha 通道和专色通道，Alpha 通道主要用于建立、保存和编辑选区，也可将选区转换为蒙版。专色通道是一种比较特殊的颜色通道，在印刷过程中会经常用到。

1．创建 Alpha 通道

在 Photoshop CS4 中，单击通道面板中的“创建新通道”按钮，可创建一个新的 Alpha 通道。也可单击通道面板右上角的按钮，从弹出的面板菜单中选择新建通道...命令或者按住“Alt”键的同时单击“创建新通道”按钮，则弹出“新建通道”对话框，如图 11.2.4 所示，在该对话框中设置好通道的各项参数，再单击确定按钮，即可在通道面板中创建一个新的 Alpha 通道，如图 11.2.5 所示。

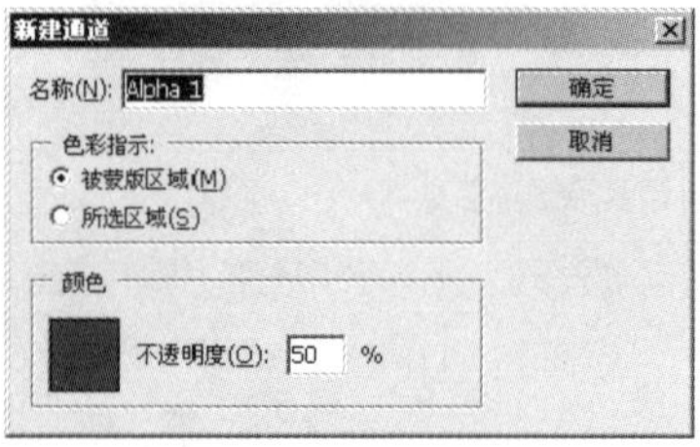

图 11.2.4 “新建通道”对话框

图 11.2.5 创建的 Alpha 通道

2．创建专色通道

单击通道面板右上角的按钮，从弹出的面板菜单中选择新建专色通道...命令，则弹出“新建专色通道”对话框，如图 11.2.6 所示，在该对话框中设置好新建专色通道的各项参数，再单击确定按钮，即可创建出新的专色通道，效果如图 11.2.7 所示。

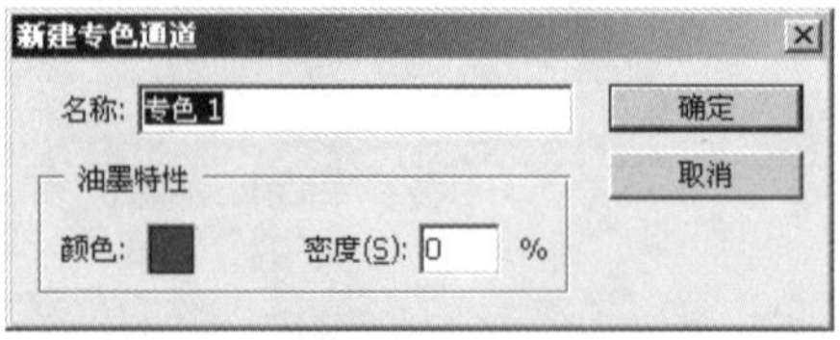

图 11.2.6 “新建专色通道”对话框

图 11.2.7 创建的专色通道

11.2.2　复制通道

复制通道可以将一个通道中的图像移到另一个通道中，原来通道中的图像不改变。复制通道的方法有以下两种：

（1）选择要复制的通道，然后将其拖动到通道面板中的“创建新通道”按钮上，即可在被复制的通道下方复制一个通道副本，如图 11.2.8 所示。

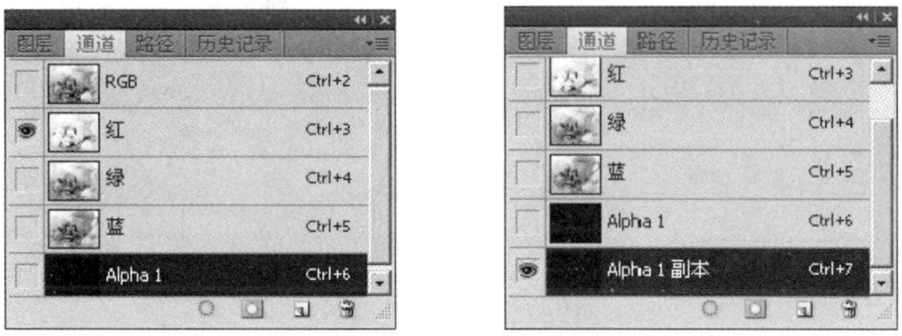

图 11.2.8　复制通道

（2）选择要复制的通道，单击通道面板右上角的按钮，从弹出的通道面板菜单中选择复制通道...命令，弹出“复制通道”对话框，如图 11.2.9 所示。在为(A):文本框中输入复制通道的名称，然后单击确定按钮，即可复制通道。

图 11.2.9　“复制通道”对话框

11.2.3　删除通道

在 Photoshop CS4 中，带有 Alpha 通道的图像会占用一定的磁盘空间，在编辑完图像后，用户可以将不需要的 Alpha 通道删除以释放磁盘空间。删除通道的方法有以下两种：

（1）选择需要删除的通道，然后将其拖动到通道面板中的“删除通道”按钮上，即可将选择的通道删除。

（2）选择需要删除的通道，单击通道面板右上角的按钮，从弹出的通道面板菜单中选择删除通道命令，即可将选择的通道删除。

11.2.4　分离通道

在一幅图像中，如果包含的通道太多，就会导致文件太大而无法保存。利用通道面板中的分离通道命令（使用此命令之前，用户必须将图像中的所有图层合并，否则，此命令将不能使用），可以将图像的每个通道分离成灰度图像，以保留单个通道信息，每个图像可独立地进行编辑和存储。具体的操作方法如下：

（1）按“Ctrl+O”键，打开一幅 RGB 色彩模式的图像，如图 11.2.10 所示。

（2）单击通道面板右上角的按钮，从弹出的面板菜单中选择分离通道命令，即可将通道分离为灰度图像文件，而原来的文件将自动关闭，效果如图 11.2.11 所示。

图 11.2.10　分离通道前的效果

图 11.2.11　分离通道后的效果

11.2.5　合并通道

分离通道后，还可以将其全部合并。需要注意的是，所有要进行合并的通道都必须打开，而且都为灰度图像文件，这些文件的尺寸大小都必须相同，只有在满足这些条件时，才可以将它们合并起来。具体的操作方法如下：

（1）单击通道面板右上角的按钮，从弹出的面板菜单中选择合并通道...命令，弹出“合并通道”对话框，如图 11.2.12 所示。

（2）在其中设置各项参数后，单击确定按钮，可弹出合并多通道对话框（此处弹出的对话框名称和需要合并通道图像的色彩模式有关），如图 11.2.13 所示。

（3）在其中设置好各项参数后，单击确定按钮，即可将分离的通道合并。

图 11.2.12　“合并通道”对话框

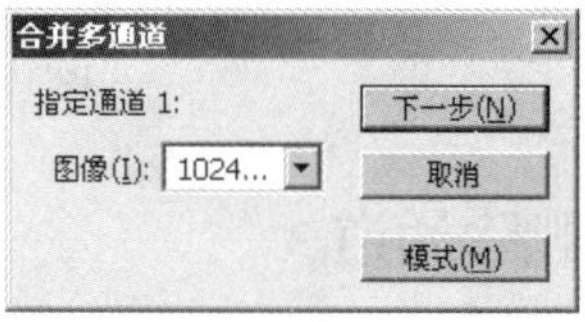

图 11.2.13　“合并多通道”对话框

11.3　蒙版及其应用

蒙版分为图层蒙版、快速蒙版和通道蒙版。图层蒙版在前面已经介绍过，本节介绍快速蒙版与通道蒙版。

11.3.1　使用快速蒙版

快速蒙版是用于创建和查看图像的临时蒙版，可以不使用“通道”面板而将任意选区作为蒙版来编辑。把选区作为蒙版的好处是可以运用 Photoshop 中的绘图工具或滤镜对蒙版进行调整。如果用选择工具在图像中创建一个选区后，进入快速蒙版模式，这时可以用画笔来扩大（选择白色为前景色）或缩小（选择黑色为前景色）选区，也可以用滤镜中的命令来修改选区，并且这时仍可运用选择工具进行其他操作。

快速蒙版的创建比较简单，首先在图像中创建任意选区（见图 11.3.1），然后单击工具箱中的“以快速蒙版模式编辑”按钮，或按“Q”键，都可为当前选区创建一个快速蒙版，如图 11.3.1 所示。

图 11.3.1　创建快速蒙版

从图 11.3.1 可以看出，选区外的部分被某种颜色覆盖并保护起来（在默认的情况下是不透明度为 50%的红色），而选区内的部分仍保持原来的颜色。这时可以对蒙版进行扩大、缩小等各种操作。另外在“通道”面板的最下方将出现一个“快速蒙版”通道，如图 11.3.2 所示。

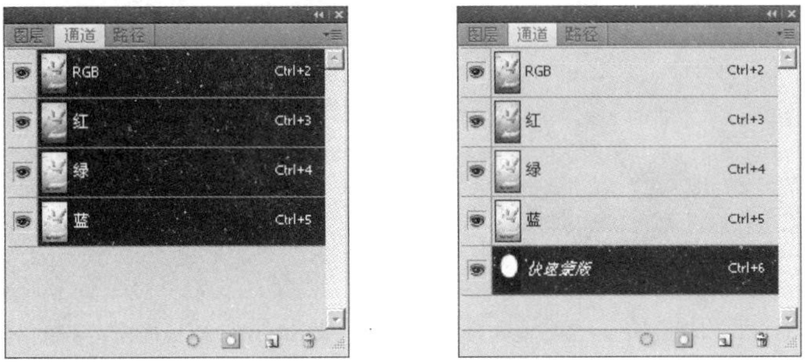

图 11.3.2　添加快速蒙版通道

操作完毕后，单击工具箱中的“以普通模式编辑”按钮，可以将图像中未被快速蒙版保护的区域转化为选区。

如果对蒙版编辑时进行了各种模糊处理，那么该蒙版中灰度值小于 50%的图像区域将会转化为选区。此时可以对选区中的图像进行各种编辑操作，且各操作只对选区中的图像有效。

利用快速蒙版可以将创建的选区转换成为蒙版并对其进行编辑。下面通过一个练习具体介绍快速蒙版的创建和编辑方法：

（1）打开一幅图像，单击工具箱中的“矩形选框工具”按钮，在图像中对需要编辑的区域创建选区，如图 11.3.3 所示。

（2）单击工具箱中的“以快速蒙版模式编辑”按钮，此时图像中未被选择的区域将被蒙版保护起来，效果如图 11.3.4 所示。

图 11.3.3　创建的选区

图 11.3.4　快速蒙版效果

（3）选择 滤镜(T) → 画笔描边 → 喷色描边... 命令，弹出“喷色描边”对话框，参数设置如图 11.3.5

所示。

图 11.3.5 “喷色描边”对话框

（4）设置完成后，单击 确定 按钮，效果如图 11.3.6 所示。再单击工具箱中的“以标准模式编辑”按钮，此时图像中未使用蒙版的区域将转换成为选区，如图 11.3.7 所示。

图 11.3.6 应用喷色描边滤镜效果

图 11.3.7 以标准模式编辑图像效果

（5）按“Ctrl+Shift+I”键反选选区，如图 11.3.8 所示。

（6）将背景色设为白色，再按“Delete”键删除选区中的内容，按“Ctrl+D”键取消选区，最终效果如图 11.3.9 所示。

图 11.3.8 反选选区

图 11.3.9 最终效果图

11.3.2 使用通道蒙版

通道蒙版与图层蒙版的使用方法相似，可以将通道蒙版中的选区保存下来。通道蒙版为用户提供了一种快捷灵活地存储和选择图像选区的方法。

在 Photoshop 中，创建通道蒙版的方法有以下几种：

（1）在图像中创建选区后，单击“通道”面板底部的“将选区存储为通道”按钮，即可创建一个 Alpha 通道，用于存储图像选区。

（2）使用快速蒙版创建图像选区后，单击“通道”面板底部的“将选区存储为通道”按钮，即可创建一个通道蒙版。

（3）在图像中创建选区后，选择 选择(S) → 存储选区(V)... 命令，弹出“存储选区”对话框，如图 11.3.10 所示，在该对话框中设置适当的参数后，单击 确定 按钮，即可将选区保存为通道。

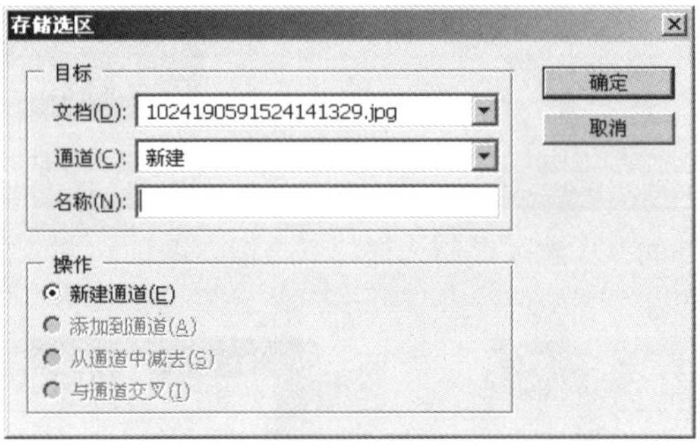

图 11.3.10 “存储选区”对话框

在图像中创建通道蒙版后，可以使用工具箱中的绘图工具、调整命令和滤镜命令等来编辑通道蒙版。通道蒙版的编辑主要针对 Alpha 通道，Alpha 通道中的选区可以随时调用，而不用重复选取。

11.4 应用实例——制作公益广告

实例分析

本例将使用本章所学的知识制作公益广告，最终效果如图 11.4.1 所示。

图 11.4.1 效果图

操作步骤

（1）按“Ctrl+N”键，弹出“新建”对话框，设置其参数如图 11.4.2 所示。设置完成后，单击 确定 按钮，即可新建一个图像文件。

（2）打开一幅图像，单击工具箱中的“移动工具”按钮，将其拖动到新建图像中，自动生成“图层 1”，按“Ctrl+T”键执行自由变换命令，调整其大小及位置，然后在按住“Ctrl”键的同时单击“图层 1”，载入其图像选区，效果如图 11.4.3 所示。

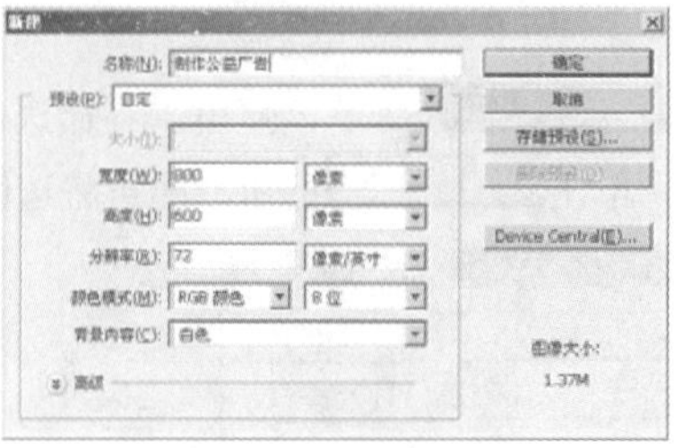

图 11.4.2 “新建”对话框

图 11.4.3 复制并载入图像选区

（3）单击通道面板底部的“将选区存储为通道”按钮，将载入的选区保存为“图层 1 蒙版”通道，如图 11.4.4 所示。

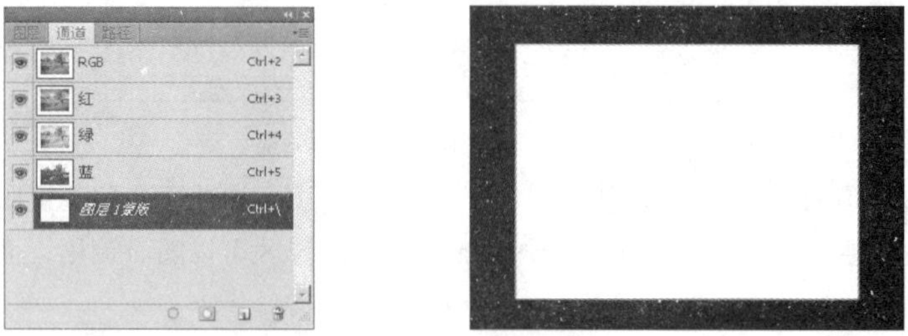

图 11.4.4 将选区保存为通道

（4）选择 滤镜(T) → 像素化 → 晶格化... 命令，弹出“晶格化”对话框，设置参数如图 11.4.5 所示。设置完成后，单击 确定 按钮，效果如图 11.4.6 所示。

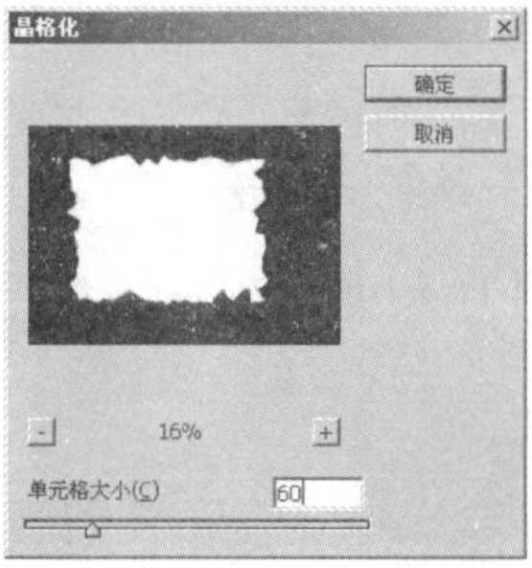

图 11.4.5 “晶格化”对话框

图 11.4.6 应用晶格化滤镜效果

（5）单击通道面板底部的“将通道作为选区载入”按钮，将通道转换为选区，然后在图层面板中单击“图层 1”，此时图像效果如图 11.4.7 所示。

（6）按“Ctrl+Shift+I”键反选选区，新建“图层 2”，设置前景色为绿色（R：121，G：196，B：58），然后按“Alt+Delete”键填充选区，效果如图 11.4.8 所示。

图 11.4.7 将通道作为选区载入

图 11.4.8 填充选区效果

（7）用鼠标左键双击“图层 2”缩览图，弹出“图层样式”对话框，设置参数如图 11.4.9 所示。

（8）设置完成后，单击 确定 按钮，效果如图 11.4.10 所示。

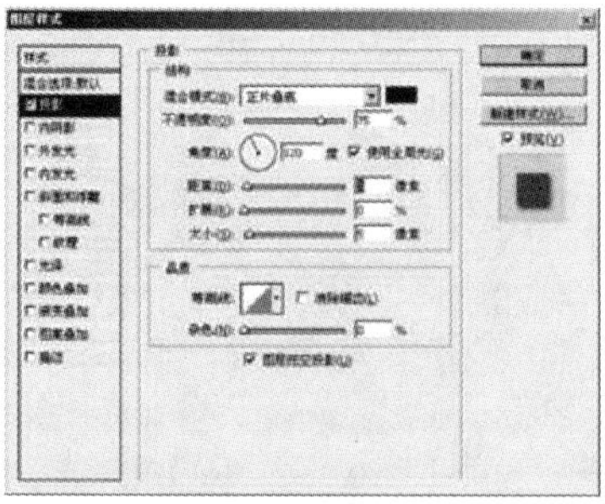

图 11.4.9 “图层样式”对话框

图 11.4.10 添加投影效果

（9）单击工具箱中的“直排文字工具”按钮，其属性栏设置如图 11.4.11 所示。

图 11.4.11 “直排文字工具”属性栏

（10）设置完成后，在图像中输入文字“珍惜我们身边的每一片”。

（11）单击工具箱中的“横排文字工具”按钮，其属性栏设置如图 11.4.12 所示。

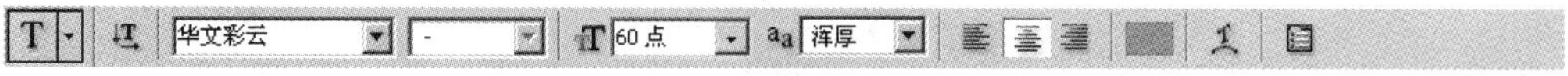

图 11.4.12 “横排文字工具”属性栏

（12）在图像中输入文字“绿”，并为其添加描边及斜面和浮雕效果，最终效果如图 11.4.1 所示。

11.5 自 我 检 测

一、填空题

1．在 Photoshop 中，用户可以通过按_________键来打开“图层”面板。

2．当图层上出现 fx 图标时，表示该图层中添加有_________。

3．若用户想要对背景图层进行编辑，可将其转换为_________图层，再进行编辑操作。

4．图层之间是有一定顺序的，也就是说，位于上层的图层会_________下层的图层的某个部分。

5．蒙版分为_________、_________和_________3 种。

二、选择题

1．（ ）图层不能进行混合模式与不透明度的设置。

A．文字　　B．普通

C．背景　　D．调整

2．如果要将多个图层进行统一的移动、旋转等操作，可以使用（ ）功能。

A．复制图层　　B．创建图层

C．对齐图层　　D．链接图层

3．在通道面板中，（ ）通道不能更改其名称。

A．Alpha　　B．专色

C．复合　　D．单色

三、简答题

1. 如何删除不需要的图层组，说明其具体的操作步骤。
2. 如何链接两个图层或更多的图层？
3. 如何对普通图层添加所需的图层样式？
4. 如何创建通道与蒙版？

四、上机练习题

利用椭圆选框工具和本章所学的图层样式命令制作如题图 11.1 所示的玻璃球效果。

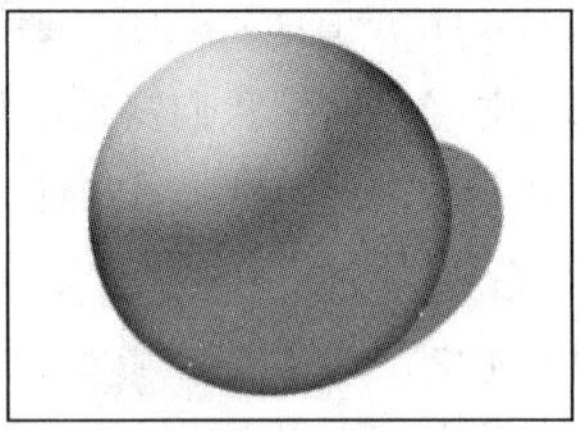

题图　11.1

11.6　知 识 问 答

问：除在通道面板中编辑层蒙版外，还有其他可以编辑蒙版的方法吗？

答：除了在通道面板中编辑层蒙版以外，按“Alt”键单击图层面板上蒙版的图标可以打开它；按住“Shift”键单击蒙版图标为关闭/打开蒙版（会显示一个红叉表示关闭蒙版）。按住“Alt+Shift”键单击图层蒙版可以以红宝石色（50%红）显示。按住“Ctrl”键单击蒙版图标为载入它的透明选区。

问：专色通道选项中的“密度”和绘画、编辑工具中的“不透明度”相同吗？若不相同，那么它们分别控制什么？

答：专色通道选项中的“密度”和绘画、编辑工具中的“不透明度”不同。

专色通道选项中输入的介于 0%和 100%之间的“密度”值以调整专色的油墨不透明度。与“专色通道选项”对话框中的“密度”选项不同，绘画或编辑工具选项中的“不透明度”选项决定用于打印输出的实际油墨浓度。

问：怎样才能加载两个层的透明通道相交的区域？

答：按住“Ctrl”键点击层的图标（在层面板上）可载入它的透明通道，再按住“Ctrl+Alt+Shift”键单击另一层，这样就可以选取两个层的透明通道相交的区域。

第12章 路径和形状的应用

本章要点

- 路径面板的介绍
- 路径的创建
- 路径的编辑
- 形状工具

学习目标

在 Photoshop CS4 中路径工具是绘图的一个得力助手。使用路径工具绘制出的路径是由一系列点和其所连接起来的线段或曲线构成，路径可闭合也可不闭合。路径工具不同于选取工具，用户可以很容易地改变所绘制的路径的位置与形状。

12.1 路径面板的介绍

路径是由多节点的矢量线条构成的，是不可打印的矢量图，用户可以沿着路径进行颜色填充和描边，还可以将其转换为选区，从而对图像的选区进行处理。如图 12.1.1 所示为路径构成示意图。

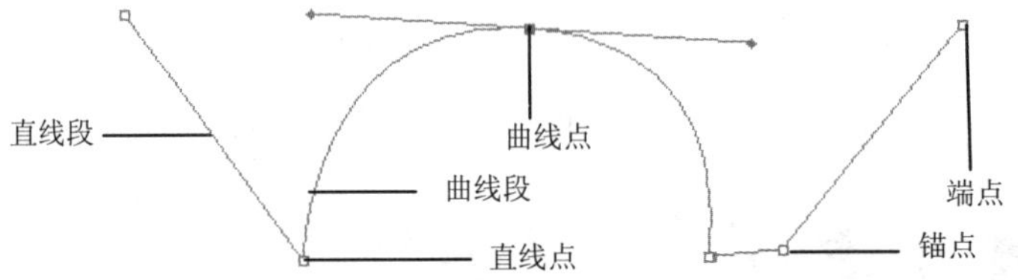

图 12.1.1 路径构成示意图

锚点：是由钢笔工具创建的，是一个路径中两条线段的交点。

直线段：是指两个锚点之间的直线线段。使用钢笔工具在图像中两个不同的位置单击，即可创建一条直线段。

直线点：是一条直线段与一条曲线段之间的连接点。

曲线段：是指两个锚点之间的曲线线段。

曲线点：是含有两个独立调节手柄的锚点，移动调节手柄的位置可以随意改变曲线段的弧度。

端点：路径的起始点和终点都是路径的端点。

在 Photoshop 中创建好路径后，若要显示路径面板可选择 窗口(W) → 路径 命令，路径面板显示如图 12.1.2 所示，利用该面板可对路径进行填充、描边保存等操作，并且可以在选区和路径之间进行相互转换。

路径面板的中间是工作路径列表，列出了当前工作路径的缩览图及名称。用户也可以双击路径名，在弹出的“重命名路径”对话框中输入新的路径名称。

路径面板的下方有 6 个按钮，其中大多数按钮的功能与路径面板菜单中的相对应，其具体功能介绍如下：

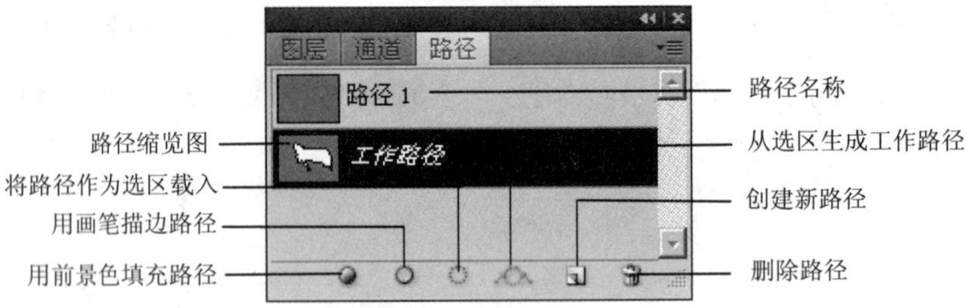

图 12.1.2 路径面板

：单击此按钮，可用前景色填充路径包围的区域。

：单击此按钮，可用描绘工具对路径进行描边处理。

：单击此按钮，可将当前绘制的封闭路径转换为选区。

：单击此按钮，可将图像中创建的选区直接转换为工作路径。

：单击此按钮，可在路径面板中创建新的路径。

：单击此按钮，可将当前路径删除。

单击路径面板右上角的按钮，可弹出如图 12.1.3 所示的路径面板菜单，在其中包含了所有用于路径的操作命令，如新建、复制、删除、填充和描边路径等。另外，用户可以选择路径面板菜单中的面板选项...命令，在弹出的“路径面板选项”对话框（见图 12.1.4）中调整路径缩览图的大小。

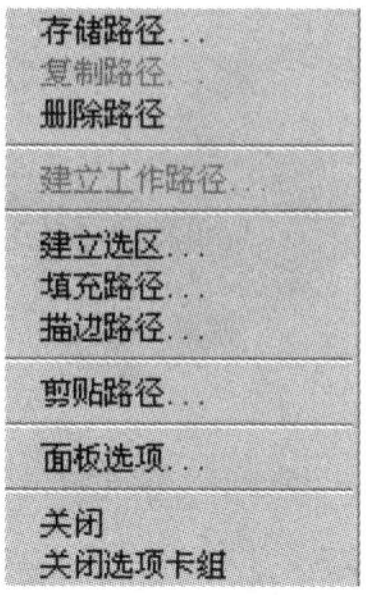

图 12.1.3　路径面板菜单

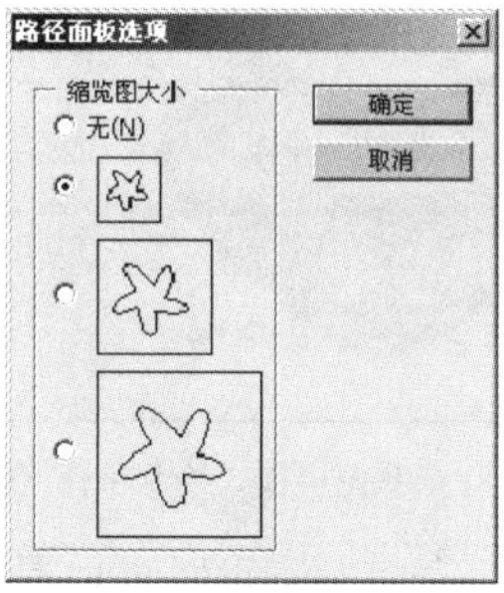

图 12.1.4　“路径面板选项”对话框

12.2　路径的创建

Photoshop CS4 中提供了多种路径创建工具。其中“钢笔工具”是创建路径的主要工具。利用不同类型的钢笔工具可以创建和编辑各种不同形状的路径，包括直线段、曲线段以及闭合路径等。

12.2.1　钢笔工具

钢笔工具是最常用的创建路径的工具，单击工具箱中的“钢笔工具”按钮，其属性栏如图 12.2.1 所示。

图 12.2.1　“钢笔工具”属性栏

钢笔工具的使用方法很简单，首先选择钢笔工具，然后在图像中单击鼠标，即可进行节点定义，单击一次鼠标，路径中就会多一个节点，同时节点之间连接在一起，当鼠标放在第一个节点处时，光标变为形状，然后单击鼠标可将路径封闭。

：单击此按钮，就可以在图像中绘制需要的路径，效果如图 12.2.2 所示。

图 12.2.2　绘制路径

：单击此按钮，原属性栏将切换到形状图层属性栏，如图 12.2.3 所示，在利用钢笔工具绘制路径时，所绘的路径会被填充，填充的颜色在属性栏中的颜色:中设置，如图 12.2.4 所示，再单击样式: 下拉列表，选择一种填充样式，效果如图 12.2.5 所示。

图 12.2.3 “形状图层”属性栏

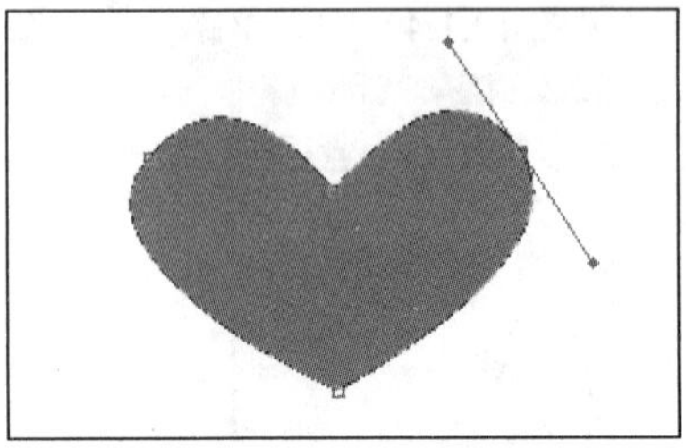

图 12.2.4 以形状图层模式绘制路径

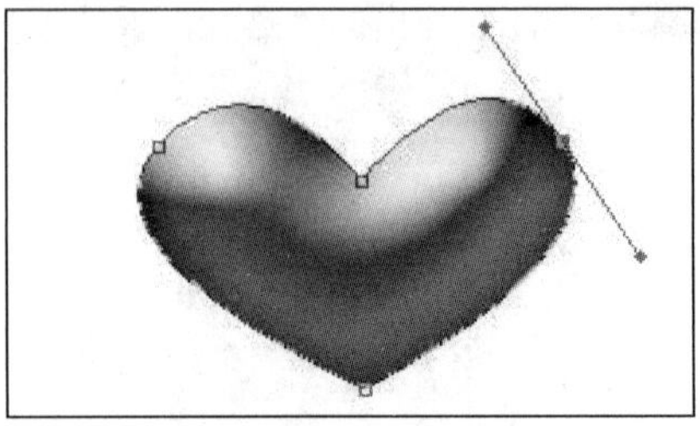

图 12.2.5 填充样式效果

：单击此按钮，在绘制图形时可以直接使用前景色填充路径区域。该按钮只有在选择形状工具时才可以使用。

：该组工具可以直接用来绘制矩形、椭圆形、多边形、直线等形状。

选中 自动添加/删除 复选框，钢笔工具将具备添加和删除锚点的功能，可以在已有的路径上自动添加新锚点或删除已存在的锚点。

：这 4 个按钮从左到右分别是相加、相减、相交和反交，与选框工具属性栏中的功能相同，这里不再赘述。

12.2.2 自由钢笔工具

使用自由钢笔工具可以随意绘制曲线，还可以对图像进行描边，尤其适用于创建精确的图像路径。单击工具箱中的“自由钢笔工具”按钮，其属性栏如图 12.2.6 所示。

选中 磁性的 复选框，自由钢笔工具将变成磁性钢笔工具，和磁性套索工具功能一样可以自动寻找对象的边缘。

在 曲线拟合: 文本框中输入数值，可以控制自由钢笔工具在创建路径时的定位点数，数值范围在 0.5～10 之间。输入的数值越大，定位点数就越少，所创建的路径也就越简单。

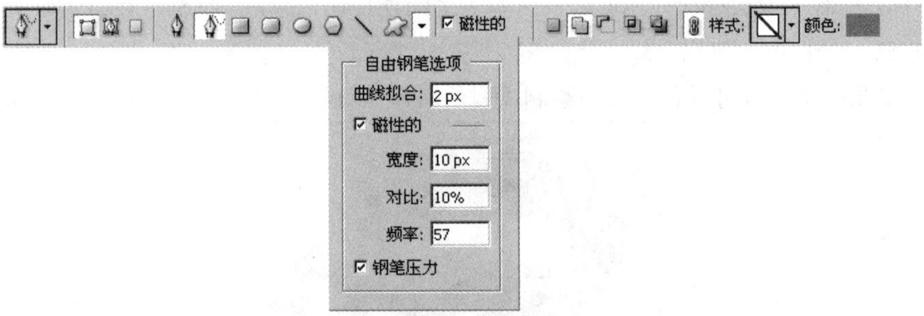

图 12.2.6 “自由钢笔工具”属性栏

在 宽度: 文本框中输入数值，可以自动设定钢笔工具检测的宽度范围。

在 对比: 文本框中输入数值，可以控制像素之间可以被看做边缘所需的灵敏度，数值范围在 0～100%之间。数值越大，要求边缘与周围环境的反差越大。

在 频率: 文本框中输入数值，可以控制在创建的路径上设置的锚点的密度，数值范围在 5～40 之间。数值越大，定位点越少，数值越小，定位点越多。

选中☑钢笔压力复选框，可以控制在使用光笔绘图板时钢笔的压力与宽度值之间的关系。

提示 Tips

使用自由钢笔工具建立路径后，按住“Ctrl”键，可将钢笔工具切换为直接选择工具。按住“Alt”键，移动光标到锚点上，此时将变为转换点工具。若移动到开放路径的两端，将变为自由钢笔工具，并可继续描绘路径。

12.2.3 将选区转换为路径

用户除了利用“钢笔工具”和“自由钢笔工具”绘制路径外，还可将当前图像中的任何选区转换为路径。打开一幅图像，在其中创建要转换为路径的选区，如图 12.2.7 所示，然后单击路径面板底部的“将选区转换为路径”按钮即可，效果如图 12.2.8 所示。

图 12.2.7 打开图像并创建选区

图 12.2.8 将选区转换为路径的效果

12.3 路径的编辑

在编辑过程中，有时直接绘制的路径不能满足用户的要求，此时就需要对路径进一步的编辑，例如，增加、删除和转换锚点，对路径进行变形及调整等，此外，用户还可对路径进行描边和填充等。

12.3.1 添加、删除和转换锚点

利用钢笔工具组中的“添加锚点”、“删除锚点”和“转换锚点”，可以轻松地添加、删除和转换锚点，具体的操作方法介绍如下。

1. 添加锚点

单击工具箱中的“添加锚点工具”按钮，在原有的路径上单击鼠标，就会在路径中增加一个锚点，效果如图 12.3.1 所示。

2. 删除锚点

使用删除锚点工具可以将路径中多余的锚点删除，锚点越少，处理出的图像越光滑，单击工具箱中的“删除锚点工具”按钮，将光标放在需要删除的锚点处单击，锚点就被删除了，如图 12.3.2 所示。

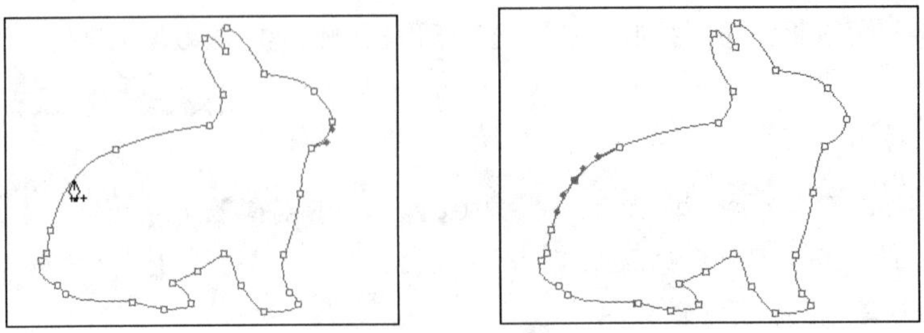

图 12.3.1 添加锚点

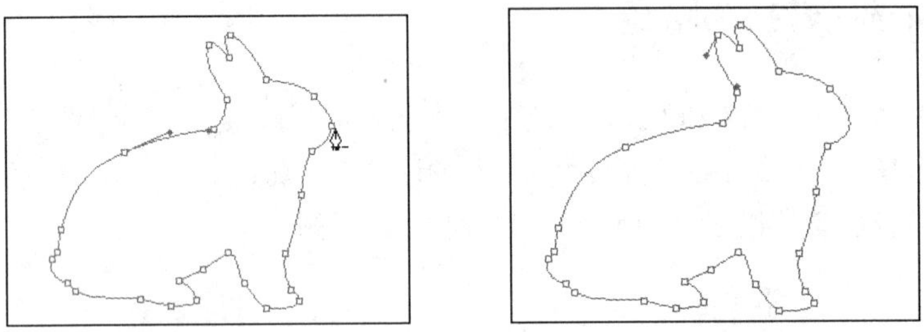

图 12.3.2 删除锚点

3. 转换锚点

使用转换点工具可以修改路径中的锚点，使路径精确，单击工具箱中的“转换锚点工具”按钮，在路径中单击鼠标，锚点的句柄将被显示出来，将鼠标放在句柄上时，鼠标光标变为 形状，此时就可以对锚点进行编辑，效果如图 12.3.3 所示。

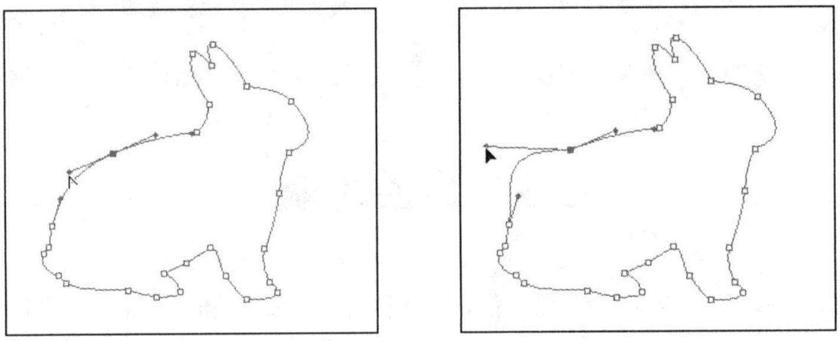

图 12.3.3 转换锚点

12.3.2 选择路径

路径的选择可通过路径选择工具和直接选择工具来实现，可对路径进行移动、编辑和修改等操作。

1. 路径选择工具

路径选择工具可以将路径整体选中，并且能够移动、组合、排列和复制路径。单击工具箱中的“路径选择工具”按钮，其属性栏如图 12.3.4 所示，选中 显示定界框 复选框，在路径的周围将显示定界框，拖动定界框各个调节点，即可对路径进行变形，与图像的变形操作一样。如果路径层中有两个以上路径时，单击 组合 按钮，可将多个路径合成一个路径显示。

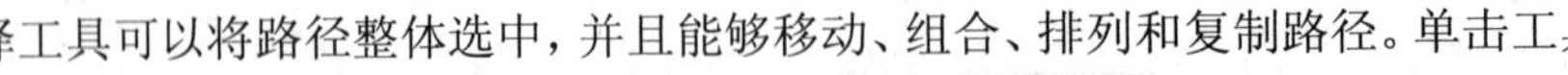

图 12.3.4 “路径选择工具”属性栏

使用路径选择工具对路径进行操作的方法如下：

（1）将鼠标光标放置在定界框 4 个角的调节点上，按下鼠标拖曳，可对图形进行任意缩放变形；按住“Shift”键拖动鼠标，可对图形进行等比例缩放；按住“Shift+Alt”键拖动鼠标，图形将以调节中心为基准等比例缩放，效果如图 12.3.5 所示。

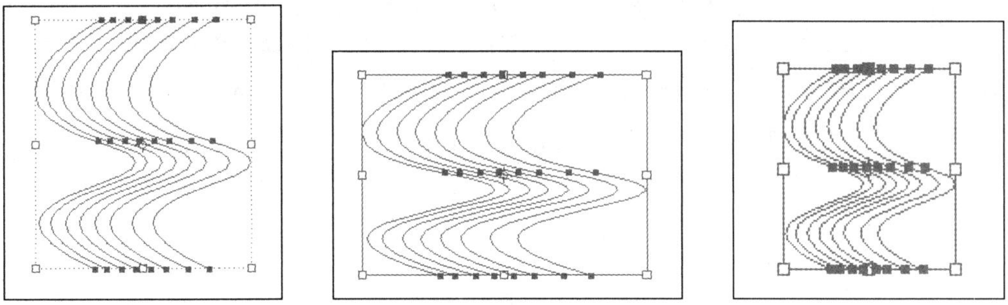

原始大小　　任意缩放　　等比例缩放

图 12.3.5　缩放路径

（2）当鼠标显示为弧形的双向箭头时拖动鼠标，路径将以调节中心为轴进行旋转，按住键盘上的“Shift”键旋转路径，可使路径按 15° 角的倍数进行旋转，效果如图 12.3.6 所示。

（3）按住键盘上的“Ctrl”键，用鼠标调整定界框上的调节点，可以对路径进行扭曲变形，如图 12.3.7 所示。

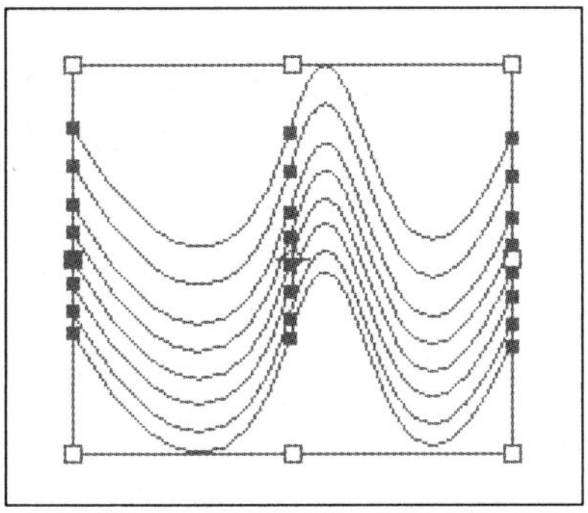

图 12.3.6　旋转路径

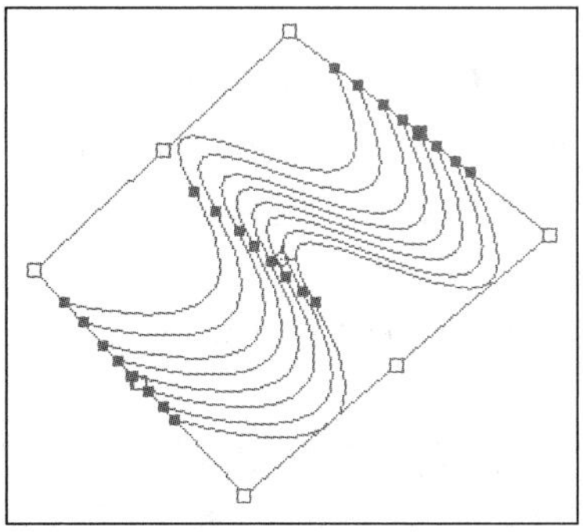

图 12.3.7　扭曲变形

2. 直接选择工具

使用直接选择工具也可以用来调整形状，主要作用是移动路径中的锚点或线段，其操作方法如下：

（1）单击工具箱中的“直接选择工具”按钮，然后单击图形中需要调整的路径，此时路径上的锚点全部显示为空心小矩形。将鼠标移动到锚点上单击，当锚点显示为黑色时，表示此锚点处于被选中状态，如图 12.3.8 所示。

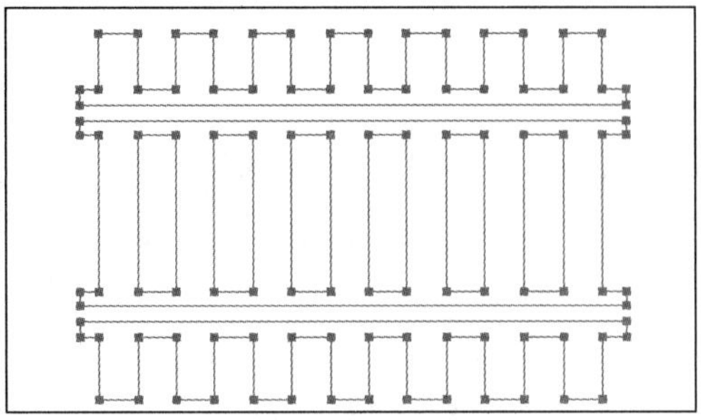

图 12.3.8　选中的锚点

技巧 Tips

当需要在路径上同时选择多个锚点时，可以按住“Shift”键，然后依次单击要选择的锚点即可；也可以用框选的方法来选取所需的锚点；若要选择路径中的全部锚点，则可以按住“Alt”键在图形中单击路径，全部锚点显示为黑色时，即表示全部锚点被选择。

（2）拖曳平滑曲线两侧的方向点，可以改变其两侧曲线的形状。

（3）按住“Alt”键的同时用鼠标拖曳路径，可以复制路径，如图 12.3.9 所示。

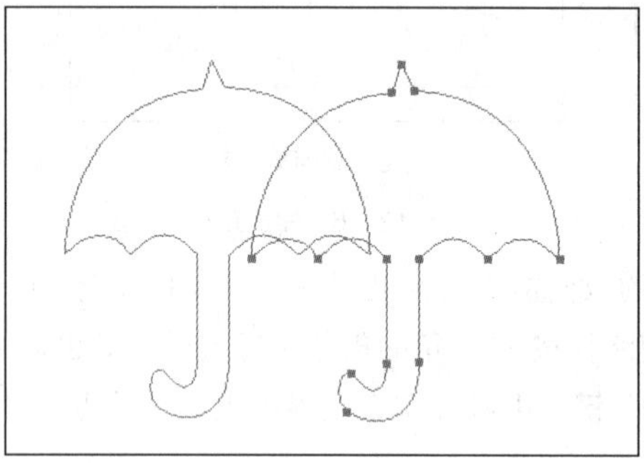

图 12.3.9　复制路径

（4）按住“Ctrl”键，在路径中的锚点或线段上按下鼠标并拖曳，可将直接选择工具转换为路径选择工具；释放鼠标与“Ctrl”键后，再次按住“Ctrl”键在路径中的锚点或在线段上拖曳鼠标，可将路径选择工具转换为直接选择工具。

（5）按住“Shift”键，将鼠标光标移动到平滑点两侧的方向点上按下鼠标并拖曳，可以将平滑点的方向点以 45°角的倍数调整。

12.3.3　删除与复制路径

若要删除路径，首先在路径面板中选择要删除的路径，再单击路径面板右上角的按钮，在弹出的路径面板菜单中选择删除路径命令即可，也可直接将需要删除的路径拖动到路径面板底部的“删除路径”按钮上进行删除。

若要复制路径，可直接将需要复制的路径拖动到路径面板底部的“创建新路径”按钮上即可。要将路径复制到其他的图像中，可在选择路径后，选择编辑(E)→拷贝(C)命令，将路径复制到剪贴板中，然后再选择编辑(E)→粘贴(P)命令将其粘贴到其他图像中即可。

12.3.4　填充路径

如果要用前景色填充路径封闭区域，在路径面板中单击“用前景色填充路径”按钮即可。若要用背景色、图案或其他内容填充路径，可单击路径面板右上角的按钮，在弹出的路径面板菜单中选择填充路径...命令，弹出“填充路径”对话框，如图 12.3.10 所示。

如果只选中了当前路径中的部分路径，则只填充选定部分，如图 12.3.11 左图所示。如果在填充时未选中路径，则填充将针对当前全部路径，如图 12.3.11 右图所示。

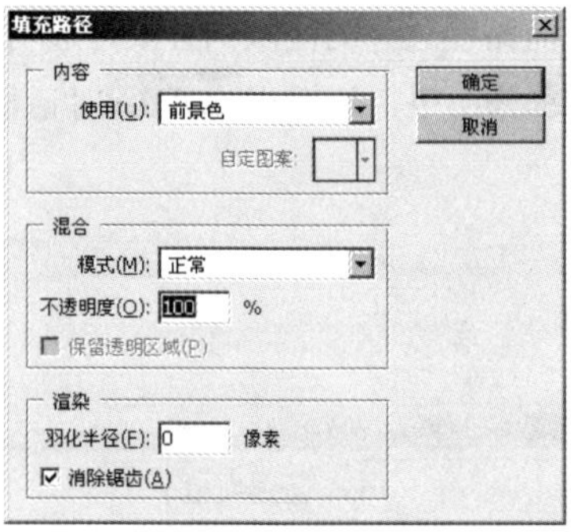

图 12.3.10 “填充路径”对话框

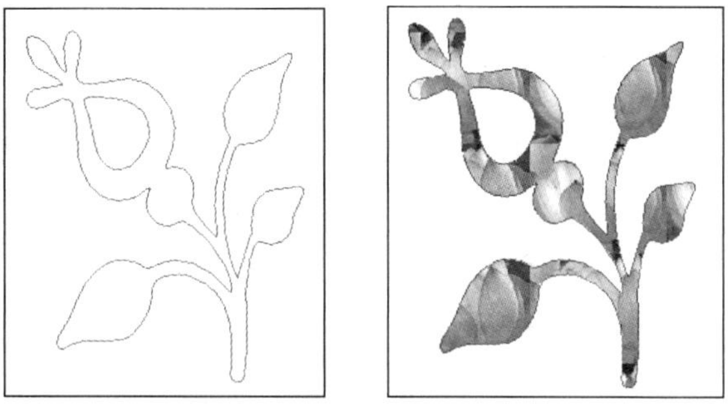

图 12.3.11 填充路径效果

12.3.5 描边路径

如果要用画笔工具对路径进行描边，可单击路径面板底部的“用画笔描边路径”按钮。如果要使用其他描边工具，则可单击路径面板右上角的按钮，在弹出的路径面板菜单中选择描边路径...命令，弹出“描边路径”对话框，如图 12.3.12 所示，用户可在画笔下拉列表中选择描边所用的绘画工具。

选择描边工具以后，在该工具的属性栏中可以设置不透明度、画笔特性、羽化效果等影响描边的选项，如图 12.3.13 所示为对太阳路径进行描边的效果。

图 12.3.12 “描边路径”对话框

图 12.3.13 描边路径效果

12.3.6 路径与选区的转换

创建选区后，在路径面板菜单中选择建立工作路径...命令，弹出建立工作路径对话框，单击确定按钮，即可将选区转换为路径；也可以直接单击路径面板底部的“从选区生成工作路径”按钮，转换选区为路径。

同样，创建路径后，在路径面板菜单中选择建立选区...命令，弹出建立选区对话框，如图 12.3.14 所示。

单击确定按钮，即可将路径转换为选区；也可以直接在路径面板底部单击“将选区作为路径载入”按钮，转换路径为选区。

12.3.7 输出剪贴路径

剪贴路径功能主要用于制作去除背景效果的图像。也就是说，使用剪贴路径功能输出的图像插入到 PageMaker 等排版软件中时，在其路径之内的图像会被输出，而路径之外的区域则会成为透明区域。

打开要输出路径的图像，在 路径 面板菜单中选择 剪贴路径... 命令，可弹出 剪贴路径 对话框，如图 12.3.15 所示。

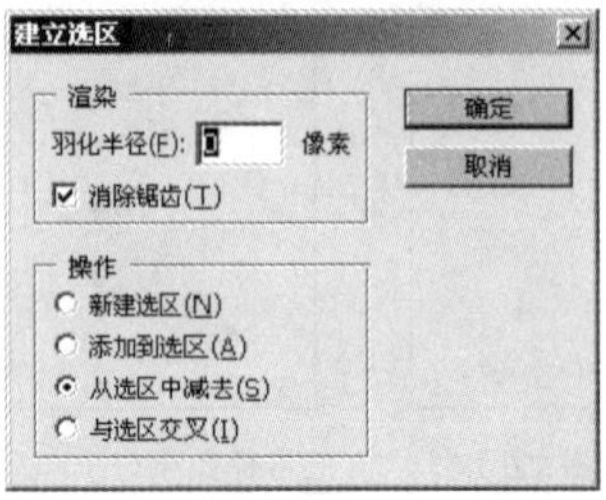

图 12.3.14 “建立选区”对话框

图 12.3.15 “剪贴路径”对话框

在 路径: 下拉列表中可选择所要剪贴的路径。

在 展平度(F): 输入框中输入数值，可设置填充输出路径之内图像的边缘像素。

单击 确定 按钮，即可完成输出剪贴路径，此时就可以将图像保存为.TIF（或.EPS，.DCS）的图像格式，然后插入到 PageMaker 软件中使用。

12.4 形 状 工 具

形状工具是一种特殊的路径绘制工具，使用形状工具可以绘制简单的几何图形，用形状工具组中的工具绘制出的图形都是矢量图形，也可以使用其他矢量工具对绘制出的图形进行编辑。

形状工具组包括矩形工具、圆角矩形工具、椭圆工具、多边形工具、直线工具和自定形状工具，可以自定形状对象并保存下来，以扩增对形状对象的操作能力。

单击工具箱中的“矩形工具”按钮，则弹出形状工具组，如图 12.4.1 所示。单击矩形工具选项，其属性栏如图 12.4.2 所示。

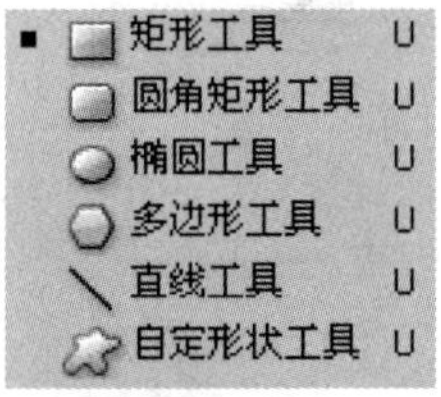

图 12.4.1 形状工具组

图 12.4.2 “矩形工具”属性栏

12.4.1 矩形、圆角矩形和椭圆形工具

矩形、圆角矩形和椭圆形工具的使用方法基本相同，其属性栏也相同，单击选择工具箱中的形状工具，在图像中绘制如图 12.4.3 所示的图形。

在其属性栏中单击“几何选项”按钮，将打开如图 12.4.4 所示的矩形选项面板，以下介绍该面板中各选项的含义。

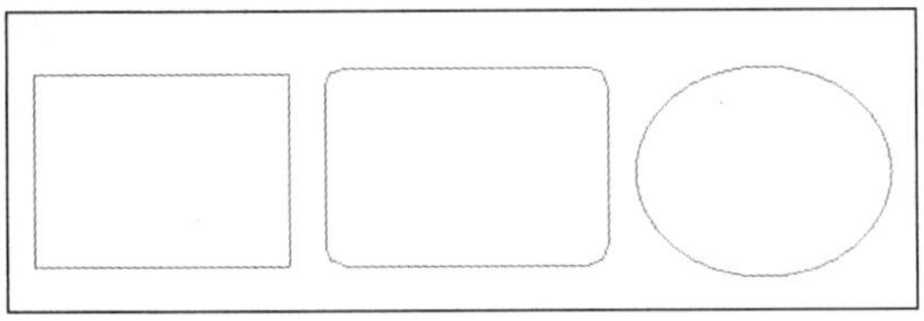

图 12.4.3　矩形、圆角矩形和椭圆形

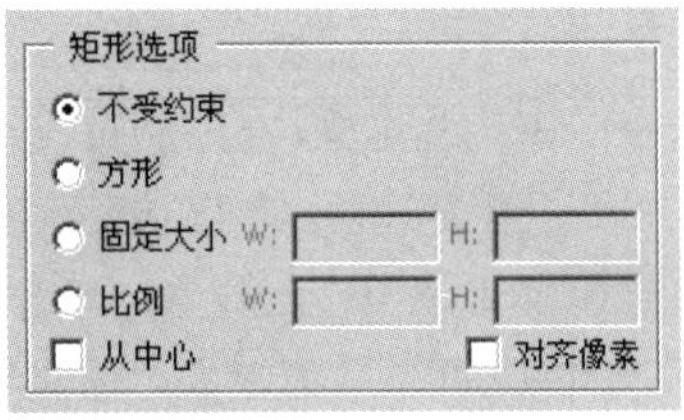

图 12.4.4　矩形选项面板

选中 不受约束 单选按钮，在图像文件中创建图形将不受任何限制，可以绘制任意形状的图形。

选中 方形 单选按钮，可在图像文件中绘制方形、圆角方形或圆形。

选中 固定大小 单选按钮，在后面的文本框中输入固定的长宽数值，可以绘制出指定尺寸的矩形、圆角矩形或椭圆形。

选中 比例 单选按钮，在后面的文本框中设置矩形的长宽比例，可绘制出比例固定的图形。

选中 从中心 复选框后，在绘制图形时将以图形的中心为起点进行绘制。

选中 对齐像素 复选框后，图形的边缘将同像素的边缘对齐，使图形的边缘不会出现锯齿。

12.4.2　多边形工具

多边形工具的主要作用是绘制正多边形或星形。单击工具箱中的“多边形工具”按钮，其属性栏如图 12.4.5 所示。

图 12.4.5　“多边形工具”属性栏

在 边: 5 文本框中输入数值，可以控制多边形或星形的边数。

在其属性栏中单击“几何选项”按钮，打开多边形选项面板，如图 12.4.6 所示，以下介绍该面板中各选项含义。

在 半径: 文本框中输入数值，用来设置多边形或星形的半径大小。

选中 平滑拐角 复选框，可以绘制出圆角效果的正多边形或星形。

选中 星形 复选框，在图像文件中可绘制出星形图形。

在 缩进边依据: 文本框中输入数值，可控制在绘制多边形时边缩进的程度，输入数值范围在 1%～99%，数值越大，缩进的效果越明显。

选中 平滑缩进 复选框，可以对绘制的星形边缘进行平滑处理。

图 12.4.6　多边形选项面板

12.4.3　直线工具

直线工具的主要作用是绘制线形或带箭头的直线路径。其使用方法同其他形状工具类似。单击工具箱中的“直线工具”按钮，其属性栏如图 12.4.7 所示。

图 12.4.7　“直线工具”属性栏

在 粗细: 1 px 文本框中输入数值，可控制直线形状的粗细，输入数值范围在 1～1 000 像素之间。数值越大，直线形状越宽。

在其属性栏中单击“几何选项”按钮，打开箭头面板，如图 12.4.8 所示，以下介绍该面板中各选项含义。

图 12.4.8 箭头面板

选中 起点 复选框，在绘制直线形状时，直线形状的起点处带有箭头。

选中 终点 复选框，在绘制直线形状时，直线形状的终点处带有箭头。

在 宽度: 文本框中输入数值，可用来控制箭头的宽窄，输入数值范围在10%～1 000%之间。数值越大，箭头越宽。

在 长度: 文本框中输入数值，可用来控制箭头的长短，输入数值范围在10%～5 000%之间。数值越大，箭头越长。

在 凹度: 文本框中输入数值，可用来控制箭头的凹陷程度。输入数值范围在－50%～50%之间。数值为正时，箭头尾部向内凹陷；数值为负时，箭头尾部向外突出；数值为 0 时，箭头尾部平齐。

12.4.4 自定形状工具

自定形状工具的主要作用是把一些定义好的图形形状直接使用，使创建图形更加方便快捷。自定形状工具的使用方法同其他形状工具的使用方法一样，单击工具箱中的“自定形状工具”按钮，属性栏如图 12.4.9 所示。

图 12.4.9 “自定形状工具”属性栏

单击 形状: 右侧的 按钮，将弹出自定形状选项面板，可以选取 Photoshop CS4 自带的图样，如图 12.4.10 所示。

在自定形状选项面板中单击任意一个形状，即表示选用了这个形状。单击右侧的 按钮，可以加载其余的自定义形状图形，如图 12.4.11 所示。

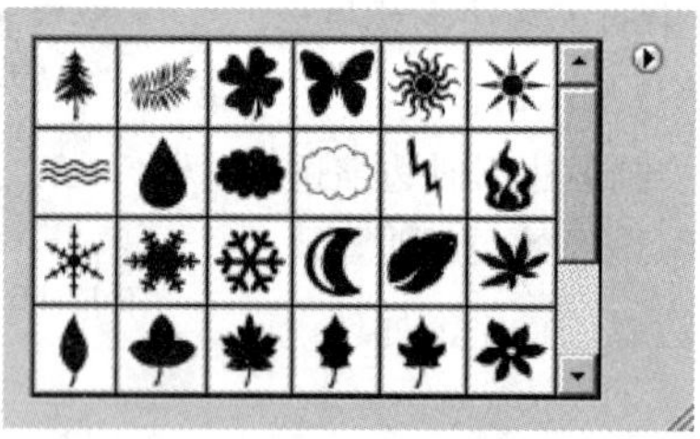

图 12.4.10 自定形状选项面板

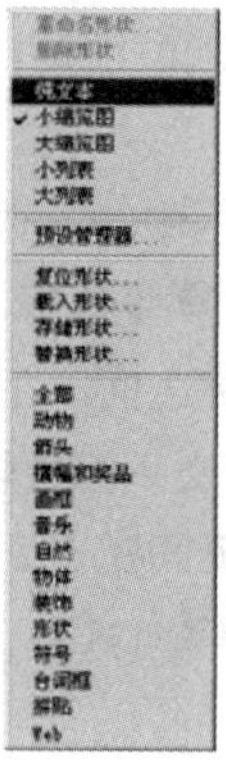

图 12.4.11 加载自定义形状图形

12.5 应用实例——制作卷页效果

实例分析

本例将利用路径工具制作卷页效果，最终如图 12.5.1 所示。

图 12.5.1　卷页效果图

操作步骤

（1）按“Ctrl+N”键，打开“新建”对话框，设置参数如图 12.5.2 所示。

（2）单击工具箱中的“钢笔工具”按钮，其属性栏设置如图 12.5.3 所示。

（3）设置完成后，在图像中绘制如图 12.5.4 所示的路径。

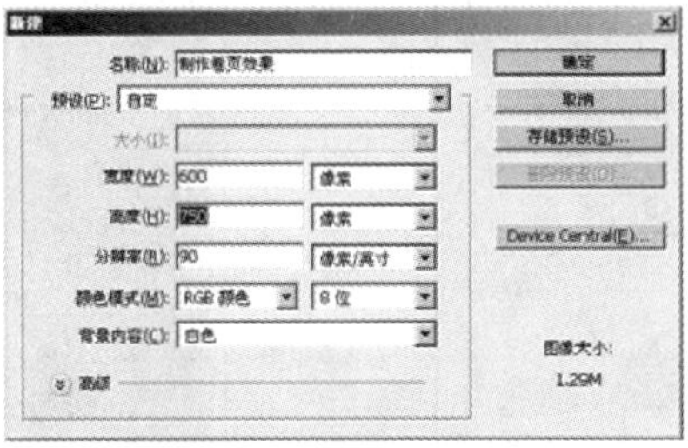

图 12.5.2　“新建”对话框

图 12.5.3　“钢笔工具”属性栏

（4）按“Ctrl+Enter”键，将绘制的路径转换为选区，效果如图 12.5.5 所示。

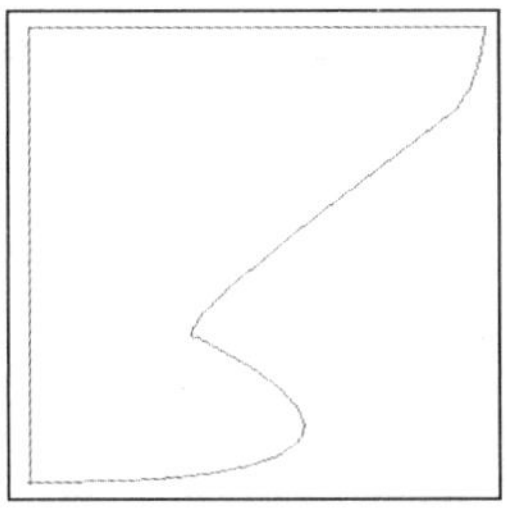

图 12.5.4　绘制的路径

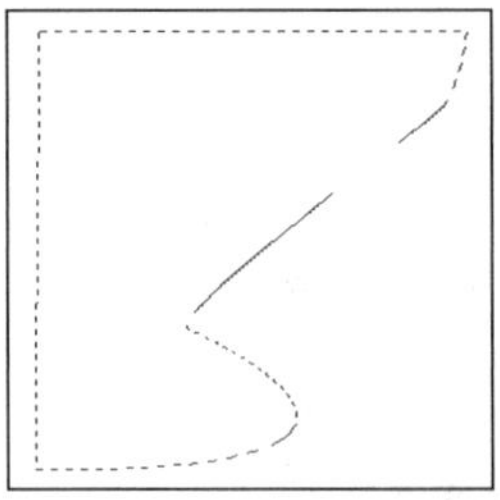

图 12.5.5　将路径转换为选区

（5）单击工具箱中的“渐变工具”按钮，其属性栏设置如图 12.5.6 所示。

图 12.5.6　“渐变工具”属性栏

（6）设置完成后，新建“图层 1”，设置前景色为（R：81，G：244，B：48），背景色为（R：178，G：243，B：145），然后在图像中拖动鼠标，如图 12.5.7 所示。

（7）对图像进行渐变填充后的效果如图 12.5.8 所示。

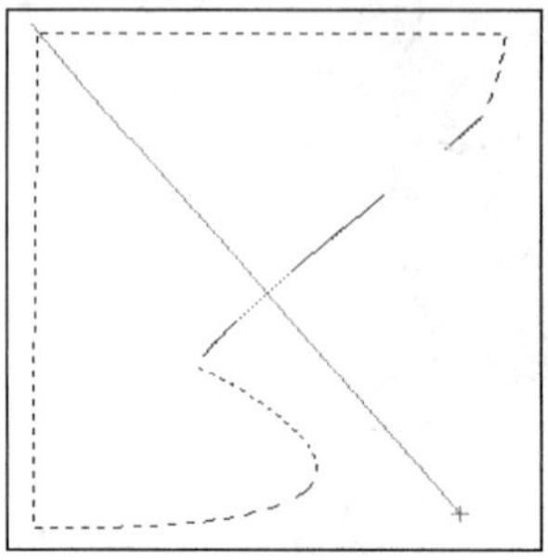

图 12.5.7　鼠标拖动过程

图 12.5.8　图层 1 渐变填充效果

（8）单击工具箱中的“多边形套索工具”按钮，然后在图像中创建如图 12.5.9 所示的多边形选区（注意在创建选区的过程中，选区边缘要和原图中的曲线相切）。

（9）新建“图层 2”，并将其拖动到“图层 1”的下方，单击工具箱中的“切换前景色和背景色”按钮，然后利用线性渐变对选区进行填充，渐变填充后的效果如图 12.5.10 所示。

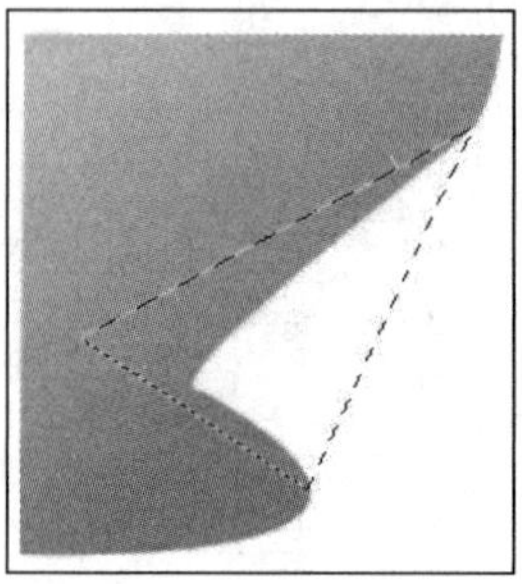

图 12.5.9　创建的多边形选区

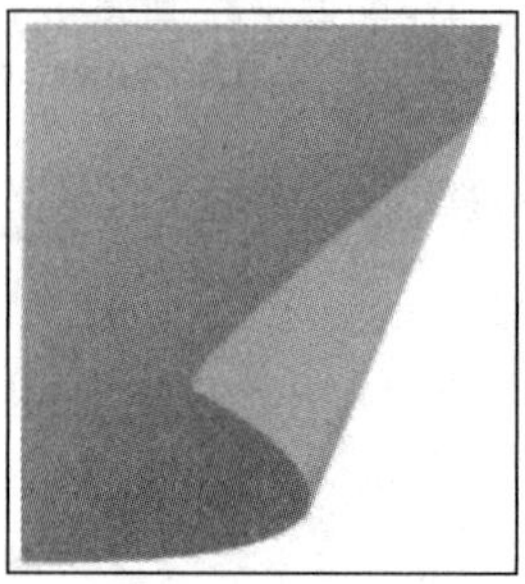

图 12.5.10　图层 2 渐变填充效果

（10）按住“Ctrl”键的同时单击“图层 1”，载入选区，如图 12.5.11 所示。

（11）新建“图层 3”，选择 编辑(E) → 描边(S)... 命令，弹出“描边”对话框，设置其参数如图 12.5.12 所示。在其中将描边颜色设为白色。

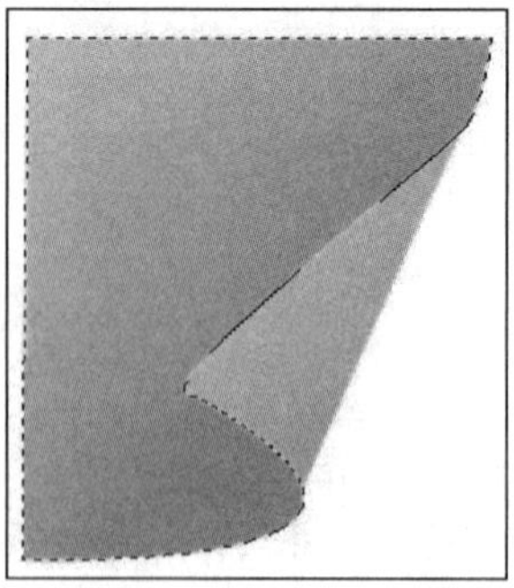

图 12.5.11　载入选区

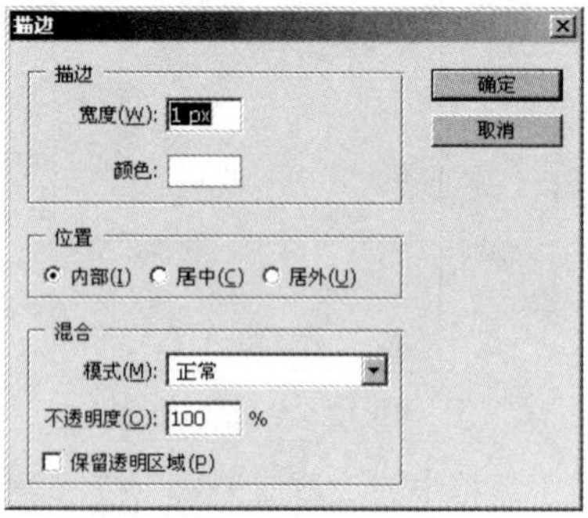

图 12.5.12　“描边”对话框

（12）设置完参数后，单击 确定 按钮，按“Ctrl+D”键取消选区。

（13）单击工具箱中的“钢笔工具”按钮，绘制如图 12.5.13 所示的路径。

（14）按“Ctrl+Enter”键将路径转换为选区，新建“图层 4”，并将其拖动到“图层 2”的下方，将选区填充为黑色，效果如图 12.5.14 所示。

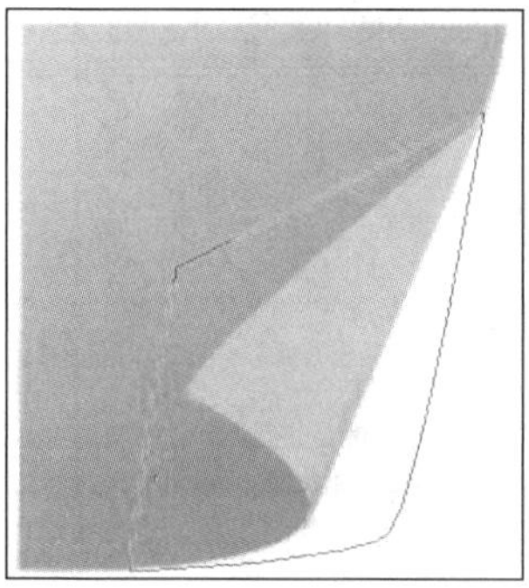

图 12.5.13　绘制的路径

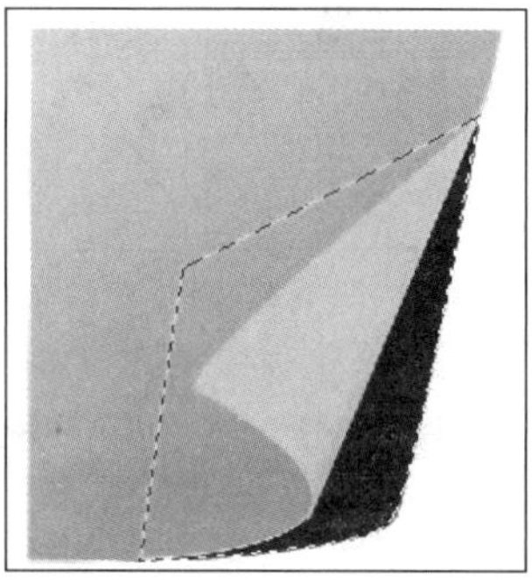

图 12.5.14　填充选区效果

（15）选择菜单栏中的 滤镜(T) → 模糊 → 高斯模糊... 命令，弹出“高斯模糊”对话框，设置参数如图 12.5.15 所示。

（16）设置完参数后，单击 确定 按钮，效果如图 12.5.16 所示。

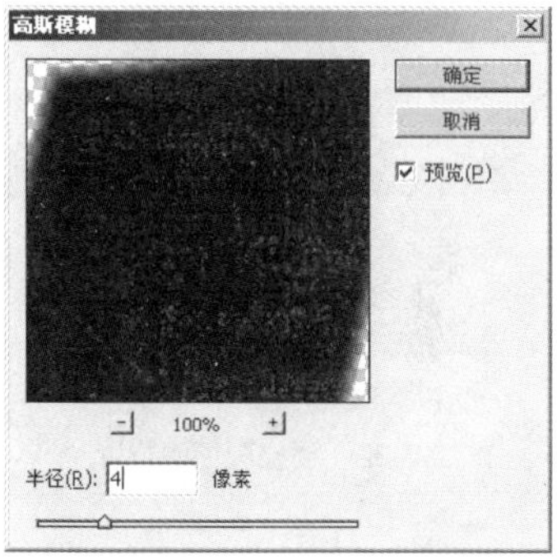

图 12.5.15　“高斯模糊”对话框

图 12.5.16　应用高斯模糊滤镜效果

（17）在图层面板中将“图层 4”的 不透明度: 设为 45%，效果如图 12.5.17 所示。

（18）单击图层面板底部的“添加图层蒙版”按钮，为“图层 4”添加图层蒙版，然后将前景色设为白色，背景色设为黑色，再利用线性渐变工具，将渐变不透明度设为 55%，然后在蒙版内作出渐变效果，填充后的效果如图 12.5.18 所示。

图 12.5.17　图层面板及设置不透明度后的效果

图 12.5.18　图层 4 渐变填充效果

（19）打开一幅图像，利用工具箱中的“移动工具”按钮，将其移动到新建图像中，自动生成“图层 5”，按“Ctrl+T”键执行自由变换命令，调整其大小及位置，效果如图 12.5.19 所示。

（20）在图层面板中，将“图层 5”拖动到“图层 1”的上方，然后按住“Alt”键，将鼠标指向“图层 1”和“图层 5”的之间单击，进行图层剪辑，效果如图 12.5.20 所示。

图 12.5.19　复制并调整图像效果

图 12.5.20　剪辑图层效果

（21）再打开一幅图像，如图 12.5.21 所示，将其拖曳到新建图像中，自动生成“图层 6”。

（22）将该图层调整到背景层的上方，此时图层面板如图 12.5.22 所示，按“Ctrl+T”键执行自由变换命令，调整图像的大小及位置，最终效果如图 12.5.1 所示。

图 12.5.21　打开的图像

图 12.5.22　调整图层的位置

12.6　自 我 检 测

一、填空题

1. 路径是由________线条构成的图形，路径是不可打印的________图。

2. 在 Photoshop CS4 中，绘制形状的工具包括________、________、________、________、________和________6 种。

3. 将鼠标光标移动到路径的起点处，当鼠标光标变为形状时，单击鼠标左键即可创建________的路径。

4. 形状工具包括________、________、________、________、________和________6 种。

5. ________是建立路径的基本工具，使用该工具可以创建直线路径或曲线路径。

6. 使用________工具可以绘制矩形、正方形的路径或形状。

二、选择题

1. 在 路径 面板底部单击按钮，可将（　）。

A．选区转换为路径　　B．路径转换为选区

C．路径转换为工作路径　　D．以上都不能

2．单击“路径”面板底部的（　）按钮，可以直接使用前景色填充路径。

A．　　B．

C．　　D．

3．选择路径选择工具后，再选中需要复制的路径，然后在按住（　）键的同时单击并拖动鼠标，即可复制路径。

A．Shift　　B．Alt

C．Delete　　D．Ctrl

4．如果想连续选择多个路径，可以在单击鼠标选择的同时按住（　）键。

A．Shift　　B．Ctrl

C．Enter　　D．Alt

5．按（　）键，可在图像中隐藏或显示路径。

A．Ctrl+B　　B．Alt+B

C．Ctrl+H　　D．Alt+H

6．以下不能对路径进行的操作是（　）。

A．路径的填充　　B．路径的描边

C．路径的复制　　D．路径的羽化

三、简答题

1．选区和路径之间是如何进行转换的？

2．如何填充路径？

四、上机操作题

1．使用钢笔工具和路径面板为如题图 12.1 所示的花图像创建选区，效果如题图 12.2 所示。

题图　12.1

题图 12.2

2．使用形状工具绘制如题图 12.3 所示的图形。

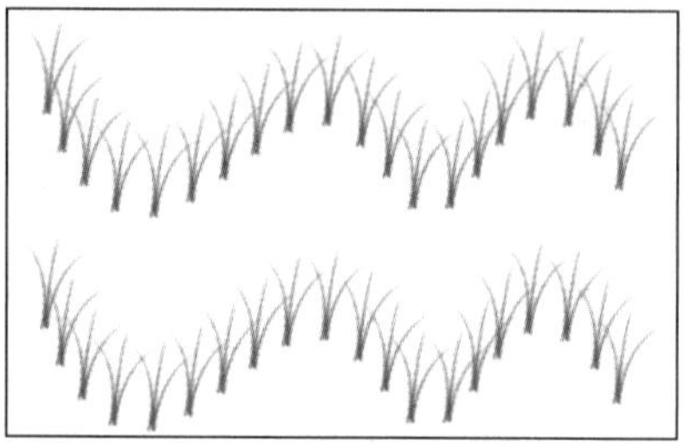

题图　12.3

12.7 知识问答

问：在用路径选取工具调整路径时，经常会遇到路径不容易调整的情况，如单击某一个锚点时两根调节杆都存在，调节一根另一根也会受到影响，有没有比较方便的方法来解决这种彼此控制的麻烦？

答：遇到这种情况可以用“转换点工具”对锚点进行变换，但使用不是很方便。在点上选择调整路径上的一个点后，按“Alt”键，再在点上单击鼠标左键，这时其中一根“调节线”将会消失，再单击下一个路径点时就不会受影响了。

问：在进行图形处理时常常会用到路径，但是路径也经常会带来不便，如当变形某图层的图形时，优先变形路径，这就很不方便，如何才能发挥路径的应用到最佳？

答：遇到这样的情况，要分不同的情况：当不再应用路径时可以选择删除路径；但是这不是根本的解决方法，最好的方法就是先把不用的路径隐藏起来。在路径调板中，按住“Shift”键在路径面板的路径栏上（见图 12.7.1）单击鼠标，可切换路径是否显示（见图 12.7.2）。单击路径面板上的空白区域，可关闭所有路径的显示，但再单击也不能重新显示。

图 12.7.1 路径面板

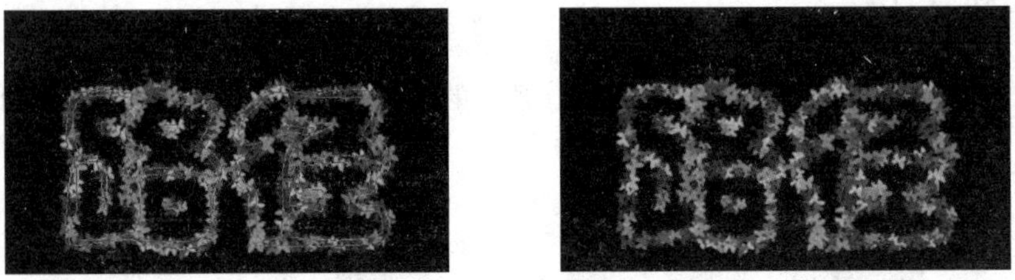
显示路径 隐藏路径

图 12.7.2 显示和隐藏路径

问：如何理解蒙版显示与禁用？

答：在图层面板中使用图层蒙版时，按“Shift”键并单击图层蒙版缩览图，会出现一个红叉，表示禁用当前蒙版，按“Alt”键并单击图层蒙版缩览图，蒙版会以整幅图像的方式显示，便于观察调整。

第13章 滤镜的应用

本章要点

- 滤镜的概念
- 扭曲滤镜组
- 像素化滤镜组
- 杂色滤镜组
- 渲染滤镜组
- 模糊滤镜组
- 画笔描边滤镜组
- 素描滤镜组
- 纹理滤镜组
- 艺术效果滤镜组
- 锐化滤镜组
- 风格化滤镜组
- 其他滤镜组

学习目标

滤镜是 Photoshop CS4 中用于创建图像特殊效果的一个强大工具。使用滤镜不仅可以帮助用户对图像进行模糊、锐化和亮度处理，还可以使图像产生各种各样的艺术效果，如水彩画、马赛克、吹风、波浪以及浮雕效果等。本章将介绍滤镜的应用基础和一些常用滤镜命令的使用方法和技巧。

13.1 滤镜的概念

滤镜主要用来制作图像的各种特殊效果，它通过分析图像中各个像素的值，根据滤镜中各种不同功能的要求，调用不同的运算模块处理图像，以达到所需的效果。Photoshop 所有的滤镜都放置在滤镜(T)菜单中，使用时只要选择这些滤镜命令即可。

滤镜可以应用于图像的选择区域，也可以应用于整个图层。Photoshop 中的滤镜从功能上基本分为矫正性滤镜与破坏性滤镜两种，矫正性滤镜包括模糊、锐化、视频、杂色以及其他滤镜，它们对图像处理的效果很微妙，可调整对比度、色彩等宏观效果。除这几种滤镜外，滤镜(T)菜单中的其他滤镜都属于破坏性滤镜，对图像的改变比较明显，主要用于构造特殊的艺术图像效果。

滤镜的处理以像素为单位，因此滤镜的处理效果与分辨率有关，同一幅图像如果分辨率不同，处理时所产生的效果也不同。

13.1.1 滤镜的使用方法

Photoshop 中提供了近百种滤镜，这些滤镜各有其特点，但使用方法基本相似。在使用滤镜时，一般都可以按照以下步骤进行：

（1）选择需要使用滤镜处理的某个图层、某区域或某个通道。

（2）在滤镜(T)菜单中，选择需要使用的滤镜命令，弹出相应的设置对话框。

（3）在弹出的对话框中设置相关的参数，一般有两种方法：一种是使用滑块，此方法很方便，也更容易随时预览效果；另一种是直接输入数值，这样可以得到较精确的设置。

（4）预览图像效果。大多数滤镜对话框中都设置了预览图像效果的功能。

（5）当调整好各个参数后，单击确定按钮就可以执行此滤镜命令。如果对调整的效果不满意，单击取消按钮即可。

13.1.2 滤镜使用技巧

滤镜的种类很多，产生的效果也不一样。滤镜的使用有一些基本的方法和技巧，主要包括以下几种：

（1）Photoshop 会针对选区进行滤镜效果处理，如果没有创建选区，则对整个图像进行处理；如果当前选择的是某一图层或某个通道，则只对当前图层或通道起作用。

（2）运用滤镜后，要通过“Ctrl+Z”键切换，以观察使用滤镜的前后图像效果对比，能更清楚地观察滤镜的作用。

（3）在对某一选择区域使用滤镜时，一般应先对选择区域执行羽化命令，然后再执行滤镜命令，这样可以使通过滤镜处理后选区内的图像很好地融合到图像中。

（4）按“Ctrl+F”键可重复执行上次使用的滤镜，但此时不会弹出滤镜对话框，即不能调整滤镜参数；如果按“Ctrl+Alt+F”键，则会重新弹出上一次执行的滤镜对话框，此时即可调整滤镜的参数设置。

（5）可以将多个滤镜命令组合使用，从而制作出漂亮的文字、纹理或图像效果。

（6）在位图、索引颜色和 16 位的颜色模式下不能使用滤镜。

13.2 扭曲滤镜组

扭曲滤镜是在图像处理中最常用的滤镜之一，该滤镜可以对图像进行各种扭曲和变形处理。在制作底纹时，通常需要使用扭曲滤镜进行变形而产生纹理。选择菜单栏中的滤镜(T)→扭曲命令，可弹出其子菜单，从中选择相应的命令可产生各种不同的变形效果。

13.2.1 切变

切变滤镜按照自定义的扭曲路径来扭曲图像，使图像产生扭曲的效果。该命令只能进行水平方向的扭曲，不能进行垂直方向的扭曲。打开一幅图像文件，选中图像中的一部分，然后选择滤镜(T)→扭曲→切变...命令，弹出“切变”对话框。

选中 ⊙ 折回(W) 单选按钮，将用图像中弯曲的部分来填充扭曲后的空白区域；选中 ⊙ 重复边缘像素(R) 单选按钮，将用图像中扭曲边缘的像素来填充扭曲后的空白区域。

设置相关的参数后，单击 确定 按钮，效果如图 13.2.1 所示。

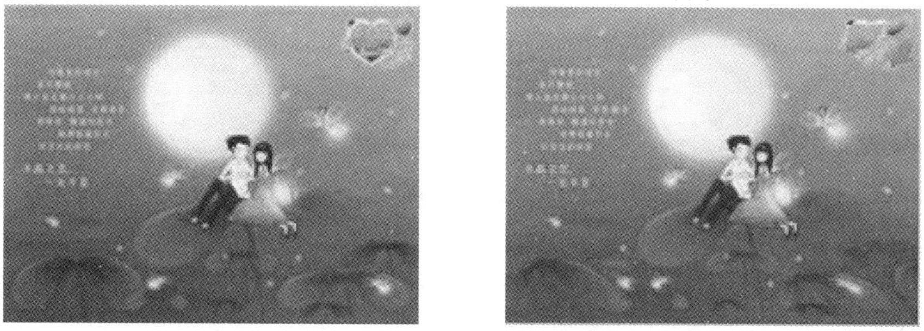

图 13.2.1 应用切变滤镜前后效果对比

13.2.2 旋转扭曲

旋转扭曲滤镜可以使图像产生旋转风轮的效果，中心的旋转程度比边缘的旋转程度大，一般用于制作旋涡效果。打开一幅图像，选择滤镜(T)→扭曲→旋转扭曲...命令，弹出“旋转扭曲”对话框。

在 角度(A) 文本框中输入数值，设置旋转图像时的角度，输入数值范围为－900～900。

设置相关的参数后，单击 确定 按钮，如图 13.2.2 所示。

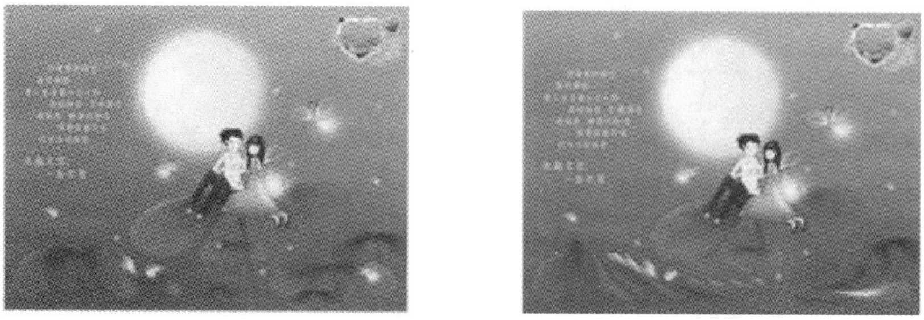

图 13.2.2 应用旋转扭曲滤镜前后效果对比

13.2.3　波纹

利用波纹滤镜可以使图像表面产生水波荡漾的涟漪效果。打开一幅图像，选择滤镜(T)→扭曲→波纹...命令，弹出“波纹”对话框。

在数量(A)文本框中输入数值设置产生波纹的数量，输入数值范围为－999～999。一般只有将参数设置在－300～300之间时，才会产生出较好的效果。

在大小(S)下拉列表中选择波纹的大小。

设置相关的参数后，单击确定按钮，效果如图13.2.3所示。

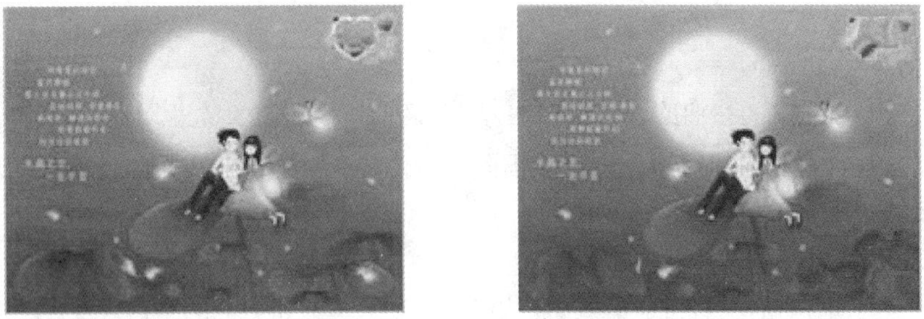

图 13.2.3　应用波纹滤镜前后效果对比

13.2.4　水波

水波滤镜可以产生池塘波纹和旋转的效果。使用此滤镜可以使图像具有波纹效果，就像水中泛起的涟漪。打开一幅图像，选择菜单栏中的滤镜(T)→扭曲→水波...命令，可弹出水波对话框。

在数量(A)输入框中输入数值，可设置波纹的数量，数值为正值时图像中的波纹向外凸出；数值为负值时图像中的波纹向内凹进。

在起伏(R)输入框中输入数值，可设置波纹的数量。

在样式(S)下拉列表中可选择水波形成的方式，其中包括围绕中心、从中心向外与水池波纹。

设置相关的参数后，单击确定按钮。

13.2.5　波浪

波浪滤镜可根据设置的不同波长而产生不同的波动效果。选择菜单栏中的滤镜(T)→扭曲→波浪...命令，弹出波浪对话框。

生成器数(G):：设置波浪生成器数目，最大值为999。

波长(W):：设置相邻两波峰间的水平距离，它分别设置最小波长和最大波长，其中最小波长要小于最大波长。

波幅(A):：设置波浪高度，取值范围为1～999。

比例(S):：设置波形垂直于水平缩放的百分比。

类型:：在此选项区中可以选择一种波浪的方式，包括正弦、三角形与方形。

随机化(Z)：该按钮可随机改变波浪效果，并可以多次操作。

设置相关的参数后，单击确定按钮。

13.2.6 玻璃

玻璃滤镜可以使图像产生一系列的细小纹理，好像是在各种不同纹理的玻璃下方观察图像的效果。打开一幅图像，选择菜单栏中的滤镜(T)→扭曲→玻璃...命令，弹出“玻璃”对话框。

在扭曲度(D)文本框中输入数值设置图像的变形程度；在平滑度(M)文本框中输入数值设置玻璃的平滑程度。

在缩放(S)文本框中输入数值设置纹理的缩放比例。

在纹理(T):下拉列表中选择表面纹理的变形类型，选项为小镜头。

选中☑反相(I)复选框，可以使图像中的纹理图进行反转。

设置相关的参数后，单击确定按钮。

13.3 像素化滤镜组

像素化滤镜主要用来将图像分块或将图像平面化，将图像中颜色相近的像素连接，形成相近颜色的像素块。

13.3.1 彩色半调

彩色半调滤镜模拟在图像的每个通道上使用放大的半调网屏效果。对于每个通道，此滤镜将图像划分为矩形，并用圆形替换每个矩形，看起来像产生铜版画的效果。打开一幅图像，选择滤镜(T)→像素化→彩色半调...命令，弹出“彩色半调”对话框。

在最大半径(R):文本框中输入数值，设置网格的大小；在网角(度):选项区中设置屏蔽的度数，其中的 4 个通道分别代表填入的颜色之间的角度，每一个通道的取值范围在－360～360 之间。

设置相关的参数后，单击确定按钮，效果如图 13.3.1 所示。

图 13.3.1 应用彩色半调滤镜前后效果对比

13.3.2 晶格化

晶格化滤镜可以在图像的表面产生结晶颗粒，使相近的像素集结形成一个多边形网格。打开一幅图像，选择滤镜(T)→像素化→晶格化...命令，弹出“晶格化”对话框。

在单元格大小(C)文本框中输入数值设置产生色块的大小，取值范围在 3～300 之间。

设置相关的参数后，单击确定按钮，效果如图 13.3.2 所示。

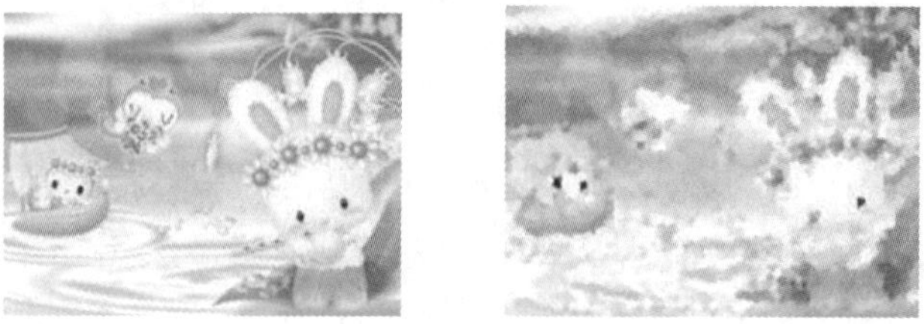

图 13.3.2　应用晶格化滤镜前后效果对比

13.3.3　马赛克

马赛克滤镜是通过将一个单元内的所有像素统一颜色，使图像产生如同是由一个个单一色彩小方块组成的马赛克效果。打开一幅图像，选择滤镜(T)→像素化→马赛克...命令，弹出“马赛克”对话框。

在单元格大小(C):文本框中输入数值，设置产生单元格的大小，取值范围在 2～200 之间。

设置相关的参数后，单击确定按钮。

13.3.4　点状化滤镜

点状化滤镜可将图像中的颜色分散为随机分布的网点，且用背景色来填充网点之间的区域，从而实现点描画的效果。打开一幅图像，选择滤镜(T)→像素化→点状化...命令，弹出“点状化”对话框。在其对话框中设置单元格大小(C)数值，设置好参数后，单击确定按钮。

13.4　杂色滤镜组

杂色滤镜可以在图像中随机地添加或减少杂色，这有利于将选区混合到周围的像素中。使用杂色滤镜可创建与众不同的纹理。

13.4.1　中间值

利用中间值滤镜可以减少所选择部分像素亮度混合时产生的杂点。打开一幅图像，选择滤镜(T)→杂色→中间值...命令，弹出“中间值”对话框。

在半径(R):文本框中输入数值设置该滤镜对每个像素进行亮度分析的距离范围，输入数值范围为 1～16。设置完相关的参数后，单击确定按钮，效果如图 13.4.1 所示。

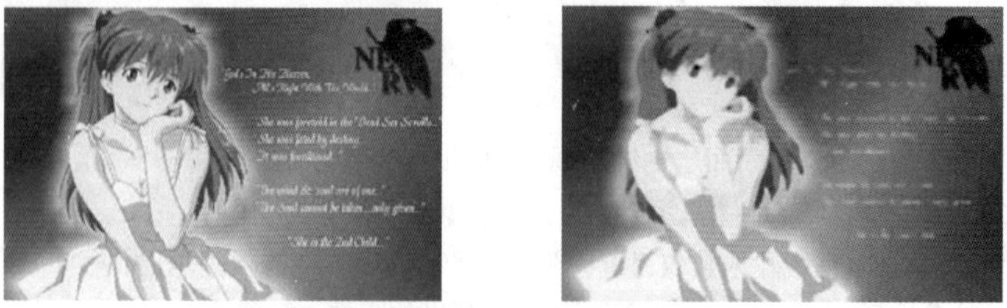

图 13.4.1　应用中间值滤镜前后效果对比

13.4.2 添加杂色

添加杂色滤镜可在被处理的图像中随机增加一些细小的颗粒状像素，一般用于制作添加杂点纹理的效果。打开一幅图像，选择滤镜(T)→杂色→添加杂色...命令，弹出“添加杂色”对话框。

在数量(A):文本框中输入数值设置添加杂色的数量，输入数值范围为1～999。输入的数值越大，效果越明显。

在分布选项区中选择杂色的分布模式，包括平均分布(U)和高斯分布(G)两个选项。

选中单色(M)复选框，添加的杂点只影响原图像像素的亮度而不改变其颜色。

设置相关的参数后，单击确定按钮。

13.4.3 去斑

去斑滤镜可以保留图像边缘而轻微模糊图像，从而去除较小的杂色。用户可以利用它来减少干扰或模糊过于清晰的区域，并可除去扫描图像中的波纹图案。打开一幅图像，选择菜单栏中的滤镜(T)→杂色→去斑命令，系统会自动对图像进行调整。

13.5 渲染滤镜组

渲染滤镜可以对图像进行镜头光晕、云彩以及光照等效果的处理。

13.5.1 镜头光晕

镜头光晕滤镜可给图像添加类似摄像机对着光源拍摄时的镜头炫光效果，可自动调节摄像机炫光位置。打开一幅图像，选择菜单栏中的滤镜(T)→渲染→镜头光晕...命令，弹出“镜头光晕”对话框。

在亮度(B):文本框中输入数值可设置炫光的亮度大小。

拖动光晕中心:显示框中的十字光标可以设置炫光的位置。

在镜头类型选项区中选择镜头的类型。

设置相关的参数后，单击确定按钮，效果如图13.5.1所示。

图 13.5.1 应用镜头光晕滤镜前后效果对比

13.5.2 云彩

云彩滤镜是在前景色和背景色之间随机抽取像素值并转换为柔和的云彩效果。在选择云彩滤镜命令时按下“Shift”键可产生低漫射云彩。如果需要一幅对比强烈的云的效果，在选择云彩命令时须按“Alt”键。打开一幅图像，选择菜单栏中的 滤镜(T) → 渲染 → 云彩 命令，系统会自动对图像进行调整，效果如图 13.5.2 所示。

图 13.5.2　应用云彩滤镜前后效果对比

13.5.3　光照效果

光照效果滤镜是 Photoshop CS4 中较复杂的滤镜，可对图像应用不同的光源、光类型和光的特性，也可以改变基调、增加图像深度和聚光区。打开一幅图像，选择菜单栏中的 滤镜(T) → 渲染 → 光照效果... 命令，弹出 光照效果 对话框。

样式:：用于选择光照样式。

光照类型:：用于选择灯光类型，包括平行光、全光源、点光。

强度:：用于控制光源的强度，还可以在右边的颜色框中选择一种灯光的颜色。

聚焦:：可以调节光线的宽窄。此选项只有在使用点光时可使用。

属性:：此选项区中 光泽: 后面的滑块可用于调节图像的反光效果； 材料: 后面的滑块可用于控制光线或光源所照射的物体是否产生更多的折射； 曝光度: 用于控制光线明暗度； 环境: 可用于设置光照范围的大小。

纹理通道:：在此下拉列表中可以选择一个通道，即将一个灰色图像当作纹理来使用。

设置完参数后，单击 确定 按钮。

13.6　模糊滤镜组

模糊滤镜主要用来修饰边缘过于清晰或者对比度过于强烈的图像或选区，使其变得更加柔和。

13.6.1　动感模糊

动感模糊滤镜可以使图像产生动态模糊的效果，类似拍摄运动的效果。打开一幅图像，选择菜单栏中的 滤镜(T) → 模糊 → 动感模糊... 命令，弹出 动感模糊 对话框。

在 角度(A): 文本框中输入数值，设置动感模糊的方向。

在 距离(D): 文本框中输入数值，设置处理图像的模糊强度，输入数值范围为 1～999。

设置完参数后，单击 确定 按钮，效果如图 13.6.1 所示。

图 13.6.1　应用动感模糊滤镜前后效果对比

13.6.2　径向模糊

径向模糊滤镜可对图像进行旋转模糊，也可将图像从中心向外缩放模糊，使图像产生旋转或放射的模糊效果。打开一幅图像，选择菜单栏中的 滤镜(T) → 模糊 → 径向模糊... 命令，弹出“径向模糊”对话框。

在 数量(A) 文本框中输入数值，设置图像产生模糊效果的强度，输入数值范围为 1～100。

在 模糊方法: 选项区中选择模糊的方法。

在 品质: 选项区中选择生成模糊效果的质量。

设置相关的参数后，单击 确定 按钮，效果如图 13.6.2 所示。

图 13.6.2　应用径向模糊滤镜前后效果对比

13.6.3　高斯模糊

高斯模糊滤镜是一种常用的滤镜，它主要是根据高斯模糊曲线的分布模式对图像进行模糊。打开一幅图像，选择菜单栏中的 滤镜(T) → 模糊 → 高斯模糊... 命令，弹出“高斯模糊”对话框。

在 半径(R): 文本框中输入数值，设置图像的模糊程度，输入的数值越大，图像模糊的效果越明显。

设置相关的参数后，单击 确定 按钮。

13.6.4　特殊模糊

利用特殊模糊滤镜可以使图像产生一种清晰边界的模糊效果，该滤镜能够找出图像边缘，并只模糊图像边界线以内的区域，设置的参数将决定 Photoshop 所找到的边缘位置。打开一幅图像，选择菜单栏中的 滤镜(T) → 模糊 → 特殊模糊... 命令，弹出“特殊模糊”对话框。

在 半径 文本框中输入数值，设置辐射的范围大小。

在阈值文本框中输入数值，设置模糊的阈值，输入数值范围为 0.1～100。

在品质:下拉列表中选择模糊效果的质量；在模式:下拉列表中选择产生图像效果的模式。

设置相关的参数后，单击确定按钮。

13.7 画笔描边滤镜组

画笔描边滤镜可使用不同的画笔和油墨描边效果创造出绘画效果的外观。此滤镜组中的滤镜可为图像添加喷溅、喷色描边、成角的线条以及烟灰墨，从而获得点状化效果。

13.7.1 喷溅

利用喷溅滤镜可以模拟使用喷枪绘图的效果，类似于用水在画面上喷溅、浸润的效果。打开一幅图像，选择菜单栏中的滤镜(T)→画笔描边→喷溅...命令，弹出“喷溅”对话框。

在喷色半径(R)文本框中输入数值设置喷溅的范围，取值范围为 0～25，输入的值越小，喷溅的范围就越小。

在平滑度(S)文本框中输入数值设置喷溅效果的轻重和平滑度。

设置相关的参数后，单击确定按钮，效果如图 13.7.1 所示。

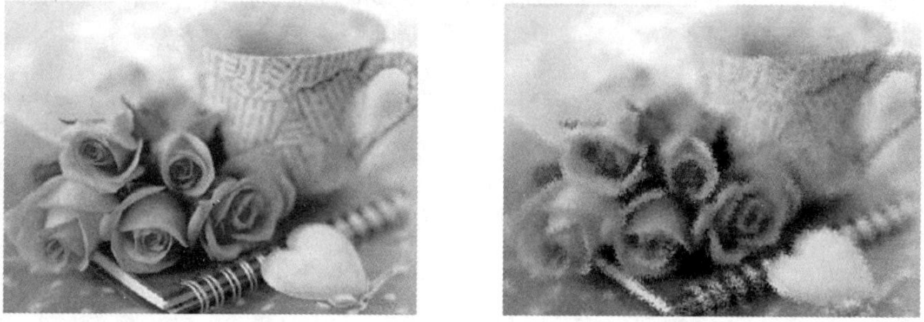

图 13.7.1 应用喷溅滤镜前后效果对比

13.7.2 喷色描边

喷色描边滤镜是使用带有一定角度的喷色线条的主导色彩来重新描绘图像，使图像表面产生描绘的水彩画效果。打开一幅图像，选择菜单栏中的滤镜(T)→画笔描边→喷色描边...命令，弹出“喷色描边”对话框。

在描边长度(S)文本框中输入数值，设置笔触的长度，取值范围为 0～20。

在喷色半径(R)文本框中输入数值，设置喷射的范围大小，取值范围为 0～25。

在描边方向(D):下拉列表中选择笔画的方向。

设置相关的参数后，单击确定按钮。

13.7.3 成角的线条

成角的线条滤镜使用对角线描绘图像，将图像中较亮的区域用一个方向的线条绘制，较暗的区域用相反方向的线条绘制。打开一幅图像，选择菜单栏中的 滤镜(T) → 画笔描边 → 成角的线条... 命令，弹出“成角的线条”对话框。

在 方向平衡(D) 文本框中输入数值设置线条倾斜的方向，输入数值范围为 0～100。

在 描边长度(L) 文本框中输入数值可设置线条的长度，输入数值范围为 3～50。

在 锐化程度(S) 文本框中输入数值可设置画笔线条的尖锐程度，输入数值范围为 0～10。

设置相关的参数后，单击 确定 按钮。

13.7.4 烟灰墨

烟灰墨滤镜通过计算图像像素的色值分布，使图像产生类似于用黑色墨水的湿画笔在宣纸上进行绘制的效果。打开一幅图像，选择菜单栏中的 滤镜(T) → 画笔描边 → 烟灰墨... 命令，弹出“烟灰墨”对话框。

在 描边宽度(S) 文本框中输入数值设置笔触的宽度。

在 描边压力(P) 文本框中输入数值设置笔触的强度。

在 对比度(C) 文本框中输入数值设置原图像的亮部与暗部之间的对比度。

设置完相关的参数后，单击 确定 按钮，效果如图 13.7.2 所示。

图 13.7.2　应用烟灰墨滤镜前后效果对比

13.8 素描滤镜组

素描滤镜主要通过模拟素描、速写等绘画手法使图像产生不同的艺术效果。该滤镜可以在图像中添加底纹从而产生三维效果。素描滤镜组中的大部分滤镜都要配合前景色与背景色使用。

13.8.1 半调图案

半调图案滤镜使用前景色和背景色在当前图像中重新添加颜色，使图像产生网状图案效果。打开一幅图像，选择菜单栏中的 滤镜(T) → 素描 → 半调图案... 命令，弹出“半调图案”对话框。

在 大小(S) 文本框中输入数值设置图案的大小。

在 对比度(C) 文本框中输入数值设置图像中前景色和背景色的对比度。

在 图案类型(P): 下拉列表中可选择产生的图案类型，包括圆形、网点和直线 3 种类型。

设置相关的参数后，单击 确定 按钮，效果如图 13.8.1 所示。

图 13.8.1　应用半调图案滤镜前后效果对比

13.8.2　水彩画纸

水彩画纸滤镜可以使图像产生类似在潮湿的纸上绘图而产生画面浸湿的效果。打开一幅图像，选择菜单栏中的滤镜(T)→素描→水彩画纸...命令，弹出“水彩画纸”对话框。

在纤维长度(F)文本框中输入数值可设置扩散的程度与画笔的长度。

在亮度(B)文本框中输入数值可设置图像的亮度。

在对比度(C)文本框中输入数值可设置图像的对比度。

设置相关的参数后，单击确定按钮，效果如图 13.8.2 所示。

图 13.8.2　应用水彩画纸滤镜前后效果对比

13.8.3　撕边

利用撕边滤镜可以将图像撕成碎纸片状，使图像产生粗糙的边缘，并以前景色与背景色渲染图像。打开一幅图像，选择菜单栏中的滤镜(T)→素描→撕边...命令，弹出“撕边”对话框。

在图像平衡(I)文本框中输入数值设置前景色与背景色之间的平衡比例。

在平滑度(S)文本框中输入数值设置撕破边缘的平滑程度。

在对比度(C)文本框中输入数值设置图像的对比度。

设置相关的参数后，单击确定按钮。

13.8.4　绘图笔

绘图笔滤镜可使图像产生使用精细的、具有一定方向的油墨线条重绘的效果。打开一幅图像，选择菜单栏中的滤镜(T)→素描→绘图笔...命令，弹出“绘图笔”对话框。

在描边长度(S)文本框中输入数值设置笔画长度。

在明/暗平衡(B)文本框中输入数值设置图像效果的明暗平衡度。

在描边方向(D):下拉列表中选择笔画描绘的方向。

设置相关的参数后，单击确定按钮。

13.8.5 影印

影印滤镜可用前景色与背景色来模拟影印图像效果，图像中的较暗区域显示为背景色，较亮区域显示为前景色。打开一幅图像，选择菜单栏中的滤镜(T)→素描→影印...命令，弹出“影印”对话框。

在细节(D)文本框中输入数值，可设置图像影印效果细节的明显程度。

在暗度(A)文本框中输入数值，可设置图像较暗区域的明暗程度，输入数值越大，暗区越暗。

设置好参数后，单击确定按钮，效果如图 13.8.3 所示。

图 13.8.3　应用影印滤镜前后效果对比

13.8.6 铬黄

铬黄滤镜可以模拟发光的液体金属效果，使图像产生金属质感效果。打开一幅图像，选择菜单栏中的滤镜(T)→素描→铬黄...命令，弹出“铬黄渐变”对话框。

在细节(D)文本框中输入数值设置原图像细节保留的程度；在平滑度(S)文本框中输入数值设置铬黄效果纹理的光滑程度。

设置相关的参数后，单击确定按钮。

13.9 纹理滤镜组

纹理滤镜可以使图像中各部分之间产生过渡变形的效果，其主要的功能是在图像中加入各种纹理以产生图案效果。使用纹理滤镜可以使图像的表面具有深度感或物质覆盖表面的感觉。

13.9.1 染色玻璃

染色玻璃滤镜可以使图像产生不规则分离的彩色玻璃格子，每一格的颜色由该格的平均颜色来确定。打开一幅图像，选择菜单栏中的滤镜(T)→纹理→染色玻璃...命令，弹出“染色玻璃”对话框。

在单元格大小(C)文本框中输入数值设置产生的玻璃格大小。

在边框粗细(B)文本框中输入数值设置玻璃格边框的宽度。

在光照强度(L)文本框中输入数值设置灯光照射的强度。

设置相关的参数后，单击确定按钮，效果如图 13.9.1 所示。

图 13.9.1　应用染色玻璃滤镜前后效果对比

13.9.2　纹理化

纹理化滤镜可以为图像添加各种不同的纹理效果。打开一幅图像，选择菜单栏中的滤镜(T)→纹理→纹理化...命令，弹出“纹理化”对话框。

在纹理(T):下拉列表中选择添加的纹理类型。

在缩放(S)文本框中输入数值设置纹理的缩放比例。

在凸现(R)文本框中输入数值设置纹理的凸现程度。

在光照(L):下拉列表中选择灯光照射的方向。

选中☑反相(I)复选框，将使灯光照射的方向反相。

设置相关的参数后，单击确定按钮，效果如图 13.9.2 所示。

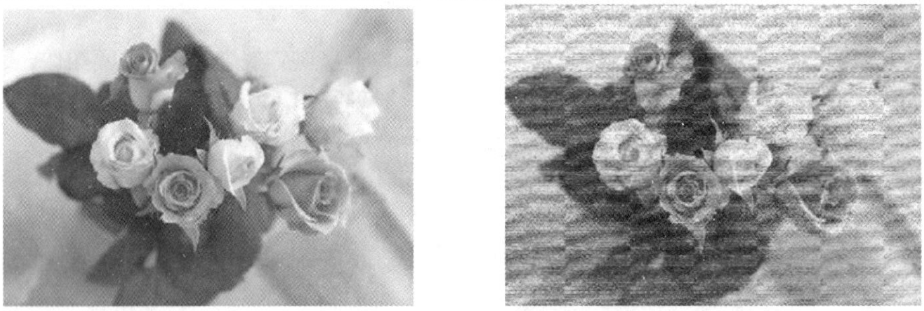

图 13.9.2　应用纹理化滤镜前后效果对比

13.9.3　龟裂缝

龟裂缝滤镜可使图像产生凹凸不平的浮雕或石制品特有的龟裂纹理效果。打开一幅图像，选择菜单栏中的滤镜(T)→纹理→龟裂缝...命令，弹出“龟裂缝”对话框。

在裂缝间距(S)文本框中输入数值设置裂痕纹理的间距。

在裂缝深度(D)文本框中输入数值设置裂痕的深度。

在裂缝亮度(B)文本框中输入数值设置裂痕的亮度。

设置相关的参数后，单击确定按钮。

13.10 艺术效果滤镜组

艺术效果滤镜用于为美术或商业项目制作绘画效果或艺术效果。艺术效果滤镜组中共包含 15 种不同的滤镜，使用这些滤镜，可模仿不同风格的艺术绘画效果。

13.10.1 塑料包装

塑料包装滤镜可以使图像像涂上一层光亮的塑料，以产生一种表面质感很强的塑料包装效果，使图像具有立体感。打开一幅图像，选择菜单栏中的滤镜(T)→艺术效果→塑料包装...命令，弹出“塑料包装”对话框。

在高光强度(H)文本框中输入数值可设置塑料包装效果中高亮度点的亮度；在细节(D)文本框中输入数值可设置产生效果的细节复杂程度；在平滑度(S)文本框中输入数值可设置产生塑料包装效果的光滑度。设置相关的参数后，单击确定按钮，效果如图 13.10.1 所示。

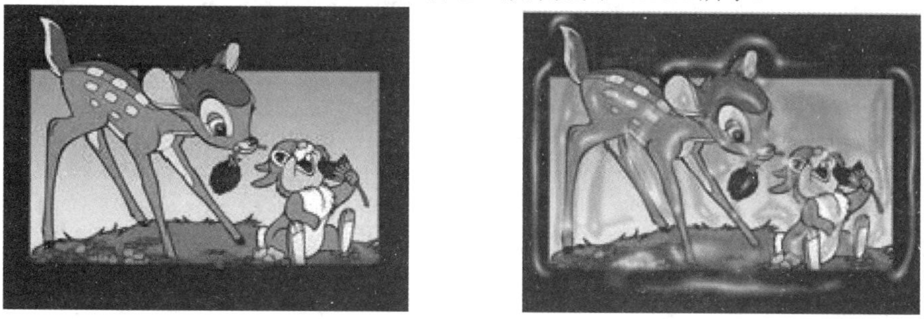

图 13.10.1 应用塑料包装滤镜前后效果对比

13.10.2 底纹效果

底纹效果滤镜根据纹理的类型和色值来描绘图像，使图像产生一种纹理喷绘的效果。打开一幅图像，选择菜单栏中的滤镜(T)→艺术效果→底纹效果...命令，弹出“底纹效果”对话框。

在画笔大小(B)文本框中输入数值设置画笔的尺寸；在纹理覆盖(C)文本框中输入数值设置纹理覆盖的面积。在纹理(T):下拉列表中可选择纹理类型；在光照(L):下拉列表中可选择光线照射的方向。

在缩放(S)文本框中输入数值设置纹理的缩放比例；在凸现(R)文本框中输入数值设置浮雕效果的凸现程度。选中☑反相(I)复选框，可将产生的纹理反向处理。

设置相关的参数后，单击确定按钮，效果如图 13.10.2 所示。

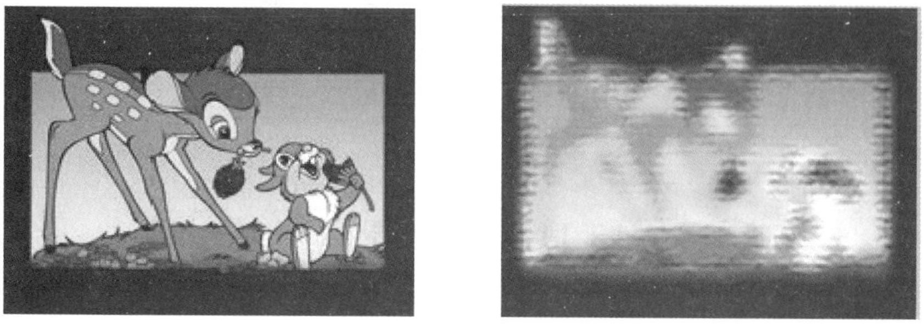

图 13.10.2 应用底纹效果滤镜前后效果对比

13.10.3 海报边缘

海报边缘滤镜可以减少图像中的颜色数量，并用黑色勾画轮廓，使图像产生海报画的效果。打开一幅图像，选择菜单栏中的滤镜(T)→艺术效果→海报边缘...命令，弹出“海报边缘”对话框。

在边缘厚度(E)文本框中输入数值设置边缘的宽度；在边缘强度(I)文本框中输入数值设置边缘的可见程度；在海报化(P)文本框中输入数值设置颜色在图像上的渲染效果。

设置相关的参数后，单击确定按钮。

13.10.4 粗糙蜡笔

利用粗糙蜡笔滤镜可以将图像处理成类似用粗糙蜡笔画出来的效果。打开一幅图像，选择菜单栏中的滤镜(T)→艺术效果→粗糙蜡笔...命令，弹出“粗糙蜡笔”对话框。

在描边长度(O)文本框中输入数值设置线条纹理的长度；在描边细节(D)文本框中输入数值设置笔触的细腻程度。在纹理(T):下拉列表中选择纹理的类型；在光照(L):下拉列表中选择光线的照射方向。

在缩放(S)文本框中输入数值设置纹理的缩放比例；在凸现(R)文本框中输入数值设置纹理的深度。

选中☑反相(I)复选框，可将产生的纹理反向处理。

设置相关的参数后，单击确定按钮。

13.10.5 水彩

水彩滤镜以水彩的风格绘制图像，简化图像中的细节，使图像产生类似于用蘸了水和颜色的中号画笔绘制的效果。打开一幅图像，选择菜单栏中的滤镜(T)→艺术效果→水彩...命令，弹出“水彩”对话框。

在画笔细节(B)文本框中输入数值设置水彩笔的细腻程度；在阴影强度(S)文本框中输入数值设置水彩阴影的强度。在纹理(T)文本框中输入数值设置水彩的材质纹理，输入数值范围为 1～3。

设置相关的参数后，单击确定按钮。

13.10.6 木刻

木刻滤镜是利用版画和雕刻原理来处理图像，使图像看起来好像是由粗糙剪切的彩纸组成的。选择菜单栏中的滤镜(T)→艺术效果→木刻...命令，弹出“木刻”对话框。

在色阶数(L)文本框中输入数值，可设置图像色彩的层次。

在边缘简化度(S)文本框中输入数值，可设置边缘的简化程度。

在边缘逼真度(F)文本框中输入数值，可设置边缘的真实度。数值越大，其图像真实度越高。

设置好参数后，单击确定按钮。

13.11 锐化滤镜组

锐化滤镜组通过增加相邻像素的对比度来聚焦模糊的图像。使用该组滤镜可使图像更清晰逼真，但是如果锐化太强烈，反而会适得其反。

13.11.1　USM 锐化

使用 USM 锐化滤镜可以在图像边缘的两侧分别制作一条明线或暗线，以调整其边缘细节的对比度，最终使图像的边缘轮廓锐化。打开一幅图像，选择菜单栏中的滤镜(T)→锐化→USM 锐化...命令，弹出“USM 锐化”对话框。

在数量(A):文本框中输入数值设置锐化的程度；在半径(R):文本框中输入数值设置边缘像素周围影响锐化的像素数；在阈值(T):文本框中输入数值设置锐化的相邻像素之间的最低差值。

设置相关的参数后，单击确定按钮，效果如图 13.11.1 所示。

图 13.11.1　应用 USM 锐化滤镜前后效果对比

13.11.2　锐化

利用锐化滤镜可以增加图像像素之间的对比度，使图像清晰化。打开一幅图像，选择菜单栏中的滤镜(T)→锐化→锐化命令，系统会自动对图像进行调整。

13.12　风格化滤镜组

风格化滤镜通过置换图像中的像素以及通过查找增加图像的对比度，使图像产生印象派以及其他风格化派的效果。

13.12.1　凸出滤镜

凸出滤镜可以赋予图像一种 3D 的纹理效果，它能将图像转化为三维立方体或锥体。打开一幅图像，选择菜单栏中的滤镜(T)→风格化→凸出...命令，弹出“凸出”对话框。

在类型:选项区中可选择一种凸出的类型，即⊙块(B)或⊙金字塔(P)。

在大小(S):文本框中可设置块状和金字塔状体的底面大小。

在深度(D):文本框中可设置图像从屏幕凸起的深度，基于色阶选项可使图像中的某一部分亮度增加，使块状和金字塔状与色阶连在一起。

设置完参数后，单击确定按钮，效果如图 13.12.1 所示。

图 13.12.1　应用凸出滤镜前后效果对比

13.12.2　拼贴

利用拼贴滤镜可以使图像产生类似用瓷砖拼贴的效果。打开一幅图像，选择菜单栏中的滤镜(T)→风格化→拼贴...命令，弹出“拼贴”对话框。

在拼贴数:文本框中输入数值设置在图像中每行和每列显示的小方格数量；在最大位移:文本框中输入数值设置小方格偏移的距离。

填充空白区域用:选项区用于设置拼贴块之间空白区域的填充方式。

设置好参数后，单击确定按钮，效果如图 13.12.2 所示。

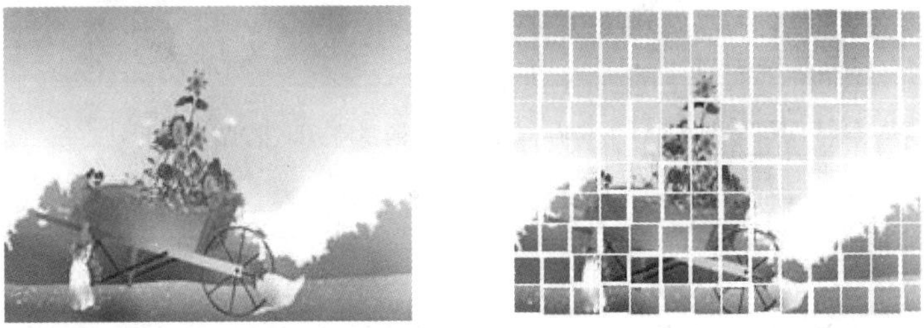

图 13.12.2　应用拼贴滤镜前后效果对比

13.12.3　浮雕效果

浮雕效果滤镜通过勾画图像或选区的轮廓和降低周围色值来生成浮雕图像效果。打开一幅图像，选择菜单栏中的滤镜(T)→风格化→浮雕效果...命令，弹出“浮雕效果”对话框。

在角度(A):文本框中输入数值设置光线照射的角度值；在高度(H):文本框中输入数值设置浮雕凸起的高度；在数量(M):文本框中输入数值设置凸出部分细节的百分比。

设置好参数后，单击确定按钮。

13.12.4　查找边缘

查找边缘滤镜可以查找图像中主色色块颜色变化的区域，并将查找的边缘轮廓用铅笔描边。打开一幅图像，选择菜单栏中的滤镜(T)→风格化→查找边缘命令，系统会自动对图像进行调整。

13.12.5　风

风滤镜通过在图像中添加一些小的水平线生成风的效果。打开一幅图像，选择菜单栏中的滤镜(T)→

风格化→风...命令，弹出“风”对话框。

在方法选项区中设置风吹效果的样式，包括风、大风和飓风3个选项。

在方向选项区中设置风吹的方向，其中包括从左和从右两个选项。

设置好参数后，单击确定按钮。

13.13 其他滤镜组

其他滤镜不同于以上分类的滤镜，使用该滤镜组中的滤镜可以创建特殊的图像效果。

13.13.1 位移

位移滤镜可以将图像中的像素按指定的距离向水平或垂直方向移动。打开一幅图像，选择菜单栏中的滤镜(T)→其它→位移...命令，弹出“位移”对话框。

在水平(H):文本框中输入数值，图像将以指定的数值水平移动；在垂直(V):文本框中输入数值，图像将以指定的数值垂直移动。

在未定义区域选项区中选择移动后空白区域的填充方式，包括设置为背景(B)、重复边缘像素(R)和折回(W) 3个单选按钮。

设置相关的参数后，单击确定按钮，效果如图13.13.1所示。

图13.13.1 应用位移滤镜前后效果对比

13.13.2 最小值

最小值滤镜主要用来减弱图像的亮度色调。打开一幅图像，选择菜单栏中的滤镜(T)→其它→最小值...命令，弹出“最小值”对话框。

在半径(R):文本框中输入数值设置图像暗部区域的范围。

设置相关的参数后，单击确定按钮。

13.13.3 高反差保留

高反差保留滤镜可以将图像中色调平缓的部分删除，保留色彩变化最大的部分，使图像的阴影消失而亮点凸出。打开一幅图像，选择菜单栏中的滤镜(T)→其它→高反差保留...命令，弹出“高反差保留”对话框。

在半径(R):文本框中输入数值设置像素周围的距离，输入数值范围为0.1～250。

设置相关的参数后，单击 确定 按钮。

13.14 应用实例——制作雪景图

实例分析

本例将利用快速选择工具、水波滤镜、风滤镜、绘图笔滤镜以及高斯模糊滤镜等为图像添加场景，最终效果如图 13.14.1 所示。

图 13.14.1 最终效果图

操作步骤

（1）按“Ctrl+O”键，打开一幅图像，单击工具箱中的“快速选择工具”按钮，创建如图 13.14.2 所示的选区。

（2）新建“图层 1”，选择菜单栏中的 滤镜(T) → 扭曲 → 水波... 命令，弹出“水波”对话框，设置其参数如图 13.14.3 所示。

图 13.14.2 创建选区

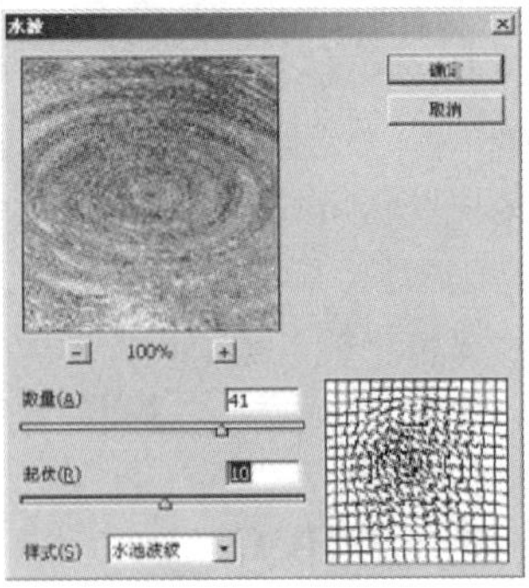

图 13.14.3 “水波”对话框

（3）设置完参数后，单击 确定 按钮，再按“Ctrl+D”键取消选区，效果如图 13.14.4 所示。

（4）选择菜单栏中的 滤镜(T) → 风格化 → 风... 命令，弹出“风”对话框，在其对话框中选中如图 13.14.5 所示的选项，得到的效果如图 13.14.6 所示。

图 13.14.4 应用水波滤镜效果

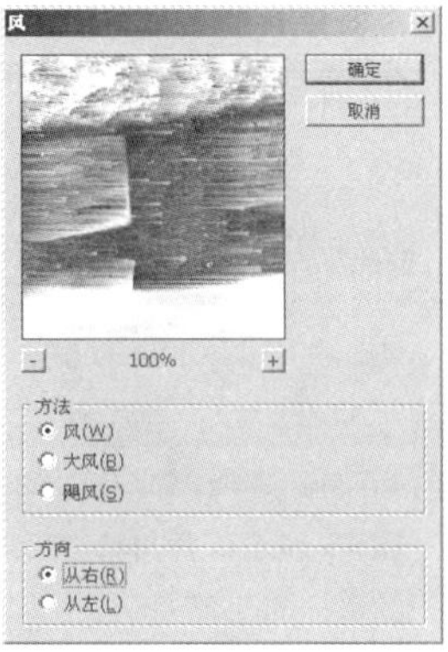

图 13.14.5 “风”对话框

（5）新建“图层 3”，按“D”键将前景色和背景色设置为默认的颜色，选择菜单栏中的编辑(E)→填充(L)...命令，弹出“填充”对话框，设置其参数如图 13.14.7 所示。

图 13.14.6 应用风滤镜效果

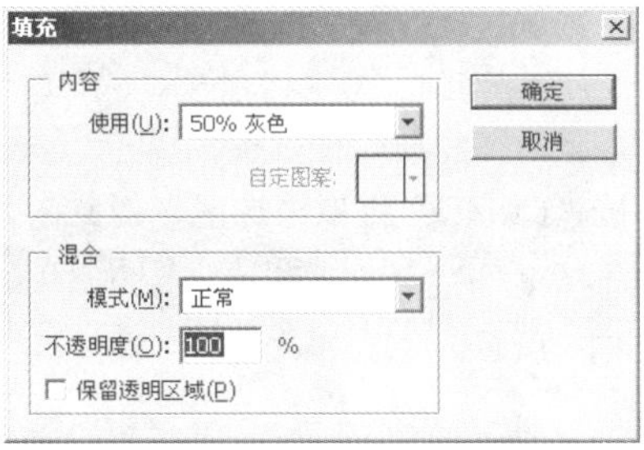

图 13.14.7 “填充”对话框

（6）设置完各项参数后，单击确定按钮，效果如图 13.14.8 所示。

（7）选择菜单栏中的滤镜(T)→素描→绘图笔...命令，弹出“绘图笔”对话框，设置其参数如图 13.14.9 所示。

图 13.14.8 填充图像效果

图 13.14.9 “绘图笔”对话框

（8）设置完参数后，单击确定按钮，效果如图 13.14.10 所示。

（9）选择菜单栏中的选择(S)→色彩范围(C)...命令，弹出“色彩范围”对话框，设置其参数如图 13.14.11 所示。

（10）设置完成后，单击确定按钮，载入白色选择区域，效果如图 13.14.12 所示。

（11）按“Delete”键删除选区内图像，效果如图 13.14.13 所示。

（12）按“Ctrl+Shift+I”键将选区反选，设置前景色为白色，再按“Alt+Delete”键将反选后的区域填充为白色。

图 13.14.10 应用绘图笔滤镜效果

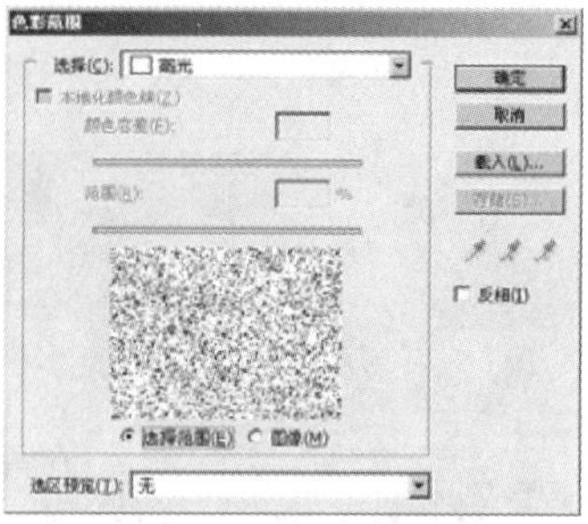

图 13.14.11 “色彩范围”对话框

图 13.14.12 载入白色选区

图 13.14.13 删除选区内图像效果

（13）按“Ctrl+D”键取消选区，得到的效果如图 13.14.14 所示。

（14）选择菜单栏中的 滤镜(T) → 模糊 → 高斯模糊... 命令，弹出“高斯模糊”对话框，设置其参数如图 13.14.15 所示。

图 13.14.14 填充并取消选区效果

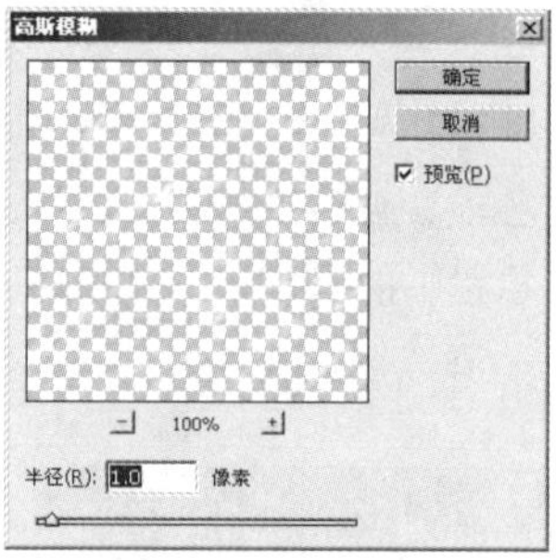

图 13.14.15 “高斯模糊”对话框

（15）设置完成后，单击 确定 按钮，效果如图 13.14.16 所示。

（16）选择菜单栏中的 滤镜(T) → 锐化 → USM 锐化... 命令，弹出“USM 锐化”对话框，设置其参数如图 13.14.17 所示。

图 13.14.16 应用高斯模糊滤镜效果

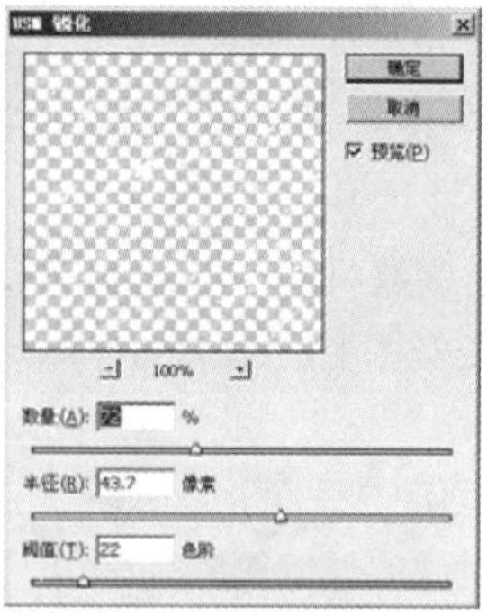

图 13.14.17 “USM 锐化”对话框

（17）设置完成后，单击 确定 按钮，再按两次“Ctrl+F”键重复使用 USM 锐化滤镜，最终效果如图 13.14.1 所示。

13.15 自我检测

一、填空题

1．Photoshop 中的滤镜从功能上基本分为两种，即________滤镜与________滤镜。

2．滤镜不能应用在模式为________与________的图像中。

3．________滤镜将随机像素应用于图像，模拟在高速胶片上拍照的效果，从而为图像添加一些细小的颗粒状像素。

4．使用________滤镜能够产生旋转模糊或放射模糊的效果。

二、选择题

1．在 Photoshop CS4 中，按（　）键可以快速重复使用某滤镜。

A．Ctrl+F　　B．Alt+F

C．Ctrl+Z　　D．Alt+Z

2．在 Photoshop CS4 中，按（　）键可以还原滤镜的操作。

A．Ctrl+Alt+F　　B．Ctrl+F

C．Ctrl+Alt+Z　　D．Ctrl+Z

3．（　）滤镜可以在图像的表面产生结晶颗粒，使相近的像素集结形成一个多边形网格。

A．晶格化　　B．点状化

C．彩色半调　　D．马赛克拼贴

4．（　）命令的功能与背景橡皮擦工具类似，都可以将图像的背景删除，保留需要的图像。

A．液化　　B．消失点

C．抽出　　D．以上都不能

三、上机操作题

利用本章学过的波纹滤镜制作如题图 13.1 所示的水波效果。

题图　13.1

13.16 知识问答

问：在滤镜的使用过程中，多会出现一个小的窗口可以预览添加滤镜后的效果，但是效果不能看得很清楚，有什么方法可以更方便地查看最终效果吗？

答：在滤镜窗口里，按“Alt”键，“Cancel”按钮会变成“Reset”按钮，可恢复初始状况。想要放大在滤镜对话框中图像预览的大小，直接按下“Ctrl”键，用鼠标单击预览区域即可放大；反之按下“Alt”键则预览区内的图像便迅速变小。

问：在运用滤镜中“云彩”命令时往往出现不了自己想要的图形，云彩总是或多或少的不符合心意，有没有什么方法可以调整云彩的密度吗？

答：在使用“滤镜”→“渲染”→“云彩”的滤镜时，若要产生更多明显的云彩图案，可先按住“Alt”键后再执行该命令；若要生成低漫射云彩效果，可先按住“Shift”键后再执行命令。

问： Photoshop CS4 中的滤镜是可以添加的，那么在以后的应用中需要什么吗？

答：使用新滤镜应使用缺省设置实验，先试一试较低的配置，再试一试较高的配置。观察以下变化的过程及结果。用一幅较小的图像进行处理，并保存拷贝的原始文件，而不要使用“还原”。这样可使操作者对所做的结果进行比较，记下自己真正喜欢的设置。

问：Photoshop CS4 中的滤镜是否可以进行自定义？

答：Photoshop CS4 中的滤镜是可以进行自定义的，选择 滤镜(T) → 其它 → 自定... 命令，弹出“自定”对话框，如图 13.16.1 所示。在对话框的不同输入框中输入数值，可以在左侧的预览框中呈现出添加滤镜后的效果，输入的数值不同，Photoshop CS4 将会把图片处理成不同的效果。

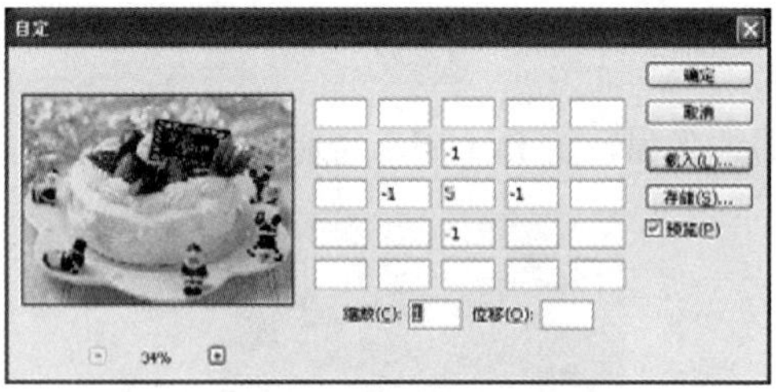

图 13.16.1 “自定”对话框

第14章 位图的应用

本章要点

- 编辑位图
- 位图的滤镜效果

学习目标

在 CorelDRAW X4 中，不仅可以绘制与编辑矢量图对象，而且还可以直接对位图进行各种编辑操作。

14.1 编 辑 位 图

在 CorelDRAW X4 中，可以将矢量图转换为位图，也可对特定的位图进行编辑、裁剪、描绘与重新取样等操作。

14.1.1 矢量图转换为位图

一般情况下，如果需要对矢量图进行一些细节修改，必须先将其转换为位图。转换为位图后，可应用各种不同的效果给位图设置独特的外观。

使用挑选工具选择需要转换的矢量图，然后选择菜单栏中的 位图(B) → 转换为位图(_)… 命令，弹出 转换为位图 对话框，如图 14.1.1 所示。

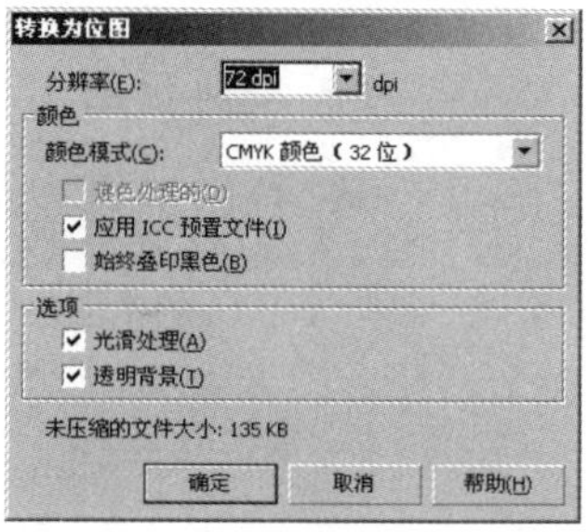

图 14.1.1 “转换为位图”对话框

在 颜色模式(C): 右侧的 CMYK 颜色（32 位） 下拉列表中，可选择矢量图转换为位图后的颜色类型。

在 分辨率(E): 下拉列表中，可以选择或输入矢量图转换为位图后的分辨率。转换为位图时分辨率越高，所包含的像素越多，位图对象的信息量就越大，文件也就越大。

选中 ☑ 光滑处理(A) 复选框，可以使图形在转换的过程中消除锯齿，使边缘更平滑。

选中 ☑ 透明背景(T) 复选框，可以使转换后的位图背景为透明。

14.1.2 编辑位图

利用 CorelDRAW X4 提供的附加程序 Corel PHOTO-PAINT X4 可以对位图进行编辑。

使用挑选工具选择位图，然后选择菜单栏中的 位图(B) → 编辑位图(E)... 命令，就可以启动 Corel PHOTO-PAINT X4 应用程序，如图 14.1.2 所示。

图 14.1.2 启动 Corel PHOTO-PAINT X4 应用程序

在此应用程序中，可以在其工具箱中选择适当的绘图工具对位图图像进行编辑。编辑完成后，单击“保存”按钮，就可将编辑后的位图图像进行保存。然后关闭 Corel PHOTO-PAINT X4 应用程序，返回到 CorelDRAW X4 中，就可看到在 Corel PHOTO-PAINT X4 应用程序中对位图图像进行编辑后的效果，如图 14.1.3 所示。

图 14.1.3　应用 Corel PHOTO-PAINT X4 编辑后的效果

14.1.3　裁剪位图

在导入位图时，有时只需要其中一部分，此时就要将图像多余的部分裁剪。利用图片的裁剪功能，可以自由地裁剪位图。

单击工具栏中的“导入”按钮，弹出导入对话框，如图 14.1.4 所示。从中选择需要的位图，在全图像下拉列表中选择裁剪方式导入图像。

单击导入按钮，可弹出裁剪图像对话框，如图 14.1.5 所示，在此对话框中有一个由裁切框包围的图像缩览图，通过拖动裁切框，可以实现图像的裁剪。

图 14.1.4　选择裁剪方式的“导入”对话框

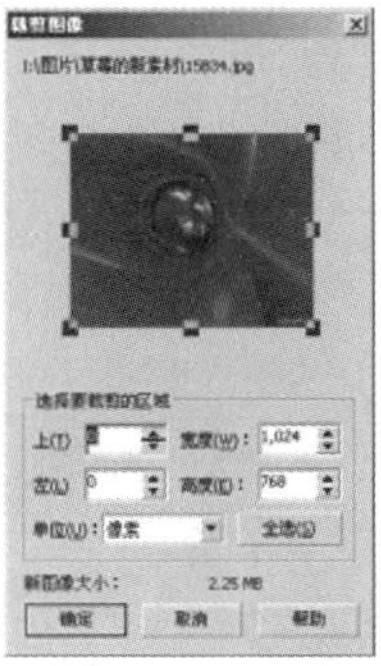

图 14.1.5　“裁剪图像”对话框

如果要精确裁剪图像，可在裁剪图像对话框中的上(T):、宽度(W):、左(L):和高度(E):微调框中输入具体的数值。

设置好参数后，单击确定按钮，即可将裁剪后的位图导入到绘图区中。

14.1.4　重新取样

使用重新取样命令可以改变位图的分辨率与实际尺寸等图像属性。

选中需要重新取样的位图，然后选择菜单栏中的位图(B)→重新取样(R)…命令，弹出重新取样对话框，如图 14.1.6 所示。

在此对话框中的图像大小选项区中的宽度(W):与高度(H):微调框中输入数值，可设置图像的尺寸以及使用的单位。在分辨率选项区中的水平(Z):与垂直(V):微调框中输入数值，可设置图像水平与垂直方向的分辨率。

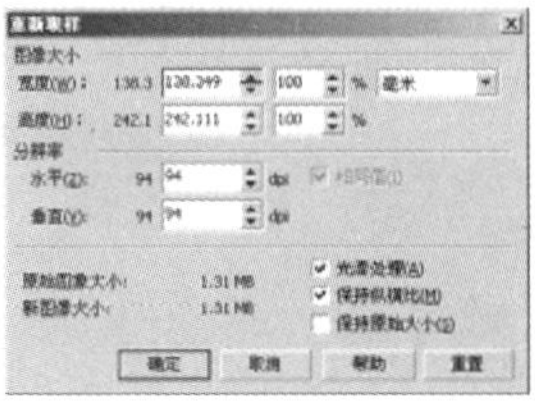

图 14.1.6　“重新取样”对话框

在重新取样对话框中，选中☑光滑处理(A)复选框，可以消除图像中的锯齿。

选中☑保持纵横比(M)复选框，可以使位图在重新取样的过程中保持原位图的比例。

选中☑保持原始大小(S)复选框，可以使重新取样后的位图对象保持原位图的尺寸大小。

设置好各项参数后，单击确定按钮，即可显示重新取样的结果。

14.2　位图的滤镜效果

CorelDRAW X4 中处理位图的滤镜功能是非常强大的，使用位图滤镜，可以迅速地改变位图对象的外观效果。CorelDRAW X4 中提供了多种不同特性的滤镜，如卷页、浮雕、模糊、风、旋涡和虚光等，使用好位图的滤镜可以创作出多种特殊的效果。

14.2.1　三维效果

选择菜单栏中的位图(B)→三维效果(3)命令，可弹出其子菜单，如图 14.2.1 所示，通过使用此菜单中的命令，可以对位图进行三维效果设置。

1．三维旋转

使用三维旋转命令可以改变位图水平方向或垂直方向的角度，以模拟三维空间的方式来旋转位图，从而产生出立体透视的效果。

选中位图后，选择菜单栏中的位图(B)→三维效果(3)→三维旋转(3)…命令，弹出三维旋转对话框，如图 14.2.2 所示。

图 14.2.1　三维效果子菜单

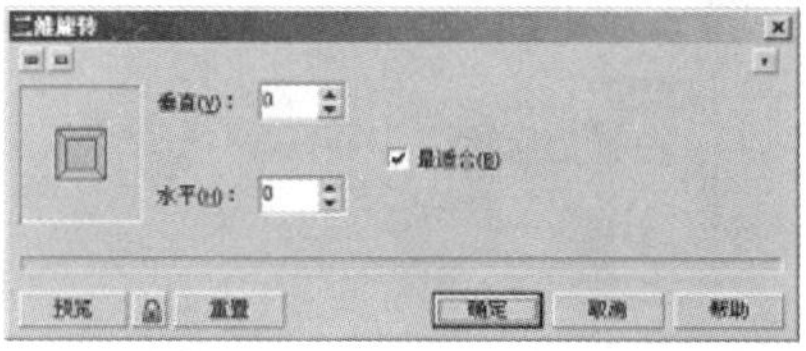

图 14.2.2　“三维旋转”对话框

在垂直(V):与水平(H):微调框中输入数值，可设置旋转角度，选中☑最适合(B)复选框，使图像以最合适的大小显示，单击预览按钮，可预览设置后的效果，满意后，单击确定按钮，位图应用三维旋转的效果如图 14.2.3 所示。

图 14.2.3　应用三维旋转滤镜前后效果对比图

2．柱面

使用柱面命令可以使位图在水平与垂直的柱面产生映射的效果。

选中位图后，选择菜单栏中的位图(B)→三维效果(3)→柱面(L)...命令，弹出柱面对话框。

在柱面模式选项区中选中 水平(H) 或 垂直(V) 单选按钮，并在百分比(P):输入框中输入数值，调整水平与垂直模式的百分比。

设置好参数后，单击确定按钮。

3. 浮雕

使用浮雕滤镜可以调整深度与光线的方向，从而在平面的图像上建立一种三维浮雕效果。

选中位图后，选择菜单栏中的位图(B)→三维效果(3)→浮雕(E)...命令，弹出浮雕对话框。

在深度(D):输入框中可设置浮雕效果的深浅度；在层次(L):输入框中可设置浮雕效果的明显程度；在方向(C):微调框中可设置浮雕效果的角度。

在浮雕色选项区中，可以选择一种颜色作为创建浮雕效果的背景颜色。如果选中 原始颜色(O)单选按钮，可以使位图的浮雕效果保持原始颜色不被改变；选中 灰色(G)单选按钮，可以将位图的浮雕颜色改为灰色；选中 黑(B)单选按钮，可以将位图的浮雕颜色改为黑色；选中 其它(T)单选按钮，可以单击其后面的下拉按钮，在弹出的调色板中选择需要改变的浮雕颜色。

设置好参数后，单击确定按钮。

4. 卷页

使用卷页滤镜可以从图像的 4 个角的任意一角开始，将位图像纸一样卷起。

选中需要编辑的位图后，选择菜单栏中的位图(B)→三维效果(3)→卷页(A)...命令，弹出卷页对话框。

在此对话框中提供了 4 种卷页的类型，从中选择一种卷页类型，然后在定向选项区中选择卷页的方向；在纸张选项区中选择卷页部分是否透明；在颜色选项区中设置卷页部分的颜色与背景颜色。

在宽度%(W):与高度%(I):输入框中输入数值，可设置卷页的宽度与高度，还可以通过调节滑块来改变数值。

设置好参数后，单击确定按钮。

5. 透视

使用透视滤镜可以调整图像 4 角的控制点，将三维透视效果应用于位图上。

选中位图后，选择菜单栏中的位图(B)→三维效果(3)→透视(R)...命令，弹出透视对话框。

在类型选项区中有两种透视模式，分别是 透视(P)与 切变(S)。选中 透视(P)单选按钮，然后在对话框左边的调整窗口中用鼠标拖动其控制点，可以改变图像中透视点的位置。

设置满意后，单击确定按钮，可将透视点效果应用于选中的位图。

6. 挤远与挤近

使用挤远与挤近命令，可通过调整对话框中的数值使位图扭曲。

选中位图后，选择菜单栏中的位图(B)→三维效果(3)→挤远/挤近(P)...命令，弹出挤远/挤近对话框。

在挤远/挤近(P):输入框中输入数值，可以改变位图的挤远或挤近程度，正值表示挤远；负值表示挤近。单击对话框中的按钮，然后在位图上单击，可以设置挤远或挤近时的中心位置。

设置好参数后，单击确定按钮。

7．球面

使用球面滤镜可产生类似于把位图粘贴在球体上而产生的一种视觉效果。

选中位图后，选择菜单栏中的 位图(B) → 三维效果(3) → 球面(S)… 命令，弹出 球面 对话框。

在 优化 选项区中可以选择优化方式，即选中 速度(S) 或 质量(Q) 单选按钮；单击按钮，然后在原位图上单击，可确定球的中心位置；在 百分比(P): 输入框中输入数值，可以改变球面效果的方向与强弱，正值表示上凸起的球面效果，负值表示凹陷的球面效果。

14.2.2 艺术笔触

艺术笔触滤镜中包含了炭笔画、单色蜡笔画、蜡笔画、素描、水彩、波纹纸画等 14 种艺术效果。通过使用这些笔触滤镜可以使位图显示出自然描绘的效果。

1．炭笔画

选中需要编辑的位图后，选择菜单栏中的 位图(B) → 艺术笔触(A) → 炭笔画(C)… 命令，弹出 炭笔画 对话框。

在 大小(S): 输入框中输入数值，可以设置素描的像素大小；在 边缘(E): 输入框中输入数值，可以设置素描的像素黑白度。

2．单色蜡笔画

使用单色蜡笔画滤镜可以使图像产生不同的纹理效果。

选中位图后，选择菜单栏中的 位图(B) → 艺术笔触(A) → 单色蜡笔画(O)… 命令，弹出 单色蜡笔画 对话框。

在 单色 选项区中，可以选择一种或多种蜡笔颜色，并单击 纸张颜色(C): 右侧的下拉按钮，在弹出的调色板中选择一种蜡笔颜色。

在 压力(P): 输入框中输入数值，可控制绘制所选图像的效果时的颜色轻重；在 底纹(T): 输入框中输入数值，可设置纹理质地的粗糙程度，数值越大质地越粗糙。

单击 预览 按钮，可以在预览窗口中预览调整参数后的位图效果。如果要重新设置各项参数，可单击 重置 按钮，进行参数的重新设置。

设置满意后，单击 确定 按钮，图像效果如图 14.2.4 所示。

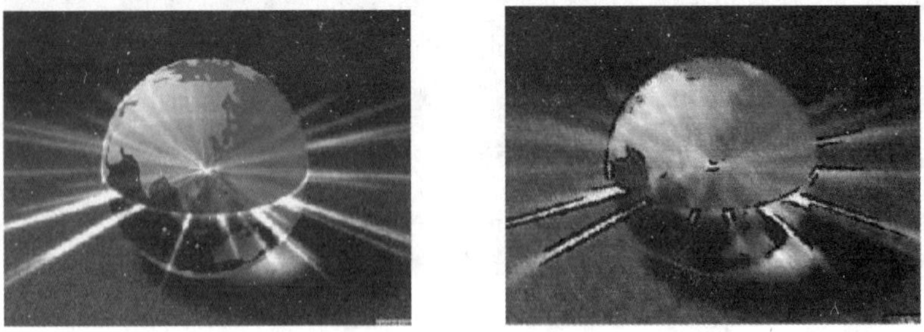

图 14.2.4　应用单色蜡笔画滤镜前后效果对比

3．蜡笔画

使用蜡笔画滤镜可以使位图产生蜡笔绘画的效果。

选中位图后，选择菜单栏中的位图(B)→艺术笔触(A)→蜡笔画(R)…命令，弹出蜡笔画对话框。

在大小(S):输入框中输入数值，可设置像素散开的稠密程度，也就是图像的粗糙程度；在轮廓(L):输入框中输入数值，可设置图像轮廓显示的轻重程度。

设置好参数后，单击确定按钮。

4. 素描

使用素描滤镜可以使图像产生类似于铅笔素描的效果。

选中位图后，选择菜单栏中的位图(B)→艺术笔触(A)→素描(K)...命令，弹出素描对话框。

在铅笔类型选项区中选择一种铅笔类型，即 碳色(G)或 颜色(C)。

在样式(S):输入框中输入数值，可设置图像的平滑度；在笔芯(L):输入框中输入数值，可以设置使用的铅笔类型；在轮廓(O):输入框中输入数值，可以设置图像的轮廓线宽度。

预览效果满意后，单击确定按钮。

5. 水彩画

使用水彩画滤镜可以使图像产生类似于水彩画的效果。

选中位图后，选择菜单栏中的位图(B)→艺术笔触(A)→水彩画(W)...命令，弹出水彩画对话框。

调节画刷大小(S):输入框中的数值，可设置画笔笔头大小；调整粒状(G):输入框中的数值，可设置图像的粗糙程度；调整水量(W):输入框中的数值，可设置水彩的湿润程度；调整出血(B):输入框中的数值，可设置色彩显示的明显程度；调整亮度(R):输入框中的数值，可设置图像的亮度。

设置好参数后，单击确定按钮。

6. 波纹纸画

使用波纹纸画滤镜可以使图像产生不同的波浪效果。

选中图像后，选择菜单栏中的位图(B)→艺术笔触(A)→波纹纸画(V)...命令，弹出波纹纸画对话框。

在笔刷颜色模式选项区中选择一种色彩类型，如果选中 颜色(C)单选按钮，可使波纹纸画以彩色显示；选中 黑白(B)单选按钮，可使波纹纸画以黑白显示；在笔刷压力(P):输入框中输入数值，可设置波纹线条的颜色深浅。

设置好参数后，单击确定按钮。

14.2.3 模糊特效

选择菜单栏中的位图(B)→模糊(B)命令，弹出其子菜单，如图14.2.5所示，使用此菜单中的命令可以使图像产生模糊的效果。

1. 高斯式模糊

选择菜单栏中的位图(B)→模糊(B)→高斯式模糊(G)...命令，弹出高斯式模糊对话框，通过调节对话框中半径(R):的数值，可使图像产生薄雾效果。

2. 动态模糊

使用动态模糊滤镜可以使图像产生一种快速移动时的模糊效果。

选中位图后，选择菜单栏中的位图(B)→模糊(B)→动态模糊(M)...命令，弹出动态模糊对话框，如图 14.2.6 所示。

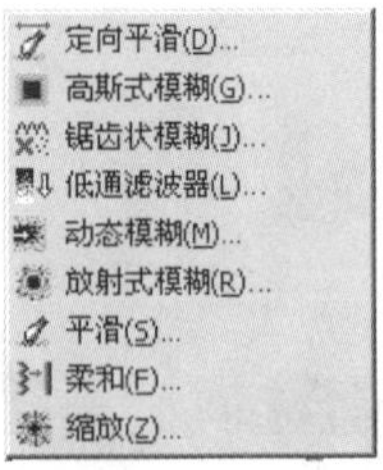

图 14.2.5　模糊子菜单

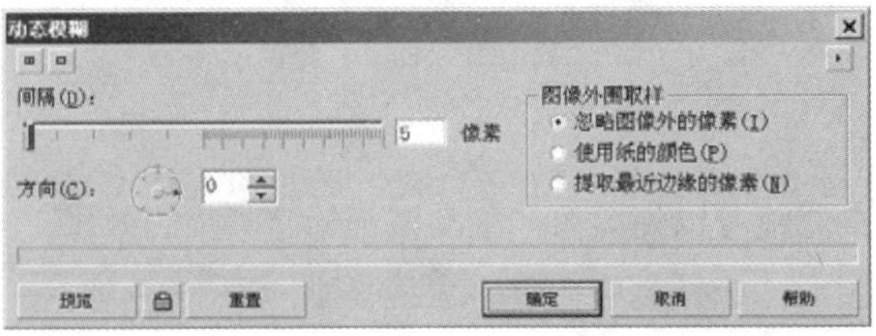

图 14.2.6　“动态模糊”对话框

在方向(C):输入框中输入数值，可以改变位图对象动态模糊的方向；在图像外围取样选项区中可以选择图像的取样模式，有忽略图像外的像素(I)、使用纸的颜色(P)和提取最近边缘的像素(N) 3 种方式。

设置好参数后，单击确定按钮，位图应用动态模糊滤镜的效果如图 14.2.7 所示。

图 14.2.7　应用动态模糊滤镜前后效果对比图

3．放射式模糊

选择菜单栏中的位图(B)→模糊(B)→放射式模糊(R)...命令，弹出放射状模糊对话框，在此对话框中单击按钮，在原图像上单击可确定放射中心位置，调节数量(A):输入框中的数值，可设置放射模糊的数量。

4．缩放模糊

选择菜单栏中的位图(B)→模糊(B)→缩放(Z)...命令，弹出缩放对话框，单击按钮，在原图像上单击可确定缩放中心位置，调整数量(A):输入框中的数值，可设置缩放的明显程度，此时可使图像以缩放中心向外发散，产生模糊效果。

14.2.4　颜色变换滤镜

使用颜色变换滤镜可以使位图总体效果发生很大的改变，形成具有某种特殊效果的艺术图像。选择菜单栏中的位图(B)→颜色转换(L)命令，弹出其子菜单，如图 14.2.8 所示。

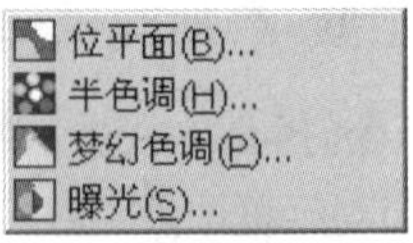

图 14.2.8　颜色转换子菜单

1．位平面

使用位平面滤镜可以将位图转换成由许多颜色小块组成的图像，每一个颜色小块都是由 3 种颜色组成的，分别是红、绿、蓝。

选中位图后，选择菜单栏中的位图(B)→颜色转换(L)→位平面(B)...命令，弹出位平面对话框。

在红(R):、绿(G):、蓝(B):输入框中输入数值，可以改变图像的颜色；选中☑应用于所有位面(A)复选框，3 种颜色参数同步变化；取消选中此复选框，则可以单独调节各个颜色的参数。

2．曝光

使用曝光滤镜可以将位图颜色转换成如同摄影负片的颜色。

选择位图后，选择菜单栏中的位图(B)→颜色转换(L)→曝光(S)...命令，弹出曝光对话框，通过调整层次(L):输入框中的数值，可改变图像底片的曝光程度，效果如图 14.2.9 所示。

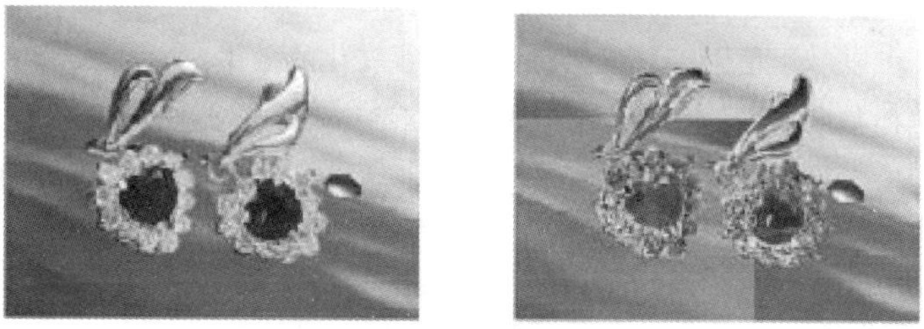

图 14.2.9　应用曝光滤镜前后效果对比

14.2.5　轮廓图

选择菜单栏中的位图(B)→轮廓图(O)命令，弹出其子菜单，如图 14.2.10 所示，通过使用此菜单中的命令，可以轻松地检测和强调位图图像的轮廓。

1．边缘检测

使用边缘检测滤镜可以在图像中加入不同的边缘效果。

选中位图后，选择菜单栏中的位图(B)→轮廓图(O)→边缘检测(E)...命令，弹出边缘检测对话框，如图 14.2.11 所示。

图 14.2.10　轮廓图子菜单

图 14.2.11　“边缘检测”对话框

在背景色选项区中选择一种颜色作为背景色，并在灵敏度(S):输入框中输入数值，设置图像边缘的清晰程度。设置好参数后，单击确定按钮，图像效果如图 14.2.12 所示。

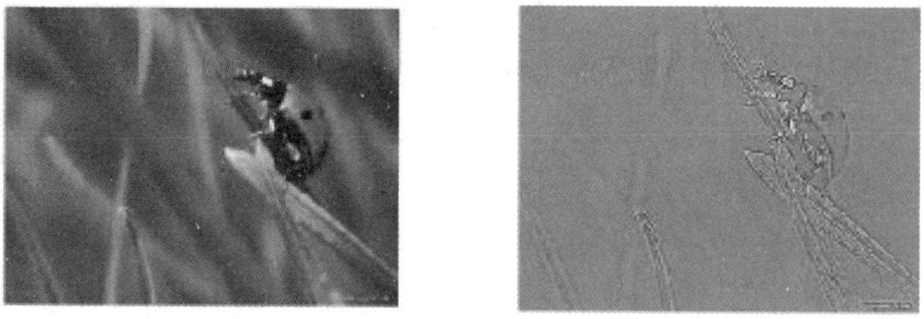

图 14.2.12　应用边缘检测滤镜前后效果对比

2．查找边缘

使用查找边缘滤镜可以使图像的边缘轮廓较亮显示。

选中位图后，选择菜单栏中的位图(B)→轮廓图(O)→查找边缘(F)...命令，弹出查找边缘对话框，在 边缘类型: 选项区中选择一种边缘类型，并在 层次(L): 输入框中输入数值，可设置边缘亮度。

14.2.6 创造性

选择菜单栏中的 位图(B) → 创造性(V) 命令，弹出子菜单，如图 14.2.13 所示，通过使用这些命令可以制作出具有创造性的图像效果。

1. 工艺

使用工艺滤镜，可以产生使用工艺材料对图像进行转化的效果。

选中位图后，选择菜单栏中的 位图(B) → 创造性(V) → 工艺(C)... 命令，弹出 工艺 对话框，如图 14.2.14 所示。

图 14.2.13 创造性子菜单

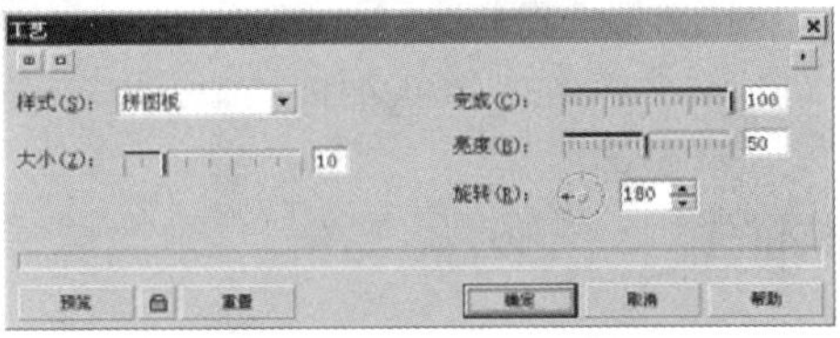

图 14.2.14 “工艺”对话框

在 样式(S): 下拉列表中可以选择一种工艺样式；在 大小(Z): 输入框中输入数值，可设置所选工艺样式的大小；在 完成(C): 输入框中输入数值，可以设置应用工艺样式的面积；调整 亮度(B): 输入框中的数值，可设置所选工艺样式的亮度；调整 旋转(R): 微调框中的数值，可设置所选工艺样式的旋转角度。设置好参数后，单击 确定 按钮，图像效果如图 14.2.15 所示。

图 14.2.15 应用工艺滤镜前后效果对比

2. 框架

使用框架滤镜可以在图像的周围添加一个框架，使其产生照片框架效果。

选中位图后，选择菜单栏中的 位图(B) → 创造性(V) → 框架(R)... 命令，弹出 框架 对话框，如图 14.2.16 所示。

在此对话框中单击框架样式右侧的小三角形按钮，可从弹出的预设框架样式中选择一种框架。

如果要对所选的框架进行修改与编辑，可以在此对话框中打开 修改 选项卡，此时 框架 对话框如图 14.2.17 所示。

单击 颜色(C): 右侧的 下拉按钮，可从打开的调色板中为所选的框架设置一种颜色；在 不透明(O): 输入框中输入数值，可设置框架的不透明度；在 模糊/羽化(B): 输入框中输入数值，可设置边框的模糊程度；在 缩放: 选项区中可设置框架的应用范围；在 旋转(R): 微调框中输入数值，可设置框架的旋转角度；在翻转(F)：选项区中单击按钮，可以将所选框架水平翻转；单击按钮，可以将框架垂直翻转。在调和(L)：下拉列表中可以选择一种调和模式，以调和框架的不同效果。

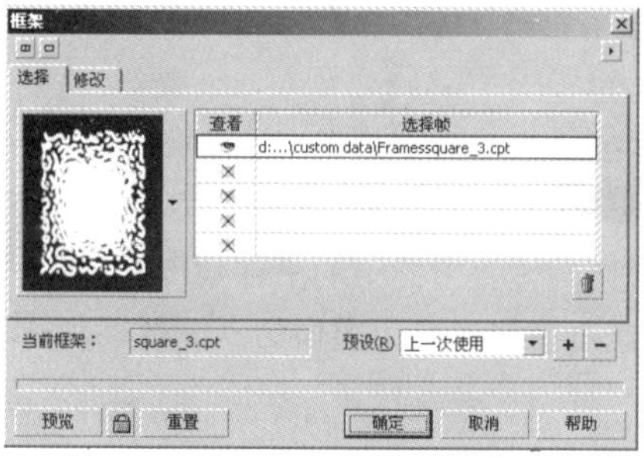

图 14.2.16 “框架”对话框

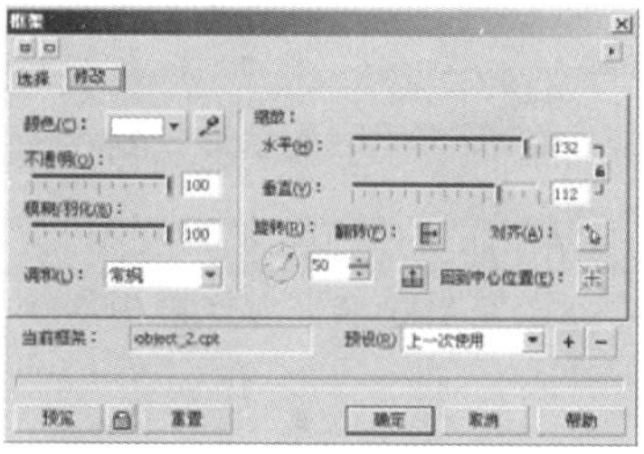

图 14.2.17 “修改”选项卡

设置好参数后，单击确定按钮，图像效果如图 14.2.18 所示。

图 14.2.18 应用框架滤镜前后效果对比

3. 天气

使用天气滤镜可以模拟各种气候特征，使图像显示为在不同天气下观测的效果，给人以身临其境的感觉。

选中位图后，选择菜单栏中的位图(B)→创造性(V)→天气(W)...命令，弹出天气对话框。

在预报选项区中可以选择一种天气类型；调节浓度(T)：输入框中的数值，可设置下雨（雪、雾）的程度；在大小(Z)：输入框中输入数值，可设置雨（雪、雾）的大小。

设置好参数后，单击确定按钮。

14.2.7 扭曲

选择菜单栏中的位图(B)→扭曲(D)命令，弹出其子菜单，如图 14.2.19 所示，使用此菜单中的命令，可以使图像产生各种不同的扭曲效果。

1. 块状

选择菜单栏中的位图(B)→扭曲(D)→块状(B)...命令，弹出块状对话框，如图 14.2.20 所示。

图 14.2.19 扭曲子菜单

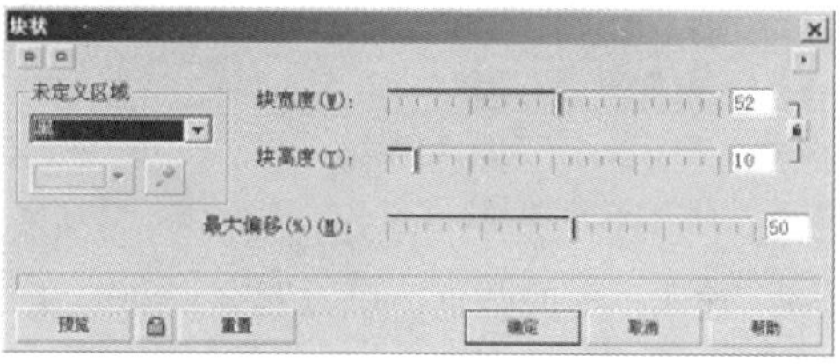

图 14.2.20 “块状”对话框

在未定义区域下拉列表中可以选择图像扭曲时空白区的填充色类型；在块宽度(W):与块高度(T):输入框中输入数值，可设置每一个扭曲块的宽度和高度；调整最大偏移(%)(M):输入框中的数值，可设置扭曲块的偏移程度。

2．平铺

选择菜单栏中的位图(B)→扭曲(D)→平铺(T)...命令，弹出平铺对话框，通过调整水平平铺(H):与垂直平铺(V):输入框中的数值，可设置图像在水平方向与垂直方向上的平铺数量；调整重叠(O)(%):输入框中的数值，可设置图像水平与垂直相重叠的数量，从而产生多个图像的平铺效果。

3．风

使用风滤镜可以使图像产生不同程度的风化效果。

选择菜单栏中的位图(B)→扭曲(D)→风吹效果(N)...命令，弹出风吹效果对话框，通过调整浓度(S):输入框中的数值，可设置风化效果的强弱；在不透明(O):输入框中输入数值，可设置风化的不透明度；在角度(A):微调框中输入数值，可设置风吹的角度方向。设置好参数后，图像效果如图 14.2.21 所示。

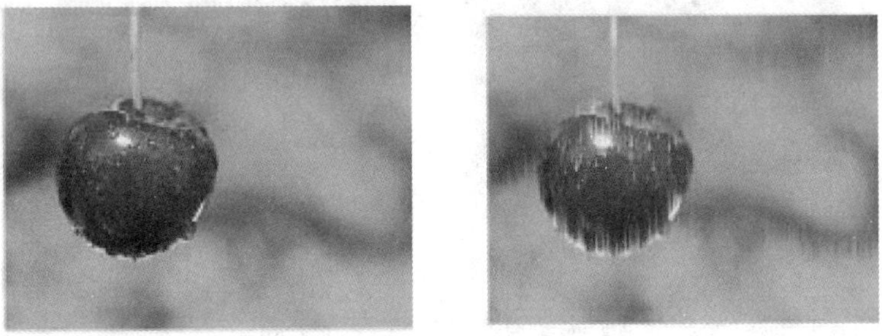

图 14.2.21　应用风滤镜前后效果对比

14.2.8　杂点特效

选择菜单栏中的位图(B)→杂点(N)命令，弹出其子菜单，如图 14.2.22 所示，使用此菜单中的命令可以为图像进行各种杂点操作。

1．添加杂点

使用添加杂点滤镜可以在图像中增加杂点，为单一色彩或过分混杂的图像制作一种粒状的效果。

选中位图后，选择菜单栏中的位图(B)→杂点(N)→添加杂点(A)...命令，弹出添加杂点对话框，如图 14.2.23 所示。

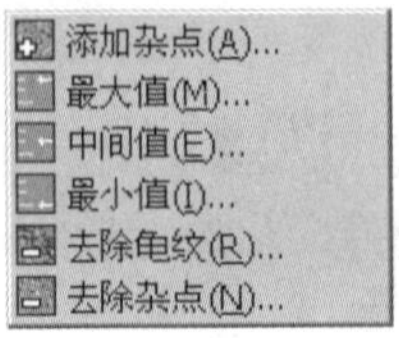

图 14.2.22　杂点子菜单

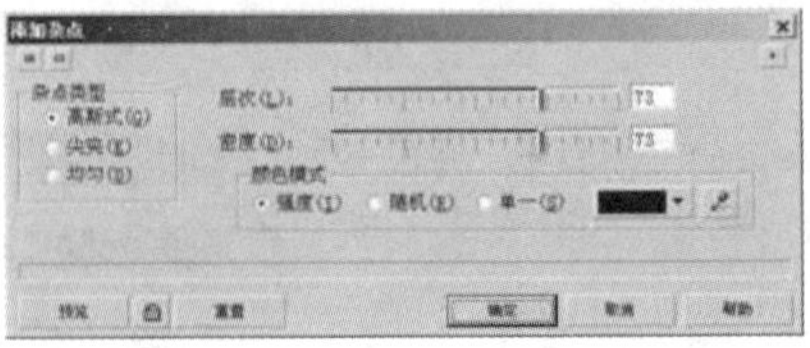

图 14.2.23　“添加杂点”对话框

在杂点类型选项区中可选择一种杂点类型；在层次(L):输入框中输入数值，可设置杂点的强度和颜色范围；调整密度(D):输入框中的数值，可设置杂点的密度；在颜色模式选项区中可选择一种添加到位图上的杂点颜色模式。

2．去除杂点

选择菜单栏中的位图(B)→杂点(N)→去除杂点(N)...命令，弹出去除杂点对话框，通过调节阈值(T):输入框中的数值，可以设置图像中杂点的多少，选中自动(A)复选框，自动清除所有杂点。

14.3 应用实例——制作翻页效果

实例分析

本例制作翻页效果，主要用到位图的各种编辑方法与技巧，最终效果如图 14.3.1 所示。

图 14.3.1 翻页效果

操作步骤

（1）选择菜单栏中的文件(F)→新建(N) Ctrl+N命令，新建一个页面。

（2）设置文件属性栏属性如图 14.3.2 所示。

图 14.3.2 文件属性栏

（3）选择菜单栏中的文件(F)→导入(I)… Ctrl+I命令，在弹出的导入对话框中选择合适的位图图像，然后单击导入按钮，将选择的位图导入到页面中，调整合适的图像尺寸，如图 14.3.3 所示。

（4）使用挑选工具选中导入的位图图像，选择菜单栏中的效果(C)→调整(A)→亮度/对比度/强度(I)…命令，弹出亮度/对比度/强度对话框，参数设置如图 14.3.4 所示。

图 14.3.3 导入并调整位图

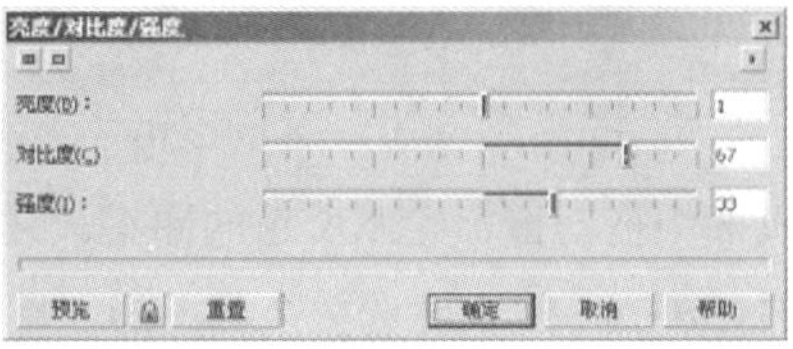

图 14.3.4 “亮度/对比度/强度”对话框

（5）单击确定按钮，调整色彩后的效果如图 14.3.5 所示。

（6）选择菜单栏中的 位图(B) → 创造性(V) → 虚光(V)… 命令，在弹出的虚光对话框中设置其颜色为绿色，设置其他参数如图 14.3.6 所示。

图 14.3.5　调整色彩后的效果

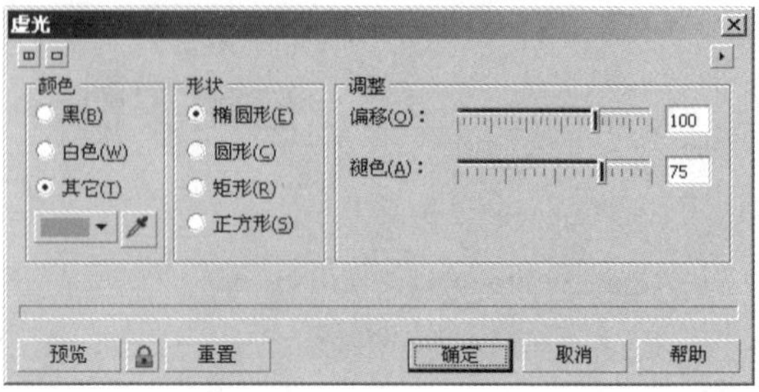

图 14.3.6　“虚光”对话框

（7）单击 确定 按钮，为图形添加虚光效果后效果如图 14.3.7 所示。

图 14.3.7　虚光效果

（8）单击工具箱中的“文字工具”按钮字，设置其属性如图 14.3.8 所示。

图 14.3.8　“文字工具”属性栏

（9）在图像合适位置输入“童年”，调整其位置，效果如图 14.3.9 所示。

图 14.3.9　添加文字效果

（10）单击工具箱中的“艺术笔工具”按钮，在属性栏中设置参数，如图 14.3.10 所示。

图 14.3.10　“艺术笔工具”属性栏

（11）在页面中拖动鼠标绘制所选的图案，效果如图 14.3.11 所示。

（12）按“Ctrl+A”组合键选中全部图形，单击属性栏中的“群组”按钮，将全部图形群组。

（13）选择菜单栏中的 位图(B) → 三维效果(3) → 卷页(A)… 命令，弹出卷页对话框，参数设置如图 14.3.12 所示。

图 14.3.11　添加喷涂图案

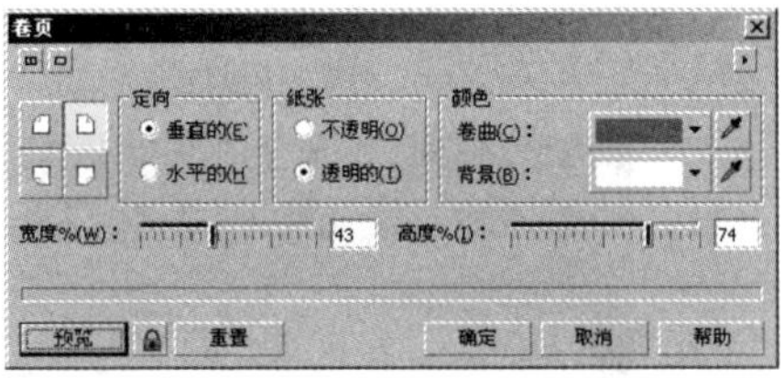

图 14.3.12　“卷页”对话框

（14）单击 确定 按钮，其最终效果如图 14.3.1 所示。

14.4　自 我 检 测

一、填空题

1. 调整位图颜色包括调整图像的________、________、________与________等。
2. ________命令可以使所选图像的颜色反相显示，即用色盘中相对的颜色替换原来的颜色。
3. 当位图对象的背景颜色为单色时，可使用________功能进行处理，使图像的背景透明。
4. 使用________滤镜，可以找到图像中各对象的边缘，将其转换为柔和或者尖锐的曲线。

二、选择题

1. 通过使用（　）工具可以移动位图轮廓上的节点或编辑位图轮廓的曲度。

   （A）刻刀　　（B）形状

   （C）交互式变形　　（D）挑选

2. 使用（　）命令可以为位图添加一个虚框，达到羽化的效果。

   （A）虚光　　（B）散光

   （C）框架　　（D）织物

3. 使用（　）模糊命令可以使位图对象产生一种快速运动的模糊效果。

   （A）高斯式　　（B）低频通行

   （C）动感　　（D）放射式

三、简答题

1. 如何将矢量图转换为位图图像？
2. 如何对位图进行颜色的替换？

四、上机操作题

1．绘制一个矢量图并将其转换为位图，再对其使用位图特效。

2．根据本章所学内容，利用框架工具将素材图片制作成如题图 14.1 所示的效果。

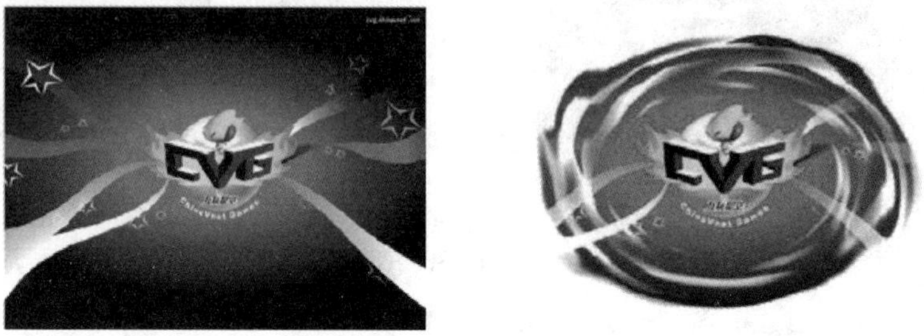

题图 14.1　效果对比图

14.5　知 识 问 答

问：位图与矢量图有什么区别，分别运用在什么方面呢？

答：简单地说，矢量图以几何图形居多，可以放大无限倍图形不变色不变模糊，常用于图案、标志、VI、文字等设计，常用工具软件有：CorelDRAW，Illustrator，Freehand，XARA。位图也称点阵图，就是以无数的色彩点组成的图案，当无限放大图形时会看到一块一块的色块，放大会失真。常用于图片处理、影视婚纱效果图等，像常用的照片、扫描、数码照片等，常用的工具软件有：Photoshop，Painter 等。

问：在 CorelDRAW X4 中怎么解决位图去底色的问题？

答：第一种：用形状工具选择位图，通过增删节点，曲线化节点，对位图外轮廓进行整形，达到去除外边底图的目的；第二种：利用“位图”中的位图颜色遮罩(M)工具，调一个合适的扩展度，选择要去的底色，单击应用按钮，同样可以去掉相对单调的底色图，用来做透明效果较好。如果在 Photoshop 中问题就更容易解决了，可以直接生成 PSD 透明背景图像。

精通篇

第15章 行业应用实例

本章要点

- 公益广告设计
- 药品包装盒设计
- 房屋平面图设计
- 包装展开图设计

学习目标

本章主要介绍了几个行业实例的设计，以公益广告设计、药品包装盒设计、房屋平面图设计和包装展开图设计的制作为例，介绍了行业应用方面计算机平面设计的技巧。

实例1　公益广告设计

实例说明

广告是重要的宣传媒体之一，是主要的印刷类广告媒体，企业和商家都希望通过广告来宣传自己的产品，传播自己的文化。本例将设计公益广告，最终效果如图 15.1.1 所示。

图 15.1.1　最终效果图

实例分析

在制作过程中，将用到移动工具、椭圆选框工具、文字工具、直线工具、钢笔工具、橡皮擦工具以及变换命令等。

制作过程

（1）选择 文件(F) → 新建(N)... 命令，弹出“新建”对话框，设置参数如图 15.1.2 所示，单击 确定 按钮，新建一个图像文件。

（2）设置前景色为深绿色（R：105，G：179，B：103），按“Alt+Delete”键填充图像，效果如图 15.1.3 所示。

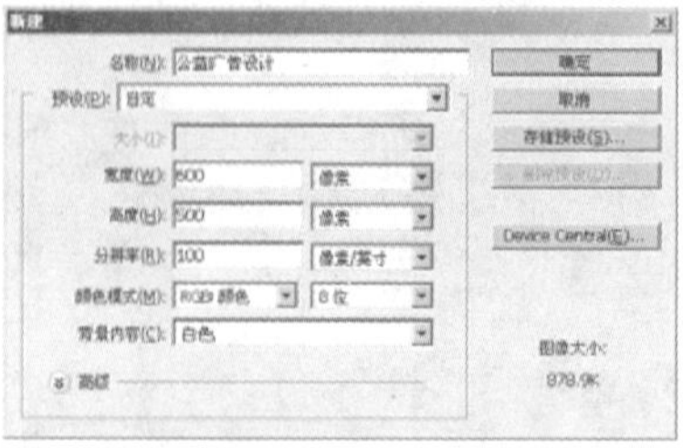

图 15.1.2　“新建”对话框

图 15.1.3　填充图像效果

（3）选择 滤镜(T) → 杂色 → 添加杂色... 命令，弹出“添加杂色”对话框，设置完参数后，单击 确定 按钮。

（4）选择滤镜(T)→模糊→动感模糊...命令，弹出“动感模糊”对话框，为图像添加动感模糊效果，如图 15.1.4 所示。

（5）单击工具箱中的“椭圆选框工具”按钮，按住“Shift”键，在图像中绘制一个圆选区。

（6）新建“图层 1”，设置前景色为绿色（R：78，G：213，B：41），然后按“Alt+Delete”键进行填充，效果如图 15.1.5 所示。

图 15.1.4 添加动感模糊效果

图 15.1.5 填充图像效果

（7）按“Ctrl+D”键取消选区，单击工具箱中的“直线工具”按钮，其属性栏设置如图 15.1.6 所示。

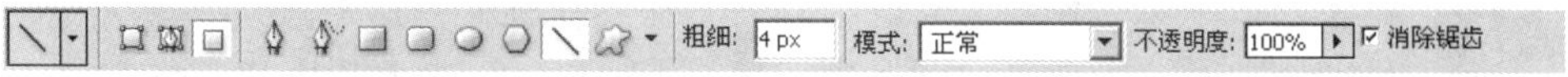

图 15.1.6 “直线工具”属性栏

（8）新建“图层 2”，设置前景色为黄色（R：255，G：232，B：46），然后在图像中绘制一条直线，效果如图 15.1.7 所示。

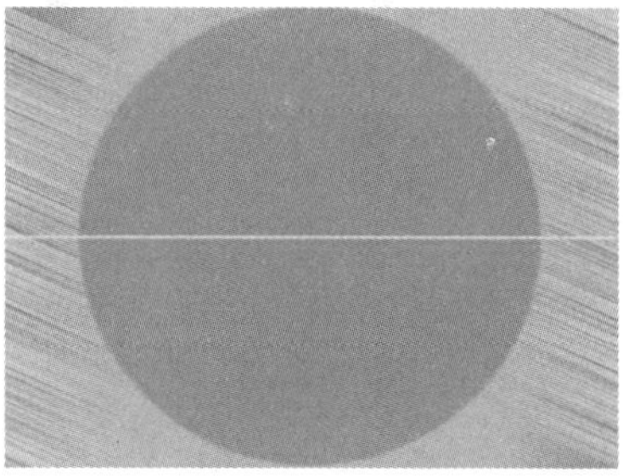

图 15.1.7 绘制的直线

（9）按“Ctrl+T”键执行自由变换命令，设置其属性栏参数如图 15.1.8 所示。

图 15.1.8 “自由变换工具”属性栏

（10）按“Enter”键确认变换操作，效果如图 15.1.9 所示。

（11）按“Shift+Ctrl+Alt+T”键对其进行旋转复制，效果如图 15.1.10 所示。

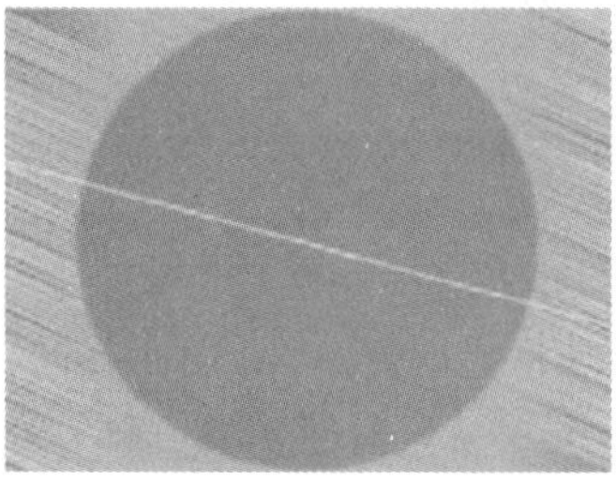

图 15.1.9 旋转图像效果

图 15.1.10 旋转复制图像效果

（12）将复制的所有直线图层合并为“图层 3”，然后单击工具箱中的“橡皮擦工具”按钮，其属性栏设置如图 15.1.11 所示。

图 15.1.11 “橡皮擦工具”属性栏

（13）设置完成后，将“图层 3”作为当前图层，利用橡皮擦工具进行擦除，效果如图 15.1.12 所示。

（14）打开四幅图像，单击工具箱中的“移动工具”按钮，将其拖曳到新建图像中，自动生成“图层 4”、“图层 5”、“图层 6”、“图层 7”，按“Ctrl+T”键执行自由变换命令，调整其大小及位置。

（15）将“图层 5”、“图层 6”、“图层 7”合并到“图层 4”中，并将该图层作为当前图层。

（16）按“Ctrl”键的同时单击“图层 2”，载入圆形选区，再按“Ctrl+Shift+I”键反选选区，按“Delete”键删除选区中的图像。

（17）按“Ctrl+D”键取消选区，在“图层”面板中用鼠标左键单击“图层 4”，将其拖曳到“图层 3”的下方，效果如图 15.1.13 所示。

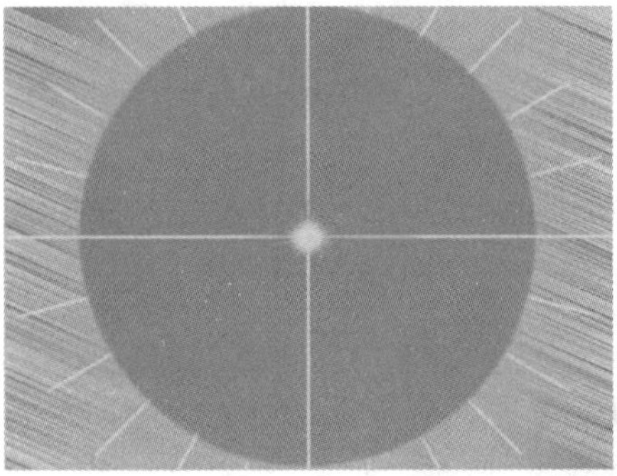

图 15.1.12 擦除图像效果

图 15.1.13 调整图层的位置

（18）单击工具箱中的“钢笔工具”按钮，其属性栏设置如图 15.1.14 所示。

图 15.1.14 “钢笔工具”属性栏

（19）设置完成后，隐藏“图层 4”，在图像中绘制一条路径，效果如图 15.1.15 所示。

图 15.1.15 绘制的路径

（20）单击工具箱中的“文字工具”按钮，其属性栏设置如图 15.1.16 所示。

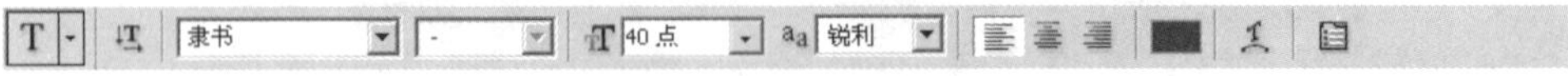

图 15.1.16 “文字工具”属性栏

（21）设置完成后，在图像中输入红色的文字，效果如图 15.1.17 所示。

（22）在“图层”面板下方单击“添加图层样式”按钮，为文字添加“描边”效果，设置其参数如图 15.1.18 所示。

图 15.1.17　输入文字效果（一）

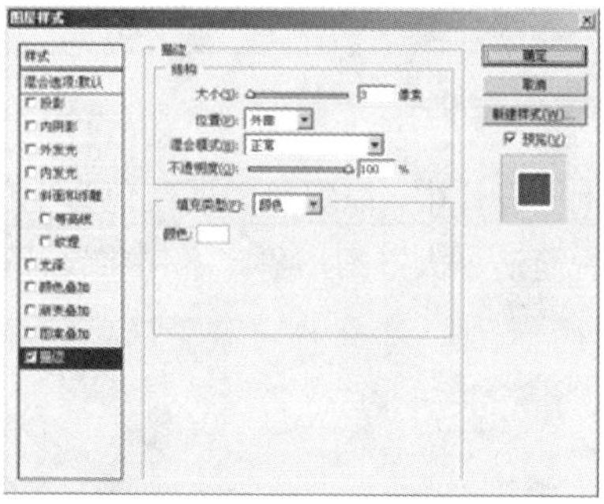

图 15.1.18　“描边”选项设置

（23）重复步骤（22）的操作，为文字图层添加“斜面和浮雕”效果，设置其参数如图 15.1.19 所示。

（24）设置完成后，单击 确定 按钮，效果如图 15.1.20 所示。

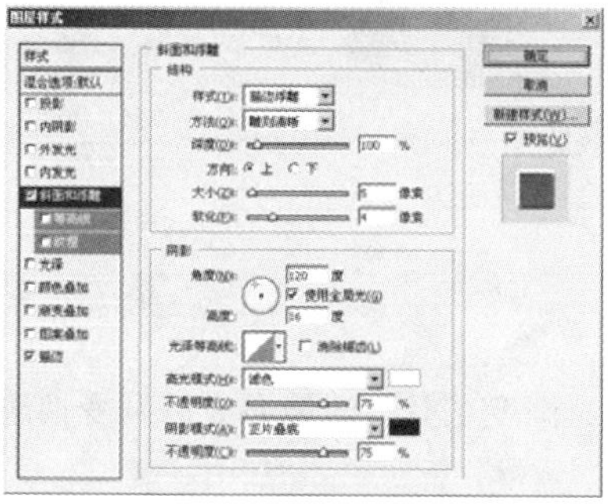

图 15.1.19　“斜面和浮雕”选项设置

图 15.1.20　添加图层样式效果

（25）用相同的方法在图像的左侧再输入相同的文字，效果如图 15.1.21 所示。

（26）打开一幅图像文件，单击工具箱中的“椭圆选框工具”按钮，按住“Shift”键，在图像中绘制一个圆选区，如图 15.1.22 所示。

图 15.1.21　输入文字效果（二）

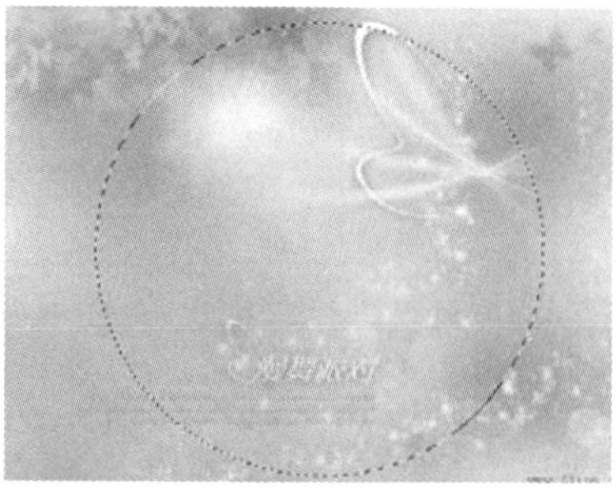

图 15.1.22　绘制的选区

（27）按“Ctrl+C”键复制选区内的图像，再按“Ctrl+V”键将其粘贴到新建图像中，自动生成“图层 5”。

（28）将图层 5 拖曳到图层 4 的下方，按“Ctrl+T”键调整图像的大小及位置，最终效果如图 15.1.1 所示。

实例 2　药品包装盒设计

实例说明

在本例的设计中，以绿色和橘红色为主色调，表现生命的活力，简洁的文字使药品包装盒的设计符合该品牌简洁、大方的形象。本例将设计药品包装盒，最终效果如图 15.2.1 所示。

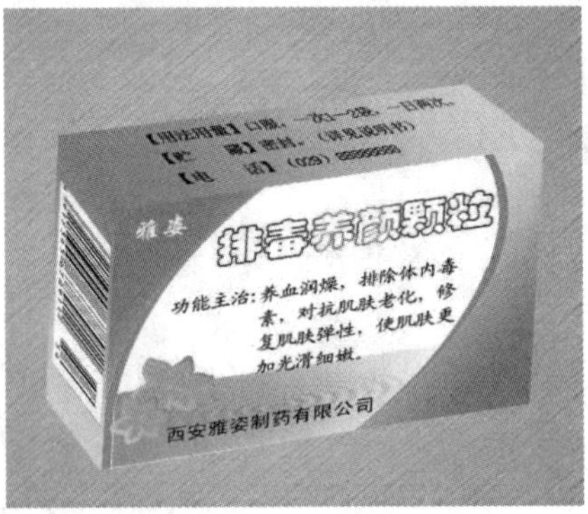

图 15.2.1　最终效果图

实例分析

在制作过程中，将用到矩形选框工具、文字工具、渐变工具、滤镜命令以及变换选区等。

制作过程

（1）选择菜单栏中的文件(F)→新建(N)...命令，弹出“新建”对话框，设置其参数如图 15.2.2 所示，设置完成后，单击确定按钮，即可新建一个图像文件。

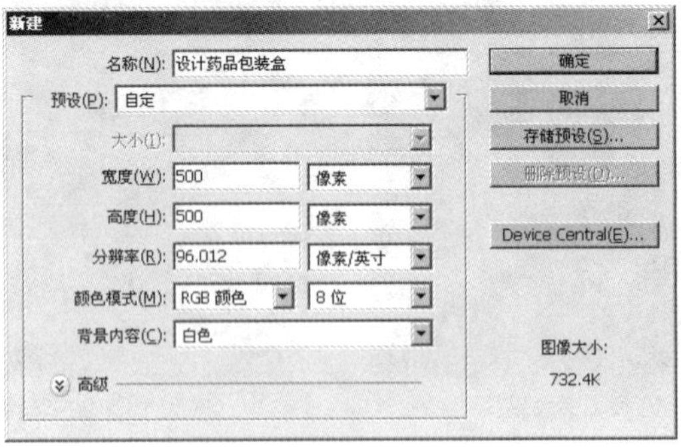

图 15.2.2　“新建”对话框

（2）单击工具箱中的“矩形选框工具”按钮，在图像中绘制一个矩形选区，如图 15.2.3 所示。

（3）单击工具箱中的“渐变工具”按钮，在属性栏中设置渐变颜色为橘红色→黄色→橘红色，在选区内从左上向右下拖曳鼠标填充渐变，如图 15.2.4 所示。

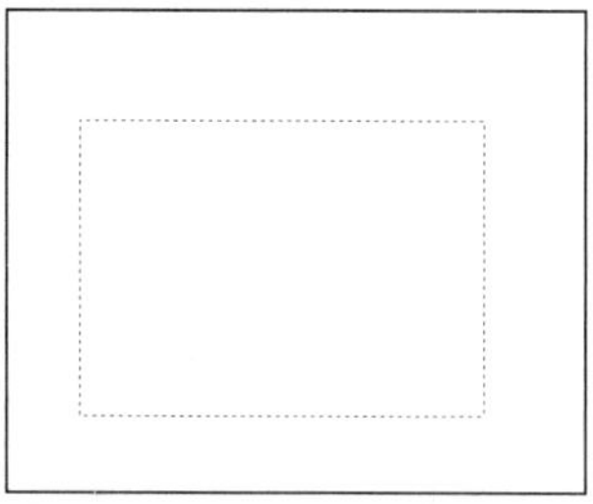

图 15.2.3　绘制矩形选区

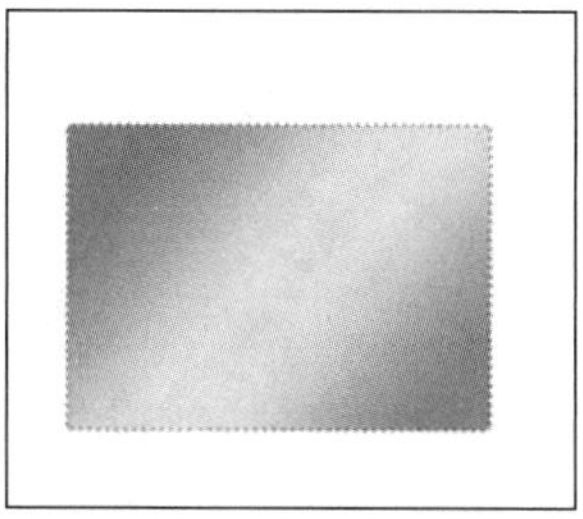

图 15.2.4　填充渐变

（4）按“Ctrl+D”键取消选区，新建图层 2，单击工具箱中的“钢笔工具”按钮，在图像中创建路径，如图 15.2.5 所示。

（5）在路径面板底部单击“将路径作为选区载入”按钮，即可将路径转换为选区，设置前景色为灰色，按“Alt+Delete”键填充选区，如图 15.2.6 所示。

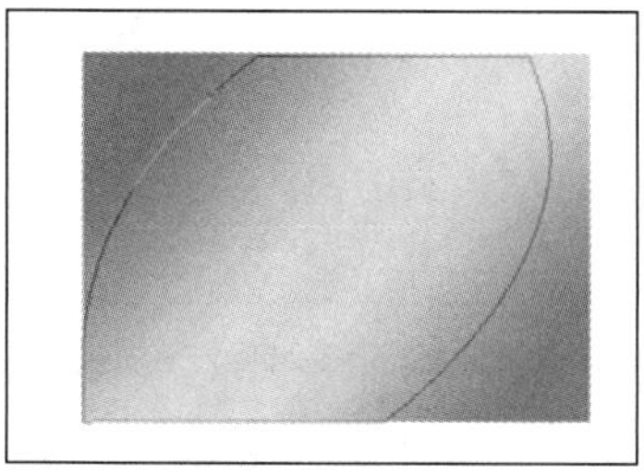

图 15.2.5　绘制路径

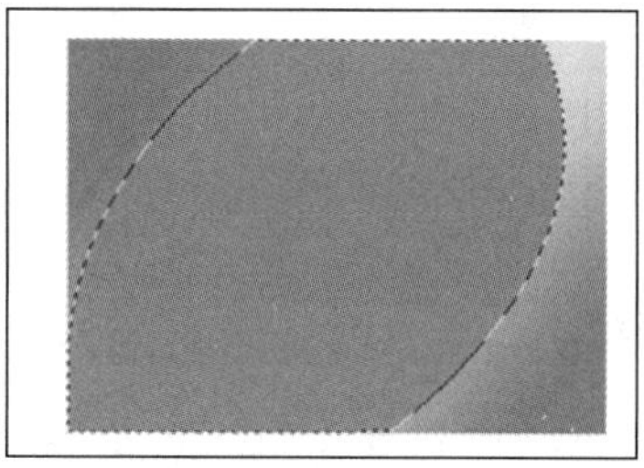

图 15.2.6　填充选区

（6）选择菜单栏中的选择(S)→变换选区(T)命令，可为选区添加变换框，按住鼠标调节变换框的大小后，按回车键确认选区的变换操作。

（7）新建图层 3，设置前景色为白色，按“Alt+Delete”键填充变换后的选区，如图 15.2.7 所示。

（8）新建图层 4，单击工具箱中的“矩形选框工具”按钮，在图像中绘制一个选区，如图 15.2.8 所示。

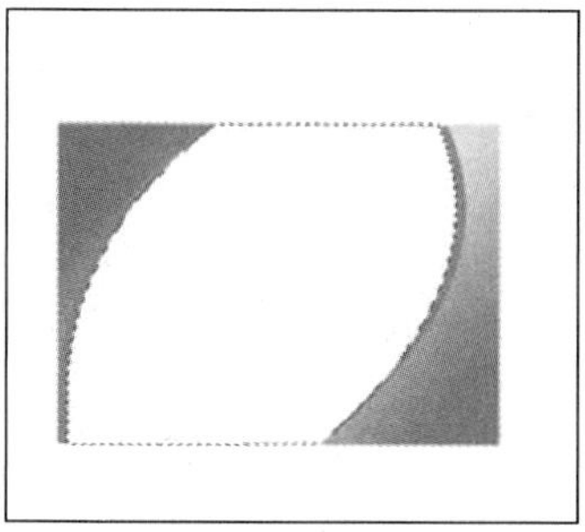

图 15.2.7　填充变换后的选区

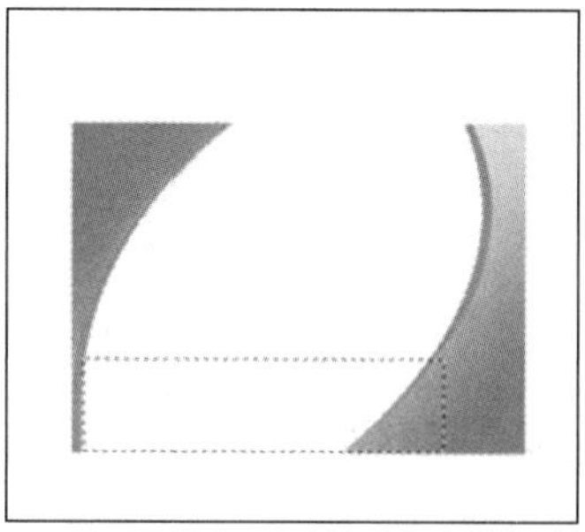

图 15.2.8　创建矩形选区

（9）单击工具箱中的“渐变工具”按钮，在属性栏中设置前景色为绿色，背景色为白色，渐变方式为径向渐变，在选区中从左到右拖曳鼠标填充渐变，效果如图 15.2.9 所示。

（10）取消选区，选择菜单栏中的滤镜(T)→扭曲→水波...命令，弹出“水波”对话框，设置其参数如图 15.2.10 所示。

（11）设置完参数后，单击确定按钮，效果如图 15.2.11 所示。

（12）按住“Ctrl”键的同时单击图层 3，载入其选区，按“Ctrl+Shift+I”键反选选区，按“Delete”键删除选区内的图像，如图 15.2.12 所示。

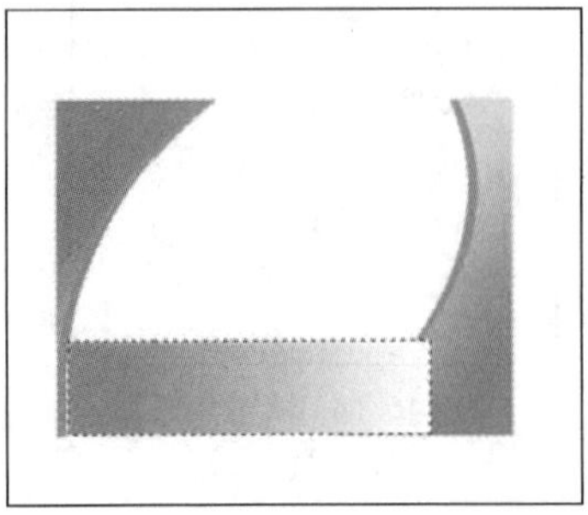

图 15.2.9　为选区填充颜色

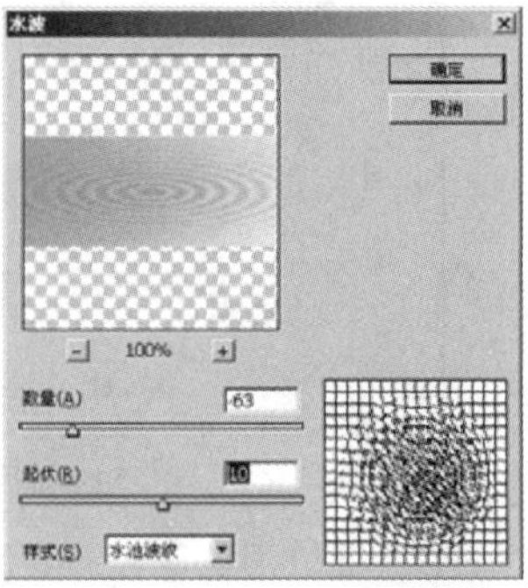

图 15.2.10　“水波”对话框

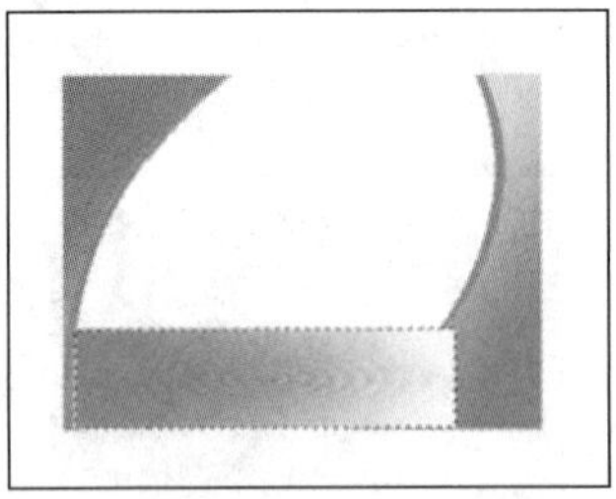

图 15.2.11　应用水波滤镜后的效果

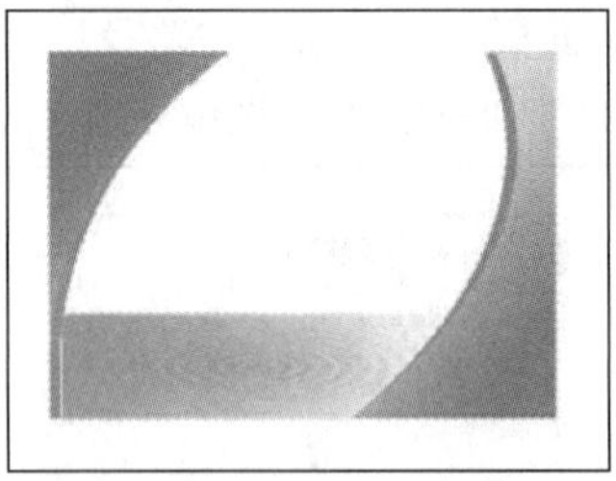

图 15.2.12　删除选区内的图像

（13）按“Ctrl+D”键取消选区，新建图层 5，单击工具箱中的“形状工具”按钮，弹出“形状工具”属性栏，设置其参数如图 15.2.13 所示。

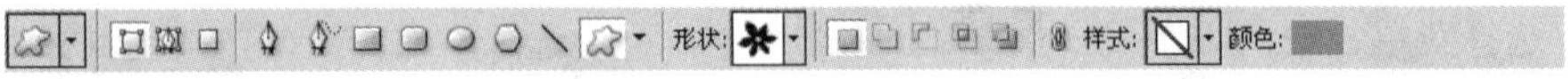

图 15.2.13　“形状工具”属性栏

（14）在图像中绘制如图 15.2.14 所示的图形，重复步骤（8）的操作对图形进行填充，效果如图 15.2.15 所示。

图 15.2.14　绘制图形效果

图 15.2.15　填充图形效果

（15）单击图层面板底部的“添加图层样式”按钮 fx，在弹出的下拉菜单中选择 描边... 选项，弹出“图层样式”对话框，设置其“描边”选项参数如图 15.2.16 所示。

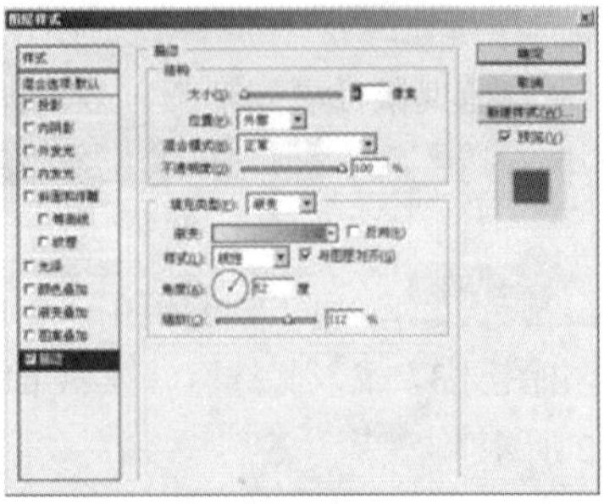

图 15.2.16　“图层样式”对话框

（16）重复步骤（15）的操作，为图像添加内发光样式，效果如图 15.2.17 所示。

（17）复制图层 5 为图层 5 副本，使用移动工具将其拖曳到适当的位置，并调整图像的大小和位置，效果如图 15.2.18 所示。

图 15.2.17　应用样式效果

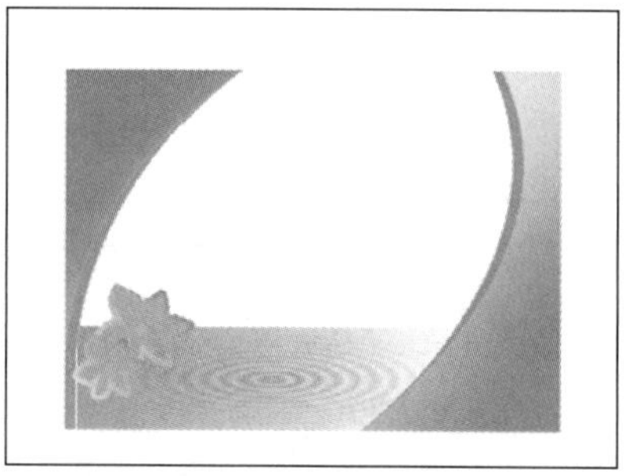
图 15.2.18　复制并调整图像

（18）设置前景色为绿色，单击工具箱中的“横排文字工具”按钮，设置其属性栏如图 15.2.19 所示。

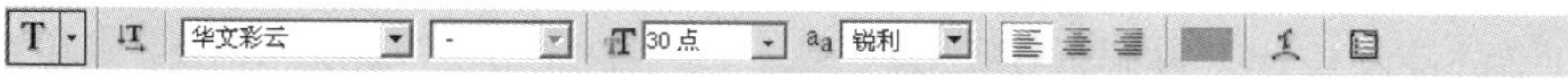

图 15.2.19　“横排文字工具”属性栏

（19）设置完成后，在图像中输入文字“排毒养颜颗粒”，如图 15.2.20 所示。

（20）单击图层面板底部的“添加图层样式”按钮，在弹出的下拉菜单中选择 渐变叠加... 命令，弹出“渐变叠加”对话框，设置其参数如图 15.2.21 所示。

图 15.2.20　输入文字（一）

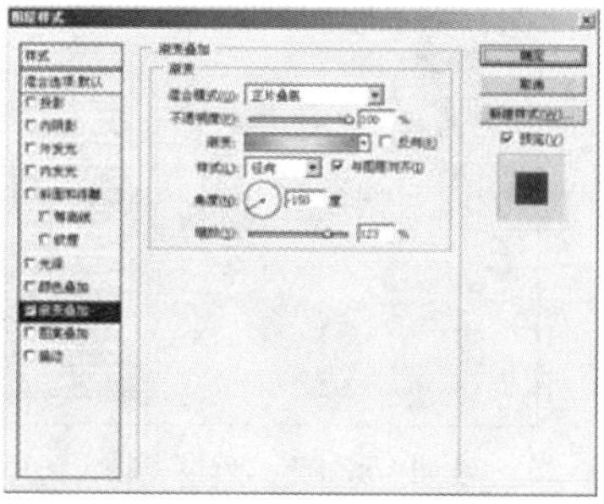
图 15.2.21　“渐变叠加”选项设置

（21）设置完参数后，单击 确定 按钮，效果如图 15.2.22 所示。

（22）设置前景色为白色，单击工具箱中的“横排文字工具”按钮，在图像中输入文字“雅姿”，设置其字体为“华文行楷”、字号为“18”，效果如图 15.2.23 所示。

图 15.2.22　应用样式效果

图 15.2.23　输入文字（二）

（23）设置前景色为黑色，单击工具箱中的“横排文字工具”按钮，设置其属性栏如图 15.2.24 所示。

图 15.2.24 “横排文字工具”属性栏

（24）设置完参数后，在图像中输入药品功能文字，效果如图 15.2.25 所示。

（25）重复步骤（23）的操作，在图像中输入厂址，设置其字体为“黑体”、字号为“13”，效果如图 15.2.26 所示。

图 15.2.25 输入药品功能文字

图 15.2.26 输入厂址文字

（26）合并除背景层以外的其他图层为“图层 1”，按“Ctrl+R”键显示标尺，再用鼠标画出两条参考线，位置如图 15.2.27 所示。

（27）新建图层 2，单击工具箱中的“矩形选框工具”按钮，在图像中绘制一个选区。

（28）设置前景色为橘红色，背景色为黄色，对选区进行渐变填充，效果如图 15.2.28 所示。

图 15.2.27 新建参考线

图 15.2.28 填充选区

（29）设置前景色为黑色，单击工具箱中的“横排文字工具”按钮 T，在图像中输入文字，效果如图 15.2.29 所示。

（30）复制图层 2 为图层 2 副本，选择菜单栏中的 编辑(E) → 变换 → 旋转 90 度(顺时针)(9) 命令，旋转复制后的图像，将其移动到如图 15.2.30 所示的位置。

图 15.2.29 输入文字（三）

图 15.2.30 复制并变换图像

（31）打开一幅条形码图像文件，将其复制粘贴到新建图像中，按“Ctrl+T”键调整图像的大小和位置，效果如图 15.2.31 所示。

（32）将图层 1 作为当前图层，选择菜单栏中的编辑(E)→变换→斜切(K)命令，为图像添加变形框，用鼠标拖曳变形框可变形图像，再使用移动工具将其移至图像的右下角，如图 15.2.32 所示。

图 15.2.31　复制并调整图像

图 15.2.32　变换图像（一）

（33）合并图层 2 与文字图层为“图层 2”，选择菜单栏中的编辑(E)→变换→斜切(K)命令，对图层 2 中的图像进行变形处理，效果如图 15.2.33 所示。

（34）合并图层 3 与文字图层为“图层 3”，选择菜单栏中的编辑(E)→变换→斜切(K)命令，对其进行相应的变形处理，效果如图 15.2.34 所示。

（35）将背景图层作为当前图层，单击工具箱中的“渐变工具”按钮，在属性栏中设置前景色为浅绿色，背景色为白色，渐变方式为径向渐变，在图像中从中心拖曳鼠标填充渐变，效果如图 15.2.35 所示。

图 15.2.33　变换图像（二）

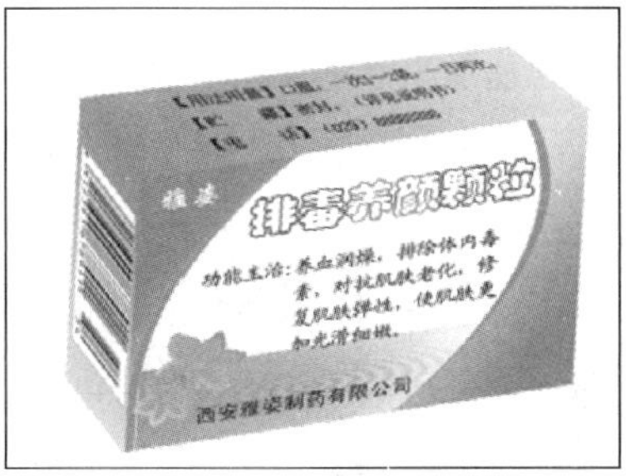

图 15.2.34　变换图像（三）

（36）选择菜单栏中的滤镜(T)→纹理→纹理化...命令，弹出“纹理化”对话框，设置其属性如图 15.2.36 所示。

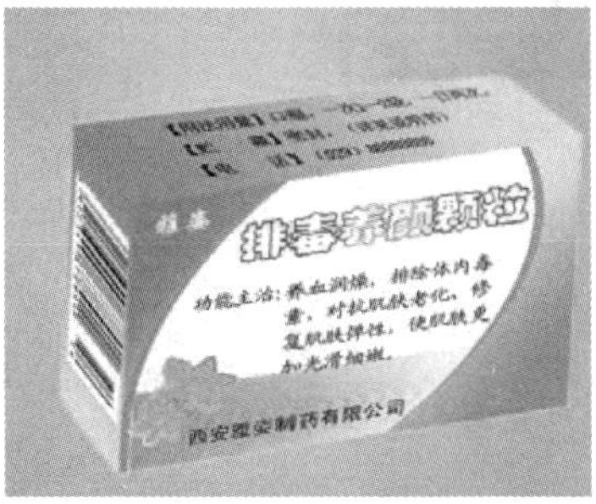

图 15.2.35　渐变填充效果

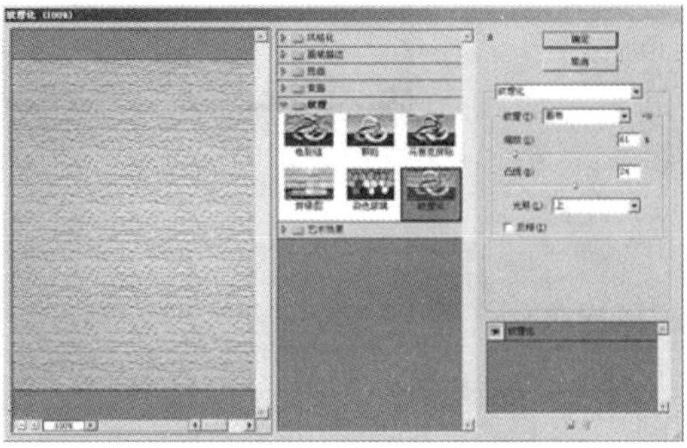

图 15.2.36　“纹理化”对话框

（37）设置完参数后，单击确定按钮，效果如图 15.2.37 所示。

（38）选择菜单栏中的滤镜(T)→动感模糊...→动感模糊...命令，弹出“动感模糊”对话框，设置其参数如图 15.2.38 所示。

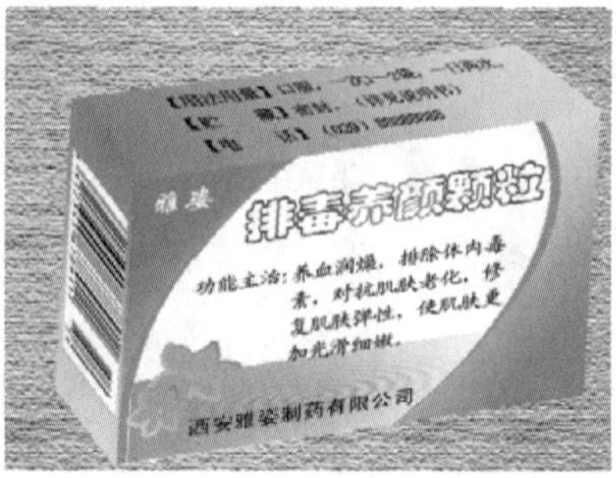

图 15.2.37　纹理化后的效果

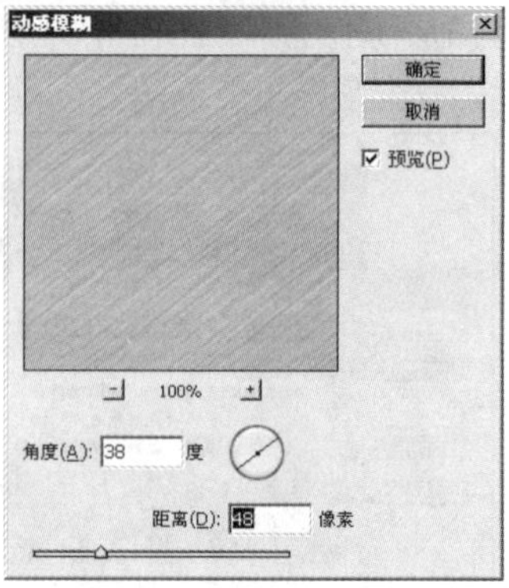

图 15.2.38　“动感模糊”对话框

（39）设置完参数后，单击 确定 按钮，图像效果如图 15.2.1 所示。

实例 3　房屋平面图设计

实例说明

本例将制作“房屋平面图设计”效果，最终效果如图 15.3.1 所示。

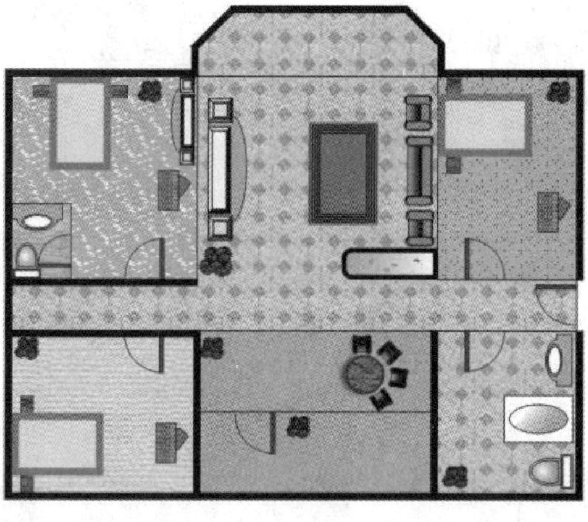

图 15.3.1　最终效果图

实例分析

本例是一套普通居民房的布局，它由主卧室、小卧室以及客房三个卧室和一个厨房、一个餐厅、一个大客厅、一个阳台以及两个卫生间组成。平面图上绘制有床、桌椅、电视、沙发、花木、鱼缸、浴缸以及座便器等设施，地板根据不同的需要填充不同的图样。房屋平面图的设计是一个房屋整体形象的展示，业主通过平面图就可以确定是否要购买此房。因此，平面设计图的效果非常重要。房屋平面图的主要制作步骤：

（1）平面图整体布局。

（2）屋内设施的制作。

（3）房屋整体布局设计。

制作过程

1．平面图整体布局

在制作房屋平面图时，首先要绘制房屋的整体布局，也就是要将房屋的大小、整体布局安排好，这是购房者最先考虑的。绘制整体布局具体步骤如下：

（1）选择菜单栏中的文件(F)→新建(N)命令新建文件，再选择版面(L)→页面设置(P)…命令，在弹出的选项对话框中设置纸张的大小为 A4，摆放方式为横向，设置其他项为默认，单击确定按钮。

（2）单击工具箱中的“矩形工具”按钮，在页面中绘制一个长为“80 mm”、宽为“55 mm”的矩形，作为侧卧室，效果如图 15.3.2 所示。

（3）单击工具箱中的“图样填充工具”按钮，在弹出的“图样填充”对话框中设置其参数如图 15.3.3 所示。

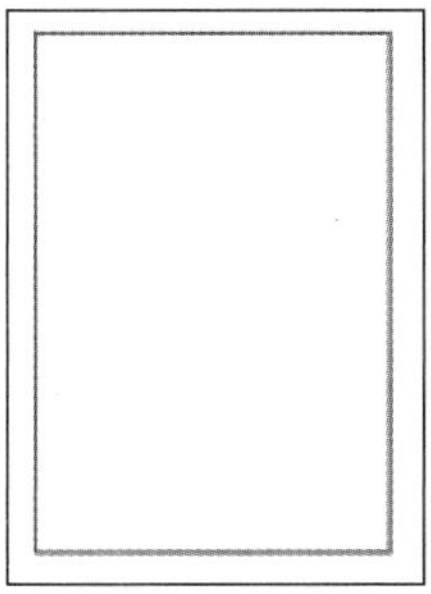

图 15.3.2　绘制侧卧室

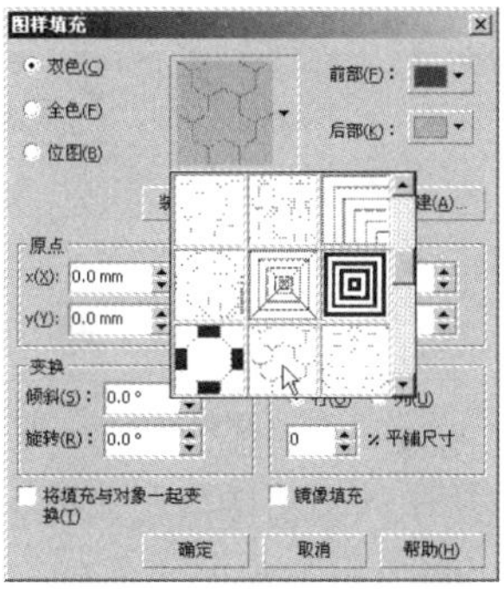

图 15.3.3　“图样填充”对话框（一）

（4）单击工具箱中的“矩形工具”按钮，在页面中绘制一个长为“80 mm”、宽为“95 mm”的矩形，作为客厅，效果如图 15.3.4 所示。

（5）单击工具箱中的“图样填充工具”按钮，在弹出的“图样填充”对话框中设置其参数如图 15.3.5 所示。

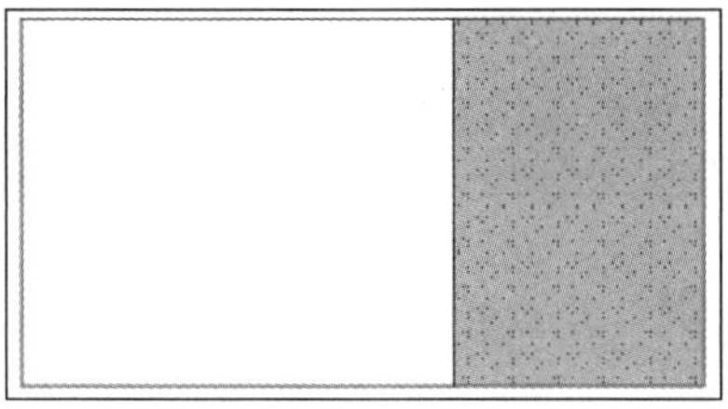

图 15.3.4　绘制客厅

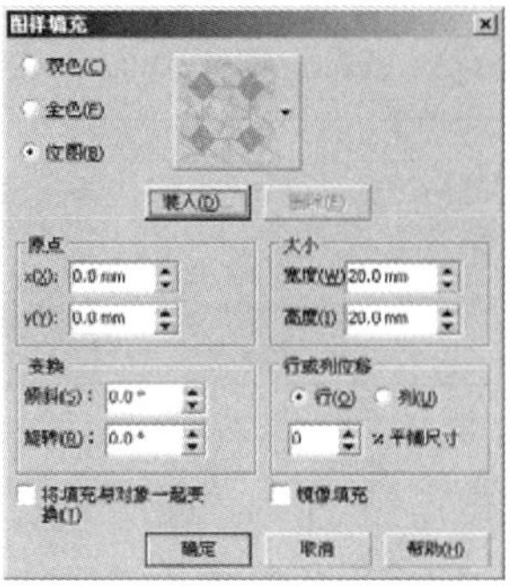

图 15.3.5　“图样填充”对话框（二）

（6）单击工具箱中的“矩形工具”按钮，在页面中绘制一个长为“80 mm”、宽为“75 mm”的矩形，作为主卧室，效果如图 15.3.6 所示。

（7）单击工具箱中的“图样填充工具”按钮，在弹出的“图样填充”对话框中设置其参数如图 15.3.7 所示。

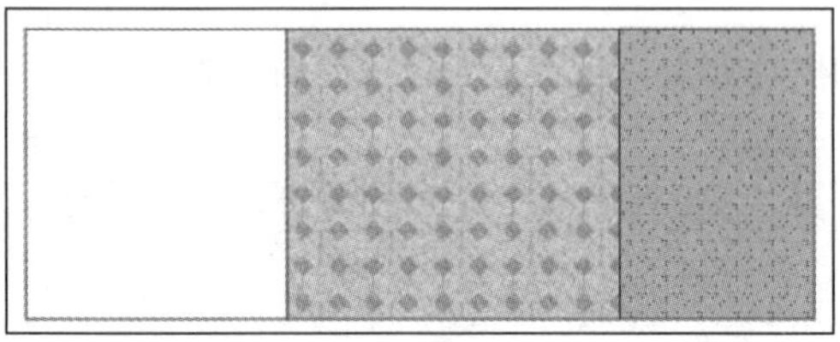

图 15.3.6　绘制主卧室图

图 15.3.7　“图样填充”对话框（三）

（8）调整侧卧室、客厅和主卧室的位置，效果如图 15.3.8 所示。

（9）单击工具箱中的“矩形工具”按钮，在页面中绘制一个长为“64 mm”、宽为“75 mm”的矩形，作为大卫生间，效果如图 15.3.9 所示。

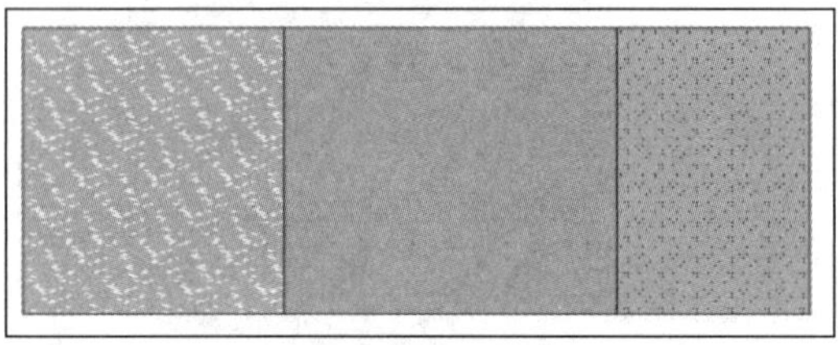

图 15.3.8　房间的布局效果

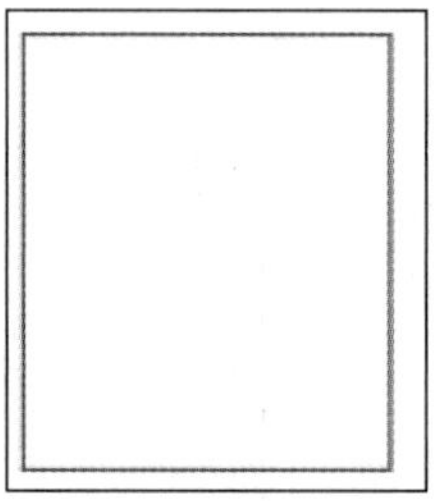

图 15.3.9　绘制大卫生间

（10）单击工具箱中的“图样填充工具”按钮，在弹出的“图样填充”对话框中设置其“宽度”和“高度”为“50.0 mm”。

（11）单击工具箱中的“矩形工具”按钮，在页面中绘制一个长为“64 mm”、宽为“75 mm”的矩形，作为客房，效果如图 15.3.10 所示。

（12）单击工具箱中的“图样填充工具”按钮，在弹出的“图样填充”对话框中设置其“宽度”和“高度”为“50.0 mm”。

（13）单击工具箱中的“矩形工具”按钮，在页面中绘制一个长为“32 mm”、宽为“95 mm”的矩形，作为厨房，效果如图 15.3.11 所示。

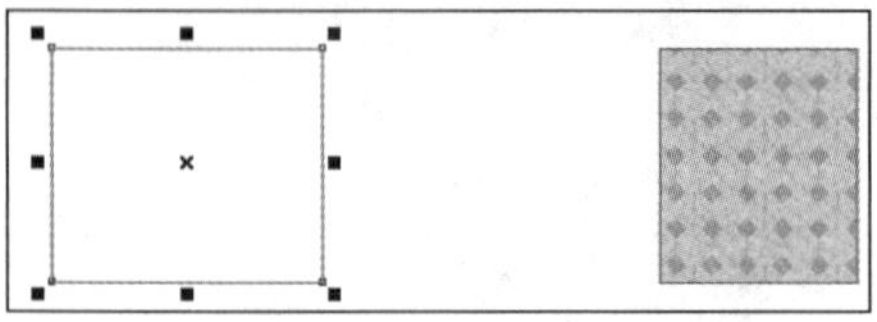

图 15.3.10　绘制客房

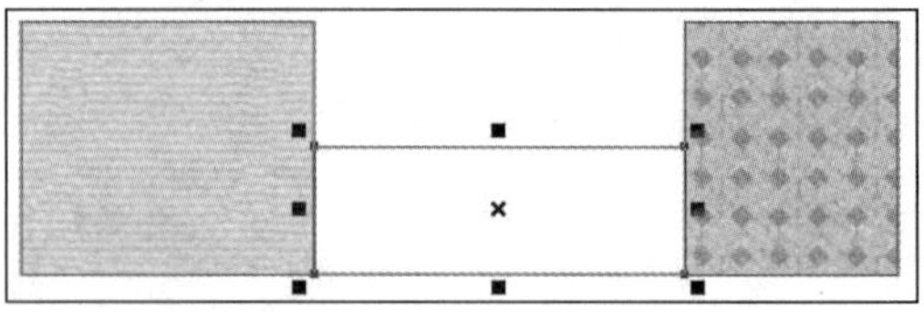

图 15.3.11　绘制厨房

（14）单击工具箱中的“图样填充工具”按钮，在弹出的“图样填充”对话框中设置其“宽度”和“高度”为“50.0 mm”。

（15）复制此矩形作为餐厅，调整餐厅、厨房、客房以及大卫生间的位置，如图 15.3.12 所示。

（16）单击工具箱中的“矩形工具”按钮，在页面中绘制一个长为“20 mm”、宽为“225 mm”

的矩形，作为走廊，效果如图 15.3.13 所示。

图 15.3.12　房间布局效果图

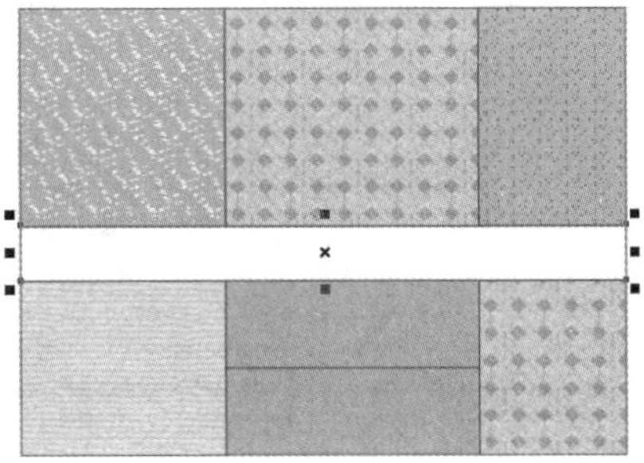

图 15.3.13　绘制走廊

（17）单击工具箱中的“图样填充工具”按钮，在弹出的“图样填充”对话框中设置其参数。

（18）单击工具箱中的“矩形工具”按钮，在页面中绘制一个矩形，作为阳台，效果如图 15.3.14 所示。

（19）单击工具箱中的“图样填充工具”按钮，在弹出的“图样填充”对话框中设置其参数。

（20）单击工具箱中的“矩形工具”按钮，在页面中绘制一个矩形，作为小卫生间，效果如图 15.3.15 所示。

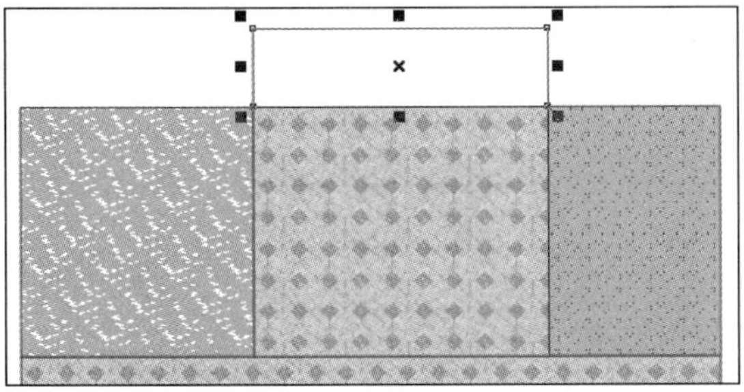

图 15.3.14　绘制阳台

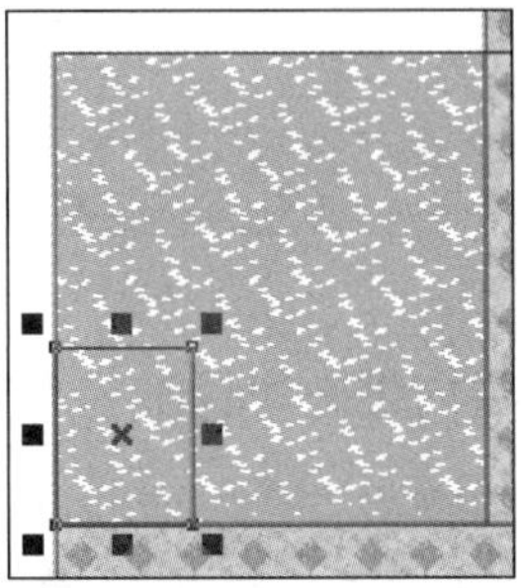

图 15.3.15　绘制小卫生间

（21）单击工具箱中的“图样填充工具”按钮，在弹出的“图样填充”对话框中设置其参数。

（22）调整整体房间的布局，效果如图 15.3.16 所示。

（23）选择 窗口(W) → 泊坞窗(D) → 造形(P) 命令，在“造形”泊坞窗中选择 焊接 选项，设置其参数如图 15.3.17 所示。

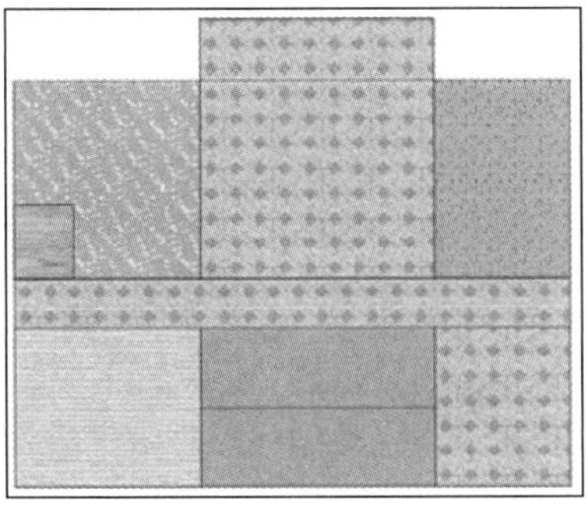

图 15.3.16　房间整体布局效果

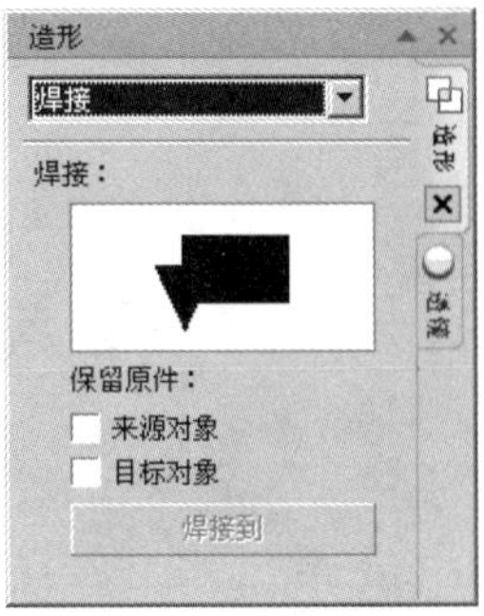

图 15.3.17　“造形”泊坞窗

（24）按住“Shift”键，选中阳台、客厅、走廊、大卫生间，单击 焊接到 按钮后再单击客厅部分，焊接后图形效果如图 15.3.18 所示。

（25）在图中绘制小矩形，旋转其角度，调整其位置和大小至如图 15.3.19 所示的位置。

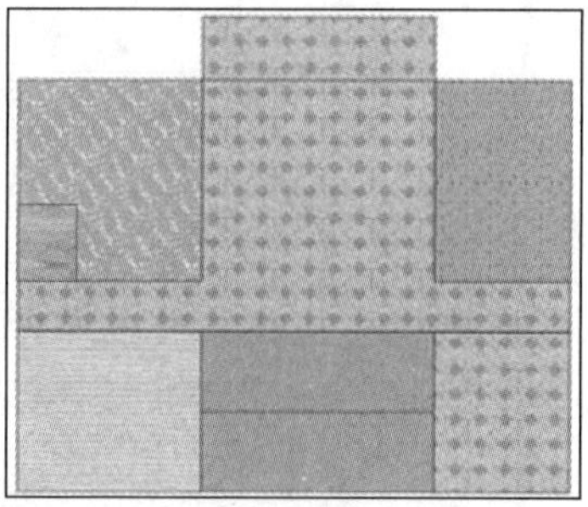

图 15.3.18　焊接后效果

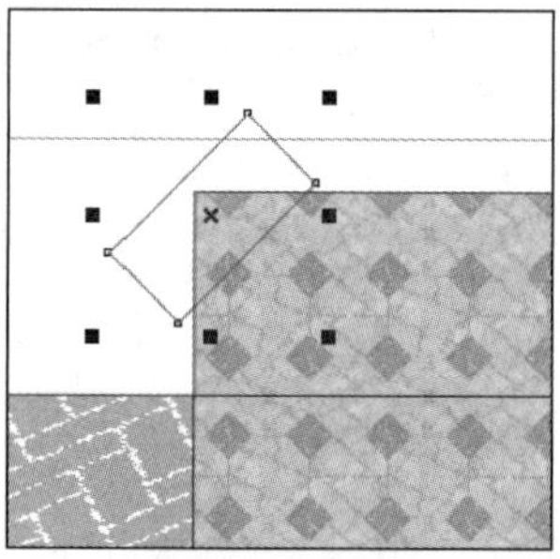

图 15.3.19　调整矩形位置

（26）在“造形”泊坞窗中选择修剪选项，不选择任何保留原件，单击修剪按钮，对阳台进行修剪，效果如图 15.3.20 所示。

（27）用同样的方法将阳台的另一角进行修剪，修剪后效果如图 15.3.21 所示。

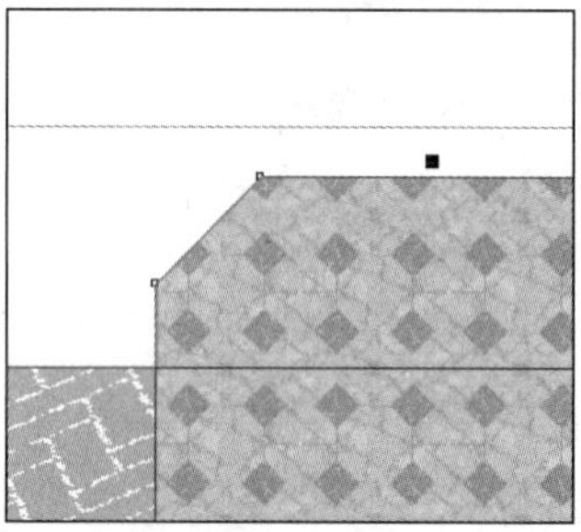

图 15.3.20　修剪后效果

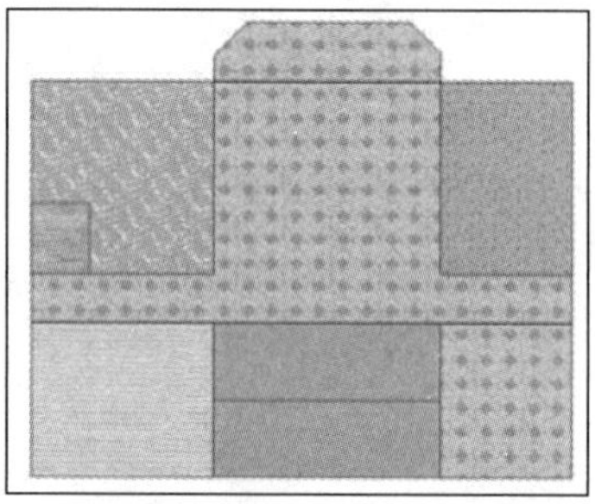

图 15.3.21　房屋平面布局效果图

2．屋内设施的制作

（1）首先绘制门，单击工具箱中的“矩形工具”按钮，在页面中绘制一个细长的矩形，将其填充为“70%黑”，作为门扇。

（2）绘制一个半径为小矩形长度的四分之一圆弧，调整其大小和位置，效果如图 15.3.22 所示。

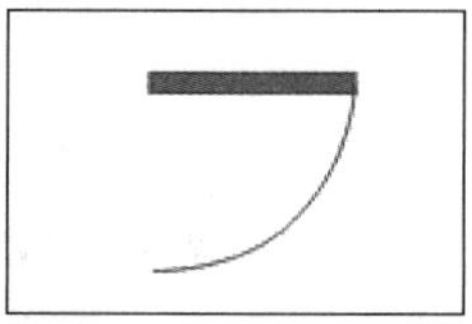

图 15.3.22　门的效果

（3）下面将绘制沙发，单击工具箱中的“矩形工具”按钮，在页面中绘制一个圆角矩形，设置其属性栏如图 15.3.23 所示。

（4）单击工具箱中的“渐变填充”对话框，设置其渐变为“黑色到白色的渐变”，设置其他参数如图 15.3.24 所示。

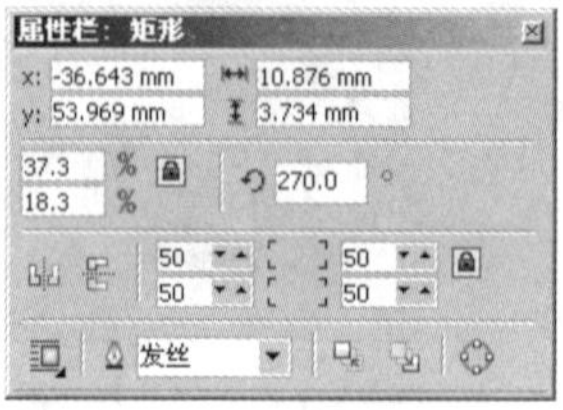

图 15.3.23　“矩形工具”属性栏

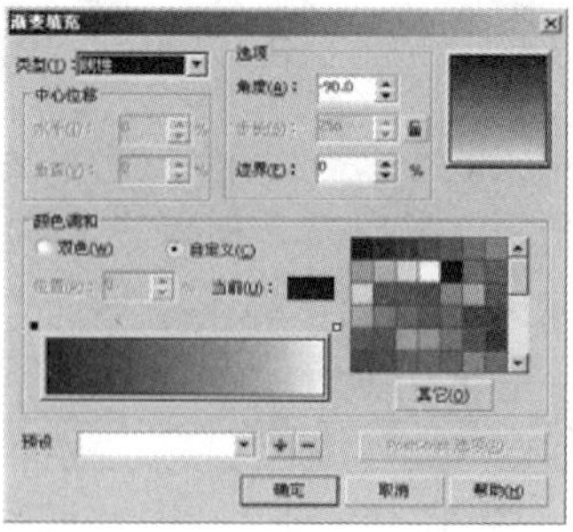

图 15.3.24　“渐变填充”对话框（一）

（5）按小键盘区的“+”号键复制图形，将其缩小并填充为“橘红色”，调整位置如图 15.3.25 所示。

（6）绘制一个稍大的矩形，填充为“黑色到白色的渐变”，效果如图 15.3.26 所示。

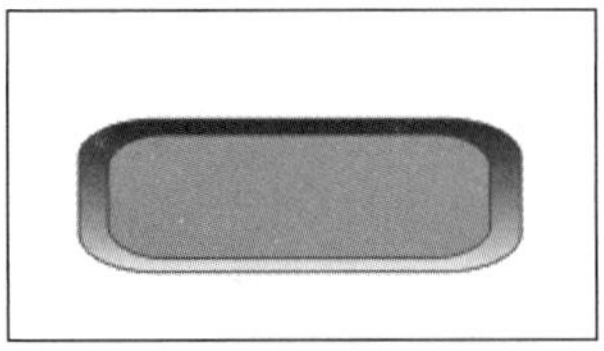

图 15.3.25　调整图形位置

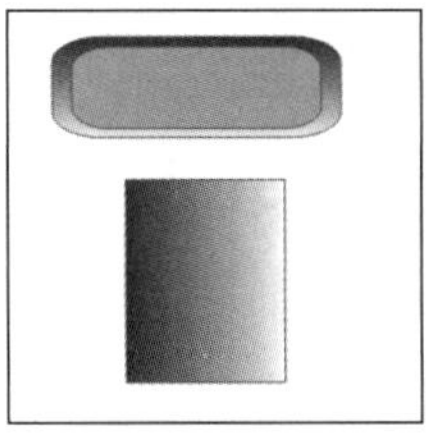

图 15.3.26　绘制矩形

（7）再复制两个沙发的扶手部分，调整其位置，沙发的整体效果如图 15.3.27 所示。

（8）接下来绘制另一类沙发，先绘制一个如图 15.3.25 所示的图形。

（9）单击工具箱中的“交互式轮廓图工具”按钮，在图中拉动，调整其属性栏如图 15.3.28 所示。

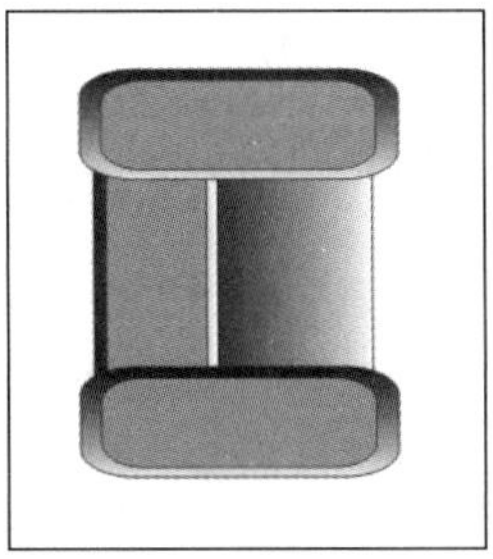

图 15.3.27　沙发效果

图 15.3.28　“交互式轮廓线工具”属性栏

（10）调和后的效果如图 15.3.29 所示。

（11）复制此图形，将其组合成沙发的模型，效果如图 15.3.30 所示。

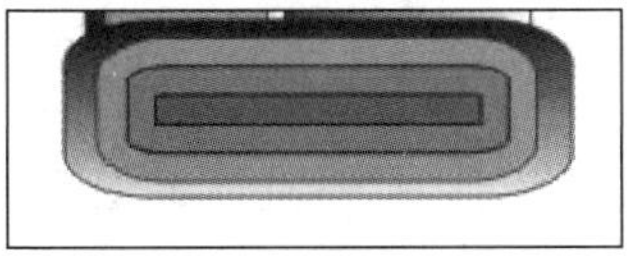

图 15.3.29　交互式轮廓图效果

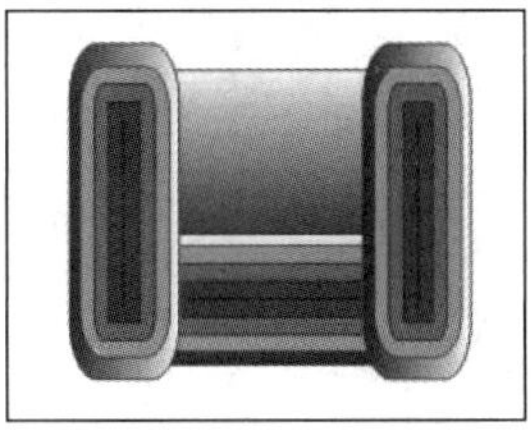

图 15.3.30　沙发效果

（12）下面将绘制床以及床头柜，单击工具箱中的“矩形工具”按钮，在图中绘制矩形，并填充为“10%黑”，设置其属性栏如图 15.3.31 所示。

（13）绘制两个小矩形，单击工具箱中的“图样填充工具”按钮，设置其“宽度”和“高度”为“30.0 mm”。

（14）单击确定按钮，确定对矩形的填充。复制一个小矩形，调整其位置，效果如图 15.3.32 所示。

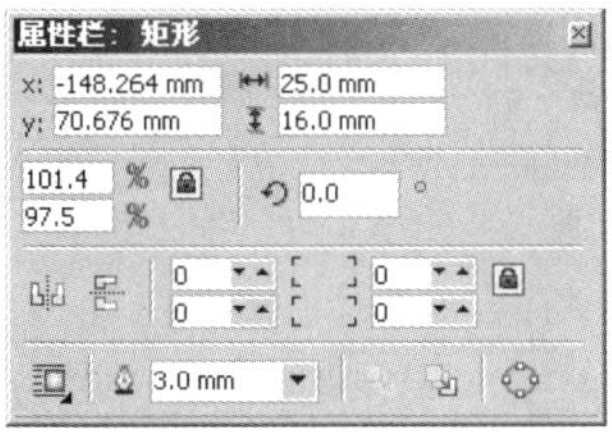

图 15.3.31　“矩形工具”属性栏

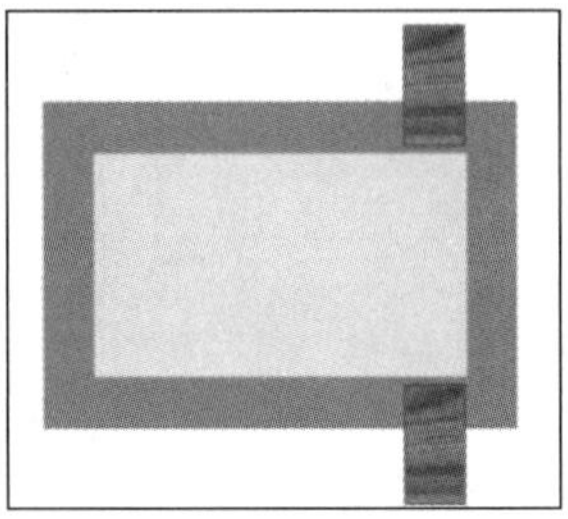

图 15.3.32　床的效果

（15）下面绘制卧室坐垫，单击工具箱中的“矩形工具”按钮，绘制两个矩形，效果如图 15.3.33 所示。

（16）单击右侧颜色调色板的“红褐色”色块，为圆角矩形填充“砖红色”。

（17）单击工具箱中的“交互式阴影工具”按钮，为圆角矩形添加阴影效果，设置参数如图 15.3.34 所示。

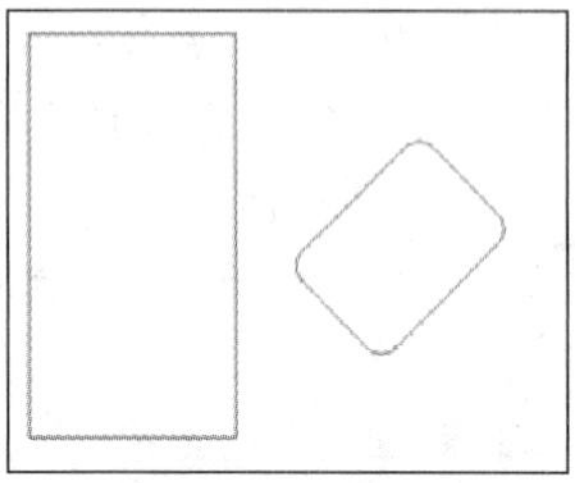

图 15.3.33　绘制矩形

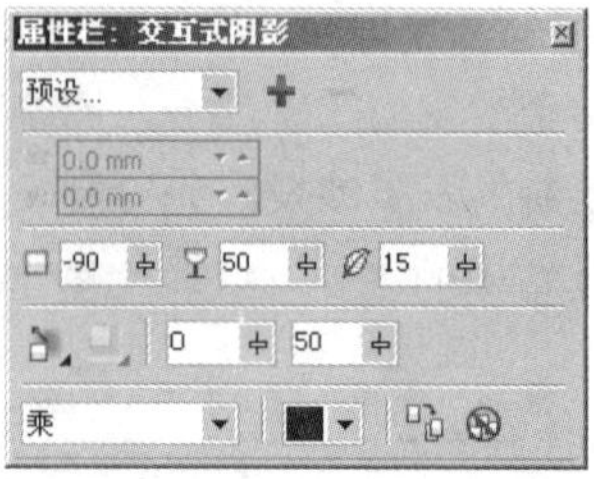

图 15.3.34　“交互式阴影”属性栏

（18）单击工具箱中的“图样填充工具”按钮，为大矩形填充图样，设置其“宽度”和“高度”为“10.0 mm”。

（19）调整两个矩形的位置，效果如图 15.3.35 所示。

（20）下面将绘制桌子，单击工具箱中的“椭圆形工具”按钮，按住“Ctrl”键绘制圆形。

（21）单击工具箱中的“图样填充工具”按钮，设置其“宽度”和“高度”为“10.0 mm”。

（22）复制一个圆形，调整其大小，并旋转其角度，效果如图 15.3.36 所示。

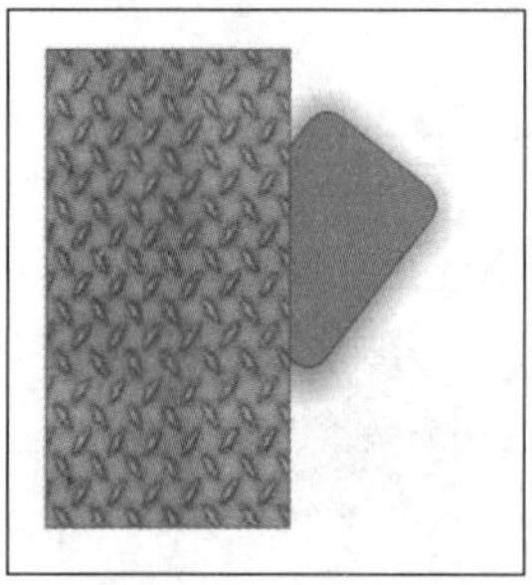

图 15.3.35　调整矩形位置

图 15.3.36　桌面效果

（23）选中两个图形，单击属性栏中的“群组”按钮。单击工具箱中的“交互式阴影工具”按钮，为图形添加阴影，效果如图 15.3.37 所示。

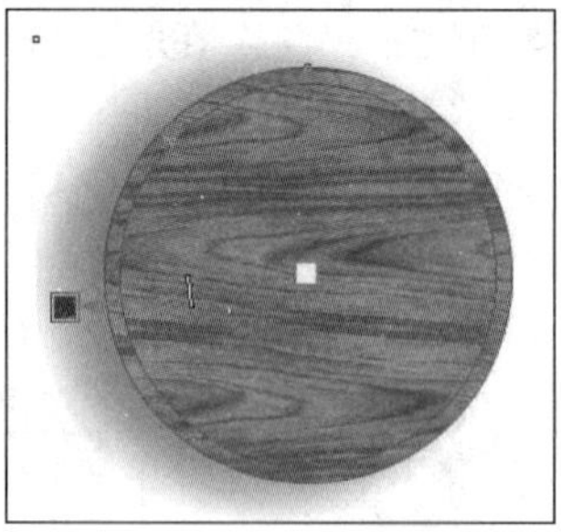

图 15.3.37　添加阴影效果

（24）下面将绘制客厅里摆放的方桌。绘制矩形，将其填充为“橘红色”。

（25）单击工具箱中的“交互式轮廓图工具”按钮，为图形添加轮廓图效果，设置其属性栏及效果如图 15.3.38 所示。

“交互式轮廓线工具”属性栏

效果图

图 15.3.38　参数设置及效果图

（26）下面将绘制卫生间设施。单击工具箱中的“矩形工具”按钮，绘制矩形。

（27）单击工具箱中的“椭圆形工具”按钮，绘制长椭圆形，效果如图 15.3.39 所示。

（28）选中椭圆形，在“造形”泊坞窗中选择“焊接”选项，不选择任何保留原件，单击“焊接到”按钮后单击矩形，效果如图 15.3.40 所示。

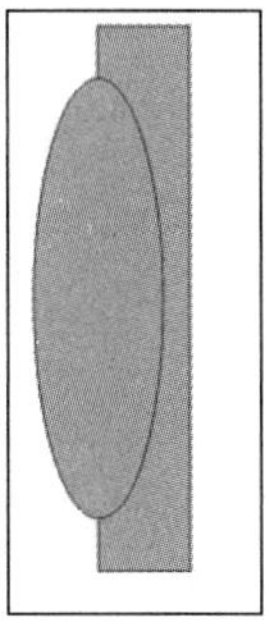

图 15.3.39　绘制图形

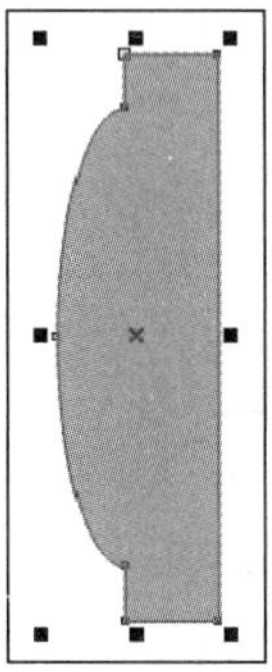

图 15.3.40　焊接后效果

（29）绘制两个椭圆，上层的填充为“白色”，下层的填充为“冰蓝色”，调整其位置，效果如图 15.3.41 所示。

（30）单击工具箱中的“矩形工具”按钮，绘制矩形，并填充为“白色”，作为浴缸外沿。

（31）单击工具箱中的“椭圆形工具”按钮，绘制椭圆形，设置其轮廓线为“1mm”，如图 15.3.42 所示。

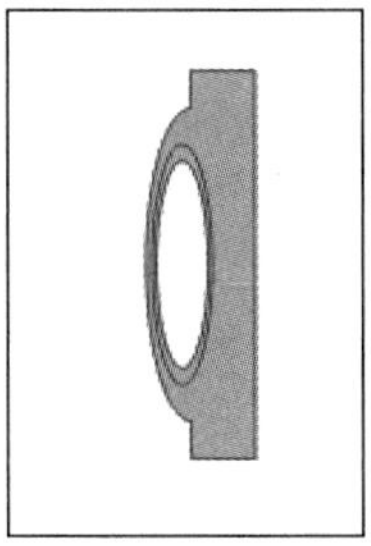

图 15.3.41　调整位置后效果

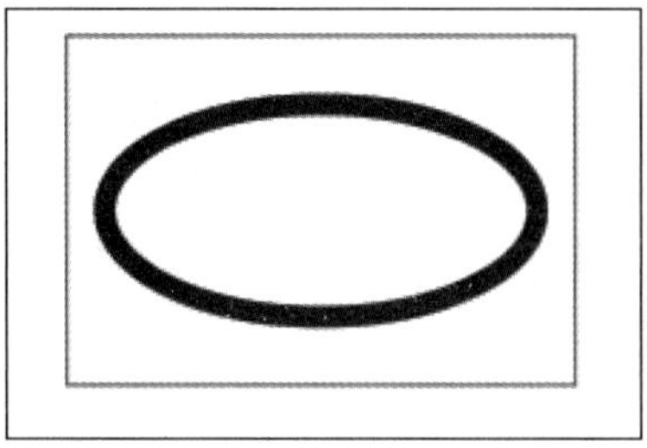

图 15.3.42　绘制矩形与椭圆形

（32）单击工具箱中的“渐变填充工具”按钮，在弹出的“渐变填充”对话框中设置其渐变色为“白色到冰蓝色的渐变”，设置其他参数如图 15.3.43 所示。

（33）单击“确定”按钮，填充后效果如图 15.3.44 所示。

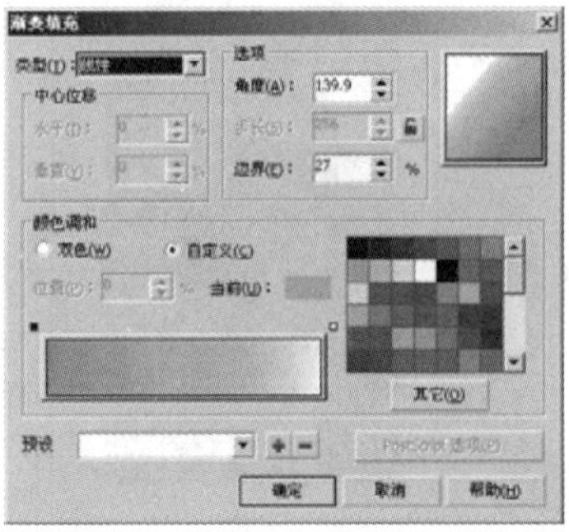

图 15.3.43 “渐变填充”对话框（二）

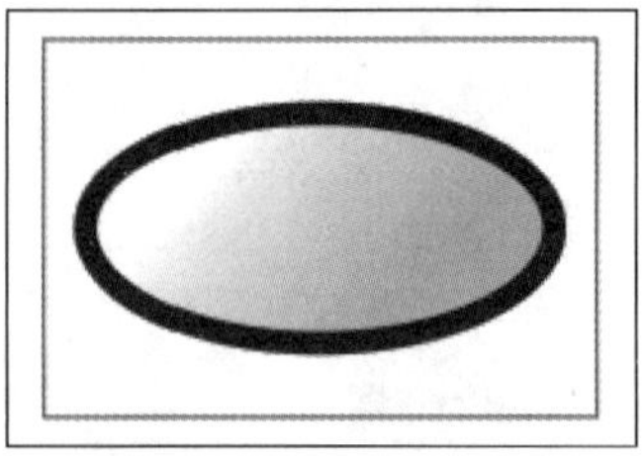

图 15.3.44 填充后效果

（34）单击工具箱中的“矩形工具”按钮，绘制矩形，将其填充为“20%黑”，设置其轮廓线为“1mm”，复制一个矩形，将其缩小，填充为“白色”，效果如图 15.3.45 所示。

（35）下面将绘制座便器，首先绘制一个椭圆形，一个矩形，设置其轮廓线为“1mm”，调整其位置如图 15.3.46 所示。

（36）选中矩形，在“造形”泊坞窗中选择“修剪”选项，不选择任何保留原件，单击“修剪”按钮，再单击椭圆形，效果如图 15.3.47 所示。

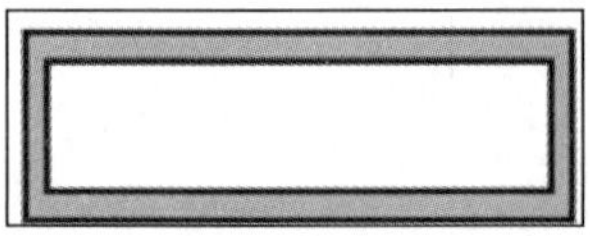

图 15.3.45 调整矩形效果

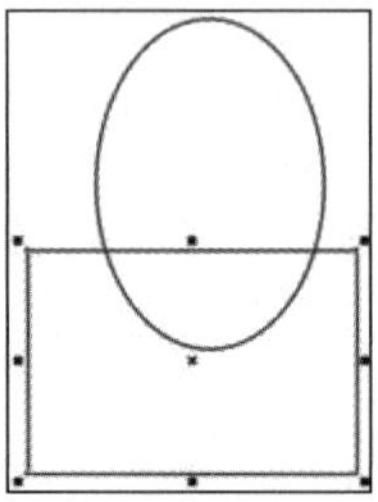

图 15.3.46 绘制矩形与椭圆形

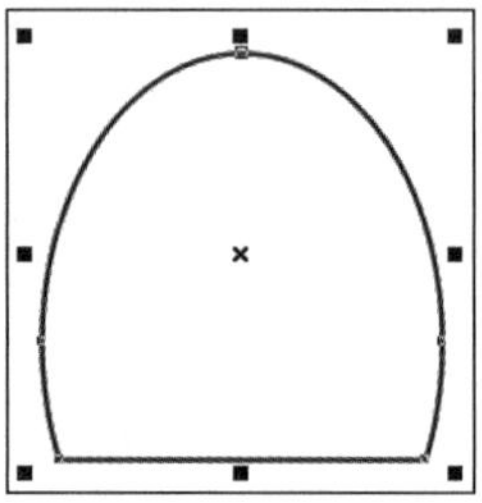

图 15.3.47 修剪后效果

（37）将修剪后的图形填充为“10%黑”，复制一个修剪后的图形，按住“Shift”键，将其缩小。

（38）单击工具箱中的“渐变填充工具”按钮，在弹出的“渐变填充”对话框中设置其渐变色为“白色—40%黑”，设置其他参数如图 15.3.48 所示。

（39）单击“确定”按钮，确定对图形的填充，调整矩形和此图形的位置，座便器效果如图 15.3.49 所示。

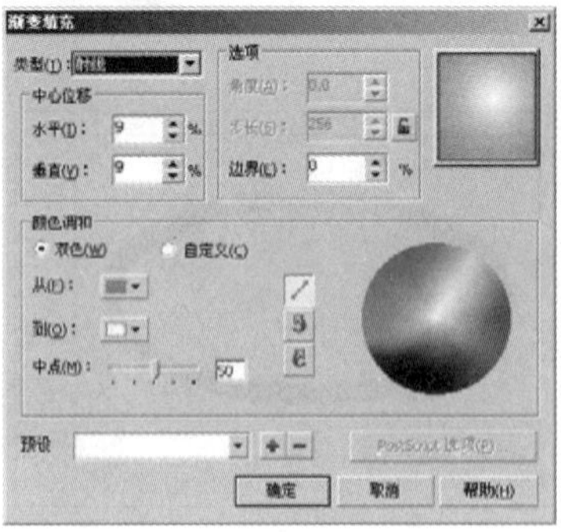

图 15.3.48 “渐变填充”对话框（三）

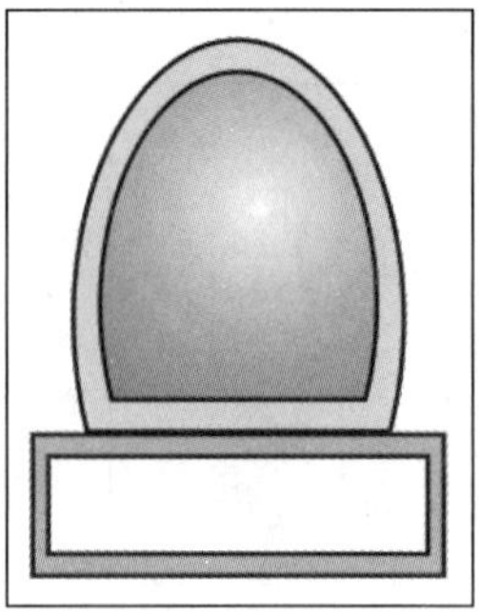

图 15.3.49 座便器效果

（40）复制一个如图 15.3.40 所示的图形，下面将绘制电视、音响类物品。

（41）单击工具箱中的“矩形工具”按钮，按住“Ctrl”键绘制正方形。

（42）单击工具箱中的“交互式立体化工具”按钮，为图形添加立体化效果，设置其参数如

图 15.3.50 所示。

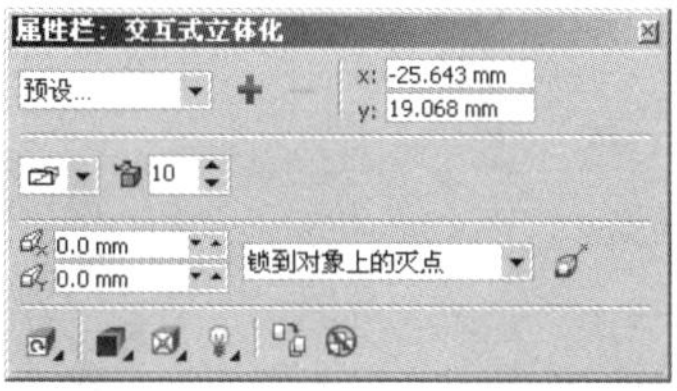

图 15.3.50 “交互式立体化工具”属性栏

（43）设置其“颜色”“斜角边”以及“灯光”的参数如图 15.3.51 所示。

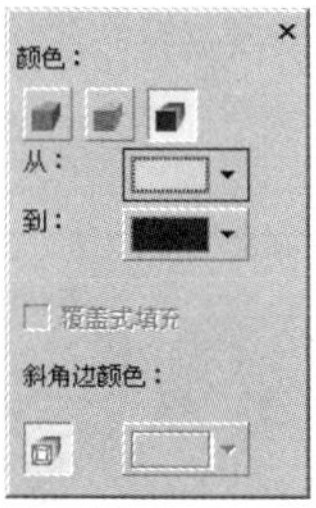

“颜色”参数设置

“斜角修饰边”参数设置

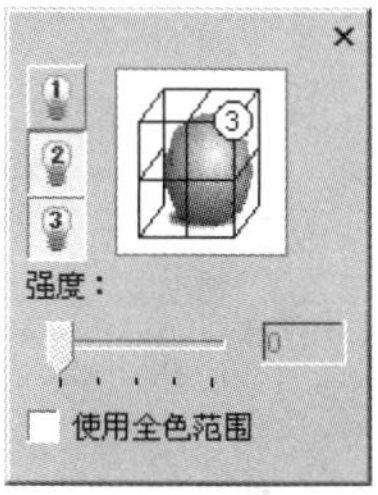

“灯光”参数设置

图 15.3.51 属性设置

（44）调整好立体化效果如图 15.3.52 所示。

（45）重复步骤（40）～（43）的操作，绘制一个较长的立体框，效果如图 15.3.53 所示。

（46）复制两个此立体化图形，调整其位置和大小，将其与原复制图形进行组合，使得效果如图 15.3.54 所示。

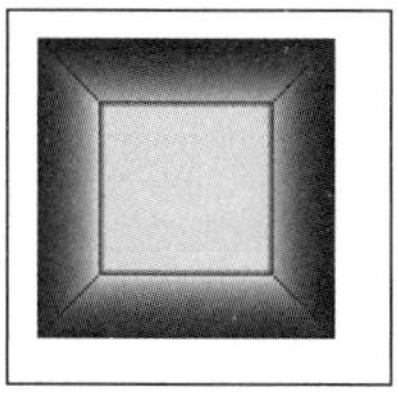

图 15.3.52 立体化效果

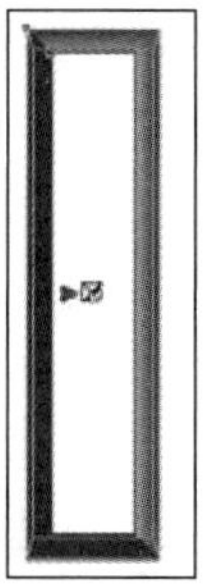

图 15.3.53 绘制长方形立体效果

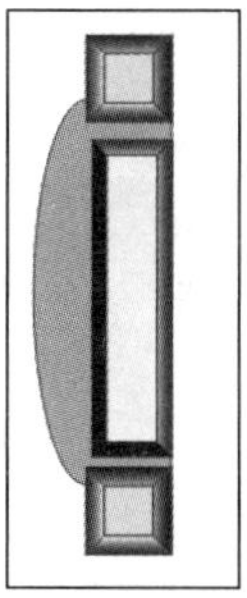

图 15.3.54 调整图形位置

（47）最后绘制花木。单击工具箱中的“多边形工具”按钮，绘制八边形如图 15.3.55 所示。

（48）单击工具箱中的“交互式变形工具”按钮，对图形进行调整，效果如图 15.3.56 所示。

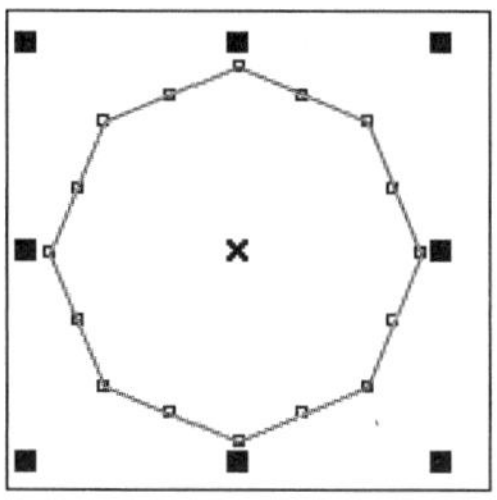

图 15.3.55 绘制八边形

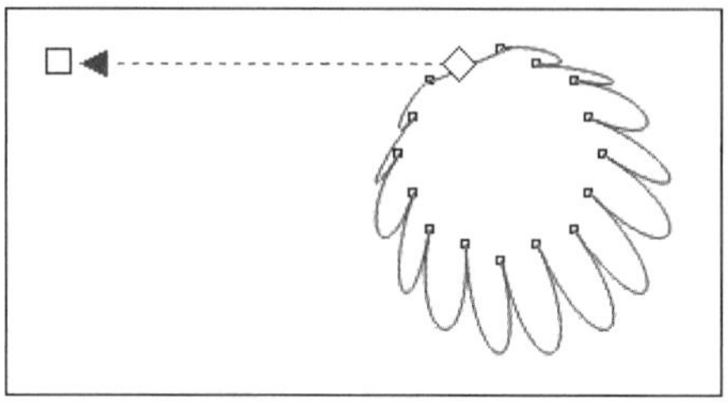

图 15.3.56 变形后效果

（49）单击工具箱中的“图样填充工具”按钮，设置其参数如图 15.3.57 所示。

（50）单击 确定 按钮，填充效果如图 15.3.58 所示。

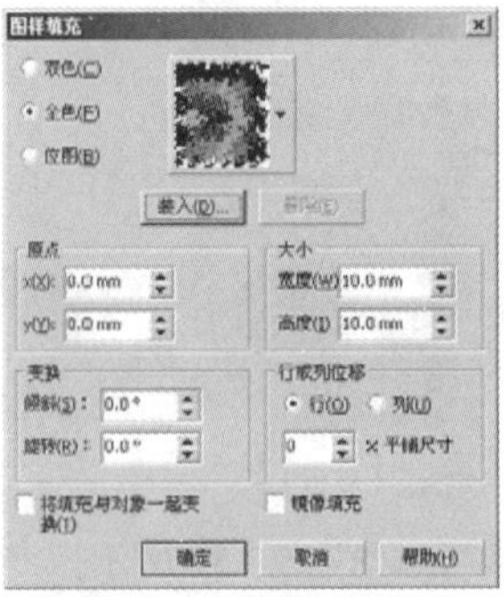

图 15.3.57 “图样填充”对话框

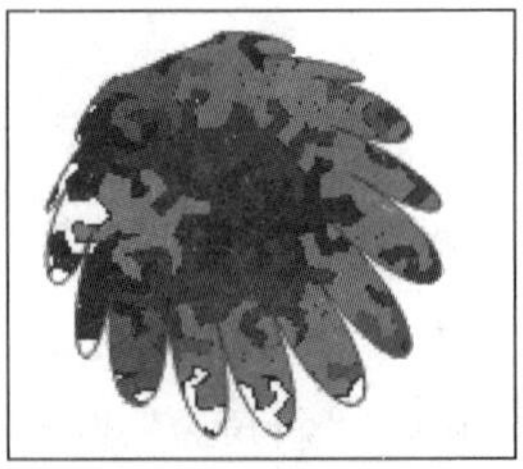

图 15.3.58 花木填充效果

（51）复制几个花木图形，调整其大小和旋转角度，使其成为堆的效果，如图 15.3.59 所示。

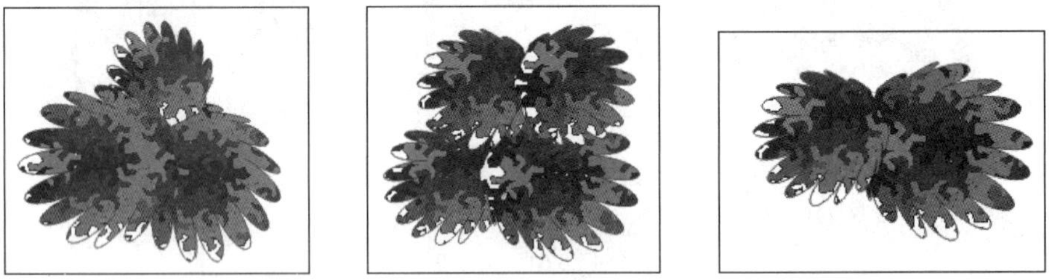

图 15.3.59 花木效果

（52）单击工具箱中的“交互式变形工具”按钮，绘制左上和左下角平滑度为“60”、轮廓线为“2mm”的圆角矩形。

（53）单击工具箱中的“渐变填充工具”按钮，在弹出的“渐变填充”对话框中设置其渐变色为“白色到冰蓝色的渐变”，设置其他参数如图 15.3.60 所示。

（54）单击确定按钮，为图形填充颜色，效果如图 15.3.61 所示。

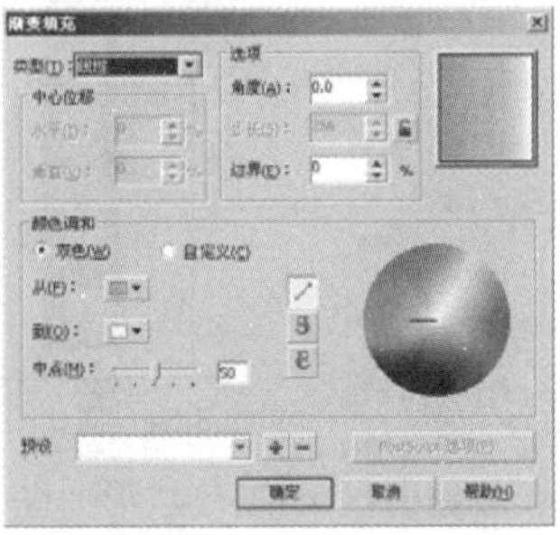

图 15.3.60 “渐变填充”对话框（四）

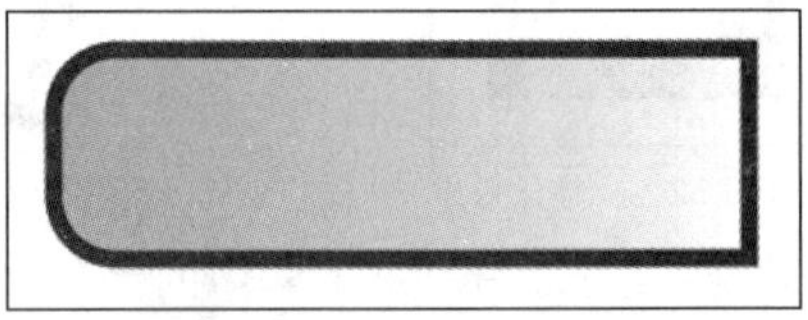

图 15.3.61 圆角矩形填充效果

（55）单击工具箱中的“艺术笔工具”按钮，设置其属性如图 15.3.62 所示。

（56）添加小鱼后的效果如图 15.3.63 所示。

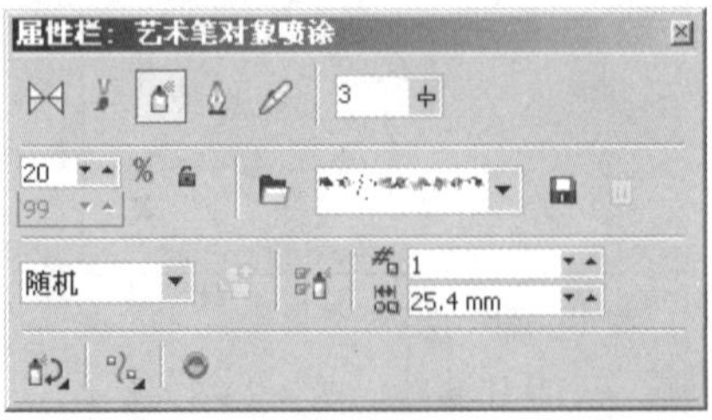

图 15.3.62 “艺术笔工具”属性栏

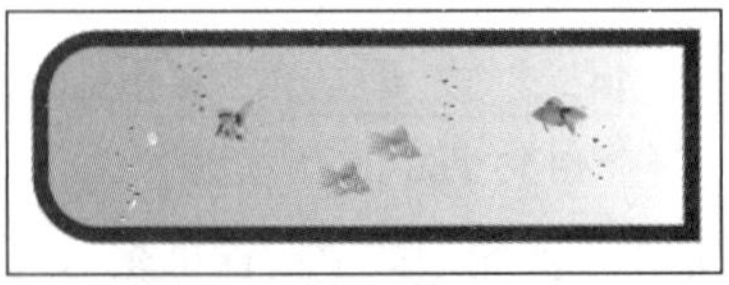

图 15.3.63 添加小鱼效果

（57）将第二部分绘制的图形分别选中，对它们进行群组，便于以后使用。

3. 房屋整体布局设计

（1）复制“门”，并调整其位置、大小和旋转角度，为房间、主卧室、小卧室、客厅、厨房以及卫生间添加门，效果如图 15.3.64 所示。

（2）复制床及床头柜部分，并调整其位置、大小和旋转角度，为主卧室、小卧室、客房添加床和床头柜，效果如图 15.3.65 所示。

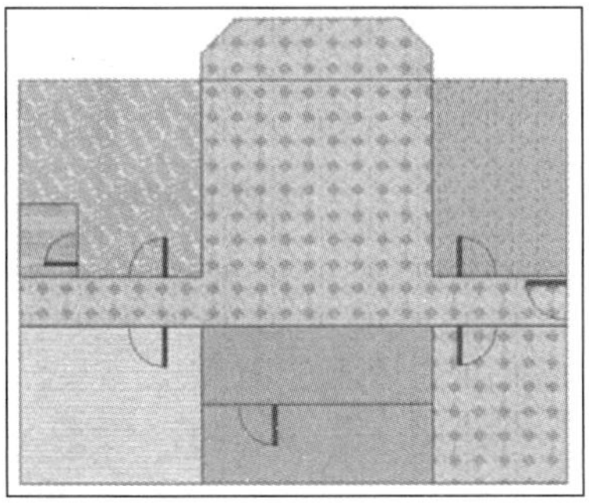

图 15.3.64　添加门效果

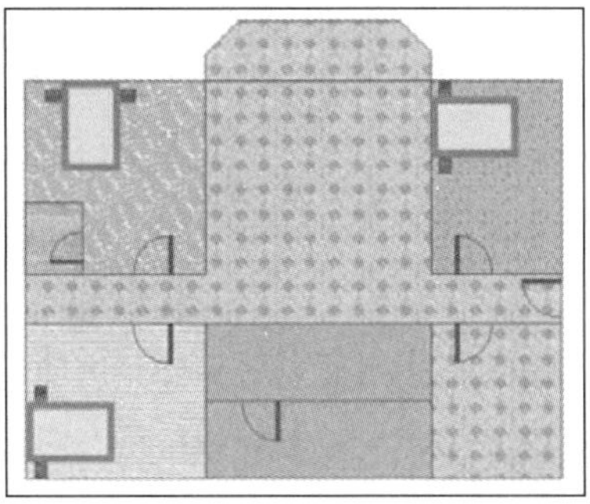

图 15.3.65　添加床及床头柜效果

（3）复制脚垫部分，并调整其位置、大小和旋转角度，为主卧室、小卧室、客房添加脚垫，效果如图 15.3.66 所示。

（4）复制电视、音响和桌子、沙发部分，并调整其位置、大小和旋转角度，为客厅和主卧室添加电视和音响，效果如图 15.3.67 所示。

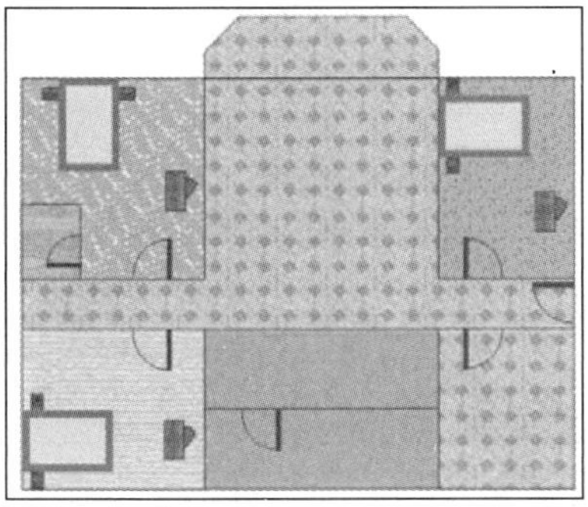

图 15.3.66　添加脚垫效果

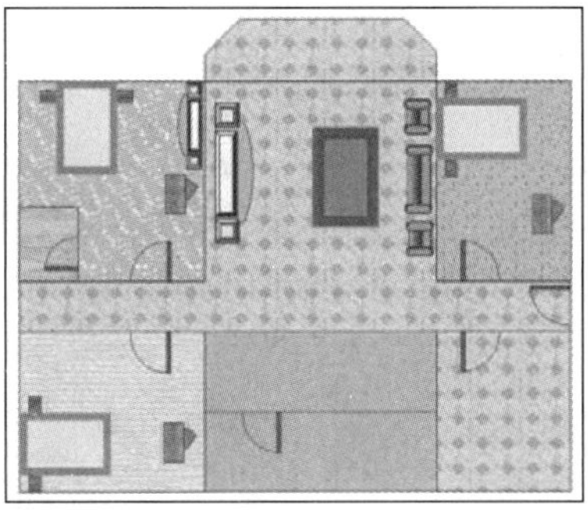

图 15.3.67　为客厅、主卧室添加设施

（5）为大小卫生间添加设施，效果如图 15.3.68 所示。

（6）为客厅和餐厅添加设施，效果如图 15.3.69 所示。

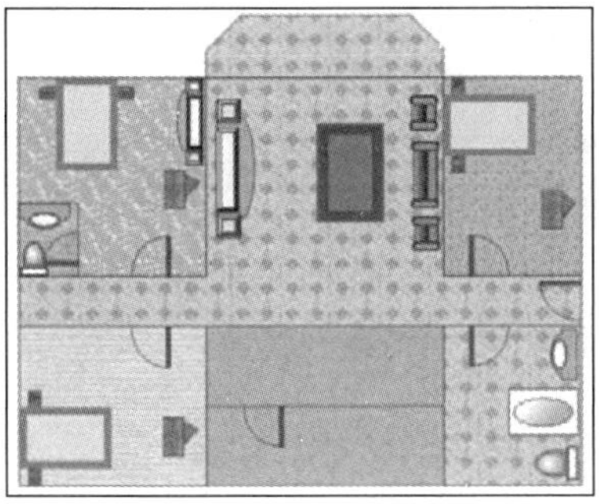

图 15.3.68　为卫生间添加设施

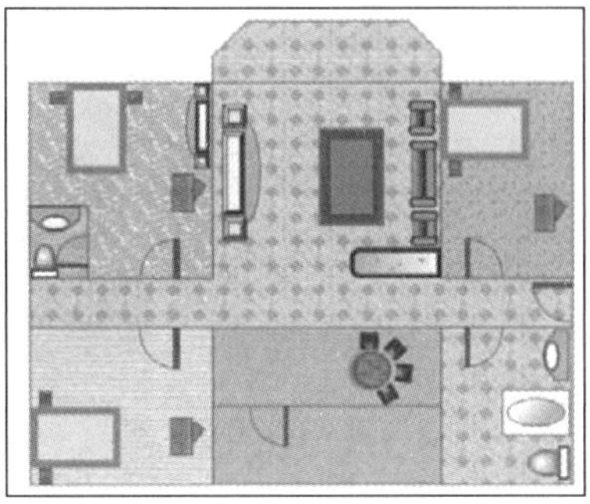

图 15.3.69　为客厅和餐厅添加设施

（7）复制花木，为房间添加花木效果如图 15.3.70 所示。

（8）单击工具箱中的“矩形工具”按钮，绘制矩形，设置其宽度为“2.4mm”，填充颜色为“黑色”，效果如图 15.3.71 所示。

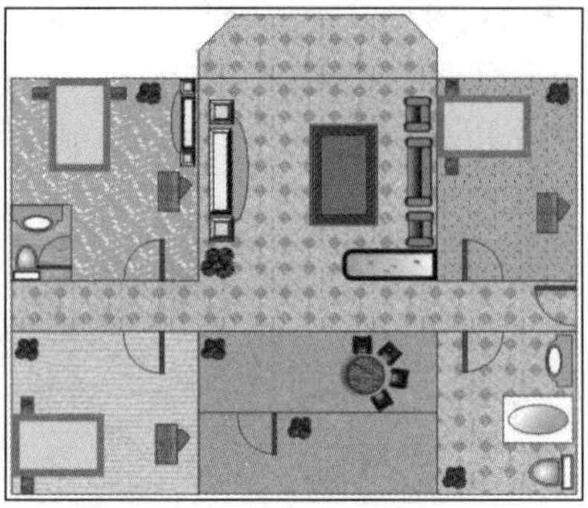

图 15.3.70　添加花木效果

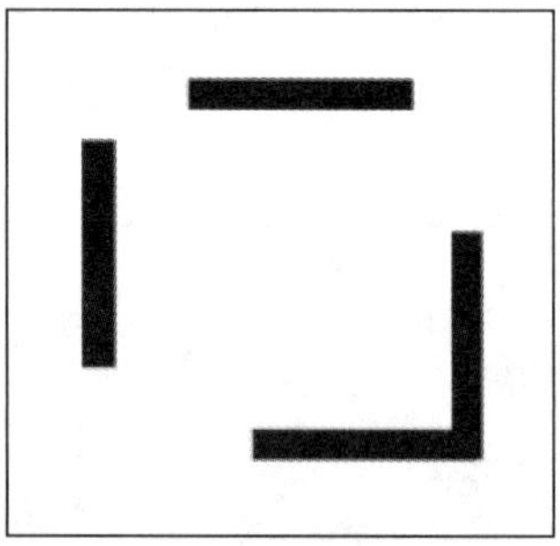

图 15.3.71　绘制矩形

（9）复制小矩形，并进行长短和角度的调整，在房间的合适地方添加墙的效果。

（10）按“Ctrl+A”组合键，选中所有图形，选择 排列(A) → 转换为曲线(V) 命令将图形转化为曲线，最终效果如图 15.3.1 所示。

实例 4　包装展开图设计

实例说明

包装设计是一门集实用技术学、营销学、美学于一体的设计艺术科学。它使产品具有既安全又漂亮的外衣，同时也是一种强有力的营销工具。本例将以香皂的包装展开图设计为例，详细讲解包装设计的方法和技巧，最终效果如图 15.4.1 所示。

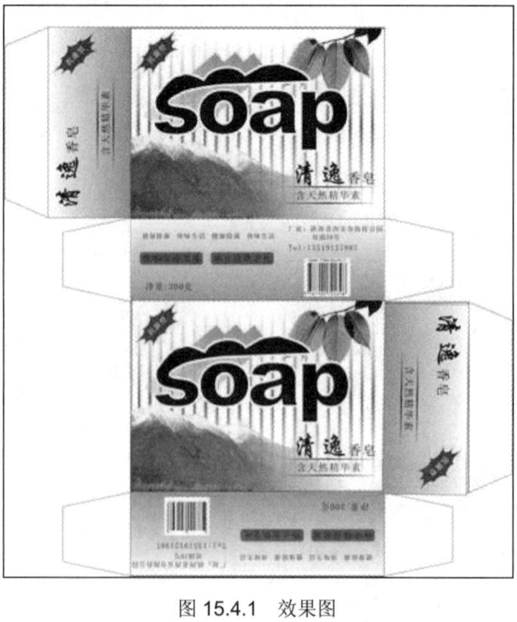

图 15.4.1　效果图

实例分析

在制作过程中，将用到页面设置、矩形工具、交互式透明工具、交互式调和工具、贝塞尔工具、文本工具、形状工具等命令。

制作过程

（1）选择菜单栏中的 文件(F) → 新建(N) Ctrl+N 命令，新建一个图形文件。

（2）选择菜单栏中的 版面(L) → 页面设置(P)... 命令，弹出 选项 对话框，设置纸张的大小为“300 mm×320 mm”。

（3）选择 视图(V) → 辅助线(I) 命令，将辅助线显示出来，根据需要拉出所需要的辅助线，效果如图 15.4.2 所示。

（4）选择 视图(V) → 贴齐辅助线(U) 命令，单击工具箱中的“矩形工具”按钮，在绘图区中绘制一个矩形对象，使其贴齐辅助线，效果如图 15.4.3 所示。

图 15.4.2 设置辅助线

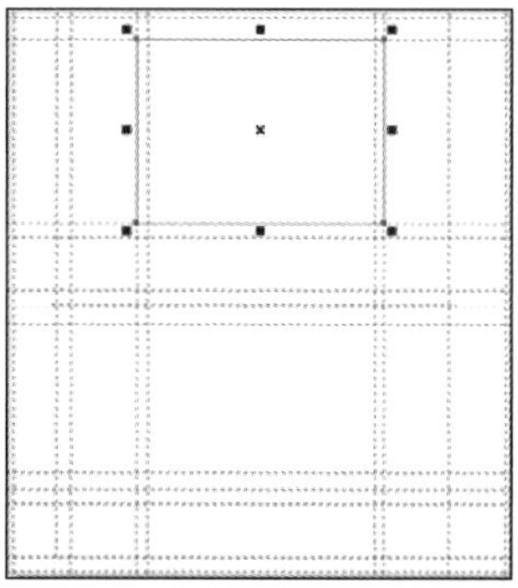

图 15.4.3 绘制矩形（一）

（5）单击工具箱中的“矩形工具”按钮，贴齐辅助线绘制矩形，效果如图 15.4.4 所示。

（6）使用挑选工具选择绘制的两个矩形对象，按住“Ctrl”键的同时，按住鼠标左键将所选的两个矩形垂直拖动，至适当的位置后单击鼠标右键复制对象，如图 15.4.5 所示。

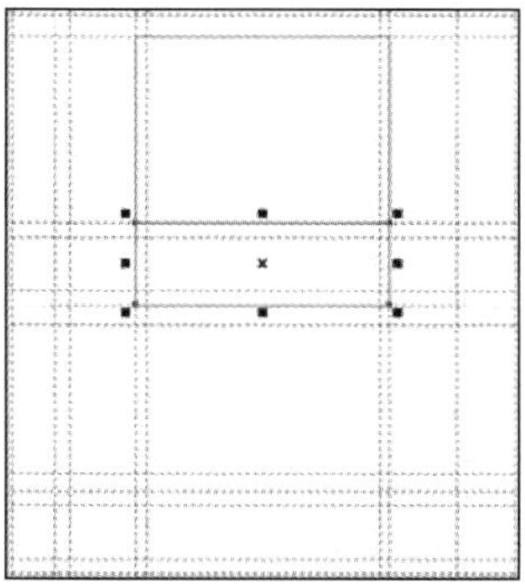

图 15.4.4 绘制矩形（二）

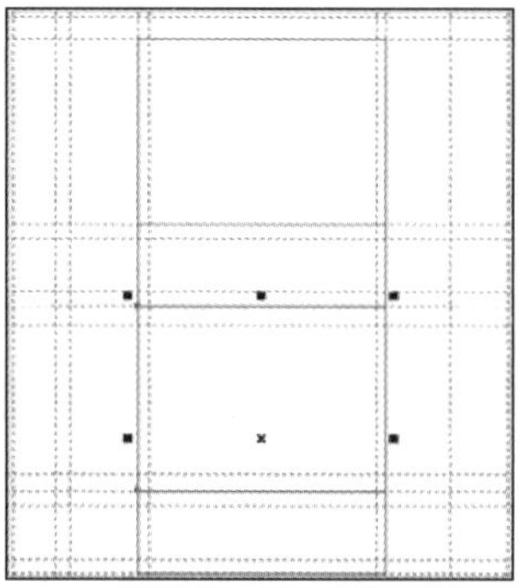

图 15.4.5 拖动并复制对象

（7）单击工具箱中的“矩形工具”按钮，绘制一个矩形，使其与绘制的第一个矩形对齐，效果如图 15.4.6 所示。

（8）复制一个矩形，放于垂直方向的第三个矩形的右侧，效果如图 15.4.7 所示。

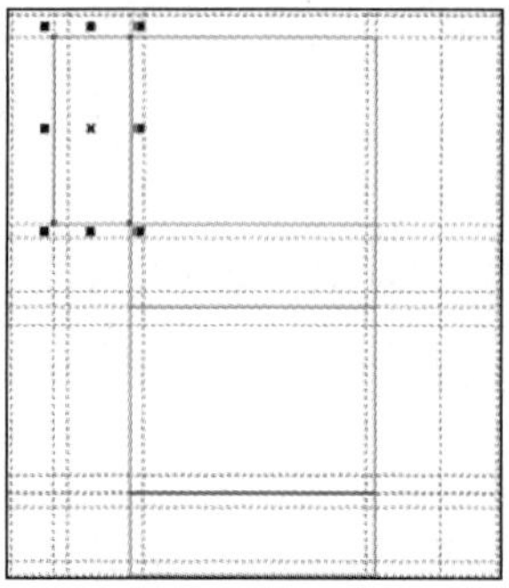

图 15.4.6　绘制矩形（三）

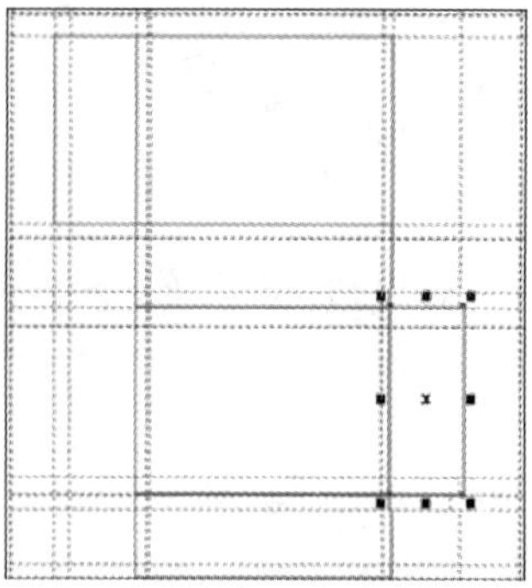

图 15.4.7　复制矩形

（9）使用同样的方法为包装盒绘制其他矩形，效果如图 15.4.8 所示。

（10）按“Ctrl+Q”组合键，将上一步绘制的矩形转换为曲线，单击工具箱中的“形状工具”按钮，调节矩形，效果如图 15.4.9 所示。

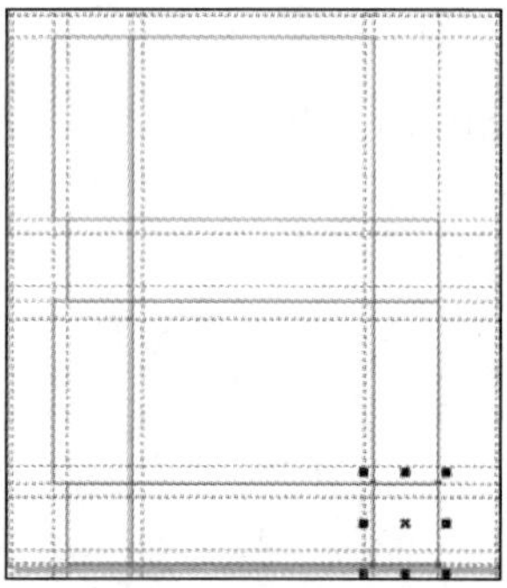

图 15.4.8　绘制矩形（四）

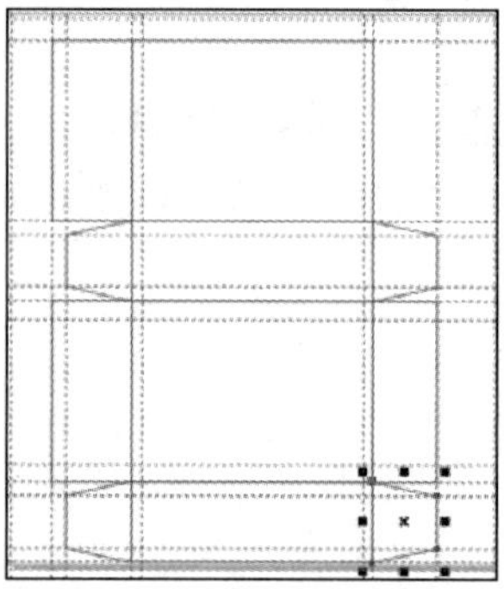

图 15.4.9　调节矩形后效果

（11）单击工具箱中的“矩形工具”按钮，在中间最上端的矩形上面绘制矩形，在中更改其上面的两个角为圆角“80”，效果如图 15.4.10 所示。

（12）贴齐辅助线绘制矩形，调整其位置，按“Ctrl＋Q”组合键将其转化为曲线，用形状工具进行变换，效果如图 15.4.11 所示。

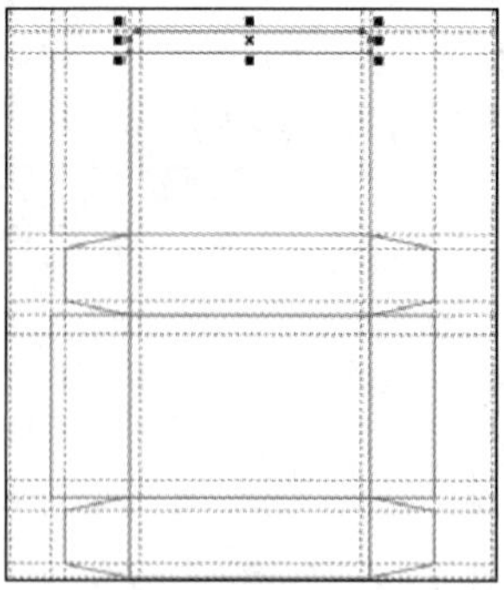

图 15.4.10　绘制圆角矩形

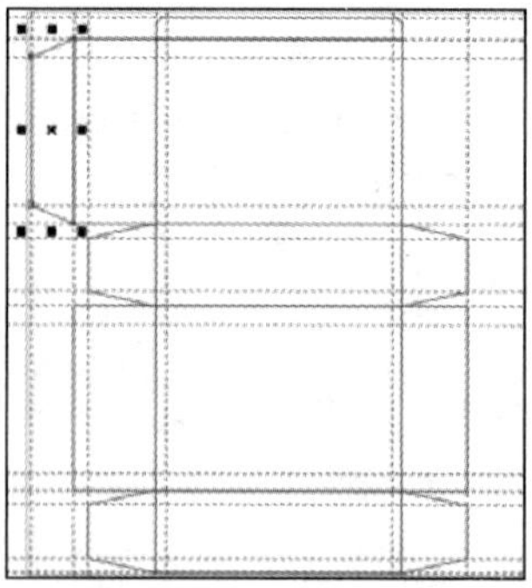

图 15.4.11　调节矩形效果

（13）再复制一个调整后的对象，镜像处理后排放在如图 15.4.12 所示的位置。

（14）选择 视图(V) → 辅助线(I) 命令，将辅助线隐藏，使包装盒的基本构架显现得更明显，效果如图 15.4.13 所示。

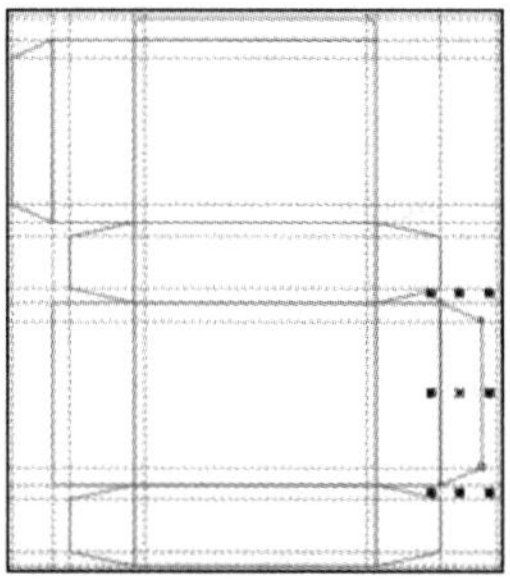

图 15.4.12　复制矩形对象

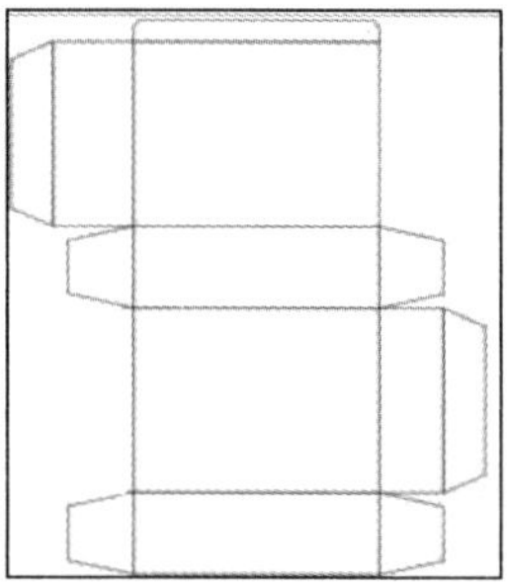

图 15.4.13　调整矩形的形状

（15）单击工具箱中的“矩形工具”按钮，绘制细长矩形，将其轮廓线设置为“无”，设置其填充渐变为“酒绿到绿到酒绿的渐变”，设置其他参数如图 15.4.14 所示。

（16）单击 确定 按钮，填充后效果如图 15.4.15 所示。

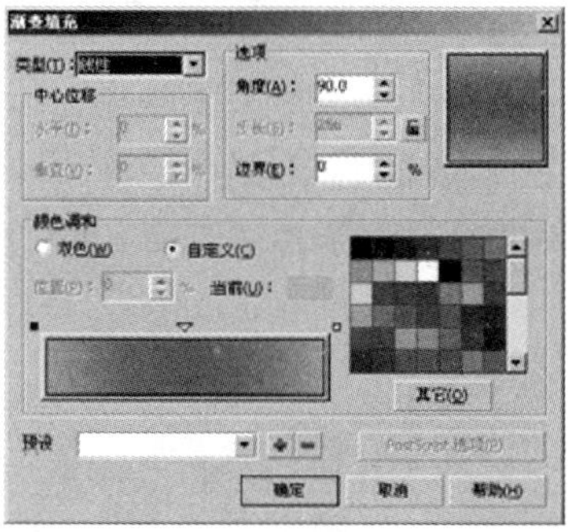

图 15.4.14　“渐变填充”对话框

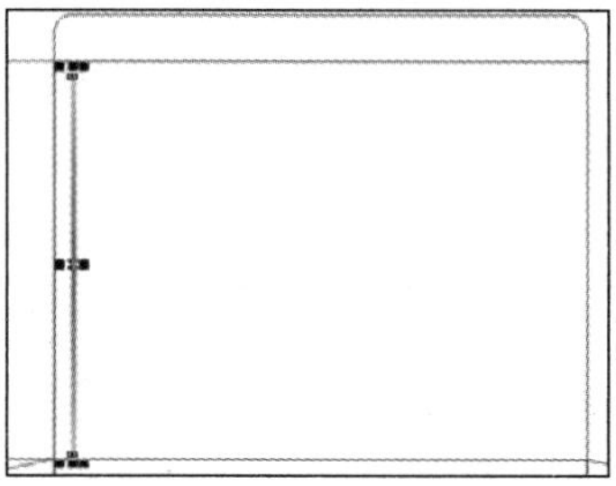

图 15.4.15　填充效果（一）

（17）单击工具箱中的“交互式透明工具”按钮，单击调和后图形，设置其属性栏参数如图 15.4.16 所示。

（18）调整添加透明度后的图形，效果如图 15.4.17 所示。

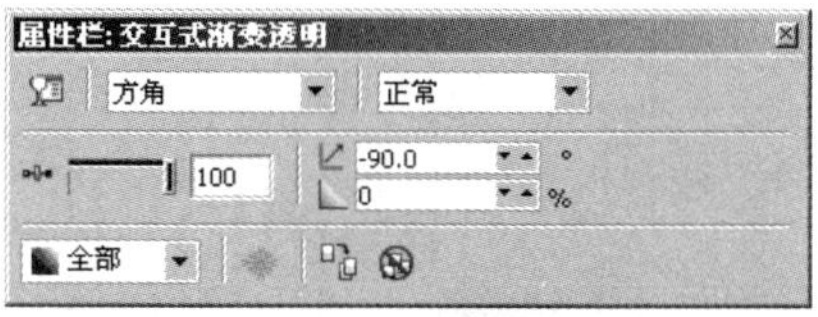

图 15.4.16　“交互式渐变透明”属性栏

图 15.4.17　渐变效果

（19）复制一个矩形，将其放置于矩形右侧，效果如图 15.4.18 所示。

（20）单击工具箱中的“交互式调和工具”按钮，在两个矩形之间拖动，如图 15.4.19 所示。

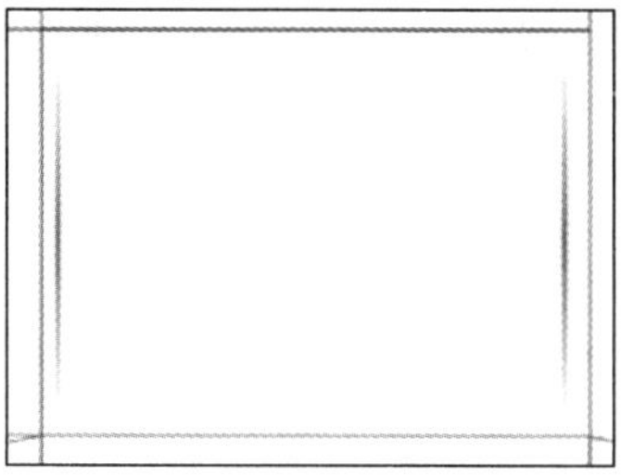

图 15.4.18　复制矩形

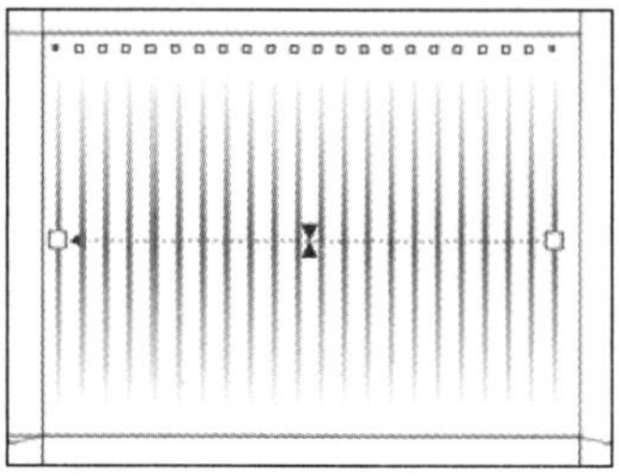

图 15.4.19　调和效果

（21）单击工具栏中的“导入”按钮，导入需要的图片“树叶”和“山水”，效果如图 15.4.20 所示。

（22）单击工具箱中的“贝塞尔工具”按钮，沿山水的边缘进行描边，如图 15.4.21 所示。

图 15.4.20 导入图片

图 15.4.21 绘制闭合曲线

（23）选中闭合曲线，选择窗口(W)→泊坞窗(D)→造形(P)命令，选择相交选项，不选择任何保留原件，单击相交按钮，当鼠标指针变为形状时单击图片，对图片进行修剪，修剪后效果如图 15.4.22 所示。

图 15.4.22 修剪图片

（24）将图片调整到合适位置，单击工具箱中的“交互式透明工具”按钮，在图片上拖动，为图片添加透明效果，设置其透明参数如图 15.4.23 所示。

（25）调整透明度后图片效果如图 15.4.24 所示。

图 15.4.23 “交互式渐变透明”属性栏

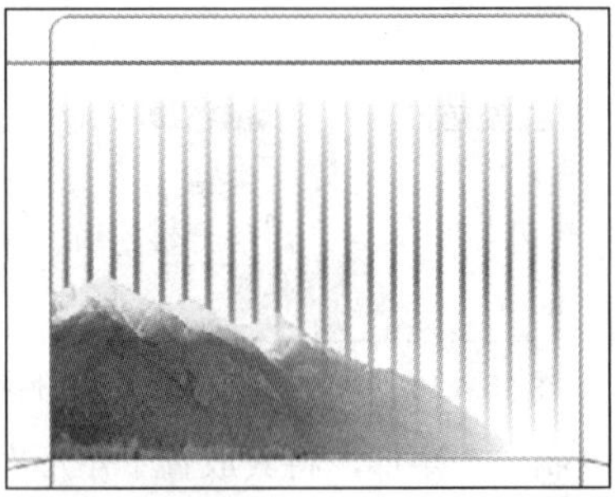

图 15.4.24 调整透明度后效果

（26）选中“树叶”图片，选择位图(B)→位图颜色遮罩(M)命令，打开位图颜色遮罩泊坞窗，设置其参数如图 15.4.25 所示。

（27）单击“颜色选择”按钮，在图片中吸取白色，单击应用按钮，效果如图 15.4.26 所示。

（28）单击工具箱中的“文本工具”按钮，在合适位置输入文字“soap”，设置其轮廓线为“1.5 mm”，设置其属性栏及文字效果如图 15.4.27 所示。

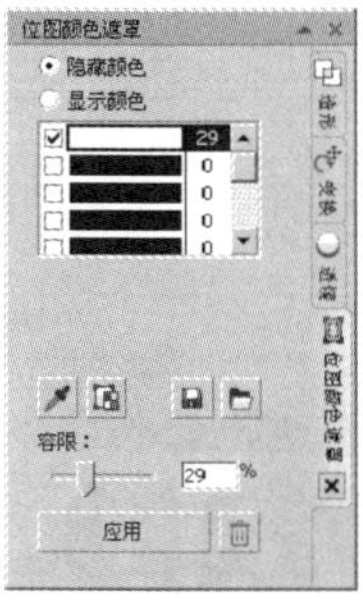

图 15.4.25 “位图颜色遮罩”泊坞窗

图 15.4.26 去色后效果

图 15.4.27 文本属性及文本效果

（29）按“Ctrl+Q”组合键，将文字转换为曲线，单击工具箱中的“形状工具”按钮，调整图形，使其效果如图 15.4.28 所示。

（30）单击工具箱中的“矩形工具”按钮，在图中绘制矩形，按“F11”键弹出“渐变填充”对话框，设置其渐变为“月光绿到酒绿的渐变”，设置其他参数如图 15.4.29 所示。

图 15.4.28 调整曲线

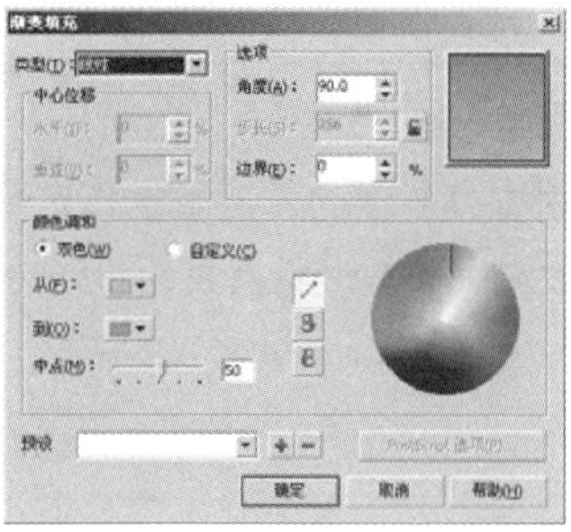

图 15.4.29 “渐变填充”对话框

（31）单击 确定 按钮，确定对图形的填充，除去其轮廓色，效果如图 15.4.30 所示。

（32）单击工具箱中的“交互式透明工具”按钮，为图形添加透明度效果，设置好其参数，效果如图 15.4.31 所示。

图 15.4.30 填充效果（二）

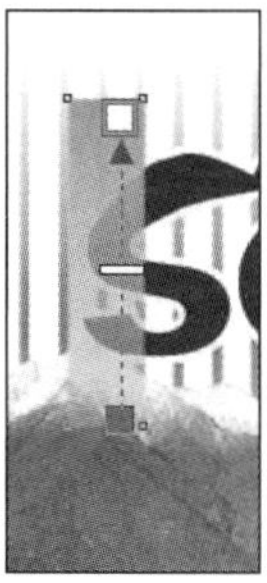

图 15.4.31 添加透明度后效果

（33）复制三个矩形，调整其图层位置，旋转其角度，使其效果如图 15.4.32 所示。

（34）选中三个矩形，按“Ctrl+G”组合键将其群组。

（35）按“Ctrl+PageDown”组合键将其置于“soap”下方，调整其位置，效果如图 15.4.33 所示。

图 15.4.32　旋转角度

图 15.4.33　调整图层位置

（36）单击工具箱中的“多边形工具”按钮，设置其边数为“5”，在图中拖动绘制五边形，将其填充为“红色”，轮廓线为“无”，效果如图 15.4.34 所示。

（37）单击工具箱中的“交互式变形工具”按钮，对五边形进行拖动变形后单击“中心变形”按钮，效果如图 15.4.35 所示。

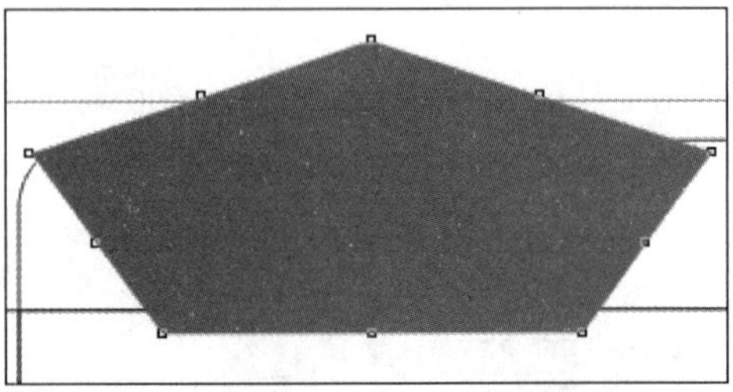

图 15.4.34　绘制五边形

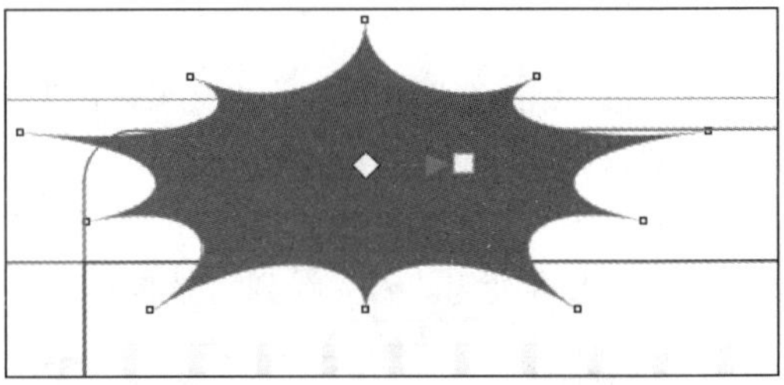

图 15.4.35　变形后效果

（38）单击工具箱中的“文本工具”按钮，为图形添加文本“抗菌型”，如图 15.4.36 所示。

（39）选中文字和图形将其群组，旋转其角度，调整其至包装盒合适位置，使其效果如图 15.4.37 所示。

图 15.4.36　输入的文字

图 15.4.37　调整图形位置

（40）单击工具箱中的“文本工具”按钮，在图中合适位置输入“清逸”，设置其属性栏及文字效果如图 15.4.38 所示。

（41）单击工具箱中的“文本工具”按钮，在图中合适位置输入“香皂”，设置其属性栏及文字效果如图 15.4.39 所示。

图 15.4.38 “文本工具”属性栏及文字效果（一）

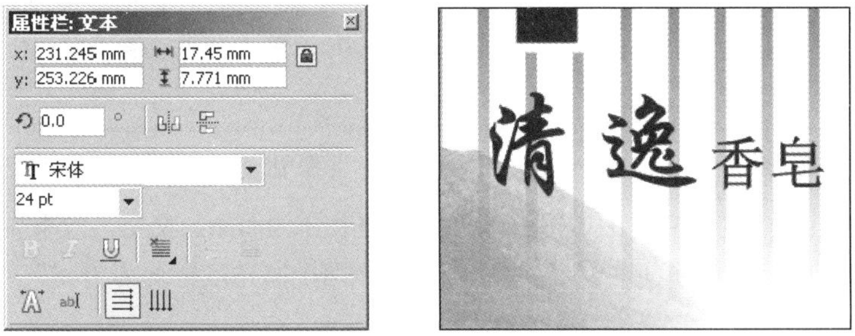

图 15.4.39 “文本工具”属性栏及文字效果（二）

（42）单击工具箱中的“贝塞尔工具”按钮，绘制一条直线，设置其轮廓线为“0.75 mm”，效果如图 15.4.40 所示。

（43）复制一条直线，将其向下移动到合适位置，效果如图 15.4.41 所示。

图 15.4.40 绘制直线

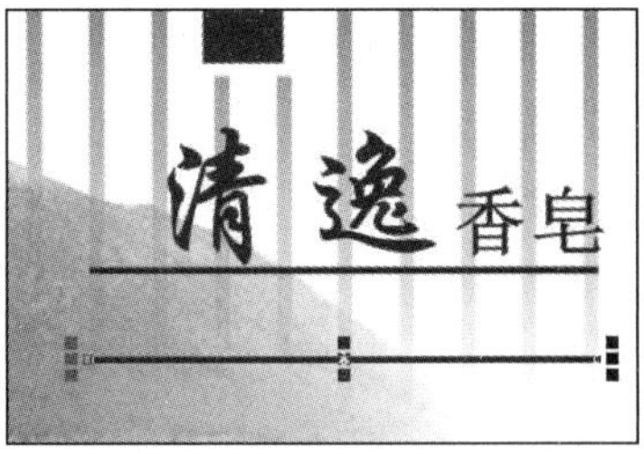

图 15.4.41 复制直线

（44）选中两条直线，按“Ctrl+G”组合键将其群组。

（45）单击工具箱中的“交互式透明工具”按钮，调整其效果如图 15.4.42 所示。

（46）单击工具箱中的“文本工具”按钮，在两条直线之间输入文字“含天然精华素”，效果如图 15.4.43 所示。

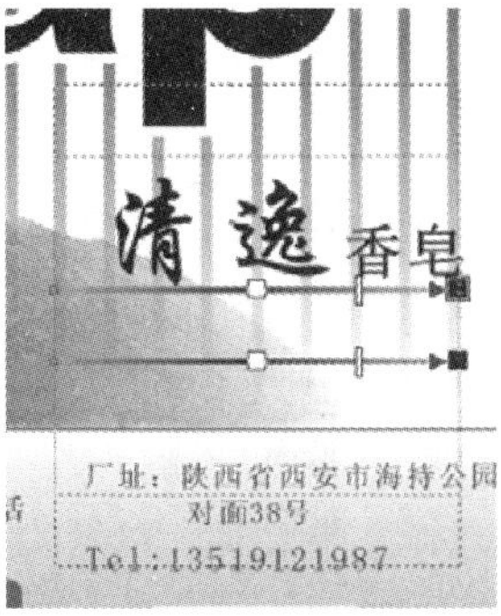

图 15.4.42 调整透明度效果

图 15.4.43 添加文字

（47）将包装盒侧面图形复制，按“F11”键弹出“渐变填充”对话框，设置其渐变为“酒绿到白色的渐变”，设置其他参数如图 15.4.44 所示。

（48）单击 确定 按钮，填充后效果如图 15.4.45 所示。

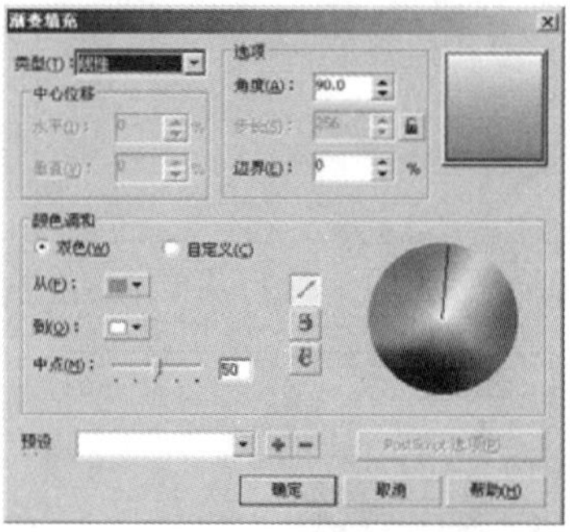

图 15.4.44 “渐变填充”对话框

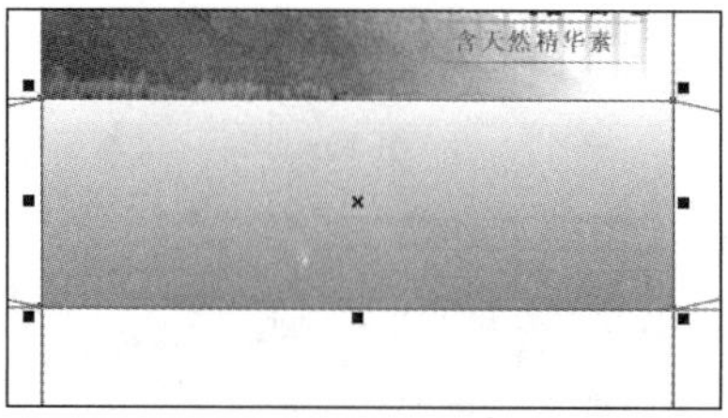

图 15.4.45 填充后效果

（49）单击工具箱中的“文本工具”按钮字，在包装盒侧面添加文字，效果如图 15.4.46 所示。

（50）单击工具箱中的“矩形工具”按钮，绘制两个圆角度数均为“45”度的圆角矩形，调整其位置如图 15.4.47 所示。

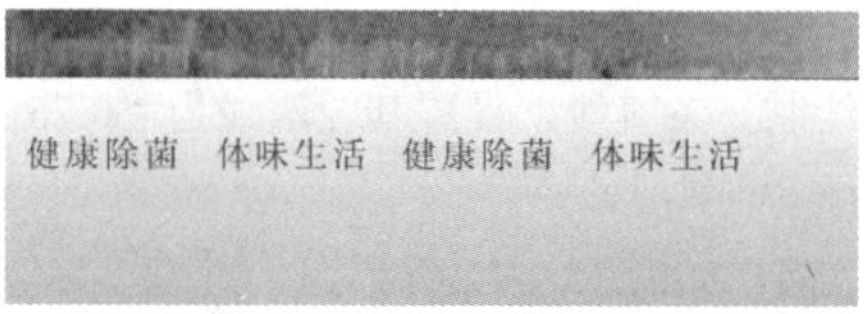

图 15.4.46 添加文字效果（一）

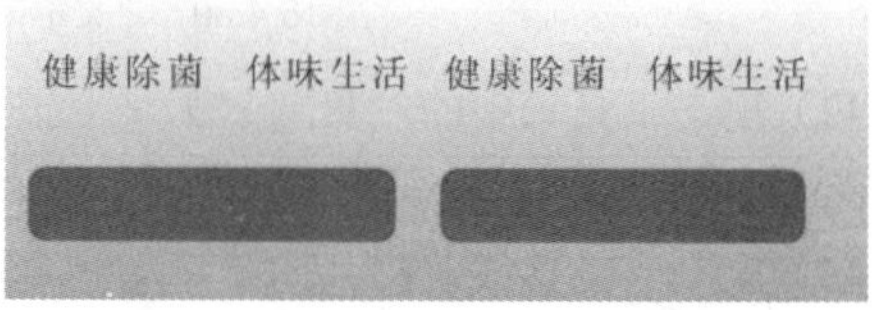

图 15.4.47 绘制圆角矩形

（51）在圆角矩形上面添加文字，效果如图 15.4.48 所示。

（52）单击工具箱中的“文本工具”按钮字，在侧面合适位置输入“净重：300 克”，效果如图 15.4.49 所示。

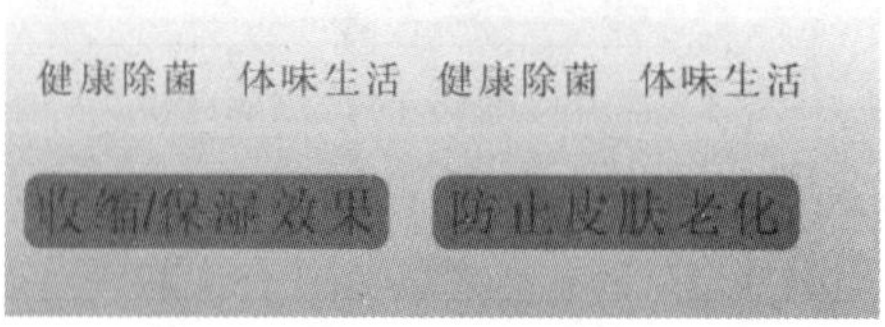

图 15.4.48 添加文字效果（二）

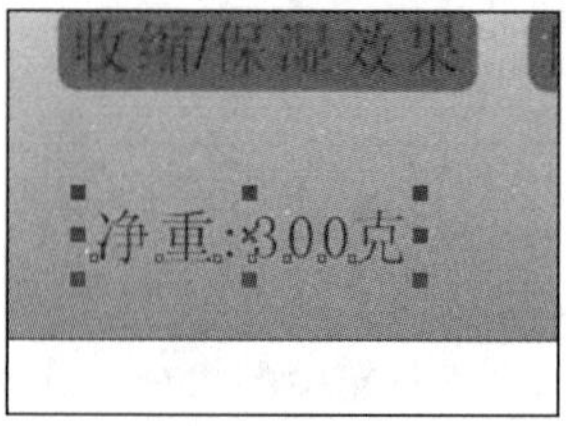

图 15.4.49 添加文字效果（三）

（53）在包装盒侧面的右上方输入公司联系方式，效果如图 15.4.50 所示。

（54）单击工具栏中的“导入”按钮，导入“条形码”文件，调整其大小和位置，使其效果如图 15.4.51 所示。

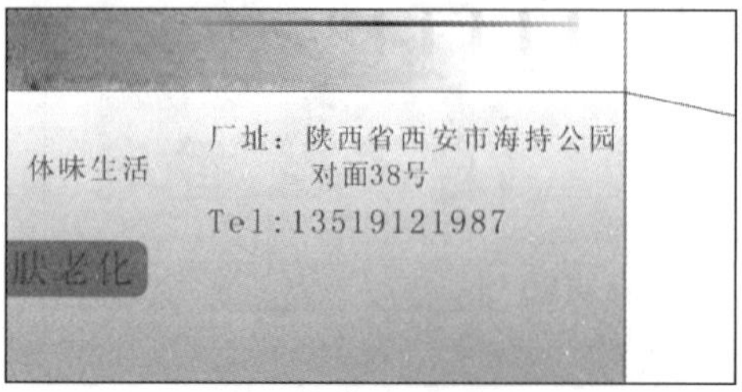

图 15.4.50 添加联系方式

图 15.4.51 导入条形码

（55）绘制一个与包装盒正面相同大小的矩形，将包装盒正面内容群组后复制，将其放入框中进行精确裁剪，效果如图 15.4.52 所示。

（56）将精确裁剪后的图形放置于包装盒的合适位置，效果如图 15.4.53 所示。

图 15.4.52　精确裁剪效果（一）

图 15.4.53　调整图形位置

（57）重复步骤（55）的操作，将包装盒侧面群组，对包装盒的侧面进行精确裁剪，效果如图 15.4.54 所示。

图 15.4.54　精确裁剪效果（二）

（58）将裁剪后图形垂直翻转后再水平翻转，调整其位置，使其效果如图 15.4.55 所示。

（59）选中包装盒侧面盖子，对其填充为“酒绿到白色渐变”，效果如图 15.4.56 所示。

图 15.4.55　调整图形位置

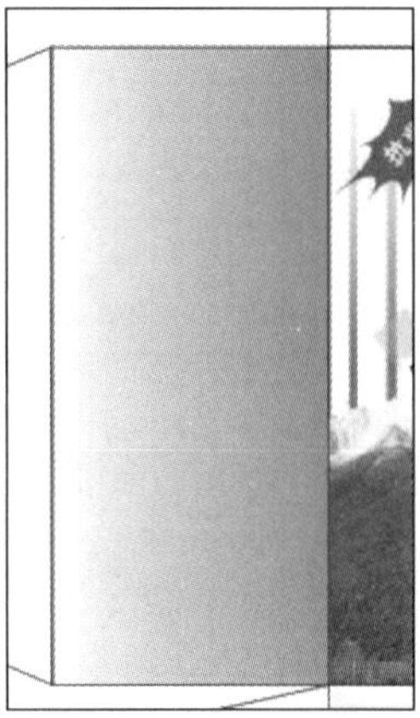

图 15.4.56　填充效果（三）

（60）将步骤（36）～（46）之间所绘制的部分进行调节与组合，将其放置于包装盒的盖子部分，效果如图 15.4.57 所示。

（61）重复步骤（55）和（56）的操作，效果如图 15.4.58 所示。

图 15.4.57　调整内容位置

图 15.4.58　复制并调整位置

（62）至此，包装盒的平面图制作完成，最终效果如图 15.4.1 所示。